Luisa Gonzalez

Elemente der Mathematik

EdM

Rheinland-Pfalz
5. Schuljahr

Herausgegeben von
Heinz Griesel
Helmut Postel
Friedrich Suhr
Werner Ladenthin
Matthias Lösche

Schroedel
westermann

Elemente der Mathematik

EdM

5. Schuljahr – Rheinland-Pfalz

Herausgegeben von
Prof. Dr. Heinz Griesel, Prof. Helmut Postel, Friedrich Suhr, Werner Ladenthin, Matthias Lösche

Bearbeitet von
Lutz Breidert, Gabriele Dybowski, Dr. Beate Goetz, Reinhard Kind, Werner Ladenthin, Matthias Lösche, Kerstin Schäfer, Thomas Sperlich, Friedrich Suhr, Prof. Dr. Hans-Georg Weigand, Ulrike Willms

Für Rheinland-Pfalz bearbeitet von
Hermann-Josef Keul, Michael Meyer

Der Schülerband ist auch als digitales Schulbuch erhältlich: Best.-Nr. 66999
Für dieses Unterrichtswerk sind umfangreiche Unterrichtsmaterialien entwickelt worden:
Lösungen: Best.-Nr. 88502
Arbeitsheft: Best.-Nr. 88503
BiBox: Best.-Nr. 88505

westermann GRUPPE

Druck A^3 / Jahr 2019
Alle Drucke der Serie A sind inhaltlich unverändert.

Redaktion: Lena Schenk, Claus Peter Witt
Umschlagentwurf: LIO Design GmbH, Braunschweig
Innenlayout: JANSSEN KAHLERT Design & Kommunikation GmbH, Hannover
Illustrationen: Dietmar Griese, Laatzen
Zeichnungen: Schlierf, Type & Design, Lachendorf; Langner & Partner, Hemmingen
Druck und Bindung: Westermann Druck GmbH, Braunschweig

ISBN 978-3-507-**88500**-4

Über dieses Buch 6

1. Natürliche Zahlen und Größen 9

Lernfeld Zählen und Zahlen veranschaulichen 10
1.1 Darstellen von Daten einer Klasse 12
1.2 Große Zahlen – Stellenwerttafel 15
1.3 Zweiersystem 19
1.4 **Zum Selbstlernen** Römische Zahlzeichen 22
1.5 Anordnung der natürlichen Zahlen – Zahlenstrahl 24
1.5.1 Vergleich von natürlichen Zahlen 24
1.5.2 Zahlenstrahl – Skalen 27
1.6 Runden von Zahlen – Bilddiagramme 30
1.7 Größen und ihre Einheiten 33
1.7.1 Messen von Längen – Längeneinheiten 33
1.7.2 Messen von Gewichten – Gewichtseinheiten 37
1.7.3 Zeitpunkte, Zeitspannen – Zeiteinheiten 41
Wie man große Zahlen veranschaulichen kann 44
1.8 Maßstab 45
1.9 Grafische Darstellung von Größen in Säulendiagrammen 48
Tabellenkalkulation und Diagramme 50
1.10 Zahlenfolgen 52
Umgang mit Texten, Tabellen und Diagrammen 54
1.11 Aufgaben zur Vertiefung 56
Das Wichtigste auf einen Blick/Bist du fit? 57

2. Rechnen mit natürlichen Zahlen 59

Lernfeld Mehr … oder weniger? 60
2.1 Addieren und Subtrahieren 62
2.2 **Zum Selbstlernen** Schriftliches Addieren und Subtrahieren 67
Berechnungen mithilfe einer Tabellenkalkulation 71
Magie und Mathe – Zauberquadrate erforschen 73
2.3 Multiplizieren und Dividieren 75
2.3.1 Multiplizieren und Dividieren – Fachbegriffe 75
2.3.2 Zusammenhang zwischen Multiplikation und Division 78
2.4 Schriftliches Multiplizieren und Dividieren 81
2.4.1 Schriftliches Multiplizieren 81
2.4.2 Schriftliches Dividieren 84
Muster beim Rechnen erforschen 90
2.5 Terme – Rechengesetze 91
2.5.1 Regeln für das Berechnen von Termen 91
2.5.2 Vorteilhaftes Rechnen: Kommutativgesetz und Assoziativgesetz 96
2.5.3 Vorteilhaftes Rechnen – Distributivgesetze 99
2.6 Potenzieren 102
2.7 Geschicktes Bestimmen von Anzahlen – Zählprinzip 106
Schätzen und Überschlagen 109

Auf den Punkt gebracht   Im Blickpunkt

2.8 Variable und Gleichungen 111
2.8.1 Aufstellen von Termen 111
Tabellenkalkulation und Terme 114
2.8.2 Lösen einer Gleichung durch systematisches Probieren 115
2.8.3 Lösen einer Gleichung durch Rückwärtsrechnen 117
2.9 Teiler und Vielfache 118
2.10 Teilbarkeitsregeln 121
2.10.1 Endstellenregeln 121
2.10.2 Quersummenregeln 122
2.11 Primzahlen – Primfaktorzerlegung 124
Wie findet man Primzahlen 126
Zählen und Rechnen - einst und jetzt 127
2.12 Aufgaben zur Vertiefung 129
Das Wichtigste auf einen Blick/Bist du fit? 130

3. Geometrie 133
Lernfeld Körper herstellen und damit experimentieren 134
3.1 Körper und Vielecke 136
3.1.1 Körper – Ecken, Kanten, Flächen 136
3.1.2 Vielecke – Umfang und Diagonale 139
Geometrie auf dem Geobrett 142
Zeichnen mit einem Dynamischen Geometrie-System (DGS) 143
3.2 **Zum Selbstlernen** Koordinatensystem 144
3.3 Geraden – Beziehungen zwischen Geraden 147
3.3.1 Geraden 147
3.3.2 Zueinander orthogonale Geraden 149
3.3.3 Zueinander parallele Geraden – Besondere Vierecke 153
Eigenschaften besonderer Vierecke mit einem Dynamischen Geometrie-System (DGS) erforschen 161
3.4 Netz und Schrägbild von Quader und Würfel 162
3.4.1 Herstellen von Quader und Würfel aus einem Netz 162
3.4.2 Schrägbild von Quader und Würfel 166
3.4.3 Vermischte Übungen 169
Anzahl von Ecken, Flächen und Kanten erforschen 171
3.5 Aufgaben zur Vertiefung 173
Präsentieren auf Plakaten 174
Das Wichtigste auf einen Blick/Bist du fit? 176

4. Flächen- und Rauminhalte 179
Lernfeld Wie groß ist ...? 180
4.1 Flächenvergleich – Messen von Flächeninhalten 182
4.1.1 Größenvergleich von Flächen – Begriff des Flächeninhalts 182
4.1.2 Angabe eines Flächeninhalts durch Maßzahl und Einheit – Die Einheit 1 cm² 184
4.1.3 Weitere Einheiten für Flächeninhalte – Zusammenhänge 187
4.1.4 Umwandeln in andere Einheiten 192

Auf den Punkt gebracht   Im Blickpunkt

4.2 Formeln für Flächeninhalt und Umfang eines Rechtecks ... 195
4.3 Rechnen mit Flächeninhalten ... 199
Flächeninhalt nicht rechteckiger Figuren ... 205
4.4 Volumenvergleich von Körpern – Messen von Volumina ... 207
4.4.1 Größenvergleich von Körpern – Begriff des Volumens ... 207
4.4.2 Angabe eines Volumens – Volumeneinheiten ... 209
4.4.3 Zusammenhang zwischen den Volumeneinheiten ... 213
4.5 Formeln für Volumen und Oberflächeninhalt eines Quaders ... 217
4.6 **Zum Selbstlernen** Rechnen mit Volumina ... 222
Modellieren mit Flächen und Körpern ... 227
4.7 Aufgaben zur Vertiefung ... 229
Das Wichtigste auf einen Blick/Bist du fit? ... 230

5. Anteile – Brüche ... 233

Lernfeld Nicht alles ist ganz ... 234
5.1 Einführung der Brüche ... 236
5.1.1 Zerlegen eines Ganzen in gleich große Teile ... 236
5.1.2 Anteile an einem Ganzen ... 240
5.1.3 Unechte Brüche – Gemischte Schreibweise ... 244
5.2 Erweitern und Kürzen ... 248
5.2.1 Brüche mit gleichem Wert - Erweitern eines Bruches ... 248
5.2.2 Kürzen eines Bruches ... 251
Erweitern und Kürzen mithilfe der Primfaktorzerlegung erforschen ... 254
Das Wichtigste auf einen Blick/Bist du fit? ... 255

Anhang

Lösungen zu Bist du fit? ... 256
Einheiten und ihre Umrechnungen ... 261
Verzeichnis mathematischer Symbole ... 262
Stichwortverzeichnis ... 263
Bildquellenverzeichnis ... 264

◎ Auf den Punkt gebracht ◉ Im Blickpunkt

Über dieses Buch

Elemente der Mathematik ist auf der Basis des rheinland-pfälzischen Lehrplans Mathematik für einen gymnasialen Bildungsgang mit dem Abitur nach $12\frac{1}{2}$ Schuljahren konzipiert. Die zentralen Kompetenzen, die die Schülerinnen und Schüler erwerben sollen, werden deutlich herausgestellt, aber auch vielfältige Erweiterungsmöglichkeiten für thematische Profilbildungen angegeben.

Bei der Darstellung der Lerninhalte werden im Rahmen der **inhaltsbezogenen mathematischen Kompetenzen** alle Aspekte von Mathematik (als Anwendung, als Struktur sowie als kreatives und intellektuelles Handlungsfeld) ausgewogen berücksichtigt. Insbesondere wurden auch Ergebnisse und Schlussfolgerungen aus der TIMS- und der PISA-Studie angemessen eingearbeitet.

Zum Erwerb der **allgemeinen mathematischen Kompetenzen** ermöglicht **Elemente der Mathematik** eine breite Palette unterschiedlichster schülerorientierter Unterrichtsformen: Beim gemeinsamen Entdecken, Erforschen, Beschreiben und Erklären erfahren die Schüler, dass nicht nur die Lösung eines Problems, sondern auch der Lösungsweg wichtig ist und dass dabei insbesondere die Analyse von Fehlern hilfreich ist. Argumentieren, Kommunizieren, Problemlösen und Modellieren gelangen so in den Vordergrund des unterrichtlichen Geschehens. Stets werden den Unterrichtenden konkrete Hilfen an die Hand gegeben, um solche problem- und handlungsorientierte Lernsituationen zu schaffen, in denen die Schülerinnen und Schüler altersangemessen ihr mathematisches Wissen möglichst eigenständig entwickeln und strukturieren können.

Zu den Lerninhalten

Aus den im Lehrplan angegebenen überfachlichen und fachlichen Kompetenzen, die am Ende der 6. Klasse erworben sein sollen, und den genannten Inhaltsfeldern wurde folgende Themenabfolge für den Unterricht in Klasse 5 entwickelt:

Kapitel 1 Natürliche Zahlen und Größen –
Leitideen L1: „Zahlen und Zahlbereiche: Natürliche Zahlen“ sowie L2: „Messen und Größen“
Anknüpfend an die Grundschule wird der betrachtete Zahlenraum der natürlichen Zahlen erweitert. Die Darstellung von Zahlen in Stellenwertsystemen und mit römischen Zahlzeichen sowie mithilfe von Diagrammen führt zu einer vertieften Einsicht. Bei den Größen Länge, Gewicht und Zeitspanne wird der Messprozess deutlich herausgestellt.

Kapitel 2 Rechnen mit natürlichen Zahlen –
Leitideen L1: „Zahlen und Zahlbereiche: Natürliche Zahlen“ sowie L4: „Funktionaler Zusammenhang“
Bei den Grundrechenarten werden Zusammenhänge sowie Rechengesetze herausgearbeitet und ein flexibler Umgang mit ihnen geschult. Ferner wird das schriftliche Rechnen über den Zahlenraum der Grundschule hinaus erweitert. Anwendungsaufgaben mit Größen werden integriert behandelt.

Kapitel 3 Körper und Figuren – Leitidee L3: „Raum und Form“
Die Entwicklung geometrischer Grundbegriffe erfolgt ausgehend von der Betrachtung von im Alltag vorkommenden Körpern; räumliche und ebene Probleme werden in enger Vernetzung zueinander betrachtet.

Kapitel 4 Flächen- und Rauminhalte –

Leitideen L2: „Messen und Größen“ sowie L4: „Funktionaler Zusammenhang“
Besonderer Wert wird auf die Erarbeitung einer angemessenen inhaltlichen Vorstellung vom Flächen-

inhalt bzw. Rauminhalt und von seinem Messen im Sinne des Ausschöpfens gelegt. Einen weiteren Schwerpunkt bildet die anschauliche Vorstellung von den Maßeinheiten und ihren Zusammenhängen. Aus diesem Grunde wird das Berechnen mithilfe der Seitenlängen nicht zu früh angestrebt.

Kapitel 5 Anteile – Brüche – Leitidee L1: „Zahlen und Zahlbereiche: Bruchzahlen"
Die Einführung der Bruchzahlen erfolgt aus Alltagssituationen heraus über den Anzahlaspekt (als Vielfache von Brucheinheiten) in enger Verknüpfung mit dem Maßzahlaspekt (als Maßzahlen in Größenangaben).

Zum methodischen Aufbau

1. Jedes Kapitel beginnt mit einer **Einstiegsseite**, die an die Erfahrungen der Schülerinnen und Schüler anknüpft und erste Aktivitäten zur Thematik ermöglicht. Diese Seite eignet sich für einen offenen Einstieg und gibt einen Ausblick auf das Thema des Kapitels.
An die Einstiegsseite schließt sich ein **fakultatives Lernfeld** mit verschiedenen offenen und reichhaltigen Lerngelegenheiten an: In unterschiedlichen Problemsituationen können die Schülerinnen und Schüler zentrale Inhalte und Verfahren auf eigenen Lernwegen durch Anknüpfen an Alltags- und Vorerfahrungen selbstständig und häufig handlungsorientiert entdecken. Der Aufbau eigener Vorstellungen und die Bearbeitung einer Vielfalt von Lösungsansätzen werden gefördert durch die Anregung, diese Lernfelder in der Regel in Partner- und Gruppenarbeit zu bearbeiten. Der Austausch über das Problem mit dem Partner bzw. in der Gruppe sowie der Bericht über die Erfahrungen in der ganzen Klasse fördern insbesondere überfachliche und fachliche Kompetenzen wie Problemlösen sowie Argumentieren und Kommunizieren.

2. Die folgenden **Lerneinheiten** bieten eine Möglichkeit zur systematischen Behandlung der Kapitelinhalte – je nach Vorgehen in der Lerngruppe können Teile davon auch in die Bearbeitung der Lernfelder integriert werden. Jede Lerneinheit beginnt mit einem offenen Einstieg (ohne Lösung im Buch), der die Schüler(innen) zu einer eigenständigen Problembearbeitung und -lösung anregt. Es kann sich eine Aufgabe mit Lösung oder eine Einführung anschließen, die alternativ oder ergänzend die Thematik bearbeiten. Durch ihre sorgfältige, schülergerechte Darstellung eignen sie sich sowohl zum eigenständigen Erarbeiten als auch zum Herausstellen von Problemlösestrategien. Der übersichtlichen Darstellung wegen folgen hier schon weiterführende Aufgaben, die im Unterricht in aller Regel erst nach einer erfolgten Festigung der zuerst behandelten Inhalte an einigen Übungsaufgaben thematisiert werden sollten. Sie dienen der Abrundung und Weiterführung der Theorie. Ihr Thema wird den Unterrichtenden in einer Überschrift genannt. In aller Regel sollten weiterführende Aufgaben im Unterricht bearbeitet werden und nicht als Hausaufgaben gestellt werden.
Die im Lernprozess erarbeiteten Ergebnisse werden häufig in einer Information zusammengefasst. In ihr werden auch Begriffe eingeführt und Ausblicke gegeben. Wesentliche Inhalte werden dabei optisch deutlich in einem Kasten mit einem roten Rahmen hervorgehoben. Hier wird großer Wert gelegt auf prägnante, altersgemäße Formulierungen, die auch beispielgebunden sein können.
Die folgenden Übungsaufgaben sind unter besonderer Berücksichtigung des Erwerbs sowohl überfachlicher als auch fachlicher Kompetenzen konzipiert worden. Sie dienen zur Festigung des Gelernten, der operativen Durcharbeitung und der Vernetzung der Lerninhalte mit denen früherer Themen; dabei sind überall offene Aufgaben integriert. Zur soliden Durcharbeitung wird konsequent das Analysieren typischer Schülerfehler und entsprechendes Argumentieren gefordert. Auch die Übungsaufgaben ermöglichen Unterricht in vielfältigen schülerbezogenen Aktivitäten, bis hin zu Partnerarbeit und Teamarbeit sowie Spielen.
Einige Aufgaben enthalten in einem blauen Fond Musterbeispiele für Schreibweisen und Lösungswege. Manche Aufgaben enthalten Selbstkontroll-Möglichkeiten für die Schüler(innen).

Aufgaben, die die Selbstständigkeit und Problemlösefähigkeit in besonderer Weise herausfordern, sind durch eine rote Aufgabennummer gekennzeichnet.

3. Abschnitte mit der Überschrift **Vermischte Übungen** finden sich an den Stellen eines Kapitels, an denen eine besonders starke Vermischung der bisher erworbenen Kompetenzen angebracht ist.

4. Eingestreut in die Übungsaufgaben finden sich in regelmäßigen Abständen Fragestellungen unter der Überschrift **Das kann ich noch!** zum Reaktivieren des bisher erworbenen Grundwissens.

5. Am Kapitelende folgt dann der fakultative Abschnitt **Aufgaben zur Vertiefung**, der neben einer Vernetzung auch eine Ergänzung des Lehrstoffes auf einem erhöhten Niveau zum Ziel hat. Da in diesen Abschnitten keine neuen Inhalte erarbeitet werden, ist ihre Behandlung fakultativ.

6. Den Kapitelabschluss bilden die Abschnitte **Das Wichtigste auf einen Blick** und **Bist du fit?**, in denen in besonderer Weise die erworbenen Grundqualifikationen zusammengestellt und getestet werden. Die Lösungen dieser Aufgaben sind im Anhang des Buches angegeben, sodass sie von den Schülerinnen und Schüler gut zum eigenständigen Üben für eine Klassenarbeit verwendet werden können.

7. Unter der Überschrift **Im Blickpunkt** ( ) werden innermathematische, aber insbesondere auch fachübergreifende, komplexere Themen, die von besonderem Interesse sind und in engem Zusammenhang mit dem Lerninhalt des Kapitels stehen, als Ganzes behandelt. Zur Förderung der fachlichen Kompetenz des Problemlösens sind einige dieser Abschnitte als Forschungsaufträge formuliert. Die Blickpunkte gehen über die obligatorischen Inhalte des Kerncurriculums hinaus; sie eignen sich auch zur Differenzierung und Förderung von eigenständigen Schüleraktivitäten.

8. Um Schüler und Schülerinnen im eigenständigen Erarbeiten mathematischer Themen zu schulen, enthält jedes Kapitel eine Lerneinheit **Zum Selbstlernen**, in der das Thema so aufbereitet ist, dass es von den Lernenden ganz selbstständig bearbeitet werden kann.

9. An geeigneten Stellen werden unter der Überschrift **Auf den Punkt gebracht** ( ) die für diese Klassenstufe vorgesehenen prozessbezogene Kompetenzen akzentuiert zusammengefasst.

Symbole

1. Dieser Arbeitsauftrag ist für die Bearbeitung in Partnerarbeit konzipiert.
2. Dieser Arbeitsauftrag ist für die Bearbeitung durch eine Gruppe aus mehreren Schüler(innen) konzipiert.
3. Rote Aufgabennummern kennzeichnen Aufgaben, die die Selbstständigkeit und Problemlösefähigkeit der Schülerinnen und Schüler in besonderer Weise herausfordern.
4. Blaue Aufgabennummern (und Überschriften) kennzeichnen Zusatzstoffe.

In den Einheiten zum Selbstlernen kennzeichnet dieses Symbol einen Auftrag.

1. Natürliche Zahlen und Größen

Zum Vergleichen von Größenangaben verwendet man Zahlen. Sowohl bei Einwohnerzahlen als auch bei Entfernungen können dabei große Zahlen vorkommen.

- ➔ Vergleiche die angegebenen Entfernungen miteinander.
- ➔ Vergleiche die angegebenen Einwohnerzahlen miteinander.
- ➔ Wie kann man solche großen Einwohnerzahlen und Entfernungen bestimmen?

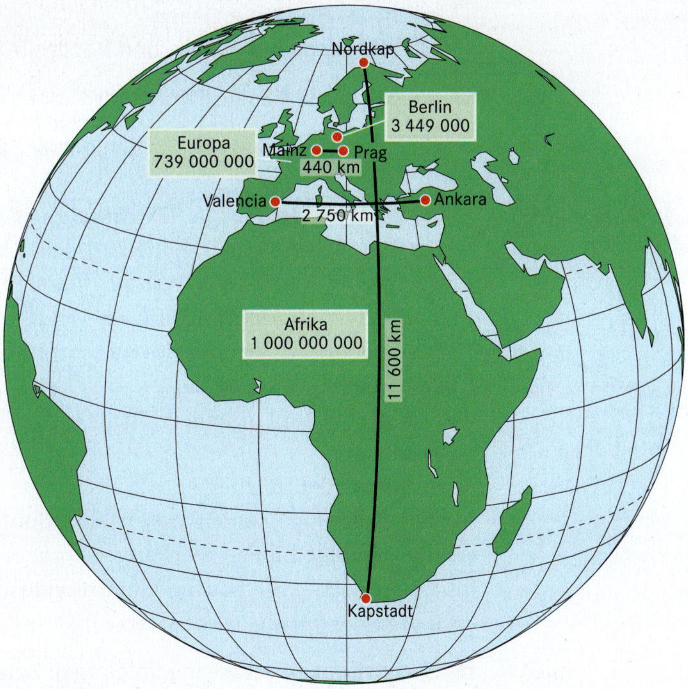

In diesem Kapitel …

erfährst du, wie wir beliebig große Zahlen schreiben können, obwohl wir nur 10 Ziffern zur Verfügung haben. Weiterhin erweiterst du dein Wissen über das Messen und Angeben von Längen, Gewichten und Zeiten.

Lernfeld: Zählen und Zahlen veranschaulichen

Überall große Zahlen

Viele Artikel in Zeitschriften oder Zeitungen enthalten Zahlenangaben.

- ➔ Wählt eine Zeitschrift oder eine Zeitung aus. Sucht Zahlenangaben heraus.
- ➔ Welche Zahlen sind mit Ziffern, welche mit Buchstaben geschrieben?
  Könnt ihr alle Zahlen lesen?
  Überlegt gemeinsam Vor- und Nachteile der verschiedenen Schreibweisen.
- ➔ Welche großen Zahlen findet ihr? Kennt ihr noch größere Zahlen?
- ➔ Gestaltet ein Plakat mit einigen dieser Zahlen, das ihr im Klassenraum aushängt.

Spiel: Wer hat die höchste Hausnummer?

Fertigt eine Tabelle mit 3 Spalten an. Jeder Mitspieler würfelt mit einem Würfel dreimal und entscheidet nach jedem Wurf, in welche der 3 Spalten er sein Ergebnis eintragen möchte. Es entsteht eine dreistellige Zahl.
Wer die größte Zahl in seiner Tabelle stehen hat, gewinnt.

Abwandlung der Spielregeln:
Anstatt dreistellige Zahlen zu würfeln, könnt ihr auch vierstellige Zahlen würfeln.
Ihr könnt auch „Wer hat die kleinste Hausnummer?“ spielen. Dann gewinnt, wer die kleinste Zahl in seiner Tabelle stehen hat.

- ➔ Entscheidet euch für eine Spielregel. Spielt das Spiel mehrere Male.
  Überlegt dann gemeinsam, welches Vorgehen (Strategie) Gewinn versprechend ist.
- ➔ Gestaltet gemeinsam ein schönes Plakat mit einigen Tipps für die verschiedenen Spielregeln.

Gewicht der Schultasche

Bestimmt kennt ihr das Gefühl, dass an manchen Schultagen die Schultasche besonders schwer ist, an anderen erscheint die Schultasche euch *kinderleicht*.

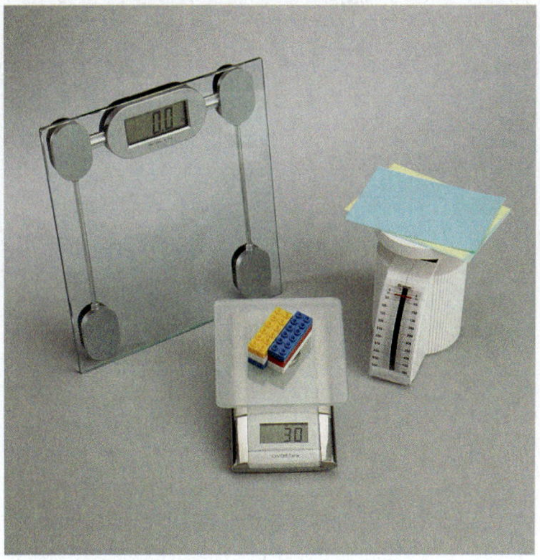

- ➜ Wiegt eure Schultaschen und vergleicht mit den Empfehlungen von Medizinern. Diese könnt ihr zum Beispiel im Internet nachschlagen.
- ➜ Welcher Gegenstand in eurer Schultasche ist am schwersten, welcher am leichtesten?
  Wie viel wiegt die leere Schultasche?
- ➜ Untersucht, ob ihr unnötige Dinge in die Schule mitgebracht habt.
  Gestaltet ein Plakat mit Tipps, wie man Schultaschen füllen kann, damit sie möglichst leicht sind. Hängt es im Klassenraum aus.

Nimm dir Zeit für die Zeit

Ihr kennt bestimmt das Gefühl, dass die Zeit manchmal wie im Fluge vergeht und ein anderes Mal still stehen bleibt.

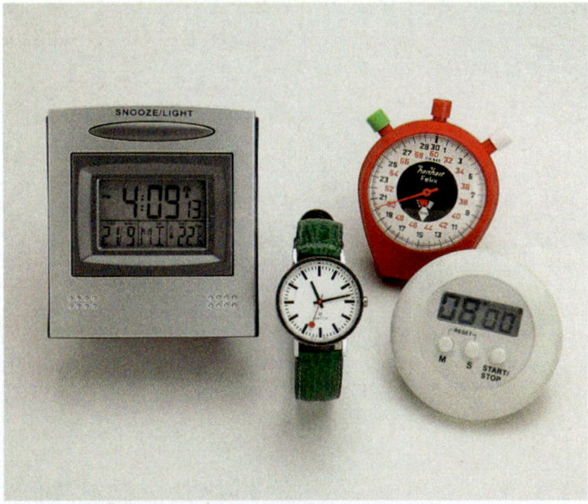

- ➜ Beschreibt solche Situationen und überlegt euch, woran das liegt.
- ➜ Tragt zusammen, mit welchen unterschiedlichen Geräten die Menschen die Zeit messen.
  Welche dieser Zeitmesser könntet ihr leicht nachbauen? Beschreibt, wie ihr vorgehen müsstet.
- ➜ Tragt die Einheiten, in der wir Zeitspannen messen, zusammen.
  Woher haben sie ihre Namen? Welcher Zusammenhang besteht zwischen ihnen?
  Ihr könnt dazu auch im Internet nachschlagen.
  Gestaltet mit diesen Informationen ein Plakat, das ihr im Klassenraum aushängt.

1.1 Darstellen von Daten einer Klasse

Einstieg

Die Schülerinnen und Schüler der neuen Klasse 5a möchten sich besser kennen lernen. Daher wird eine Umfrage in der Klasse durchgeführt und ausgewertet.
Eine der Fragen lautet:
„Welche Sportart betreibst du am liebsten?“
Die Antworten wurden in einer *Strichliste* an der Tafel notiert. Du kannst z. B. ablesen, wie häufig Fußball genannt wurde.
Das Ergebnis der Umfrage soll übersichtlich im Klassenraum präsentiert werden. Überlegt, welche Möglichkeiten es dafür gibt. Fertigt jeder ein Blatt zum Aushängen an.

Aufgabe 1

Die Schülerinnen und Schüler der Klasse 5 b wurden nach der Anzahl der Geschwister befragt. Zeichne zur Veranschaulichung ein Diagramm.

Geschwisterzahl	0	1	2	3	4
Schülerzahl	𝍸 III	𝍸 𝍸	𝍸 I	IIII	I

Lösung

Für jede Geschwisteranzahl wird eine Säule gezeichnet.
Die höchste Säule steht für die 10 Schülerinnen und Schüler, die genau ein Geschwisterkind haben.
Dafür können wir gut eine 10 Kästchen hohe Säule zeichnen, damit das Diagramm weder zu klein noch zu groß wird.
Entsprechend zeichnen wir die übrigen Säulen.

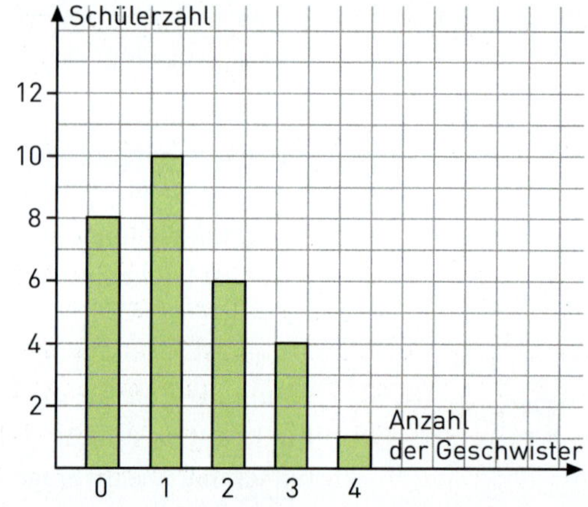

Information

(1) Strichlisten
Zum Auszählen von Stimmen oder anderen Anzahlen *(Häufigkeiten)* verwendet man oft eine **Strichliste**. Jeder 5. Strich wird schräg durch die vier vorangehenden senkrechten Striche gezogen. Mit diesen Fünfer-Bündeln hat man einen guten Überblick über die Gesamtanzahl.

(2) Säulendiagramm
Um verschiedene Größen oder Anzahlen *(Häufigkeiten)* anschaulich vergleichen zu können, zeichnet man oft ein **Säulendiagramm**. Mithilfe des größten vorkommenden Wertes überlegt man sich zunächst, welche Länge man z. B. für eine Person zeichnet.
Zum besseren Eintragen in das Diagramm zeichnet man auf die linke Seite einen nach oben gerichteten Zahlenstrahl mit Beschriftung für die dargestellten Anzahlen und Größen.

(3) Balkendiagramm

Manchmal ist es aus Platzgründen sinnvoll, die Säulen nicht stehend, sondern liegend zu zeichnen. Man spricht dann von einem *Balkendiagramm*.

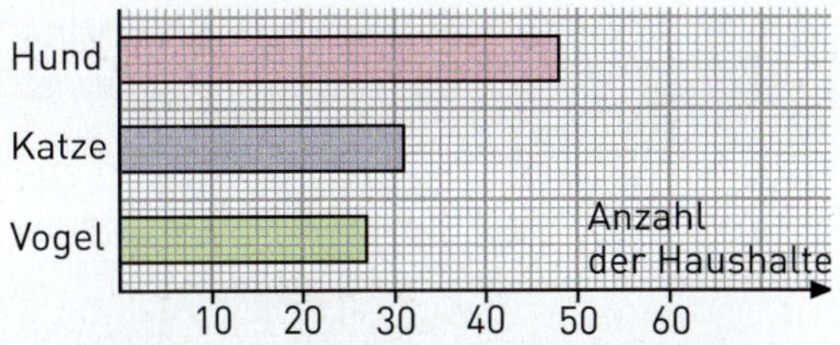

Übungsaufgaben

2. Die Schülerinnen und Schüler der Klasse 5 c haben in ihrer Klasse eine Befragung über die Länge ihrer Schulwege durchgeführt. Die ermittelten Häufigkeiten wurden an der Tafel notiert.
Zeichne ein Säulendiagramm.
Wähle 1 Kästchenlänge für je 1 Schüler.

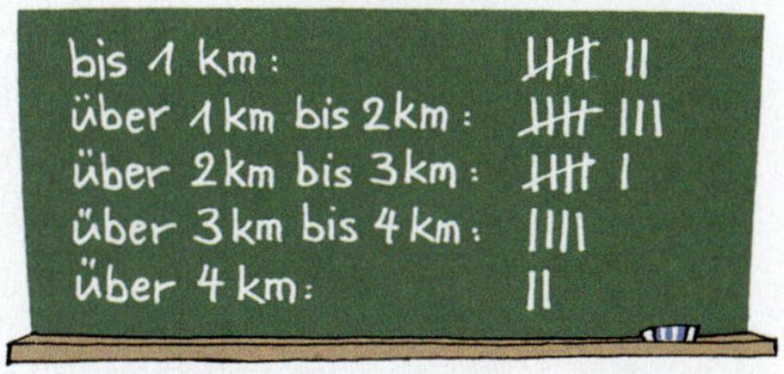

3. Peter und Sophie beobachten den Verkehr in ihrer Straße. Sie unterscheiden dabei nach Radfahrern, Motorradfahrern, Autos, Lastwagen und Bussen.
Sie notieren in einer Strichliste die vorbeikommenden Verkehrsteilnehmer in einer viertel Stunde.
Zeichne zu diesem Ergebnis ein Säulen- oder ein Balkendiagramm.

4. Die Schülerinnen und Schüler von zwei 5. Klassen wurden nach ihrem Lieblingsgetränk befragt. Dabei wurde unterschieden, ob die Antwort von einem Jungen oder einem Mädchen kam.

a) Zeichne für die Mädchen ein Säulendiagramm für die einzelnen Getränke.

b) Zeichne auch für die Jungen ein Säulendiagramm und vergleiche.

Lieblingsgetränke	Mädchen	Jungen
Mineralwasser	𝍸	III
Saft	III	𝍸
Limonade	𝍸 I	IIII
Cola	𝍸 IIII	𝍸 𝍸
Tee	II	
Milch	II	𝍸
Kakao	III	III

5. In allen 5. Klassen einer Schule wurde eine Umfrage nach den beliebtesten Haustieren gemacht. Dabei musste sich jeder Schüler für ein Lieblings-Haustier entscheiden. Die Häufigkeiten wurden in einem Säulendiagramm dargestellt.

a) Was kannst du dem Diagramm „auf einen Blick“ entnehmen?

b) Lies die Ergebnisse für jedes Haustier ab.

c) Wie viele Schüler wurden befragt?

d) Fertige eine Tabelle an.

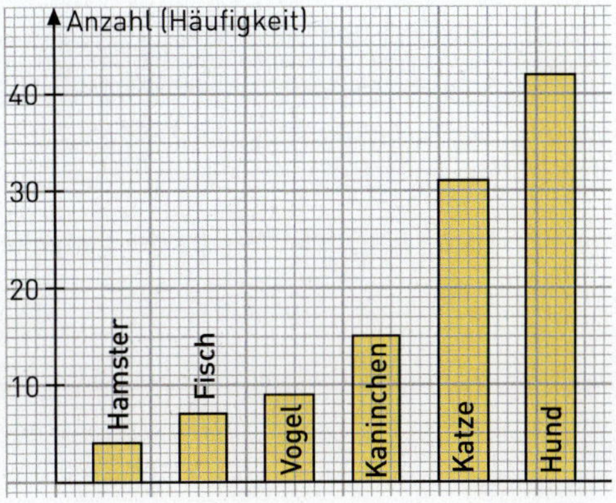

6. Die Schülerinnen und Schüler der Klasse 5 a möchten feststellen, wer von ihnen ein besonderer Glückspilz ist. Dazu wirft jeder 60-mal einen Würfel und stellt fest, wie viele Sechsen er dabei hat. Zeichne ein Säulendiagramm zu den folgenden Daten.

Anzahl der Sechsen	5	6	7	8	9	10	11	12	13	14
Häufigkeit	1	0	2	5	5	6	4	5	2	1

7. In einem Gymnasium unterrichten so viele Lehrkräfte in den jeweiligen Fächern wie rechts in der Tabelle angegeben.
Zeichne ein Balkendiagramm.

Fach	Lehrkräfte
Mathematik	16
Deutsch	22
Englisch	17
Geografie	10
Biologie	8
Kunst	4
Musik	2

8. Wählt in verschiedenen Büchern eine Seite aus und zählt 100 Wörter ab.
Legt eine Strichliste an, wie viele Buchstaben die einzelnen Wörter haben. Zeichnet ein Säulendiagramm.
Vergleicht eure Ergebnisse.

9. Zeichne das nebenstehende Balkendiagramm ins Heft. Erfinde zu dem Balkendiagramm eine passende Überschrift und eine sinnvolle Beschriftung.
Zeichne dann auch das dazu passende Säulendiagramm.

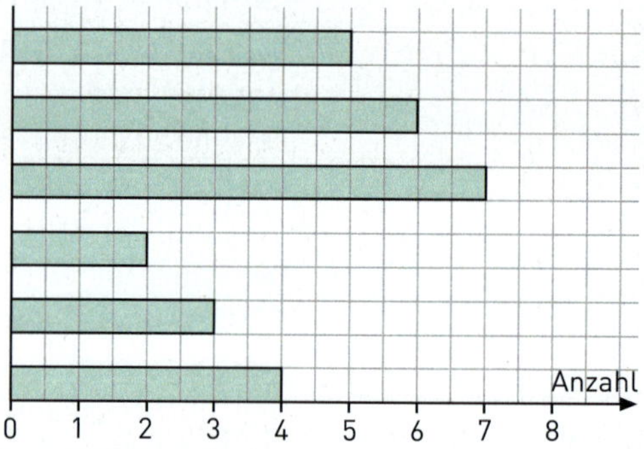

Das kann ich noch!

A) Wie viele Würfel benötigst du, um den Körper zu bauen?

1)
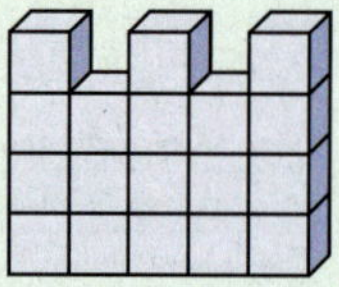

2)

3)

4)

5)
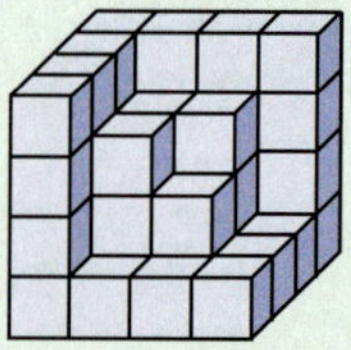

B) Welche der Vierecke sind keine Quadrate?

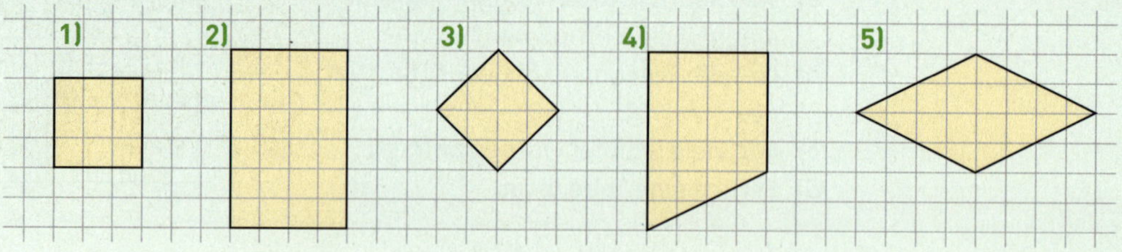

1.2 Große Zahlen – Stellenwerttafel

Einstieg

a) Lest euch den folgenden Text aus einem Biologiebuch vor. Wechselt die Rolle von Leser und Zuhörer nach jedem Satz, in dem eine Zahl vorkommt.

Termiten – Große Familien in Erdhügeln

Auf der ganzen Welt gibt es rund 2500 Termitenarten, die meisten davon in Afrika. Aber auch in Asien, Australien, Amerika und Südeuropa sind Termiten zu finden. Seit etwa 150 000 000 Jahren krabbeln sie über die Erde. Die Arten unterscheiden sich in der Ernährungsweise, der Farbe, der Größe sowie in der Art und Form ihrer Baue. Eines aber haben alle gemeinsam, sie alle bilden Staaten, Insektenstaaten. Ein Termitenstaat besteht aus einem Königspaar und seinen Nachkommen: Larven, Nymphen, Arbeiter und Soldaten, insgesamt bis zu 3 000 000 Tiere. Die Königin legt täglich bis zu 43 000 Eier.

Von Zeit zu Zeit gibt es bei den Termiten ein ganz besonderes Ereignis, das Ausschwärmen. Bis zu 400 000 geflügelte Geschlechtstiere, also fruchtbare Männchen und Weibchen, die von den Arbeitern herangezüchtet wurden, verlassen den Bau, um einander zu finden und ein neues Termitenvolk zu gründen.

b) Schreibt die Zahlenangaben aus dem folgenden Zeitungsartikel mit Zahlen. Wechselt die Rollen nach jeder Zahl: Einer schreibt, der andere kontrolliert.

Weißt du, wie viel Sternlein stehen?

Die Anzahl der Sterne, die man von der Erde aus mit bloßem Auge erkennen kann, wird auf achttausend geschätzt.

In der Milchstraße, zu der auch die Sonne zählt, befinden sich etwa 300 Milliarden Sterne.

Die Milchstraße wiederum ist nur eine von mehreren hundert Millionen solcher Galaxien: Immer wieder werden neue Sterne und Galaxien entdeckt.

Das Licht von den am weitesten entfernten Sternen braucht für den Weg zu uns etwa 10 Milliarden Jahre.

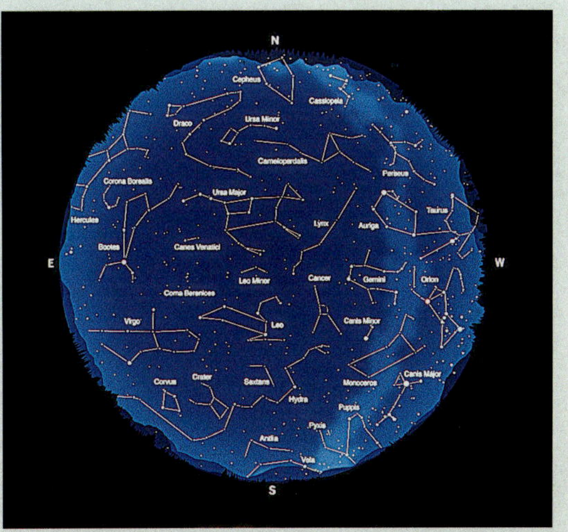

Aufgabe 1

Große Zahlen

In einem fernen Land lebte einmal ein König, dessen Tochter sehr traurig war. Er suchte im ganzen Land jemanden, der seine Tochter heilen und zum Lachen bringen konnte.
Eines Tages kam Mula und versprach, die Königstochter innerhalb von einem Monat mit 31 Tagen zu heilen.
Er forderte als Lohn für den ersten Tag 1 Taler, für den 2. Tag 10 Taler und für jeden weiteren Tag 10-mal so viele Taler wie für den vorherigen Tag. Der König willigte ein und Mula brachte die Königstocher zum Lachen.
Welchen Lohn musste der König am Ende zahlen?

Lösung

Wir notieren zunächst für jeden einzelnen Tag den Lohn in Talern (siehe rechts). Bei jedem weiteren Tag, also jeder Verzehnfachung, muss eine weitere Null angehängt werden.
Am 31. Tag ist der Lohn eine 1 mit 30 Nullen. Der Gesamtlohn ist eine Zahl aus 31 Einsen. Die Tochter des Königs konnte lachen, der König aber wurde arm.

1. Tag:		1
2. Tag:		10
3. Tag:	$10 \cdot 10 =$	100
4. Tag:	$100 \cdot 10 =$	1000
5. Tag:	$1000 \cdot 10 =$	10000
...		

Information

Namen für große Zahlen – Stellenwerttafel

Wir schreiben unsere Zahlen mit den zehn Ziffern 0, 1, 2, 3, 4, 5, 6, 7, 8 und 9; dabei benutzen wir die **Stufenzahlen** *Einer* (E), *Zehner* (Z), *Hunderter* (H) und *Tausender* (T).
Für größere Zahlen benötigen wir Zahlwörter für weitere Stufenzahlen:

1 Million = 1 000 Tausender = 1 000 000
1 Milliarde = 1 000 Millionen = 1 000 000 000
1 Billion = 1 000 Milliarden = 1 000 000 000 000
1 Billiarde = 1 000 Billionen = 1 000 000 000 000 000

Tausend: 3 Nullen
Million: 6 Nullen
Milliarde: 9 Nullen
Billion: 12 Nullen

Auch für noch größere Zahlen gibt es Namen:

1 Trillion = 1 000 Billiarden = 1 000 000 000 000 000 000
1 Trilliarde = 1 000 Trillionen = 1 000 000 000 000 000 000 000
1 Quadrillion = 1 000 Trilliarden = 1 000 000 000 000 000 000 000 000

Deutsch	Englisch
Million	million
Milliarde	billion, auch thousand million
Billion	trillion, auch million million

Verwendete Abkürzungen: Million – Mio., Milliarde – Mrd., Billion – Bill.
Beim Übersetzen großer Zahlwörter ins Englische muss man aber aufpassen (siehe links).

Große Zahlen lassen sich leichter überblicken, wenn man sie in eine **Stellenwerttafel** einträgt.

Billionen			Milliarden			Millionen			Tausender			Hunderter	Zehner	Einer	Gelesen
							1	2	5	6	3	4	5	0	12 Millionen 563 Tausend 450
					2	0	0	0	0	4	8	0	0	0	2 Milliarden 48 Tausend
		7	0	6	7	0	0	0	0	0	0	0	0	0	7 Billionen 67 Milliarden

Häufig begnügt man sich damit, Zahlen mit vielen Ziffern in Dreierpäckchen von rechts nach links zu gliedern. Man lässt einen kleinen Zwischenraum oder setzt einen Punkt.

12 563 450
12.563.450

Weiterführende Aufgabe

Nachfolger – Unbegrenztheit der natürlichen Zahlen

2. a) Nenne eine Zahl. Dein Partner nennt die nächstgrößere Zahl. Tauscht dann die Rollen noch dreimal.

b) Jakob hat auf einen Zettel hundert Neunen hintereinander geschrieben. Er behauptet: „Das ist die größte natürliche Zahl, die es gibt.“ Was meinst du dazu?

Information

Zu jeder noch so großen natürlichen Zahl kann man eine nachfolgende Zahl (den **Nachfolger**) finden. Daher kann man ohne Ende weiter zählen.
Die Menge der natürlichen Zahlen ist unbegrenzt: $\mathbb{N} = \{0, 1, 2, 3, 4, \ldots\}$.
Trotzdem reichen zum Schreiben die zehn Ziffern aus.

Übungsaufgaben

3. Arbeite mit deinem Nachbarn zusammen. Einer liest die Zahlen vor, der andere kontrolliert. Wechselt die Rolle nach jeder Zahl.

a)	b)	c)	d)
2 000 000	800 523	40 864	301 496
200 000 000	50 400 000	10 904 016 000	1 234 567
3 000 000 000 000	900 700 000 000	612 724 816	9 876 543
10 000 000 000	1 490 000 000	2 279 413	11 129 834

4. Die Kontinente der Erde sind nicht nur verschieden groß, sondern auch sehr unterschiedlich besiedelt. Schreibe die Einwohnerzahlen vollständig mit Ziffern.

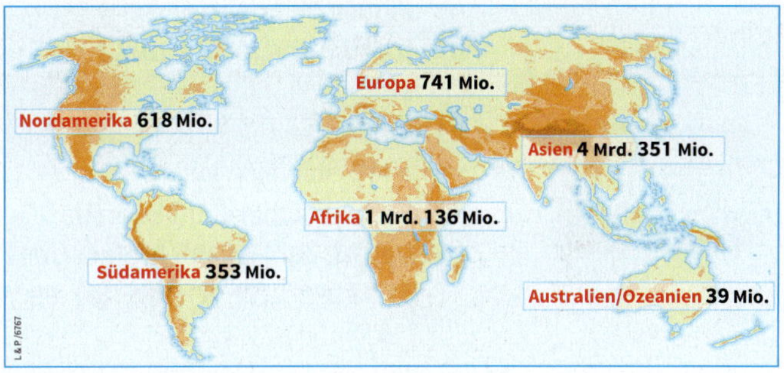

5. Schreibe die Zahlen vollständig mit Ziffern. Überlege zunächst, wie viele Ziffern die Zahl hat.

a)	b)	c)
34 Millionen	10 Milliarden	6 Millionen 432 Tausend
28 Billionen	370 Billionen	45 Milliarden 306 Tausend
7 Milliarden	318 Trillionen	1 Million 37 Tausend

6. Schreibe die Zahlen mit Ziffern. Gliedere sie in Dreierpäckchen.

a)	b)
dreihundertzwanzigtausend	siebenundsechzig Billiarden
drei Millionen	drei Milliarden fünfzig Millionen
einundfünfzig Milliarden	fünfhundertdreiundzwanzig Milliarden
fünfhundertdreißig Millionen	dreizehn Millionen zwanzigtausend
siebenhundert Billionen	drei Billionen zwanzig Millionen

Eine Stellenwerttafel kann dir helfen!

7. Schreibe die Zahlen vollständig mit Ziffern.

a)	b)	c)
12 Hundert	1 000 Tausend	1 Million Milliarden
18 Hundert 50	1 000 Millionen	1 Milliarde Billionen

8. Diktiert euch abwechselnd jeweils fünf Zahlen, die mindestens sechsstellig sind. Vergleicht anschließend, ob sie richtig aufgeschrieben wurden.

9. Bei manchen Kaufverträgen oder Quittungen muss der Geldbetrag auch in Worten eingetragen werden. Damit ist es schwieriger, eine Eintragung zu fälschen.

Autohaus Sienbesten
Kaufvertrag
Käufer: Autohaus Sienbesten
Verkäufer: Monika Mustermann
Gegenstand: Fahrzeug mit amtl. Kennzeichen MZ – MM 145
Kaufpreis: 8 700 €
in Worten: achttausendsiebenhundert

a) Hier sind die Zahlen in Worten notiert. Schreibe sie mit Ziffern.
(1) zweihundertsieben
(2) eintausenddreihundert
(3) neunzehntausendvierundfünfzig
(4) zehntausendzehn

b) Schreibe die Zahlen in Worten: (1) 87 (2) 756 (3) 5 622 (4) 19 989

10. Was gibt die Ziffer 7 an, wenn sie an der angegebenen Stelle steht?
a) 4. Stelle b) 9. Stelle c) 11. Stelle d) 7. Stelle e) 5. Stelle

11. Wie lautet die kleinste [größte] Zahl mit a) 5 Stellen; b) 6 Stellen; c) 10 Stellen?
Erläutere deine Überlegungen.

12. Wie viele Nullen benötigst du, um die Zahl mit Ziffern zu schreiben?
a) achtzig Millionen
b) dreihundertfünftausend
c) dreiundvierzig Millionen siebentausend
d) neun Millionen neuntausendneun

13. Es gibt Geräte, die Ziffernräder haben, mit denen gezählt wird, z. B. Stromzähler. Schau dir seine Arbeitsweise an.
a) Bis zu welcher Zahl kann das Gerät zählen?
b) Welche Zahl ist Nachfolger der Zahl?
(1) 19 999 (2) 89 898 (3) 990 999 (4) 99 899 999 (5) 9 191 919 (6) 88 888 999

14. a) Wie viele vierstellige Zahlen gibt es?
b) Wie viele vierstellige Zahlen haben
(1) eine 7 als Tausenderziffer; (2) eine 5 als Hunderterziffer?

15. Max geht von einer zweistelligen Zahl aus. Er bildet den Nachfolger und dann das Doppelte. Maxi geht von der gleichen Zahl wie Max aus. Sie bildet das Doppelte und dann den Nachfolger.
a) Was stellst du fest, wenn du beide Ergebnisse vergleichst?
b) Versuche deine Feststellungen zu erklären.
c) Welches ist jeweils die größte Zahl, von der Max bzw. Maxi ausgehen können, damit das Ergebnis wieder eine zweistellige Zahl ist?
d) Führe ähnliche Untersuchungen für Vorgänger und Doppeltes durch.

16. Wie viele Tetrapaks wurden seit 2000 recycelt?

17. Oft findet man in Zeitungen, Zeitschriften, Büchern, … Aussagen, in denen große Zahlen vorkommen. Wählt euch ein interessantes Sachgebiet aus. Erstellt ein Plakat, auf dem ihr solche Informationen darstellt (präsentiert). Hängt es in eurer Klasse aus.

1.3 Zweiersystem

Einstieg

Marc und Julia spielen Karten. Der Gewinner eines Spiels erhält jeweils einen Baustein mit einem Nippel. Schon bald reichen die vorhandenen Bausteine nicht mehr aus. Daher nehmen sie solche mit 2 Nippeln, 4 Nippeln, 8 Nippeln und 16 Nippeln hinzu.

a) Marc hat schon 13 Spielsteine mit einem Nippel gewonnen, Julia 23. Beide wollen ihre Spielsteine so eintauschen, dass sie möglichst wenige Steine vor sich liegen haben. Welche Steine erhält Marc, welche Steine erhält Julia?

b) Julia sagt: „Ich hätte gerne von jeder Sorte einen Stein."
Wie viele Spiele muss sie gewinnen, um dieses Ziel zu erreichen?

c) Erstelle mit deinem Nachbarn eine Tabelle, die zeigt, wie man die Punktestände von 1 bis 20 mit möglichst wenigen Bausteinen darstellen kann.
Beschreibt Regelmäßigkeiten in der Tabelle.

Information

(1) Zahlschreibweise im Zweiersystem

Wir schreiben unsere Zahlen im **Zehnersystem**. Im Zehnersystem werden 10 *Einer* zu einem *Zehner* zusammengefasst, 10 Zehner zu einem *Hunderter*, 10 Hunderter zu einem *Tausender* usw. Deshalb braucht man nur 10 Ziffern.

Der Computer kann im Innern nur 2 Ziffern verarbeiten. Computer arbeiten daher im **Zweiersystem.** Wie kann man mit den zwei Ziffern 0 und 1 alle natürlichen Zahlen schreiben?
Dazu muss man schon

2 Einer zu einem *Zweier*:

2 Zweier zu einem *Vierer*:

2 Vierer zu einem *Achter*:

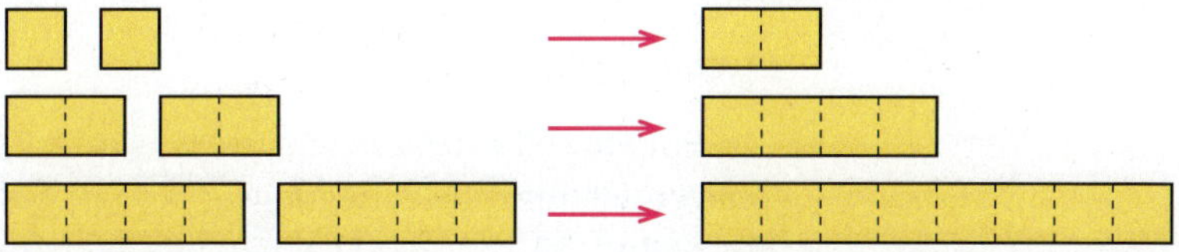

usw. zusammenfassen.

Rechts siehst du eine Darstellung der ersten sieben Zahlen im Zweiersystem.
1011 bedeutet im Zweiersystem (von links): 1 Achter, 0 Vierer, 1 Zweier, 1 Einer.

Um deutlich zu machen, dass dies eine Zahl im Zweiersystem sein soll, setzen wir das Zeichen ② dahinter, also: 1011②
(lies: eins – null – eins – eins).

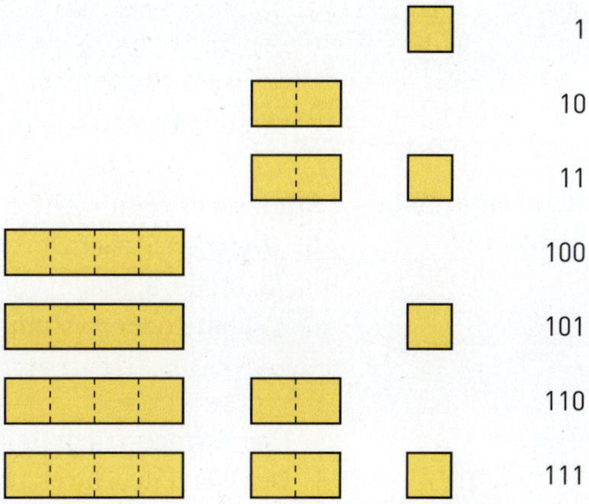

> 11 bedeutet 1 Zehner und 1 Einer.
> $11_{\textcircled{2}}$ bedeutet 1 Zweier und 1 Einer

(2) Vergleich Zehnersystem – Zweiersystem

Im Zehnersystem werden 10 Einer zu 1 Zehner, 10 Zehner zu 1 Hunderter, 10 Hunderter zu 1 Tausender usw. zusammengefasst.

·10 ·10 ·10 ·10

	1000er	100er	10er	1er
	6	5	2	7

$6 \cdot 1000 + 5 \cdot 100 + 2 \cdot 10 + 7 \cdot 1$

Die Ziffern zeigen an, aus wie vielen Einern, Zehnern, Hundertern usw. die Zahl sich zusammensetzt. Man benötigt die zehn Ziffern 0, 1, 2, 3, 4, 5, 6, 7, 8, 9.

Im *Zweiersystem* werden 2 Einer zu 1 Zweier, 2 Zweier zu 1 Vierer, 2 Vierer zu 1 Achter usw. zusammengefasst.

·2 ·2 ·2 ·2

	8er	4er	2er	1er
	1	0	1	1

$1 \cdot 8 + 0 \cdot 4 + 1 \cdot 2 + 1 \cdot 1$

Die Ziffern zeigen an, aus wie vielen Einern, Zweiern, Vierern, Achtern usw. die Zahl sich zusammensetzt. Man benötigt nur die zwei Ziffern 0 und 1.

Aufgabe 1

Umrechnen vom Zweier- in das Zehnersystem und umgekehrt

Man kann Zahlen vom Zweiersystem in das Zehnersystem umrechnen und umgekehrt.

a) Rechne $110011_{\textcircled{2}}$ aus dem Zweiersystem in das Zehnersystem um. Trage dazu $110011_{\textcircled{2}}$ zuerst in eine Stellentafel für das Zweiersystem ein.

b) Rechne 92 aus dem Zehnersystem in das Zweiersystem um. Zerlege dazu die Zahl 92 in die Stufenzahlen des Zweiersystems.

Lösung

a) Aus der Stellentafel lesen wir den Wert der einzelnen Ziffern ab:

	32er	16er	8er	4er	2er	1er
	1	1	0	0	1	1

$110011_{\textcircled{2}} = 1 \cdot 32 + 1 \cdot 16 + 0 \cdot 8 + 0 \cdot 4 + 1 \cdot 2 + 1 \cdot 1$
$= 32 + 16 + 0 + 0 + 2 + 1$
$= 51$

Ergebnis: $110011_{\textcircled{2}} = 51$

b) Die Stufenzahlen des Zweiersystems sind 1, 2, 4, 8, 16, 32, 64, 128, …
Man erhält folgende Zerlegung:

$92 = 64 + 28$
$= 64 + 16 + 12$
$= 64 + 16 + 8 + 4$

Ergebnis: $92 = 1 \cdot 64 + 0 \cdot 32 + 1 \cdot 16 + 1 \cdot 8 + 1 \cdot 4 + 0 \cdot 2 + 0 \cdot 1 = 1011100_{\textcircled{2}}$

Weiterführende Aufgabe

Stellenwert einer Ziffer im Zehner- bzw. Zweiersystem

2. Welchen Stellenwert hat die Ziffer 1 an der 3. Stelle [4. Stelle; 5. Stelle; 6. Stelle; 7. Stelle; 8. Stelle; 9. Stelle] von rechts
(1) im Zehnersystem; (2) im Zweiersystem?

> Das Zehnersystem und das Zweiersystem sind **Stellenwertsysteme**.
> Der Wert (Stellenwert) einer Ziffer hängt davon ab, an welcher Stelle die Ziffer in einer Zahl steht.

Übungsaufgaben

3. a) Untersuche mit deinem Nachbarn, wie man bei einer im Zweiersystem geschriebenen Zahl schnell erkennen kann, ob sie gerade oder ungerade ist.
b) Betrachtet die Stufenzahlen des Zweiersystems. Vergleicht sie. Beschreibt, welche Regelmäßigkeiten euch auffallen.

4. Setze die Stellentafel fort; trage die nächsten fünf Zahlen im Zweiersystem ein.

a)

32	16	8	4	2	1
1	0	1	1	0	1

b)

64	32	16	8	4	2	1
	1	1	1	0	1	1

c)

128	64	32	16	8	4	2	1
1	0	1	0	1	1	1	1

5. Schreibe im Zweiersystem alle Zahlen von:
a) 1000_2 bis 1111_2 b) 1000_2 bis 10000_2 c) 1101_2 bis 10111_2 d) 10000_2 bis 100000_2

6. Gib den Vorgänger [den Nachfolger] jeder Zahl im Zweiersystem an.
a) 110_2 b) 101100_2 c) 10111_2 d) 111111_2 e) 1010101_2

7. Rechne in das Zehnersystem um.
a) 10001_2, 11010_2 b) 101010_2, 101000_2 c) 10000011_2, 1110011_2 d) 1100111_2, 1000111_2 e) 1000101_2, 1100101_2

8. Rechne in das Zweiersystem um.
a) 18 b) 31 c) 25 d) 35 e) 56 f) 70 g) 100 h) 129 i) 144 j) 207

9. Hannes liest 1001_2 als „Eintausendeins im Zweiersystem". Was meinst du dazu?

10. a) Rechne die Zahlen 5, 8, 19, 44 in das Zweiersystem um. Verdoppele die Zahlen und rechne sie in das Zweiersystem um. Was fällt dir auf?
b) Rechne in das Zweiersystem um und vergleiche. Was fällt auf?
(1) 2; 4; 8; 16; 32; 64; 128 (2) 3; 7; 15; 31; 63; 127 (3) 5; 9; 17; 33; 65; 129

11. a) Notiere die größte Zahl, die im Zweiersystem fünfstellig [sechsstellig; siebenstellig] ist. Rechne sie ins Zehnersystem um.
b) Wie viele dreistellige [vierstellige; fünfstellige] Zahlen gibt es im Zweiersystem?
c) Wie viele Stellen haben folgende Zahlen im Zweiersystem?
(1) 100; 200; 400 (2) 500; 1000; 2000 (3) 1000; 2000; 4000
d) Vergleiche die Schreibweise einer Zahl im Zweiersystem mit der im Zehnersystem.

12. Wege durch Labyrinthe kann man mithilfe des Zweiersystems darstellen: Beim Gang durch das Labyrinth gibt es Stellen, an denen man sich entscheiden muss, ob man nach rechts (0) oder nach links (1) geht.
a) Wie oft muss man sich beim abgebildeten Labyrinth entscheiden? Welchen Weg muss man wählen?
b) Jeder geht einen Weg und beschreibt ihn mit den Ziffern 0 und 1. Er nennt seinem Nachbarn die Ziffern. Der Nachbar zeichnet dann den Weg. Anschließend wird kontrolliert und verglichen.

1.4 Römische Zahlzeichen

Ziel

Unsere Ziffern 0, 1, 2, 3, 4, 5, 6, 7, 8, 9 sind erst seit ungefähr 500 Jahren in Europa verbreitet. Sie stammen aus Indien und wurden von den Arabern nach Europa gebracht. Daher werden sie auch *arabische Ziffern* genannt. Vorher wurden in Europa die Zahlzeichen der Römer benutzt. Die römischen Zahlzeichen werden mit Großbuchstaben geschrieben. Du findest sie noch heute, z.B. auf einigen Uhren und an alten Gebäuden.
Hier lernst du, wie man Zahlen mit römischen Zahlzeichen schreibt.

Zum Erarbeiten

Umwandeln einer in römischer Schreibweise geschriebenen Zahl

Betrachte die Uhr oben und ergänze die nebenstehende Tabelle in deinem Heft. Gib an, welche römischen Zahlzeichen du erkennst. Nenne auch Regeln, wie man diese Zahlzeichen zum Schreiben von Zahlen zusammensetzt. Vergleiche deine Überlegungen mit der folgenden Information.

Mit arabischen Ziffern geschriebene Zahl	1	2
Mit römischen Zahlzeichen geschriebene Zahl	I	II

Römische Zahlzeichen:	I	V	X	L	C	D	M
	1	5	10	50	100	500	1000

(1) Steht ein Zahlzeichen rechts von einem Zahlzeichen mit gleichem oder höherem Wert, so werden die Werte der Zahlzeichen addiert.
(2) Steht ein Zahlzeichen links von einem Zahlzeichen mit höherem Wert, so wird der kleinere Wert von dem größeren subtrahiert.

Beispiele:
XI = X + I = 11
IX = X − I = 9

Gib die Nummern der folgenden Asterix-Hefte mit arabischen Ziffern an.

→ Bei der Zahl XVI steht rechts von X das Zeichen V mit kleinerem Wert und rechts davon das Zeichen I mit noch kleinerem Wert. Also wird addiert: XVI = 10 + 5 + 1 = 16.

→ Bei der Zahl XXIV steht das Zeichen I links von dem Zeichen V mit größerem Wert.
Es wird also von dem Wert für V subtrahiert und nicht zu dem Wert des links von ihm stehenden Zeichens X addiert: XXIV = 10 + 10 + 5 − 1 = 24.
Entsprechend erhält man: XIX = 10 + 10 − 1 = 19.

Umwandeln einer mit arabischen Ziffern geschriebenen Zahl

Die Schreibweisen IV und IX für 4 und 9 sind Beispiele für die Regel (3). Sie haben sich erst im Laufe der Zeit im Mittelalter entwickelt. Sie sind nicht immer beachtet worden.

(3) Die Zeichen I, X und C stehen bei einer Zahl höchstens dreimal hintereinander. V, L und D kommen je nur höchstens einmal vor.
(4) Von einem Zahlzeichen kann nur das jeweils nächstkleinere der Zeichen I, X oder C subtrahiert werden.

Beispiele:
nicht IIII, sondern IV
möglich XC,
aber nicht IC

Schreibe die Zahlen 2135 sowie 1494 mit römischen Zahlzeichen.

→ Durch Zerlegung erhalten wir:
2135 = 2000 + 100 + 30 + 5 = 1000 + 1000 + 100 + 10 + 10 + 10 + 5, also 2135 = MMCXXXV
Bei der Zahl 1494 müssen wir beachten: 400, 90 und 4 werden jeweils gebildet durch Voranstellen eines Zahlzeichens mit kleinerem Wert vor einem Zeichen mit höherem Wert: 400 = CD, 90 = XC, 4 = IV, also 1494 = MCDXCIV.

Zum Üben

1. Schreibe mit arabischen Ziffern.
   a) XXXVII; CXXV; DCCLII; MCCCXXVI; MDCLXVI; MDCCLXXIII
   b) XLII; XXIV; XXXIX; XCIII; XCIV; MCMXIX; MCMXLIX

2. a) Das Foto zeigt das alte Museum in Berlin. Das Baujahr ist in römischer Zahlschreibweise angegeben. Schreibe es mit arabischen Ziffern.
   b) Bei einem Fachwerkhaus ist als Baujahr MDCCXCIV in einen Balken eingekerbt. Schreibe mit arabischen Ziffern.

3. Erkunde, wo du sonst noch mit römischen Zahlzeichen geschriebene Zahlen findest.

4. Wie ist der Spielstand in *Asterix bei den Briten*?

5. Schreibe die Zahlen mit römischen Zahlzeichen.
   a) von 1 bis 20 b) 33; 66; 85; 821; 625; 1872

6. Welches ist die größte, welches die kleinste Zahl, die man nur mit den Zahlzeichen X und L [den Zahlzeichen M und C; den Zahlzeichen C, X und V] schreiben kann?

7.

Die obige Inschrift kann man auf Schloss Greifenstein in der Fränkischen Schweiz finden. In dem Text ist das Jahr der Erbauung versteckt. Man bezeichnet die Inschrift daher auch als *Chronogramm*. Bestimme das Baujahr, indem du alle größer geschriebenen Buchstaben als römische Zahlzeichen auffasst und addierst.

8. Man kann die römischen Zahlzeichen mit Streichhölzern darstellen. Rechts siehst du zwei Aufgaben. Welches Streichholz muss man umlegen, damit die Rechnung stimmt?

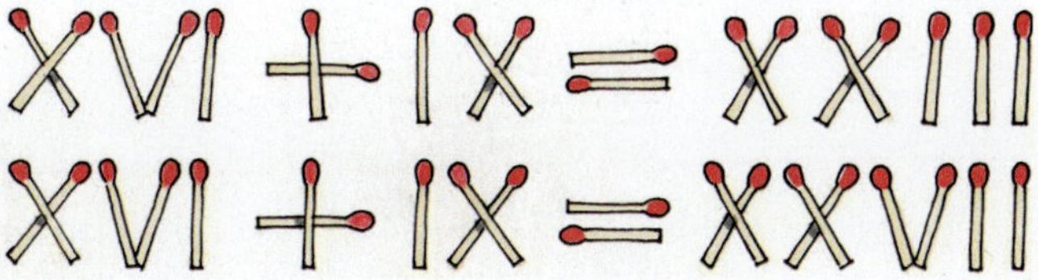

1.5 Anordnung der natürlichen Zahlen – Zahlenstrahl

1.5.1 Vergleich von natürlichen Zahlen

Einstieg

a) Vergleicht die folgenden Modelle aus einem Auto-Quartett. Ordnet die Karten.
b) Bringt ein eigenes Quartett mit in die Schule. Versucht, alle Karten nach der Größe zu ordnen. Was fällt auf?

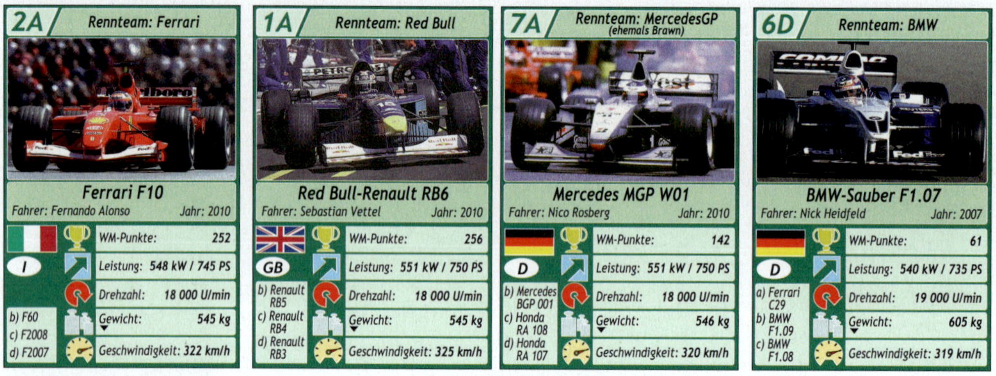

Aufgabe 1

Kleiner und größer

Die Karte enthält die Einwohnerzahlen aller Länder der Bundesrepublik Deutschland im Jahr 2011.

a) Ordne die Länder.
b)
- Welche Länder haben mehr als 10 Millionen Einwohner?
- Welche Länder haben weniger als 1 Million Einwohner?
- Welche Länder haben mehr als 3 Millionen aber weniger als 10 Millionen Einwohner?

c) Gib zwei Länder an, die zusammen etwa so viele Einwohner wie Rheinland-Pfalz haben.

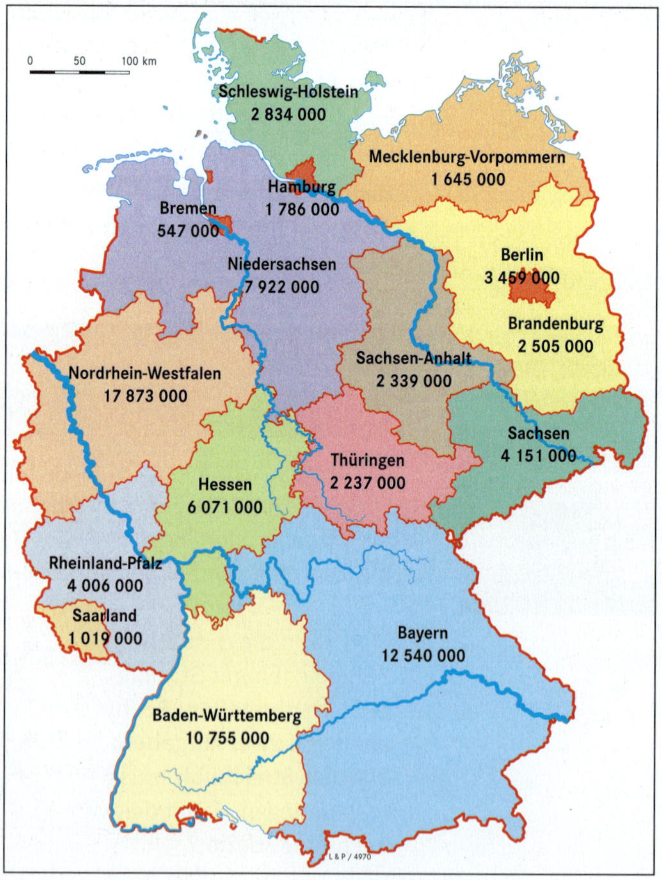

Lösung

a) Man kann die Länder z. B. nach dem Alphabet ordnen. Eine andere Möglichkeit ist, sie nach der Größe der Einwohnerzahl zu ordnen. Dabei können wir mit dem Land mit der größten Einwohnerzahl beginnen. Zur besseren Übersichtlichkeit erstellen wir eine Tabelle (siehe rechts).

Bundesland	Einwohnerzahl
Nordrhein-Westfalen	17 873 000
Bayern	12 540 000
Baden-Württemberg	10 755 000
Niedersachsen	7 922 000
Hessen	6 071 000
Sachsen	4 151 000
Rheinland-Pfalz	4 006 000
Berlin	3 459 000
Schleswig-Holstein	2 834 000
Brandenburg	2 505 000
Sachsen-Anhalt	2 339 000
Thüringen	2 237 000
Hamburg	1 786 000
Mecklenburg-Vorpommern	1 645 000
Saarland	1 019 000
Bremen	547 000

b) Mithilfe der Tabelle kann man die Fragen besonders einfach beantworten.
- Mehr als 10 Millionen Einwohner haben Nordrhein-Westfalen, Bayern und Baden-Württemberg.
- Weniger als 1 Million Einwohner hat nur Bremen.
- Mehr als 3 Millionen, aber weniger als 10 Millionen Einwohner haben Berlin, Rheinland-Pfalz, Sachsen, Hessen und Niedersachsen.

c) Hamburg und Thüringen haben zusammen 4 023 000 Einwohner, das sind ungefähr so viele Einwohner wie Rheinland-Pfalz. Es gibt noch andere Möglichkeiten.

Information

Kleiner und größer bei natürlichen Zahlen

Natürliche Zahlen können wir hinsichtlich der Größe vergleichen.
Sind die Zahlen verschieden, so gibt es zwei Möglichkeiten:

(a) *17 ist kleiner als 23*, in Zeichen: $17 < 23$.
Das bedeutet z. B.: 17 Personen sind *weniger* als 23 Personen.

(b) *45 ist größer als 38*, in Zeichen: $45 > 38$.
Das bedeutet z. B.: 45 Personen sind *mehr* als 38 Personen.

! Die Spitze des Zeichens $<$ bzw. $>$ zeigt auf die kleinere Zahl.

Weiterführende Aufgabe

Größenvergleich mithilfe der Schreibweise im Zehnersystem

2. a) Betrachte zwei natürliche Zahlen, die unterschiedlich viele Ziffern haben. Formuliere eine Regel, welche von beiden die größere ist.

b) Wie kann man zwei natürliche Zahlen mit gleich vielen Ziffern vergleichen? Beschreibe.

(1) Haben zwei natürliche Zahlen unterschiedlich viele Ziffern, dann ist die Zahl, die mehr Ziffern hat, die größere.

Beispiele: $\underbrace{5173}_{\text{4 Ziffern}} > \underbrace{998}_{\text{3 Ziffern}}$ $\underbrace{7308}_{\text{4 Ziffern}} < \underbrace{73084}_{\text{5 Ziffern}}$

(2) Haben zwei natürliche Zahlen gleich viele Ziffern, dann vergleicht man die beiden Zahlen stellenweise von links nach rechts.

Beispiele: 73 528 > 49 766
Die beiden Zahlen unterscheiden sich schon in der 1. Ziffer (hier in den Zehntausendern). Die 1. Ziffer der Zahl links ist größer als die 1. Ziffer der Zahl rechts: 7 ZT > 4 ZT

45 678 < 45 822
Die beiden Zahlen unterscheiden sich erst in den 3. Ziffern (hier in den Hundertern). Die 3. Ziffer der Zahl links ist kleiner als die 3. Ziffer der Zahl rechts: 6 H < 8 H

Übungsaufgaben

3. Übertrage in dein Heft und setze für ▪ das passende Zeichen (< oder >) ein.

a) 2 385 ▪ 2 367	**b)** 8 375 024 ▪ 8 375 042	**c)** 152 191 233 ▪ 152 191 322
998 ▪ 989	67 003 ▪ 67 013	94 533 408 ▪ 94 453 499
1 010 ▪ 1 001	3 759 333 ▪ 375 933	12 865 745 ▪ 12 856 745

4. Ordne die Zahlen nach der Größe. Überlege dir, mit welcher Zahl du beginnst.

a) 3 658; 3 750; 3 121; 6 570; 3 715
b) 92 590; 9 295; 920 000; 92 900; 9 950
c) 46 640; 44 660; 6 460; 66 040; 406 400
d) 171 250; 4 150 000; 314 571; 49 350; 757 170

5. Anzahl der Fluggäste auf Flughäfen in der Bundesrepublik Deutschland im Jahr 2010:

Hamburg	12 706 250	Leipzig-Halle	2 385 482	Frankfurt/Main	53 892 993
Bremen	2 225 717	Düsseldorf	17 805 122	Nürnberg	4 212 440
Hannover	5 609 206	Köln/Bonn	10 414 814	Saarbrücken	311 304
Berlin	20 008 703	Dresden	1 810 436	Stuttgart	10 292 674
Münster-Osnabrück	1 581 095	Erfurt	315 576	München	33 893 160
Dortmund	2 155 057	Hahn	3 955 661		

a) Welche Flughäfen haben mehr als 10 Mio. Fluggäste?
b) Ordne die Flughäfen.
c) Nach welchen Gesichtspunkten könnte die Ordnung oben entstanden sein?
d) Stellt einander weitere geeignete Fragen und beantwortet sie.

6. Ordne die Automarken nach ihrer Häufigkeit.

Neuer Zulassungsrekord 2010

Die Anzahl der zugelassenen Autos hat wieder zugenommen. In Deutschland sind 42 301 563 Pkw zugelassen, davon 27 749 825 von deutschen Herstellern.

Audi	2 601 439	Opel	5 683 332
BMW/Mini	2 818 700	Renault/Dacia	8 964 779
Ford	3 759 715	VW	9 072 375
Mercedes	3 882 463		

7. Vergleicht man drei oder mehr natürliche Zahlen miteinander, dann kann man sie in Form einer *Ordnungskette* aufschreiben, z. B. 13 < 25 < 31 (lies: 13 kleiner 25 kleiner 31). Hieran kannst du ablesen: 13 < 25, 25 < 31 und 13 < 31.

a) Schreibe in Form einer Ordnungskette.
(1) 27; 38; 15; 86 **(2)** 528; 32, 31; 198 **(3)** 599; 426; 472 **(4)** 783; 79; 7 625
b) Markus schreibt auf: 29 < 38 > 25. Warum ist eine solche Schreibweise unbrauchbar?

Das kann ich noch!

A) Rechne im Kopf.
1) 14 + 19 **2)** 24 + 19 **3)** 34 + 19 **4)** 44 + 19 **5)** 54 + 19
Suche einen Zusammenhang zwischen den Ergebnissen.

B) Rechne im Kopf.
1) 85 – 18 **2)** 75 – 18 **3)** 65 – 18 **4)** 55 – 18 **5)** 45 – 18
Suche einen Zusammenhang zwischen den Ergebnissen.

8. a) Schreibe kurz mit den Zeichen < oder >.
(1) 31 ist kleiner als 49 und 49 ist kleiner als 76.
(2) 92 ist größer als 71 und 71 ist größer als 64.
(3) 123 ist größer als 105 und 105 ist größer als 88.
(4) 52 liegt zwischen 29 und 61.
(5) 156 liegt zwischen 141 und 159.
(6) 104 ist kleiner als 112 und 121 ist größer als 112.

b) Drücke in Worten aus:
(1) 14 < 34 < 44 (2) 55 > 31 > 29 (3) 56 < 67 < 76

9. a) Gib im Heft Zahlen für ▢ an, für die gilt:
(1) 125 < ▢ < 129 (3) 14 > ▢ > 12 (5) 129 > ▢ > 125
(2) 79 < ▢ < 80 (4) 117 > ▢ > 99 (6) 1026 > ▢ > 1024

b) Wie viele natürliche Zahlen gibt es, die du für ▢ setzen kannst?
(1) ▢ < 6 (3) 123 < ▢ < 345 (5) 943 > ▢ > 658
(2) ▢ > 17 (4) 179 > ▢ > 178 (6) 244 < ▢ < 245

10. a) Schreibe alle dreistelligen Zahlen auf, die man mit den Ziffern 7, 8, 9 bilden kann; jede Ziffer soll genau einmal vorkommen. Ordne die Zahlen nach ihrer Größe.

b) Mit den Ziffern 4, 5, 6, 7 kann man vierstellige Zahlen schreiben; die Ziffern dürfen hier auch mehrfach vorkommen.
(1) Wie heißen die sechs kleinsten Zahlen?
(2) Wie heißen die sechs größten Zahlen?

c) Schreibe die größte fünfstellige Zahl auf, die keine 9 und keine 8 enthält.

d) Schreibe die größte fünfstellige Zahl auf, die aus lauter verschiedenen Ziffern besteht.

e) (1) Schreibe die kleinste sechsstellige Zahl auf, welche die Ziffer 0 enthält.
(2) Schreibe die kleinste sechsstellige Zahl auf, welche die Ziffer 0 nicht enthält.

1.5.2 Zahlenstrahl – Skalen

Einstieg

An vielen Gegenständen des täglichen Lebens findet ihr Skalen zum Ablesen.

a) Betrachtet die unten abgebildeten Gegenstände, die eine Skala haben. Lest auf jeder Skala die angezeigte Zahl ab.
Wozu benutzt man die Gegenstände?

b) Erkundet in eurer Umwelt: Wo findet ihr weitere Skalen?

c) Bei manchen Skalen sind nicht alle Skalenstriche mit Zahlen beschriftet.
Überlegt Vor- und Nachteile dieser Beschriftung.

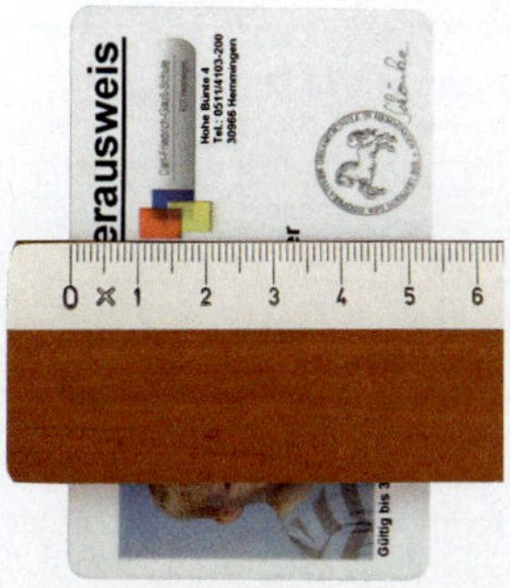

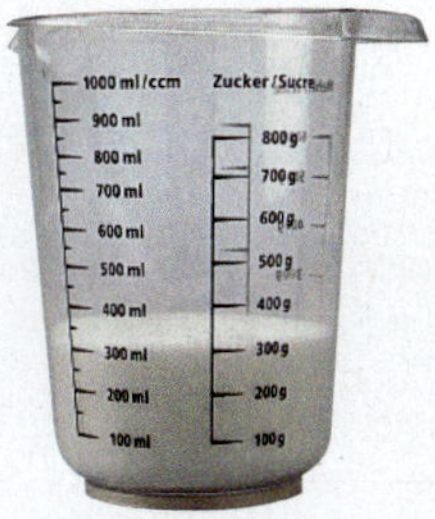

Aufgabe 1 Die natürlichen Zahlen kann man auf dem Zahlenstrahl veranschaulichen.

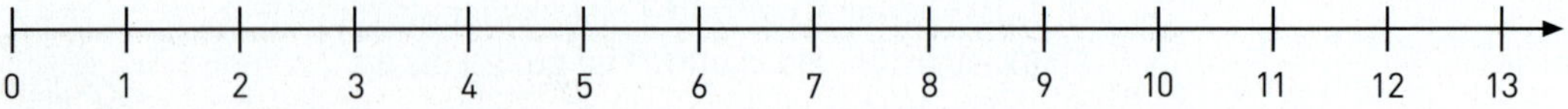

Der Zahlenstrahl beginnt bei null.
Die Abstände zwischen zwei benachbarten natürlichen Zahlen sind immer gleich groß.
Die Richtung des Zahlenstrahls zeigen wir durch eine Pfeilspitze an; sie zeigt in Richtung der größer werdenden Zahlen.

a) Zeichnest du einen Zahlenstrahl wie oben in dein Heft, so kommst du nicht weit. Was kannst du tun, um größere natürliche Zahlen auf dem Zahlenstrahl darzustellen? Zeichne je einen geeigneten Zahlenstrahl, auf dem man **(1)** die Zahlen 40, 55, 80; **(2)** die Zahlen 600, 350, 900 eintragen kann.

b) Welche Zahlen liegen links von 150, welche liegen rechts von 100?

Lösung

a) Verkleinert man den Abstand zwischen zwei benachbarten natürlichen Zahlen, dann kann man auch größere Zahlen eintragen.
Wir verändern den *Maßstab* für unseren Zahlenstrahl.

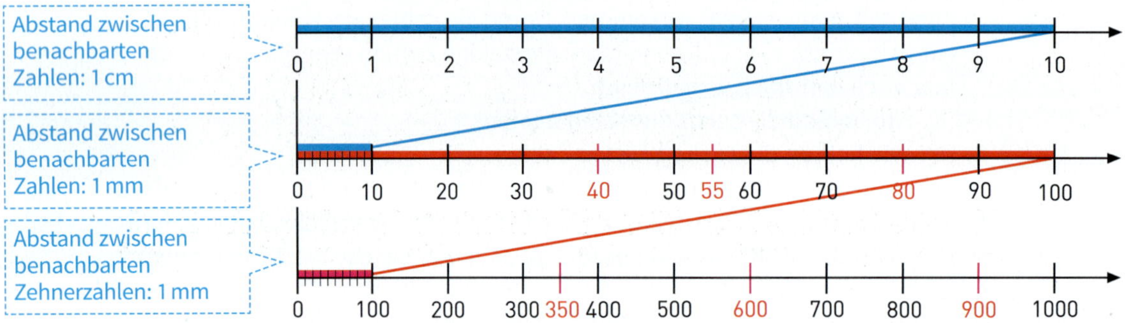

Der Abstand zwischen zwei benachbarten natürlichen Zahlen, die *Einheit* des Zahlenstrahls, kann sehr klein werden. Daher gibt man häufig an, wie viele Einheiten 1 cm ergeben.

Beim ersten Zahlenstrahl haben wir für 1 Einheit 1 cm gewählt: **1 Einheit = 1 cm**
Beim zweiten Zahlenstrahl haben wir für 10 Einheiten 1 cm gewählt: **10 Einheiten = 1 cm**
Beim dritten Zahlenstrahl haben wir für 100 Einheiten 1 cm gewählt: **100 Einheiten = 1 cm**

b) Links von 150 befinden sich auf dem Zahlenstrahl die Zahlen, die kleiner als 150 sind.
Rechts von 100 liegen die Zahlen, die größer als 100 sind.

Information

Kleiner und Größer am Zahlenstrahl

Der Größenvergleich von Zahlen lässt sich am Zahlenstrahl anschaulich darstellen.

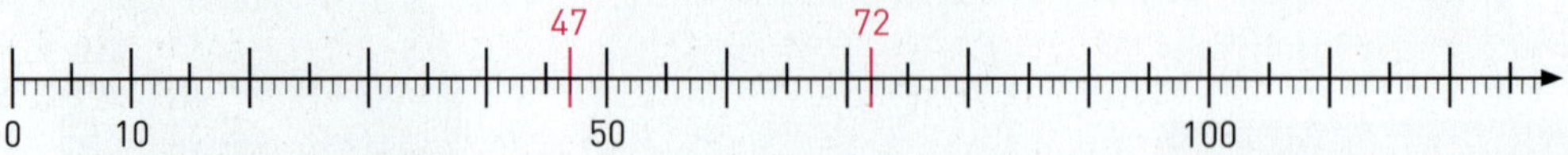

Am Zahlenstrahl bedeutet
47 < 72: Die Zahl 47 liegt am Zahlenstrahl links von der Zahl 72.
72 > 47: Die Zahl 72 liegt am Zahlenstrahl rechts von der Zahl 47.

Übungsaufgaben

2. Auf dem Zahlenstrahl sind Zahlen durch rote Striche markiert. Schreibe die Zahlen auf.

a) 

b) 

c) 

d) 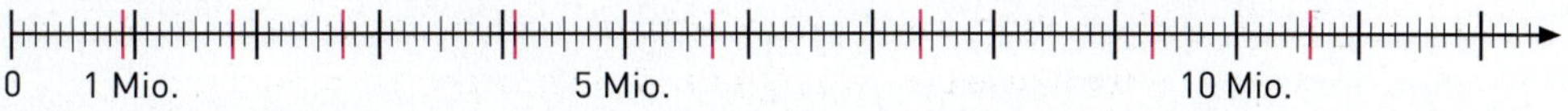

e) 

3. Die Erde ist ungefähr 4 Milliarden 560 Millionen Jahre alt. Der Zeitstrahl zeigt die Entwicklung des Lebens auf der Erde. Lies ab, in welchem Alter der Erde die einzelnen Lebewesen entstanden sind.

4. Zeichne einen Zahlenstrahl, auf dem folgende Zahlen genau eingetragen werden können.
a) 60; 75; 130; 144 **b)** 700; 1300; 1450; 1750 **c)** 4200; 8500; 7900; 800

5. Zeichne einen 10 cm langen Zahlenstrahl. Wähle für 10 Einheiten 1 cm. Markiere die Stelle für die Zahl 65. Markiere dann fünf Zahlen, die
(1) größer als 65 sind; (2) kleiner als 65 sind.

6. **a)** Welche Zahl liegt genau in der Mitte zwischen den eingetragenen Zahlen?

(1) 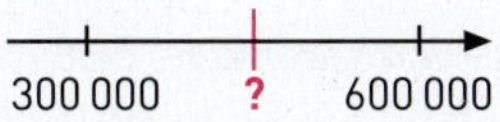

(2) 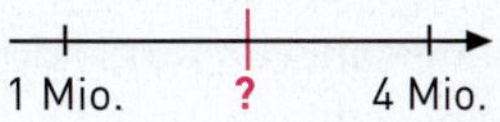

(3) 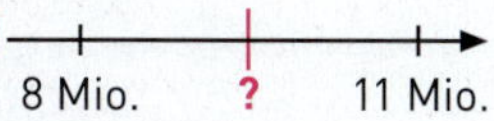

b) Welche Zahl liegt genau in der Mitte zwischen den folgenden Zahlen?
(1) 800 000 und 1 000 000
(2) 300 000 und 1 000 000
(3) 700 000 und 1 100 000
(4) 900 000 und 1 200 000
(5) 1 Million und 10 Millionen
(6) 5 600 000 und 620 000
(7) 560 000 und 620 000
(8) 56 000 und 620 000
(9) 5 600 und 620 000
(10) 560 und 620 000

c) Gib zwei Zahlen an, in deren Mitte die folgende Zahl liegt:
(1) 5 (2) 84 (3) 119 (4) 1

d) Ergänze so, dass 27 in der Mitte liegt zwischen
(1) 25 und ▢ (2) 17 und ▢ (3) 6 und ▢ (4) ▢ und 30.

1.6 Runden von Zahlen – Bilddiagramme

Einstieg

In zwei verschiedenen Zeitungen wurde über die Anzahl der Haushalte mit Haustieren berichtet.

Tiere	Anzahl 2010
Katzen	7900000
Hunde	4900000
Nagetiere	3450000
Vögel	2550000

Tiere	Anzahl der Haushalte mit Tieren im Jahr 2010
Katzen	
Hunde	
Nagetiere	
Vögel	

a) Vergleicht beide Darstellungen. Nennt Vor- und Nachteile.
b) Ist es möglich, eine Darstellung aus der anderen zu erhalten? Begründet und beschreibt, wie.

Aufgabe 1

Für Einwohnerzahlen kann man *Bilddiagramme* zeichnen; dabei werden die Zahlen *gerundet*.

a) Vergleiche die Anzahl der Figuren für Düsseldorf und Dresden mit den Einwohnerzahlen:
Düsseldorf: 588 735 Dresden: 523 058
Warum wurde für Düsseldorf im Bilddiagramm eine Figur mehr als für Dresden gezeichnet?

b) Wie viele Figuren braucht man für die folgenden Einwohnerzahlen?
Hannover: 525 875
Hamburg: 1 792 129
Stuttgart: 606 588
Mainz: 207 436

c) Welches Problem ergibt sich bei genau 250 000 Einwohnern?

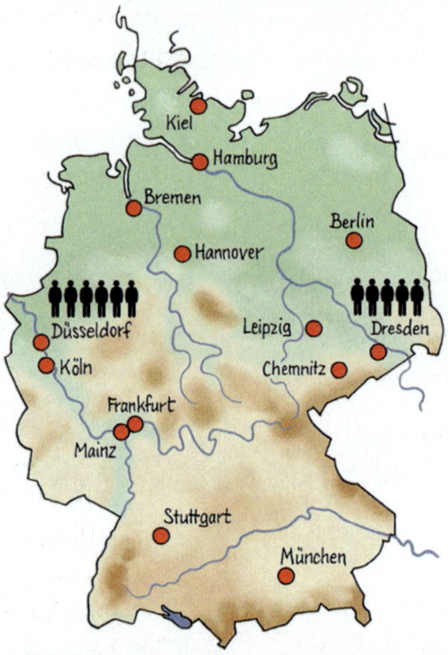

Lösung

a) Jede Figur bedeutet 100 000 Einwohner. Das Diagramm gibt die Einwohnerzahl nicht genau, sondern auf Hunderttausender gerundet an. Die Einwohnerzahl von Düsseldorf liegt zwischen 500 000 und 600 000. Sie liegt jedoch dichter an 600 000, weil 88 735 mehr alsdie Hälfte von 100 000 ist. Also zeichnet man 6 Figuren.
Die Einwohnerzahl von Düsseldorf wird also *aufgerundet*: 588 735 ≈ 600 000.
Die Einwohnerzahl von Dresden liegt ebenfalls zwischen 500 000 und 600 000, jedoch dichter an 500 000, weil 23 058 weniger als die Hälfte von 100 000 ist. Also zeichnet man 5 Figuren. Die Einwohnerzahl von Dresden wird also *abgerundet*: 523 058 ≈ 500 000.

≈ bedeutet: ist ungefähr

b) Runde die Zahlen zuerst auf volle Hunderttausender:
Hannover: 525 875 ≈ 500 000, also 5 Figuren
Hamburg: 1 792 129 ≈ 1 800 000, also 18 Figuren
Stuttgart: 606 588 ≈ 600 000, also 6 Figuren
Mainz: 207 436 ≈ 200 000, also 2 Figuren

c) 250 000 liegt genau in der Mitte von 200 000 und 300 000. Für solche Fälle hat man vereinbart, dass dann aufgerundet wird: 250 000 ≈ 300 000.

Information

Oft ist es nicht erforderlich, eine Zahl ganz genau anzugeben. Dann kann man die Zahl auf eine bestimmte Stelle (z. B. Zehner, Hunderter, …) **runden**. Gehe dabei so vor:

(1) Suche die Rundungsstelle.

(2) Ist die Ziffer rechts von der Rundungsstelle *kleiner als 5*, so wird abgerundet.
Dabei bleibt die Ziffer an der Rundungsstelle erhalten. Alle Ziffern rechts davon werden 0.

(3) Ist die Ziffer rechts von der Rundungsstelle *5 oder größer als 5*, so wird aufgerundet.
Dabei wird die Ziffer an der Rundungsstelle um 1 erhöht. Alle Ziffern rechts davon werden 0.

Bei 0, 1, 2, 3, 4 **ab**runden;
bei 5, 6, 7, 8, 9 **auf**runden

Beispiele:

Runden auf **Hunderter**:
1737 ≈ 1700
Rechts von der Rundungsstelle steht eine 3. Hier muss man abrunden.

Runden auf **Tausender**:
76980 ≈ 77000
Rechts von der Rundungsstelle steht eine 9. Hier muss man aufrunden.

Will man große Zahlen mit Bilddiagrammen veranschaulichen, ist es sinnvoll, sie zu runden.

Übungsaufgaben

2. a) Runde auf Zehner [Hunderter]: 97; 194; 248; 329; 28563; 264999; 4783969
b) Runde auf Tausender [Zehntausender]: 8951; 25499; 24999; 4785934; 1878049
c) Runde auf Millionen [Hunderttausender]: 6142718; 3433100; 2295000; 5453640

3. Das Bilddiagramm zeigt, wie viele Handyverträge es in Deutschland gab. Jede Figur steht für 10 Millionen Verträge. Notiere in einer Tabelle die gerundeten Anzahlen.

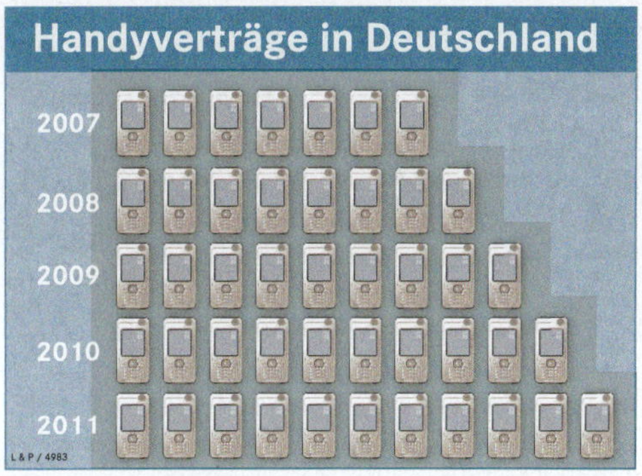

4. Tim soll die Zahl 2548 auf Hunderter runden. Dazu geht er schrittweise vor:
Er rundet zunächst auf Zehner: 2550.
Diese gerundete Zahl rundet er schließlich auf Hunderter: 2600. Diskutiere mit deinem Nachbarn. Was meint ihr dazu?

5. Zeichne ein Bilddiagramm der Einwohnerzahlen europäischer Millionenstädte im Jahr 2011:

Athen	2665000	Moskau	10407000	London	7421000	Rom	2548000
Berlin	3392000	Paris	2181000	Madrid	3155000	Wien	1651000
Brüssel	1068000	Prag	1182000	Warschau	1695000	Budapest	1697000

6. Stelle die Daten aus dem Zeitungsartikel mithilfe eines geeigneten Bilddiagramms dar.

Im Schuljahr 2012/13 besuchten 427924 Schülerinnen und Schüler allgemein bildende Schulen in Rheinland-Pfalz, davon 135392 Grundschulen, 1725 Hauptschulen, 7330 Realschulen, 95204 Realschulen plus, 37239 integrierte Gesamtschulen, 137025 Gymnasien, 10748 Förderschulen und 3261 Schulen besonderer Art (z. B. Waldorfschulen).

7. Die folgenden Zahlen sind gerundet worden.
Welche Zahl kann ursprünglich gestanden haben? Gib fünf Zahlen an, die infrage kommen.
a) Auf Zehner: 40; 100; 3090
b) Auf Hunderter: 300; 4500; 958000

8. Bei einem Bundesliga-Fußballspiel waren 43 000 Zuschauer. Diese Zahl ist auf Tausender gerundet. Wie viele Zuschauer waren es mindestens, wie viele höchstens?

9. Wie heißt die größte [kleinste] Zahl, die beim Runden
- **a)** auf Zehner die Zahl 130 ergibt;
- **b)** auf Hunderter die Zahl 4 500 ergibt;
- **c)** auf Tausender die Zahl 34 000 ergibt;
- **d)** auf Zehntausender die Zahl 350 000 ergibt?

10. In welchen der folgenden Fälle darf man runden? Begründe deine Entscheidung.
- **(1)** In unserem Dorf wohnen heute 748 Personen.
- **(2)** Peter hat die Telefonnummer 73 85 46.
- **(3)** Familie Meier kauft ein Auto für 18 824 €.
- **(4)** Im Fußballstadion waren 21 367 zahlende Zuschauer.
- **(5)** Das Flugzeug hat eine Flughöhe von 10 300 Meter.
- **(6)** Der Mond umkreist die Erde in einer Entfernung von 384 000 km.
- **(7)** Mike hat die Kleidergröße 152.

11. Wenn man die Zahl 7 342 auf 7 300 rundet, begeht man einen *Rundungsfehler*; in unserem Beispiel beträgt dieser 42.
- **a)** Runde die folgenden Zahlen und gib den Rundungsfehler an:
  - (1) auf Zehner: 34; 285; 5 628; 35; 592; 239 543
  - (2) auf Hunderter: 385; 2 675; 29 522; 967 321; 435 211; 666 356
- **b)** Bei folgenden gerundeten Zahlen ist der Rundungsfehler angegeben. Wurde auf Zehner, Hunderter, Tausender oder Zehntausender gerundet? Nenne die ursprüngliche Zahl.

	Gerundete Zahl	Rundungsfehler
(1)	370	4
(2)	2 600	37
(3)	1 230	5

	Gerundete Zahl	Rundungsfehler
(4)	3 000	236
(5)	340 000	4 558
(6)	2 300	50

- **c)** Wie groß kann der Rundungsfehler beim Runden auf Zehner [Hunderter, Tausender, …] höchstens sein? Begründe.

12. Max geht von einer 5-stelligen Zahl aus. Er rundet auf Hunderter und bildet dann das Doppelte. Maxi geht von der gleichen Zahl aus. Sie bildet das Doppelte und rundet dann auf Hunderter.
- **a)** Beim ersten Beispiel ist das Ergebnis von Max kleiner als das von Maxi. Von welcher Zahl könnten beide ausgegangen sein?
- **b)** Beim zweiten Beispiel ist das Ergebnis von Max genau so groß wie das Ergebnis von Maxi. Von welcher Zahl könnten beide ausgegangen sein?
- **c)** Gibt es auch Zahlen, sodass das Ergebnis von Max größer ist als das von Maxi?

Das kann ich noch!

A) Rechne im Kopf. Suche einen Zusammenhang zwischen den Ergebnissen.
1) $13 \cdot 3$; $13 \cdot 4$; $13 \cdot 7$ **2)** $33 \cdot 2$; $33 \cdot 3$; $33 \cdot 5$

1.7 Größen und ihre Einheiten

1.7.1 Messen von Längen – Längeneinheiten

Einstieg

Schätzt die
- Länge und Breite des Klassenraumes;
- Breite und Höhe der Tür;
- Länge, Breite und Dicke verschieden großer Hefte.

Messt dann genau und vergleicht mit euren Schätzungen. Beschreibt, wie ihr vorgegangen seid.

Einführung

(1) Messen in m, dm und cm

Das Tafellineal ist genau 1 m lang. Beim Messen einer Länge legt man es mehrfach aneinander. Muss man z. B. zum Messen das Lineal achtmal aneinander legen, so ist die gemessene Strecke genau 8 m lang. Häufig benötigt man aber auch kleinere Einheiten auf dem Lineal.

8 Meter
Maßzahl ↗ ↖ Maßeinheit

Das 1 Meter lange Tafellineal ist in 10 gleich lange Abschnitte eingeteilt. Jeder dieser Abschnitte hat die Länge 1 Dezimeter (1 dm). 10 Dezimeter-Strecken sind so lang wie eine Meter-Strecke.

1 m = 10 dm

Jede Dezimeter-Strecke ist wiederum in 10 gleich lange Abschnitte unterteilt. Die Länge eines jeden solchen kleineren Abschnitts ist 1 Zentimeter (1 cm).

1 dm = 10 cm

Die Längeneinheiten m, dm und cm kann man übersichtlich in einer Einheitentabelle zusammenstellen. Sie hilft dabei, die Längen zu notieren:

Schreibweise mit gemischten Einheiten

6 m 35 cm = 6 m 3 dm 5 cm
6 m 35 cm = 6,35 m
6 m 35 cm = 635 cm

Einheitentabelle:

m	dm	cm
6	3	5

(2) Messen in cm und mm

Damit man auch kleine Strecken genau messen kann, ist auf dem Lineal jede Zentimeterstrecke in 10 Millimeterstrecken unterteilt:

1 cm = 10 mm

Das Messer dieses Bleistiftanspitzers ist 2 cm 4 mm lang. Es gilt:

Einheitentabelle:

cm	mm
2	4

2 cm 4 mm = 24 mm

Dies kann man auch in der Einheitentabelle rechts erkennen.
In der Kommaschreibweise notiert man statt der gemischten Einheiten auch:

2 cm 4 mm = 2,4 cm

(3) Messen in km und m

Rechts siehst du ein Streckenhäuschen an einer Bahnstrecke; auf ihm ist eine Entfernung in Kilometer (km) angegeben. Eine Strecke von 1 km Länge ist 1 000-mal so lang wie eine Strecke von 1 m Länge:

1 km = 1000 m

Die Längenangabe 20,843 km bedeutet mit gemischten Einheiten 20 km 843 m. Dafür kann man kurz auch 20483 m schreiben (siehe Einheitentabelle rechts).

Einheitentabelle:

	km			m		
	H	Z	E	H	Z	E
		2	0	8	4	3
			4	8	0	0

Die Längenangabe 4,8 km auf dem Wegweiser links ist eine verkürzte Schreibweise. Will man diese Länge in gemischten Einheiten angeben, so sind noch zwei Nullen in der Einheitentabelle ergänzen. Es gilt somit:

4,8 km = 4,800 km = 4 km 800 m = 4 800 m

Information

(1) Übersicht über die Längeneinheiten

1 km ⇄ (:1 000 / ·1 000) 1 m ⇄ (:10 / ·10) 1 dm ⇄ (:10 / ·10) 1 cm ⇄ (:10 / ·10) 1 mm

1 km = 1 000 m   1 m = 10 dm   1 dm = 10 cm   1 cm = 10 mm

Beachte auch: 1 m = 100 cm; 1 m = 1 000 mm

So kannst du dir die Längen zu den Maßeinheiten vorstellen:

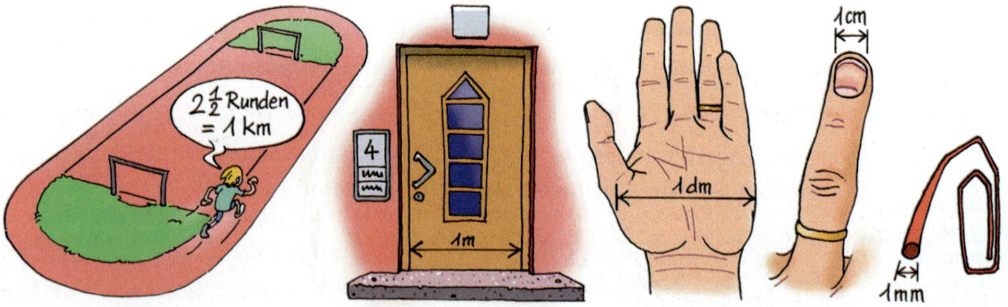

(2) Die Einheitentabelle

Die Einheitentabellen aus der Einführung lassen sich zu einer Tabelle zusammenfassen:

Die Einheitentabelle hilft dir beim Umwandeln von Längeneinheiten

	km				m						
	T	H	Z	E	H	Z	E	dm	cm	mm	Schreibweisen
				7	4	2	1				7 km 421 m = 7,421 km = 7 421 m
			1	8	4						18 km 400 m = 18,4 km = 18 400 m
				0	3	6					0 km 360 m = 0,36 km = 360 m
							3	0	4		3 m 4 cm = 3,04 m = 304 cm
									5	7	5 cm 7 mm = 5,7 cm = 57 mm
									0	5	0 cm 5 mm = 0,5 cm = 5 mm

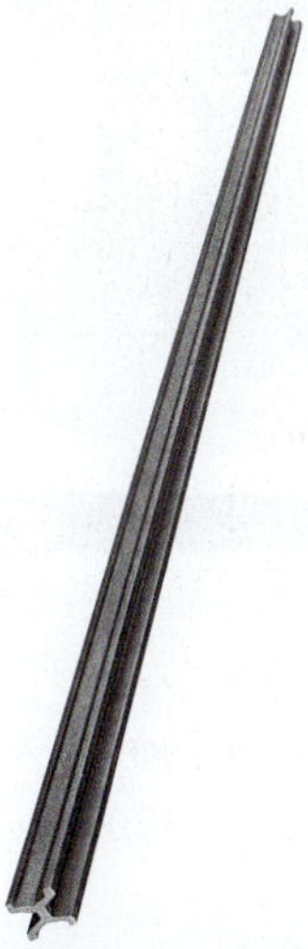

Urmeter

(3) Alte Längeneinheiten

Früher hat man noch mit „natürlichen Längenmaßen" gemessen, z.B.: *1 Zoll* (etwa 2,5 cm); *1 Spanne* (etwa 22 cm bis 28 cm); *1 Elle* (etwa 55 cm bis 65 cm); *1 Fuß* (etwa 25 cm bis 39 cm); *1 Schritt* (etwa 70 cm bis 80 cm).

Da aber die Körpermaße der Menschen sehr unterschiedlich sind, wurden auch unterschiedlich große Ellen verwendet. Allein in Deutschland gab es über 100 verschiedene Ellenmaße.

Der Ursprung der Längeneinheit Meter ist der Beschluss der französischen Nationalversammlung, ein einheitliches Längenmaß zu definieren. Ursprünglich wurde seine Länge mithilfe der Größe der Erde festgelegt. Schon 1735 hatte die Pariser Akademie zwei Expeditionen nach Peru und Lappland geschickt, um die Erde genau zu messen. 1793 legt der Nationalkonvent dann das Meter als den zehnmillionsten Teil der Entfernung auf der Erde vom Pol zum Äquator fest. Links siehst du den *„Urmeterstab"*, der 1799 aus den Edelmetallen Platin und Iridium hergestellt wurde. Seine Länge wurde als 1 m festgelegt. Dies wurde auch beibehalten, als genauere Messungen des Erdumfangs erfolgten. Der *Urmeter* wird noch heute in Paris aufbewahrt.

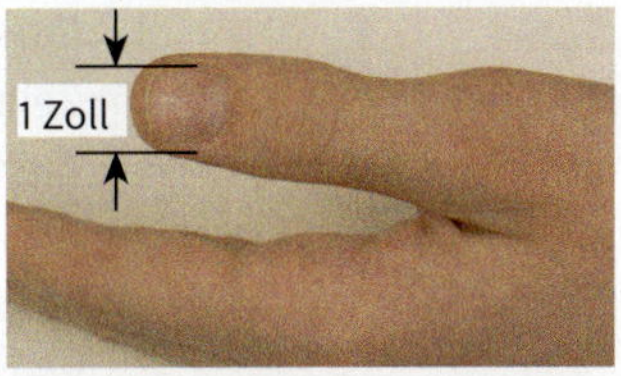

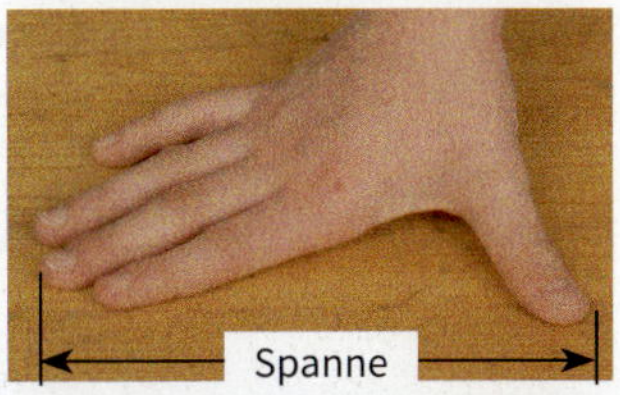

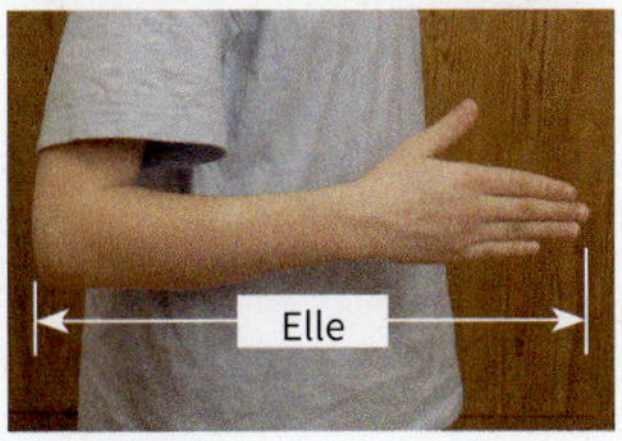

In der *Internationalen Meterkonvention* einigten sich am 20. Mai 1875 in Mitteleuropa 17 Unterzeichner-Staaten darauf, zukünftig das Meter als verbindliche Längeneinheit zu verwenden. Seit dieser Zeit wird es in den meisten Staaten der Welt und in den Naturwissenschaften verwendet.

Übungsaufgaben

1. a) Gib verschiedene Gegenstände an, die ungefähr die folgende Länge haben:
(1) 1 m (2) 1 dm (3) 1 cm (4) 1 mm

b) Bestimme in deinem Heimatort eine Entfernung, die 1 km lang ist. Wie kannst du vorgehen?

2. Zeichne eine Strecke folgender Länge.
a) 4 cm b) 3 cm 2 mm c) 64 mm d) 7,4 cm e) 5,5 cm f) 1 dm 3 cm 7 mm

3. In welcher Längeneinheit gibt man zweckmäßig an:
(1) die Höhe eines Baumes,
(2) die Länge eines Bleistiftes,
(3) die Breite einer Straße,
(4) die Dicke einer Musik-CD,
(5) die Tiefe eines Flusses,
(6) die Höhe eines Berges,
(7) die Länge eines Wanderweges für 2 Stunden,
(8) die Entfernung von Heidelberg nach Mannheim,
(9) den Durchmesser einer Musik-CD,
(10) die Breite einer Tür,
(11) die Länge deines Schulweges,
(12) die Breite einer Briefmarke?

4. Schätze die Längen der unten abgebildeten Insekten (ohne Fühler). Miss dann genau.

Hornisse

Blattlaus

Honigbiene

Marienkäfer

Ohrwurm

Spiel (3 oder mehr Spieler)

5. Ein Mitspieler markiert 2 Punkte auf einem Zeichenblatt. Alle Mitspieler schätzen den Abstand der beiden Punkte in mm und notieren ihren Schätzwert. Jetzt wird nachgemessen. Die Abweichungen der Schätzwerte vom Messwert (in mm) werden als Minuspunkte für jeden notiert. Der nächste Spieler markiert 2 neue Punkte usw. Wer nach einer Runde die wenigsten Minuspunkte hat, ist Gewinner.

6. Gib die Länge in der nächstkleineren Einheit an.

a) 7 km	**b)** 17 dm	**c)** 999 m	**d)** 8 dm
4 cm	625 m	88 cm	7,5 km
39 m	80 cm	300 km	21 cm

> 60 cm = 600 mm
> 12 km = 12 000 m

7. Gib die Länge in der nächstgrößeren Einheit an.

a) 50 mm	**b)** 50 cm	**c)** 5 000 m	**d)** 70 dm
200 mm	3 000 cm	60 000 m	140 dm
3 500 mm	7 400 cm	12 000 m	1 300 dm

> 80 cm = 8 dm
> 250 mm = 25 cm

8. Schreibe ohne Komma mit gemischten Einheiten. Verwandle dann in die kleinere Einheit.

a) 7,5 cm	**b)** 23,04 m	**c)** 7,256 km	**d)** 0,703 km
27,8 cm	16,5 m	20,005 km	7,3 km
0,5 cm	0,05 m	11,4 km	7,03 km

> 6,35 m = 6 m 35 cm
> = 635 cm

9. Trage die Längenangaben in eine Einheitentabelle ein. Notiere auch jede Länge in der kleineren Einheit sowie in der größeren Einheit in der Kommaschreibweise.

km		m					
Z	E	H	Z	E	dm	cm	mm

a) 6 cm 7 mm	**b)** 17 m 8 cm	**c)** 39 km 400 m	**d)** 2 m 30 cm
4 dm 1 cm	57 m 22 cm	20 km 50 m	1 m 3 cm
50 cm 6 mm	4 km 319 m	1 dm 8 mm	9 km 2 m

10. Schreibe in der in Klammern angegebenen Längeneinheit.

a) 5 m (cm)	**b)** 40 000 m (km)	**c)** 5 km 700 m (km)	**d)** 7 600 m (km)
4 m (mm)	3 000 cm (m)	2 m 8 cm (m)	3 400 m (cm)
2 dm (mm)	7 000 mm (m)	1 m 3 mm (m)	300 dm (cm)

11. Kontrolliere Julias Hausaufgaben. Korrigiere gegebenenfalls in deinem Heft.

a) 6 m 2 cm = 620 cm
b) 5 m 1 cm = 5,1 m
c) 2 km 300 m = 2,3 km
d) 8 km 60 m = 8,6 km
e) 0,5 m = 5 cm
f) 4 m 1 cm = 4,01 cm

12. Ordne der Größe nach. Beginne mit der größten Länge.
13 cm; 40 mm; 2 dm; 1 dm 8 cm; 1 dm; 9 cm 8 mm; 0,5 dm

13. Gib die Längen mit gemischten Einheiten an.

Football

Football-Spielfeld

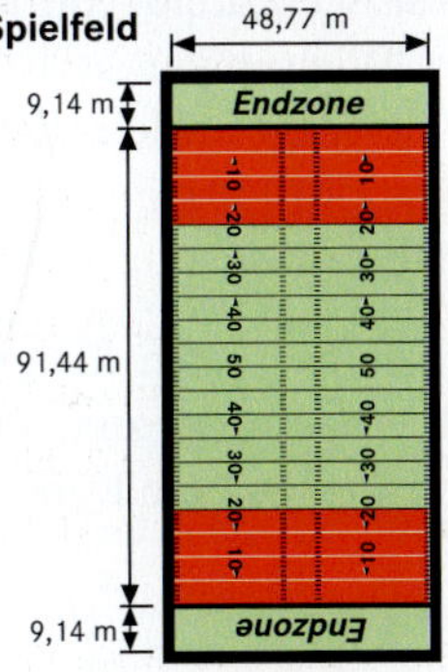

Olympia-Marathonstrecken	
1896	24,85 km
1900	40,26 km
1904	40 km
1908	42,195 km
1912	40,2 km
1920	42,75 km
seit 1924	42,195 km

Eiffelturm

14. Auch Längen rundet man.

a) (1) Runde auf volle km: 3 448 m; 5 501 m; 8 194 m; 1 753 m; 6 499 m; 803 m
   (2) Runde auf volle m: 651 cm; 929 cm; 1 249 cm; 963 cm; 2 350 cm; 6492 cm
   (3) Runde auf volle cm: 135 mm; 73 mm; 5 341 mm; 716 mm; 361 mm; 1555 mm

b) (1) Der Eiffelturm in Paris ist 320 m hoch, die Höhe ist auf volle m gerundet. Wie hoch kann der Eiffelturm tatsächlich sein?
   (2) Die Höhe eines Zimmers wird mit 248 cm angegeben; sie ist auf volle cm gerundet. Wie hoch kann das Zimmer tatsächlich sein?

15. Bei einem Auto werden Länge, Breite und Höhe in mm angegeben.

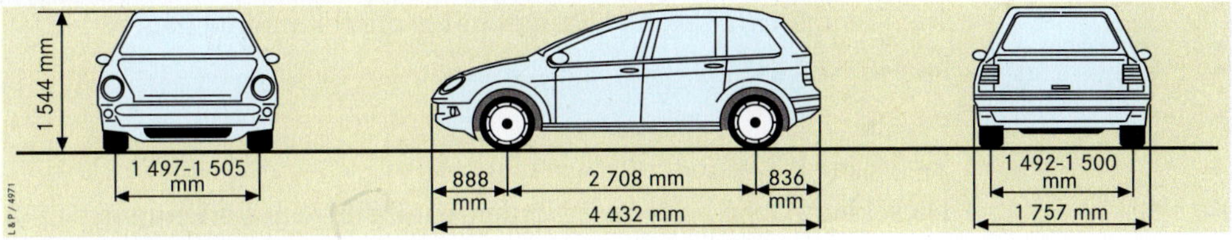

a) Gib die Maße des Autos in m an.

b) Lisa hat die Maße des Autos ihrer Eltern auf cm genau gemessen:
L = 475 cm; B = 170 cm; H = 143 cm. Welche Längen (in mm) könnten es sein?

1.7.2 Messen von Gewichten – Gewichtseinheiten

Einstieg Zu jedem Gegenstand findet ihr einen Schätzwert für sein Gewicht. Ordne passend zu.

Einführung

(1) Messen in kg und g

Die Deutsche Post AG schreibt vor, dass ein Päckchen höchstens 2 kg wiegen darf. Wie schwer ist das Päckchen auf der Waage? Wir betrachten die Wägestücke auf der Waage. Das Gewicht des Päckchens beträgt 1 kg 750 g.
Es ist also nicht zu schwer.

Es werden hier die Einheiten *Kilogramm* (kg) und *Gramm* (g) verwendet. 1 000 Wägestücke zu je 1 Gramm wiegen ebenso viel wie ein Wägestück von einem Kilogramm.

2 Kilogramm
Maßzahl ↗ ↖ Maßeinheit

1 kg = 1000 g

Das Gewicht des Päckchens ist in der Einheitentabelle rechts angegeben.
Man kann das Gewicht in verschiedenen Schreibweisen angeben:
1 kg 750 g = 1 750 g
1 kg 750 g = 1,750 kg

kg	g		
E	H	Z	E
1	7	5	0

(2) Messen in g und mg

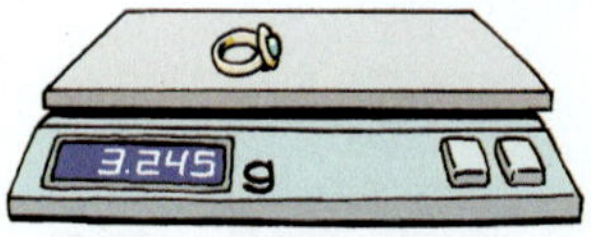

Eine empfindliche Waage zeigt das Gewicht eines Goldringes an. Der Ring wiegt etwas mehr als 3 Gramm.
Die Angabe rechts vom Komma bezieht sich auf die kleinere Einheit Milligramm (mg).
Die Kommaschreibweise bedeutet mit gemischten Einheiten:
3,245 g = 3 g 245 mg

1 g = 1000 mg

Es gilt:
3 g 245 mg = 3245 mg
Dieses kann man auch in der Einheitentabelle rechts erkennen.

g	mg		
E	H	Z	E
3	2	4	5

(3) Messen in t und kg

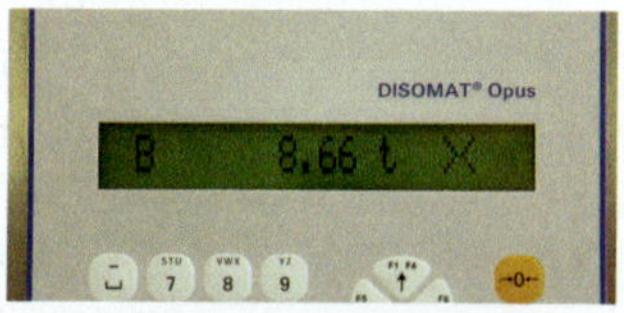

Auf dem Foto links siehst du, wie ein Lkw gewogen wird. Rechts siehst du das Ergebnis. Er wiegt mehr als 1000 kg. Anstelle von 1000 kg verwendet man auch eine größere Einheit: 1 Tonne (t).
Die Kommaschreibweise bedeutet mit gemischten Einheiten:
9,300 t = 9 t 300 kg

1 t = 1000 kg

Es gilt:
9 t 300 kg = 9300 kg
Dieses kann man auch in der Einheitentabelle rechts erkennen.

t	kg		
E	H	Z	E
9	3	0	0

Information

(1) Übersicht über die Gewichtseinheiten

1 t ⇄ (:1000 / ·1000) 1 kg ⇄ (:1000 / ·1000) 1 g ⇄ (:1000 / ·1000) 1 mg

1 t = 1000 kg 1 kg = 1000 g 1 g = 1000 mg

Bei Gewichten: Umwandlungszahl 1 000

So kannst du dir die Gewichte zu den Einheiten vorstellen:

1 Tonne

Pkw

1 Kilogramm

Paket Zucker

1 Gramm

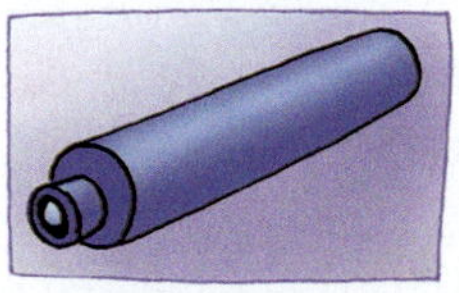

Tintenpatrone

1 Milligramm

Zuckerkorn

(2) Die Einheitentabelle

Die Einheitentabellen auf Seite 38 lassen sich zu einer großen Einheitentabelle zusammenfassen. Sie hilft dir beim Umwandeln von Gewichtseinheiten.

	t			kg			g			mg			
	H	Z	E	H	Z	E	H	Z	E	H	Z	E	Schreibweisen
			2	3	4	5							2 t 345 kg = 2,345 t = 2 345 kg
		1	5	9									15 t 900 kg = 15,9 t = 15 900 kg
			0	4	6								0,46 t = 460 kg
						2	5						2 kg 500 g = 2,5 kg = 2 500 g
						6	0	8	0				6 kg 80 g = 6,080 kg = 6 080 g
									9	8	7	6	9 g 876 mg = 9,876 g = 9 876 mg

(3) Zur Geschichte der Gewichtseinheiten

Beim Handel mit Lebensmitteln und anderen Gütern kommt es auf das Gewicht der Ware an. Im Altertum benutzten die Griechen und Römer *Talente* und *Drachmen* als Gewichtseinheiten: 6 000 Drachmen bildeten 1 Talent (nach heutigem Maß 26,2 kg).

In Mitteleuropa wurde bis ins vorige Jahrhundert eine Reihe von Gewichtseinheiten verwendet: Ein *Pfund* hatte 16 *Unzen*, eine Unze 2 *Lot* und ein Lot 4 *Quent*.

Das Pfund war aber nicht einmal in Deutschland einheitlich: Von 467,3 g in Sachsen bis 560 g in Bayern.

Für den Handel über die Grenzen hinweg waren einheitliche Maßeinheiten erforderlich. Deshalb wurde die Vielfalt der Einheiten für das Gewicht im vorigen Jahrhundert abgeschafft.

Wir messen heute Gewichte in Kilogramm. Es wurde 1889 eingeführt. Ein Kilogramm entspricht dem Gewicht von einem Liter Wasser. Ein Urkilogramm wurde aus Edelmetall hergestellt und wird heute noch in Paris aufbewahrt (siehe Bild rechts).

Urkilogramm

Übungsaufgaben

1. In welcher Einheit gibt man zweckmäßig das Gewicht an?

(1) Lkw
(2) Flugzeug
(3) Wassertropfen
(4) Mathematikbuch
(5) Melone
(6) Brief
(7) Tisch
(8) Pferd
(9) Stück Käse
(10) Briefmarke
(11) Apfel
(12) Münze

2. Nennt Gegenstände (zum Beispiel aus dem Vorratsschrank oder einem Supermarkt), die folgende Gewichte haben:

(1) 100 g
(2) 250 g
(3) 500 g
(4) 1 kg
(5) 2 kg
(6) 500 mg
(7) 0,7 kg
(8) 0,05 kg

3. Schreibe in der nächstkleineren Einheit.
a) 6 kg **b)** 3 g **c)** 12 t **d)** 108 kg **e)** 10 t **f)** 26 g **g)** 215 g **h)** 100 kg

4. Schreibe in der nächstgrößeren Einheit.
a) 60 000 kg **b)** 7 000 mg **c)** 24 000 g **d)** 125 000 kg **e)** 2 000 g

5. Gib in der kleineren Einheit an.
a) 3 kg 700 g; 5 kg 40 g **b)** 3 t 635 kg; 6 t 17 kg **c)** 1 g 200 mg; 1 g 3 mg **d)** 12 t 80 kg; 126 kg 900 g **e)** 5 g 7 mg; 1 kg 1 g

6. Schreibe ohne Komma mit gemischten Einheiten.
Verwandle dann in die kleinere Einheit.

6,470 kg = 6 kg 470 g = 6470 g

a) 7,964 kg; 7,064 kg; 7,004 kg **b)** 66,8 t; 23,200 t; 23,05 t **c)** 7,364 g; 13,289 g; 76,981 g **d)** 7,8 kg; 7,08 kg; 7,008 kg **e)** 6,4 t; 6,40 t; 6,400 t

7. Trage die Angaben im Heft in eine Einheitentabelle ein. Notiere dann jedes Gewicht in der kleineren Einheit und auch noch in der größeren Einheit in der Kommaschreibweise.

t		kg			g			mg			
Z	E	H	Z	E	H	Z	E	H	Z	E	Schreibweisen
				8		2					8 kg 20 g = 8,020 kg = 8 020 g

a) 4 kg 325 g; 73 kg 80 g; 1 kg 9 g **b)** 7 t 200 kg; 11 t 33 kg; 40 t 5 kg **c)** 134 g 660 mg; 800 g 300 mg; 2 g 15 mg **d)** 3 t 500 kg; 1 kg 50 g; 8 g 364 mg **e)** 2 kg 75 g; 3 g 5 mg; 1 t 7 kg

8. Schreibe mit Komma in der in Klammern angegebenen Einheit.
a) 8 634 kg (t); 800 kg (t) **b)** 329 g (kg); 7 g (kg) **c)** 16 481 mg (g); 600 g (kg) **d)** 40 kg (t); 480 mg (g) **e)** 50 g (kg); 7 kg (t)

9. Kontrolliere Janniks Hausaufgaben. Korrigiere gegebenenfalls in deinem Heft.

a) 3 kg 2 g = 32 g
b) 5 t 100 kg = 5,1 t
c) 8 g 27 mg = 8270 mg
d) 9 kg 384 g = 9384 kg
e) 3 t 8 g = 3,008 g
f) 0,5 kg = 5 g

10. Ordne der Größe nach. Beginne mit dem größten Gewicht.
13 kg; 400 g; 1,3 kg; 0,003 kg; 100 kg; 700 kg; 1,5 t; 1 kg 500 g

11. Wie viel fehlt bis zur nächstgrößeren Einheit?
a) 750 g; 80 g; 9 kg; 301 kg; 500 mg; 99 g **b)** 50 mg; 750 mg; 125 g, 8 g; 1 kg; 128 kg

12. a) (1) Runde auf volle t: 7 619 kg; 12 499 kg; 3 299 kg; 824 kg; 9 831 kg
(2) Runde auf volle kg: 2 314 g; 624 g; 115 618 g; 3 701 g; 5 500 g
(3) Runde auf volle g: 4 605 mg; 10 725 mg; 8 462 mg; 1 095 mg; 9 633 mg
b) Wie groß kann das Gewicht tatsächlich sein?
(1) Die Ladung eines Lkw wird mit 3 t angegeben. Das Gewicht ist auf volle t gerundet.
(2) Das Gewicht eines Sacks Kartoffeln wird mit 25 kg (gerundet auf volle kg) angegeben.

13. Gib für die Angaben auf der Müslipackung andere Schreibweisen an.

14. Männer stoßen mit 7,257 kg schweren Kugeln, Frauen mit 4 kg schweren Kugeln.
Gib andere Schreibweisen für die Angaben an.

15. Manche Personenwaagen runden auf volle 100 g.
Tanja wiegt ihren kleinen Bruder an seinem ersten Geburtstag: 10,3 kg. Am nächsten Tag wiegt sie ihn wieder: 10,4 kg. Sie berichtet stolz: „Mein kleiner Bruder hat 100 g zugenommen.“ Was meinst du dazu?

Müsli

100 g Müsli enthalten:

Eiweiß	10,3 g
Fett	7,2 g
Natrium	0,01 g
Ballaststoffe	18,6 g
Kohlenhydrate	50,8 g
– davon Zucker	14,9 g
Magnesium	151 mg
Eisen	4 mg
Vitamin C	60 g

1.7.3 Zeitpunkte, Zeitspannen – Zeiteinheiten

Einstieg

Auf den Kalenderblättern findet ihr Informationen zu Sonnenaufgang und Sonnenuntergang in München. Verschafft euch damit weitere Informationen zum Vergleichen der angegebenen Tage.

Aufgabe 1

a) Ein ICE verlässt den Hauptbahnhof Hannover um 12.41 Uhr und erreicht den Fernbahnhof Frankfurt Flughafen um 15.16 Uhr.
Wie lange dauert die Fahrt?

b) Um 15.58 Uhr fährt ein Anschlusszug vom Fernbahnhof Frankfurt Flughafen nach Koblenz Hauptbahnhof. Er benötigt für die Strecke 1 Stunde und 13 Minuten.
Wann kommt er dort an?

Lösung

a) Wir kennen die Abfahrtszeit 12.41 Uhr und die Ankunftszeit 15.16 Uhr als Zeitpunkte.
Dazwischen liegt die gesuchte Zeitdauer (Zeitspanne).

12.41 Uhr —(+19 Minuten)→ 13.00 Uhr —(+2 Stunden)→ 15.00 Uhr —(+16 Minuten)→ 15.16 Uhr

2 Stunden 35 Minuten

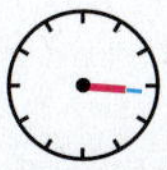

Ergebnis: Die Fahrt dauert insgesamt 2 Stunden und 35 Minuten.

Man kann auch anders vorgehen.

b) Wir kennen den Zeitpunkt 15.58 Uhr als Abfahrtszeit.
Die gesuchte Ankunftszeit liegt um die Zeitspanne 1 Stunde und 13 Minuten später:

15.58 Uhr —(+1 Stunde)→ 16.58 Uhr —(+2 Minuten)→ 17.00 Uhr —(+11 Minuten)→ 17.11 Uhr

Ergebnis: Der Zug kommt um 17.11 Uhr in Koblenz an.

Information

(1) Unterscheidung von Zeitpunkten und Zeitspannen

Man muss einen Zeitpunkt unterscheiden von einer Zeitspanne (*Zeitdauer*).
Zwischen zwei **Zeitpunkten** liegt eine **Zeitspanne** (*Zeitdauer*).

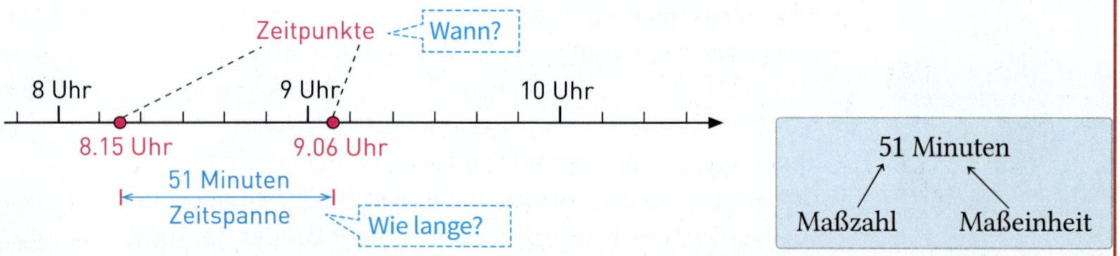

Eine Zeitspanne wird angegeben durch eine Maßzahl und eine Zeiteinheit.

Auch die Angabe eines Datums kann als Zeitpunkt verwendet werden:
Christoph Columbus brach am 3. August 1492 von Palos in Südspanien zu seiner berühmten Entdeckungsreise auf. Er erreichte die Insel San Salvador am 12. Oktober desselben Jahres.
Die *Zeitspanne* zwischen diesen beiden *Zeitpunkten* beträgt 70 Tage.

(2) Einheiten von Zeitspannen – Abkürzungen – Umrechnungen

d für **dies** (lat.) Tag
h für **hora** (lat.) Stunde

1 Tag = 24 Stunden	1 Stunde = 60 Minuten	1 Minute = 60 Sekunden
1 d = 24 h	1 h = 60 min	1 min = 60 s

(3) Zur Geschichte der Zeiteinheiten

Dosenförmige Taschenuhr (1510) von P. Henlein

Längere Zeitspannen, z. B. das Alter eines Menschen, gibt man in Jahren an. Das war schon vor Jahrtausenden üblich, als man noch keinen genauen Kalender kannte. Das Alter eines Menschen konnte etwa daran gemessen werden, wie viele Winter er erlebt hatte.
Für kürzere Vorgänge im Zeitablauf diente der Wechsel der Mondphasen (Zeitangaben in Wochen und Monaten) sowie der tägliche Wechsel von hell und dunkel.
Aber auch die Tageslänge ist für noch kürzere Abläufe ein zu grobes Maß. Daher teilten schon im frühen Altertum die Ägypter die gesamte Tageslänge in zweimal 12 Stunden ein. Man benutzte zum Beispiel Sonnenuhren. Diese Einteilung des Tages in 24 Stunden hat sich über Tausende von Jahren bis heute erhalten.
Noch feinere Einteilungen der Zeitmaße in Minuten und Sekunden wurden erst mit dem Bau genauerer Uhren möglich. Die erste Taschenuhr der Welt konstruierte Peter Henlein in Nürnberg.

Übungsaufgaben

2. Welche Zeiteinheit ist für das Messen des Vorgangs sinnvoll?
(1) 100-m-Lauf
(2) Winterschlaf eines Igels
(3) Wachsen eines Baumes
(4) Urlaubsreise
(5) Abspielen einer Musik
(6) Abbrennen einer Kerze

3. Testet euer „Zeitgefühl“:
Klatsche einmal mit den Händen. Warte; wenn du meinst, dass eine Minute vergangen ist, klatsche noch einmal. Dein Nachbar misst die Zeitspanne zwischen dem ersten und dem zweiten Klatschen. Um wie viel Sekunden hast du dich verschätzt?
Jetzt tauscht ihr die Rollen.
Wer hat das beste Zeitgefühl?

4. Verwandle in die Einheit, die in Klammern steht. Rechne im Kopf.

a) 20 h (min)
11 min (s)

b) 15 d (h)
1 h (s)

c) 540 min (h)
30 min (s)

d) 120 h (d)
3 600 s (h)

e) 2 h (s)
1800 s (min)

5. Wandle in die kleinere Einheit um.

a) 3 min 12 s
8 min 4 s

b) 12 min 40 s
5 h 30 min

c) 11 h 9 min
10 h 57 min

d) 1 d 8 h
2 d 10 h

e) 5 min 4 s
3 h 15 min

6. Schreibe mit gemischten Einheiten.

a) 65 s
90 s

b) 75 min
125 min

c) 28 h
57 h

d) 63 h
87 min

e) 306 min
65 h

f) 108 s
246 h

7. a) Gib an, wie viel Minuten seit Mitternacht vergangen sind.
(1) 0.43 Uhr (2) 1.19 Uhr (3) 5.07 Uhr (4) 11.34 Uhr (5) 17.20 Uhr

b) So viel Minuten sind seit Mitternacht vergangen. Notiere die Uhrzeit.
(1) 55 min (2) 100 min (3) 203 min (4) 555 min (5) 1111 min

8.

Montag-Freitag	6 - 17					18				19				20		
Rieth	10	22	34	46	58	10	23	38	53	8	23	38	53	8	23	38
Rheinstraße	15	27	39	51	3	15	28	43	58	13	28	43	58	13	28	43
Domplatz	21	33	45	57	9	21	34	49	4	19	34	49	4	19	34	49
Anger	25	37	49	1	13	25	38	53	8	23	38	53	8	23	38	53
Hauptbahnhof	27	39	51	3	15	27	40	55	10	25	40	55	10	25	40	55
Kaffeetrichter	30	42	54	6	18	30	43	58	13	28	43	58	13	28	43	58
Rheinhalle	34	46	58	10	22	34	47	2	17	32	47	2	17	32	47	2

Montag-Freitag	6 - 17					18				19				20		
Rheinhalle	9	21	33	45	57	9	22	37	52	7	22	37	52	7	22	37
Kaffeetrichter	13	25	37	49	1	13	26	41	56	11	26	41	56	11	26	41
Hauptbahnhof	16	28	40	52	4	16	29	44	59	14	29	44	59	14	29	44
Anger	18	30	42	54	6	18	31	46	1	16	31	46	1	16	31	46
Domplatz	22	34	46	58	10	22	35	50	5	20	35	50	5	20	35	50
Rheinstraße	28	40	52	4	16	28	41	56	11	26	41	56	11	26	41	56
Rieth	33	45	57	9	21	33	46	1	16	31	46	1	16	31	46	1

a) Sarah und Anne haben sich um 15.00 Uhr an der Straßenbahn-Haltestelle Hauptbahnhof verabredet. Sarah steigt an der Haltestelle Domplatz ein und Anne an der Haltestelle Kaffeetrichter.
Welche Bahnen sollten sie nehmen? Wie lange sind beide unterwegs?

b) Wie lange fährt die Straßenbahn von einer Endhaltestelle zur anderen?

c) In welchen Zeitabständen fahren die Bahnen zwischen 6.00 Uhr und 17.00 Uhr bzw. zwischen 18.00 Uhr und 19.00 Uhr?

d) Felix möchte vom Hauptbahnhof mit einem Zug um 12.54 Uhr fahren. Er will 15 Minuten vorher dort sein. Welche Straßenbahn wird er an der Haltestelle Rieth nehmen?

9. Ein Tennisspiel begann in Melbourne in Australien pünktlich um 16.20 Uhr nach ostaustralischer Zeit. Das Spiel wird im Fernsehen übertragen und endet nach mitteleuropäischer Zeit um 10.10 Uhr. Die Uhren in Melbourne gehen gegenüber den Uhren in Mitteleuropa um 9 Stunden vor. Stellt euch gegenseitig Fragen und beantwortet sie.

10. Wie alt sind diese berühmten Menschen geworden?

Johann Wolfgang von Goethe
* 28.8.1749 Frankfurt a.M.
† 22.3.1832 Weimar

Clara Schumann
* 13.9.1819 Leipzig
† 20.5.1896 Frankfurt/M.

Ludwig van Beethoven
* 17.12.1770 Bonn
† 26.3.1827 Wien

Marie Curie
* 7.11.1867 Warschau
† 4.7.1934 Passy (Frankreich)

Albert Einstein
* 14.3.1879 Ulm
† 18.4.1955 Princeton (USA)

Wie man große Zahlen veranschaulichen kann

Kleine natürliche Zahlen wie 1, 2, 3, 4 können wir uns leicht gegenständlich vorstellen. Bei großen Zahlen ist dies schwierig.

1. Lottospieler träumen davon, einmal einen großen Geldbetrag, z. B. 1 000 000 €, zu gewinnen.

a) Stelle dir vor, der Lottogewinn würde in 1-Euro-Münzen ausgezahlt und die Münzen würden zu einem Turm gestapelt. Ein Stapel von 10 Münzen ist etwa 21 mm hoch. Wie hoch wäre der Turm?

b) Stelle dir vor, der Lottogewinn würde in 1-Cent-Münzen ausgezahlt und ebenfalls zu einem Turm gestapelt. Ein Stapel von 10 Münzen ist etwa 13 mm hoch. Wie hoch wäre der Turm? Vergleiche die Ergebnisse mit den Höhen in der Zeichnung.

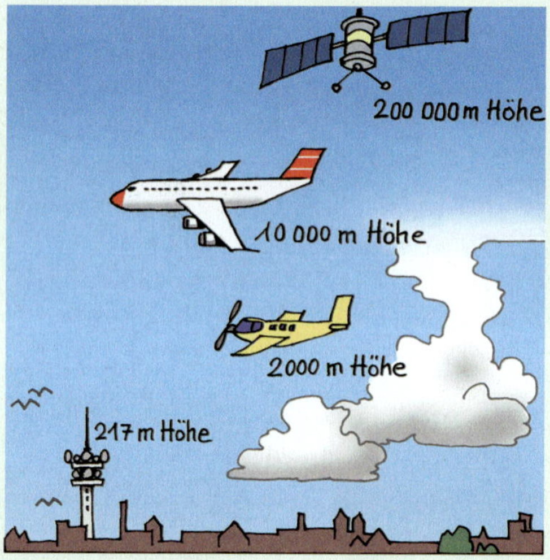

2. **a)** Du könntest die Münzen auch nebeneinander legen, anstatt sie zu stapeln. Eine Kette von hundert 1-Euro-Münzen ist 2 325 mm lang. Wie lang ist die gesamte Kette?

b) Du könntest die 1-Cent-Münzen nebeneinander legen. Eine Kette von hundert 1-Cent-Münzen ist 1 625 mm lang. Wie lang ist die gesamte Kette?

c) Vergleiche die erhaltenen Längen mit dir aus dem Alltag bekannten Längen.

3. Wir denken uns den Lottogewinn in 1-Euro-Münzen oder in 1-Cent-Münzen ausgezahlt.

a) Zehn 1-Euro-Münzen wiegen 76 g. Wie viel wiegt ein Berg von 1 Million solcher Münzen?

b) Zehn 1-Cent-Münzen wiegen 22 g. Wie viel würde der in 1-Cent-Münzen ausgezahlte Lottogewinn wiegen?

c) Vergleiche die Ergebnisse mit Gewichten aus dem Alltag.

4. Ein Stapel aus einhundert 100-Euro-Scheinen ist 12 mm dick. Ein 100-Euro-Schein wiegt ungefähr 1 g. Überlegt weitere Veranschaulichungen des Lottogewinns.

1.8 Maßstab

Einstieg

Unten siehst du einen Ausschnitt aus dem Stadtplan von Mainz im Maßstab 1 : 15 000 (gelesen: *eins zu fünfzehntausend*). Das bedeutet: 1 cm im Stadtplan sind 15 000 cm, also 150 m in der Wirklichkeit. Stellt euch gegenseitig Fragen zur Länge von Wegen und beantwortet sie.

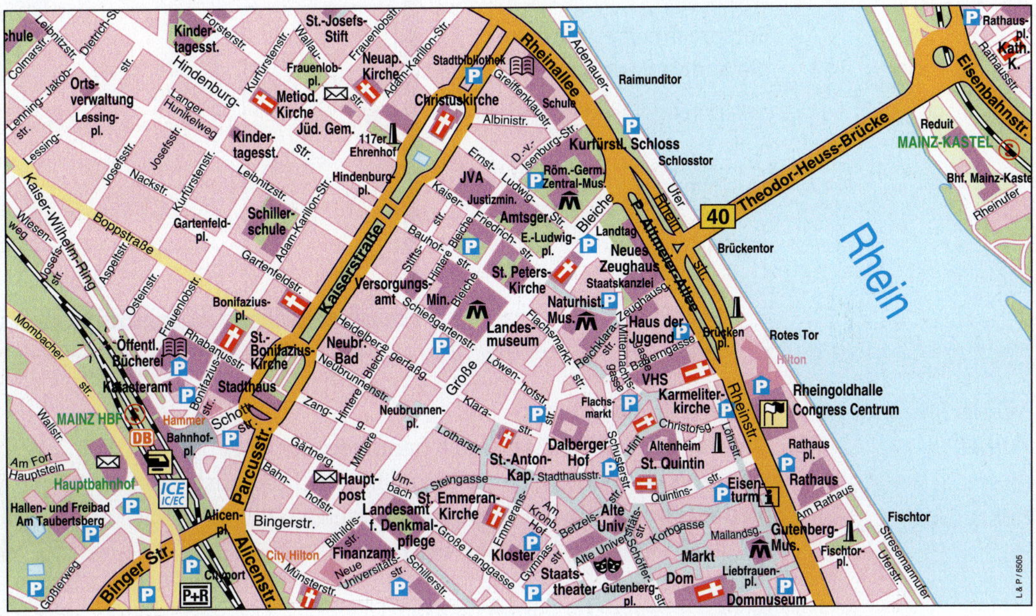

Aufgabe 1

Verkleinerte Darstellung

Julia bekommt im neuen Haus ein eigenes Zimmer. Der Architekt hat einen Plan des Zimmers gezeichnet.

Julias Vater sagt: „Das Zimmer ist im Maßstab 1 : 100 (gelesen: *eins zu hundert*) gezeichnet. Das bedeutet: 1 cm in der Zeichnung sind 100 cm (also 1 m) in der Wirklichkeit.“

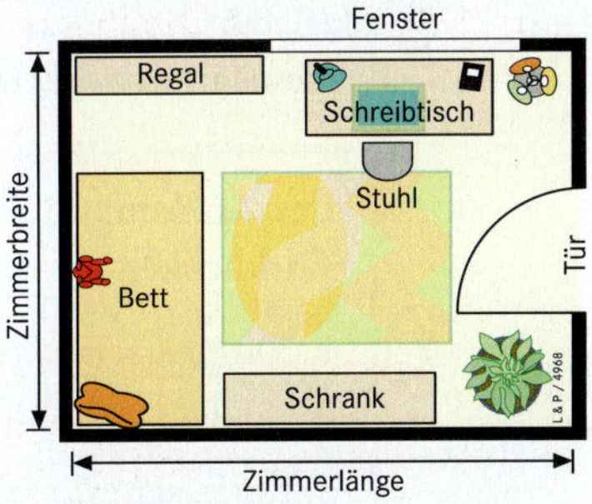

a) Julia möchte die Maße ihres Zimmers wissen. Ergänze ihre Tabelle in deinem Heft.

		Länge	Breite	Fensterbreite	Türbreite	Schreibtischlänge	Schranklänge	Bettbreite
Zeichnung	1 cm	4 cm						
Wirklichkeit	1 m	4 m						

b) Julia möchte eine größere Zeichnung von ihrem Zimmer haben. Ihr Vater sagt: „Du kannst es z. B. im Maßstab 1 : 50 zeichnen.“
Lege zuerst eine Tabelle an; zeichne dann Julias Zimmer.

Lösung

a)

	Länge	Breite	Fensterbreite	Türbreite	Schreibtischlänge	Schranklänge	Bettbreite
Zeichnung	4 cm	3 cm	2 cm	1 cm	1,5 cm	2 cm	1 cm
Wirklichkeit	4 m	3 m	2 m	1 m	1,5 m	2 m	1 m

b) 1 cm in der Zeichnung sind 50 cm in der Wirklichkeit. 5 cm in der Zeichnung sind dann $5 \cdot 50$ cm, also $250 \text{ cm} = 2{,}50 \text{ m}$ in der Wirklichkeit. Entsprechend erhält man die anderen Längen.

Zeichnung	Wirklichkeit
1 cm	50 cm
2 cm	1 m
8 cm	4 m
6 cm	3 m
4 cm	2 m
3 cm	1,5 m

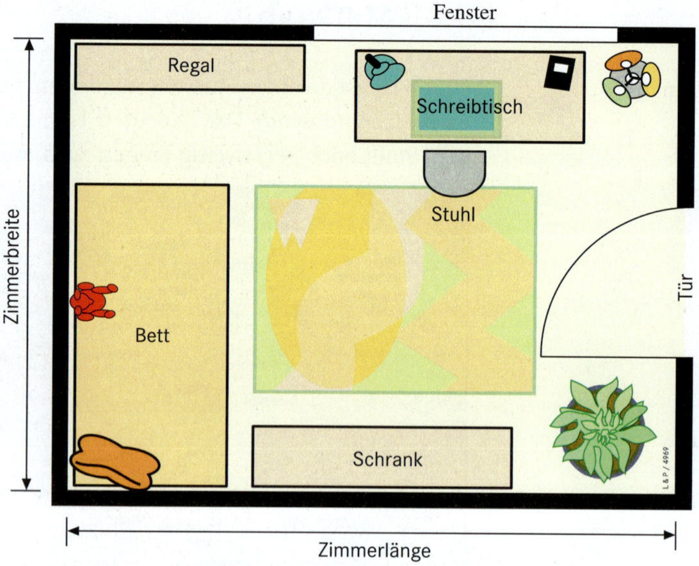

Weiterführende Aufgabe

Vergrößerte Darstellung

2. Man kann einen Maßstab auch benutzen, um Gegenstände vergrößert darzustellen. Im Bild rechts siehst du die Zahnräder einer Armbanduhr im Maßstab 3 : 1 (dreifach vergrößert). Die Abmessung auf dem Bild beträgt 42 mm.
Wie groß ist sie in der Wirklichkeit?

Information

Maßstab

Gegenstände werden oft verkleinert (oder vergrößert) dargestellt.

Der **Maßstab** einer Zeichnung gibt an, wievielmal größer (oder kleiner) eine Strecke in Wirklichkeit als in der Zeichnung ist.

1 : 300 (gelesen: *eins zu dreihundert*) bedeutet: Jede Strecke ist in Wirklichkeit 300-mal größer als in der Zeichnung, d. h. 1 cm in der Zeichnung entspricht 300 cm in der Wirklichkeit.

5 : 1 (gelesen: *fünf zu eins*) bedeutet: Jede Strecke ist in Wirklichkeit 5-mal kleiner als in der Zeichnung, d. h. 5 cm in der Zeichnung entspricht 1 cm in der Wirklichkeit bzw. 1 cm in der Zeichnung entspricht $1 \text{ cm} : 5 = 10 \text{ mm} : 5 = 2 \text{ mm}$ in der Wirklichkeit.

Übungsaufgaben

3. Von einem Ortsteil soll ein verkleinertes Modell für eine Ausstellung aufgebaut werden. Als Maßstab ist 1 : 200 gewählt worden, d. h. 1 cm am Modell sind 200 cm in der Wirklichkeit.
Bestimme die Abmessungen für das Modell des Flachdachbungalows.

4. Bestimme **(1)** die Länge, **(2)** die Breite des wirklichen Rechtecks.

a) Maßstab 1:50

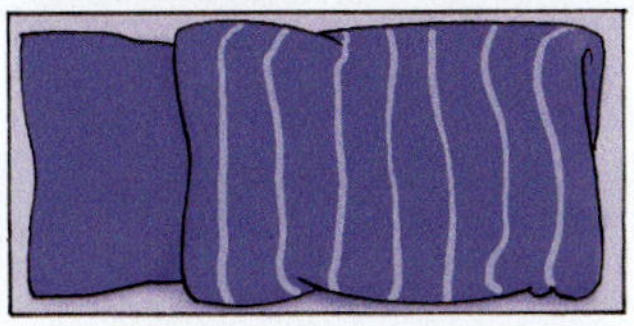

b) Maßstab 1:200

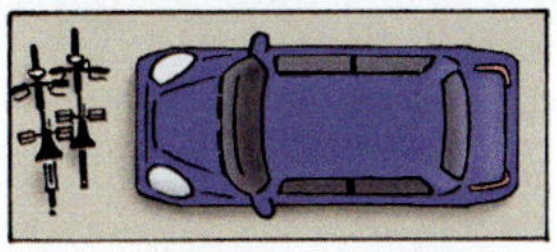

5. **a)** Ein Rechteck ist 8 m lang und 5 m breit.
Zeichne es im angegebenen Maßstab: **(1)** 1:50 **(2)** 1:100 **(3)** 1:200

b) Ein Rechteck ist 4 cm lang und 1,5 cm breit.
Zeichne es im angegebenen Maßstab: **(1)** 2:1 **(2)** 3:1 **(3)** 4:1

6. Das Modell eines Pkw hat im Maßstab 1:8 eine Länge von 56 cm.
Wie lang ist der Pkw in der Wirklichkeit?

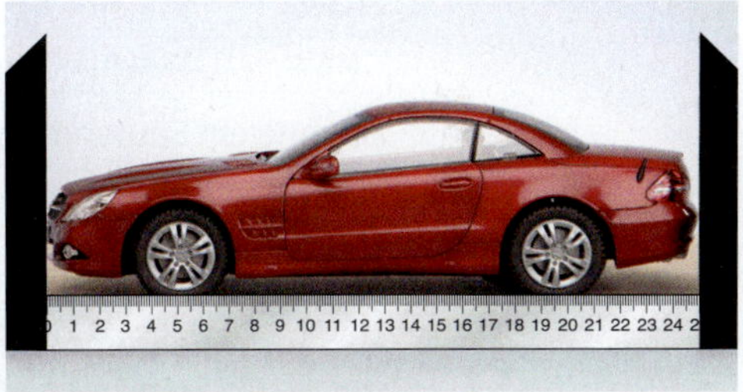

7. Tim misst die Länge seines Modellautos: 25 cm. Er weiß, dass dieses Fahrzeug in Wirklichkeit 4,50 m lang ist. In welchem Maßstab ist das Modellauto hergestellt?

8. Ein Stadtplan hat einen Maßstab von 1:25 000, eine Wanderkarte 1:50 000 und eine Straßenkarte 1:200 000. Übertrage die Tabelle in dein Heft und fülle sie aus.

a) Stadtplan

Karte	Wirklichkeit
1 cm	250 m
5 cm	
8 cm	
	750 m
	4 km
	5 km

b) Wanderkarte

Karte	Wirklichkeit
1 cm	
4 cm	
6 cm	
	2 500 m
	5 km
	8 km

c) Straßenkarte

Karte	Wirklichkeit
1 cm	
8 cm	
20 cm	
	10 km
	18 km
	25 km

9. Rechts siehtst du das Bild eines Wasserflohs.
Wie lang ist die eingezeichnete Strecke in Wirklichkeit?

10. Besorgt euch eine Karte eures Ortes. Welchen Maßstab hat sie?
Wählt markante „Punkte“ (z. B. Rathaus, Schwimmbad) eures Ortes. Bestimmt jeweils die Entfernung von eurer Schule.

Wasserflöhe

sind kleine Krebstiere, von denen es 400 Arten gibt, die sowohl im Süßwasser als auch im Meerwasser vorkommen.

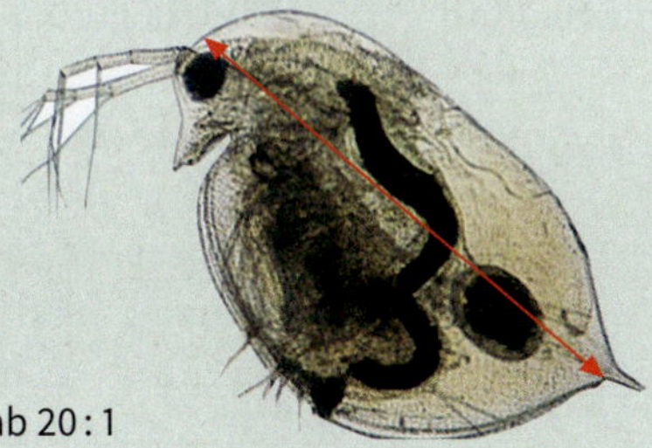

Maßstab 20:1
d. h. zwanzigfach vergrößert

1.9 Grafische Darstellung von Größen in Säulendiagrammen

Einstieg

Geburtsgewicht einiger Tierbabys in einem Zoo:

Gorilla	Schwein	Eisbär	Gazelle	Timberwolf
2 043 g	1 512 g	510 g	3 075 g	515 g

Zeichne ein Säulendiagramm. Wähle 1 mm für 10 g in der Wirklichkeit.

Aufgabe 1

Im Erdkundeunterricht wurden die Flüsse in Deutschland behandelt.

Fluss	Länge
Elbe	725 km
Havel	343 km
Main	524 km

Fluss	Länge
Rhein	865 km
Ruhr	214 km
Weser	440 km

Zeichne ein Säulendiagramm zur Veranschaulichung.

Lösung

Der längste Fluss ist 865 km lang. Wollten wir im Säulendiagramm für jeden Kilometer einen Millimeter zeichnen, würde die Säule 865 mm, also 86,5 cm lang sein und nicht in das Heft passen. Daher zeichnen wir 1 mm für jeweils 10 km. Dann müssen wir aber die Flusslängen zunächst auf 10 km runden.
Wir stellen die Ergebnisse übersichtlich in einer Tabelle zusammen und zeichnen das Säulendiagramm.
Hier zeichnen wir die Säulen waagerecht.

Fluss	Gerundete Länge	Gezeichnete Säulenlänge
Elbe	730 km	73 cm
Havel	340 km	34 cm
Main	520 km	52 cm
Rhein	870 km	87 cm
Ruhr	210 km	21 cm
Weser	440 km	44 cm

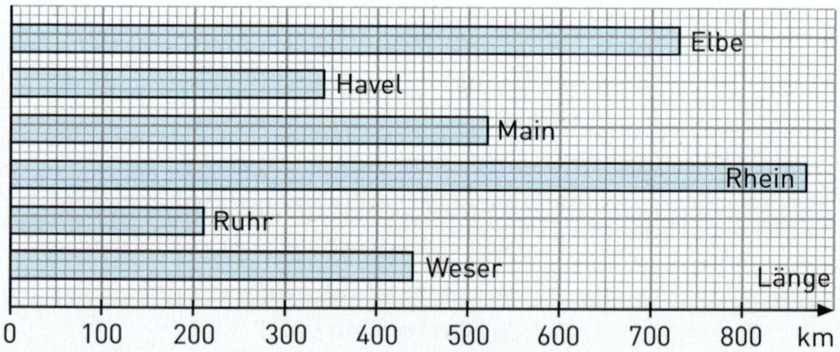

Information

Säulendiagramme werden gezeichnet, um verschiedene Größen anschaulich zu vergleichen. Mithilfe des größten vorkommenden Wertes überlegt man sich zunächst einen geeigneten Maßstab. Die Werte werden dann entsprechend gerundet und durch Säulen veranschaulicht. Zeichnet man die Säulen waagerecht, so bezeichnet man das Säulendiagramm auch als **Balkendiagramm**.

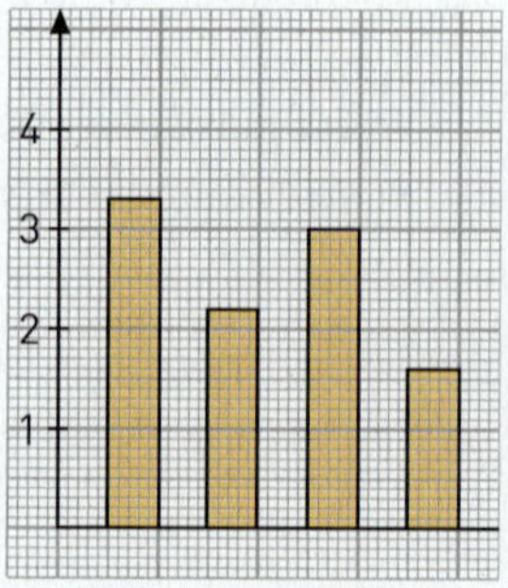

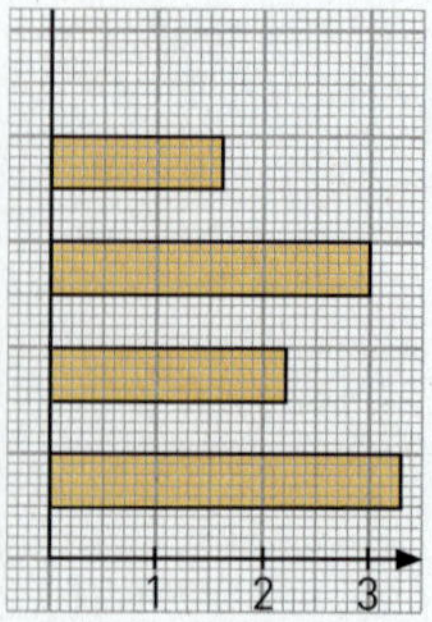

Übungsaufgaben

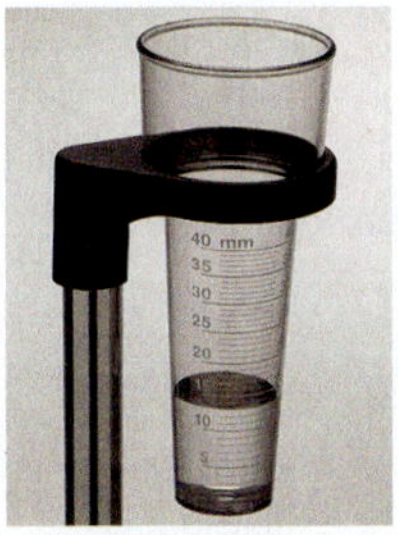

2. **a)** Das Säulendiagramm gibt an, wie viel Niederschlag (Regen, Schnee) durchschnittlich in Hannover fällt.
1 mm Niederschlag bedeutet: Würde das Wasser nicht ablaufen, so würde es 1 mm hoch stehen.
Was kannst du dem Diagramm auf einen Blick entnehmen?
Lies auch die einzelnen Monatswerte ab.

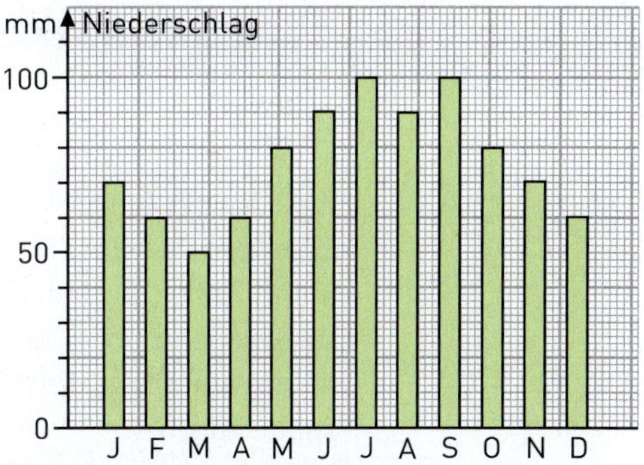

b) Zeichne ein Säulendiagramm für die durchschnittliche Niederschlagsmenge in Kassel (Niederschlag in mm). Vergleiche auch mit Teilaufgabe a).

Jan.	Febr.	März	April	Mai	Juni	Juli	Aug.	Sept.	Okt.	Nov.	Dez.
46	43	32	49	58	66	72	66	52	53	49	46

3. **a)** Was kannst du dem Balkendiagramm auf einen Blick entnehmen? Lies auch genau ab.

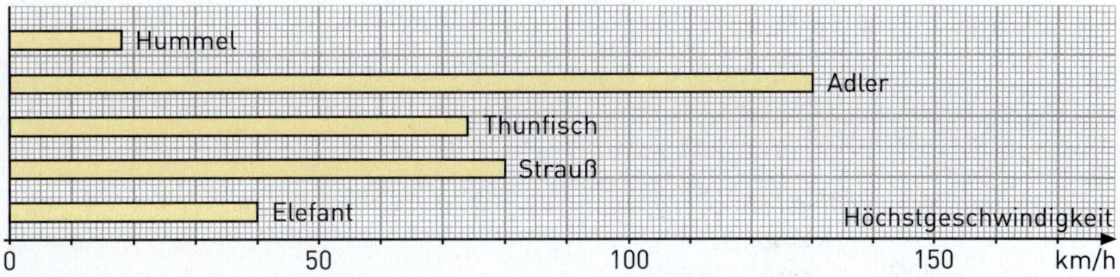

b) Stelle dies mithilfe eines Säulendiagramms dar: So alt können einzelne Säugetiere werden:

Elefant	70 Jahre	Esel	50 Jahre	Lama	15 Jahre
Eisbär	41 Jahre	Pferd	27 Jahre	Tiger	30 Jahre
Schwein	18 Jahre	Meerschweinchen	8 Jahre	Maus	4 Jahre
Igel	14 Jahre	Gorilla	60 Jahre	Feldhase	8 Jahre

4. Müll soll nach Sorten getrennt eingesammelt werden. In einer Stadt mit 100 000 Einwohnern fallen jährlich 6 500 Tonnen Verpackungsmaterial mit dem Hausmüll an. Veranschauliche die Verteilung auf die verschiedenen Müllsorten in einem Säulendiagramm.

Verpackungsmaterial landet auf dem Müll

Die Menge des Verpackungsmaterials in unserer Stadt ist nahezu unverändert.
Nach Angabe der städtischen Müllabfuhr waren es 6 500 Tonnen Müll, die auf die verschiedenen Verpackungsarten entfielen.

Glas	1 100 Tonnen	Metall	699 Tonnen
Kunststoffe	1 047 Tonnen	Holz	986 Tonnen
Papier/Karton	2 660 Tonnen	Sonstigens	8 Tonnen

Das kann ich noch!

A) Rechne im Kopf: **1)** 81 : 9 **2)** 81 : 3 **3)** 81 : 1 **4)** 54 : 2 **5)** 54 : 3 **6)** 54 : 6
Suche einen Zusammenhang zwischen den Ergebnissen.

Tabellenkalkulation und Diagramme

kalkulieren (lat.) berechnen

Eine Tabelle besteht aus mehreren Feldern, die man Zellen nennt. Die Zeilen der Tabelle werden mit 1, 2, 3, … nummeriert, die Spalten mit den Buchstaben A, B, … bezeichnet. Eine Zelle kann man dann durch die Angabe der Zeile und der Spalte angeben.
In der Abbildung hat eine Klasse eingegeben, wie viele Mitschüler(innen) in den einzelnen Monaten Geburtstag haben. In der Abbildung ist die Zelle B5 hervorgehoben. Die Zelle B5 ist in Spalte B die Zeile 5.
Um in eine Zelle Zahlen oder Texte einzugeben, wird zunächst mit der Maus oder mit den Pfeiltasten eine Zelle ausgewählt.

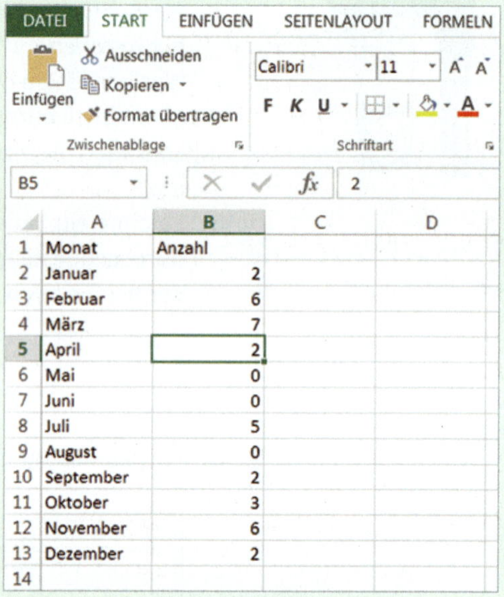

	A	B	C	D
1	Monat	Anzahl		
2	Januar	2		
3	Februar	6		
4	März	7		
5	April	2		
6	Mai	0		
7	Juni	0		
8	Juli	5		
9	August	0		
10	September	2		
11	Oktober	3		
12	November	6		
13	Dezember	2		
14				

1. Dir fällt sicherlich auf, dass alle Worte linksbündig in der Tabelle ausgerichtet sind, während alle Zahlen rechtsbündig stehen. Das kannst du aber nach Belieben verändern (*formatieren*):
So kannst du die Schriftart Arial verändern, die Schriftgröße 10, die Ausrichtung und die Farbe der Zelle oder die der Buchstaben und Zahlen.
Erstelle selber die Tabelle und ändere die Formatierung.

2. Nun wollen wir die gesammelten Daten zu den Geburtsmonaten im Säulendiagramm veranschaulichen. Markiere zunächst mit der Maus den Bereich von A1 bis B13, also die Spaltenbezeichnungen, die Monate und die Anzahlen. Über das Menü *Einfügen* kannst du nun einen Diagrammtyp auswählen, zum Beispiel hier ein Säulendiagramm.
Wir wollen ein Säulendiagramm erstellen, also wähle den entsprechenden Diagrammtyp aus.

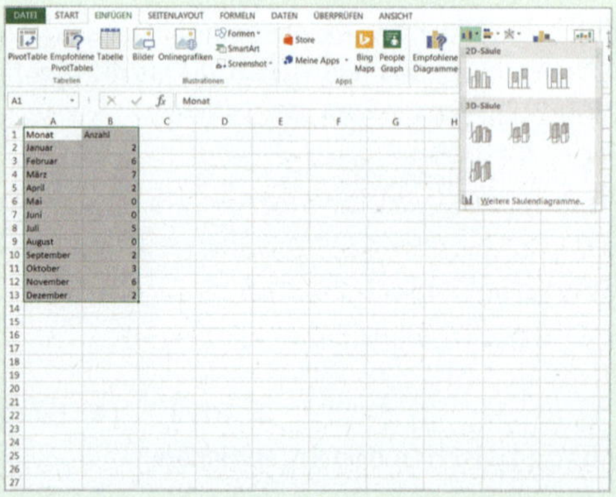

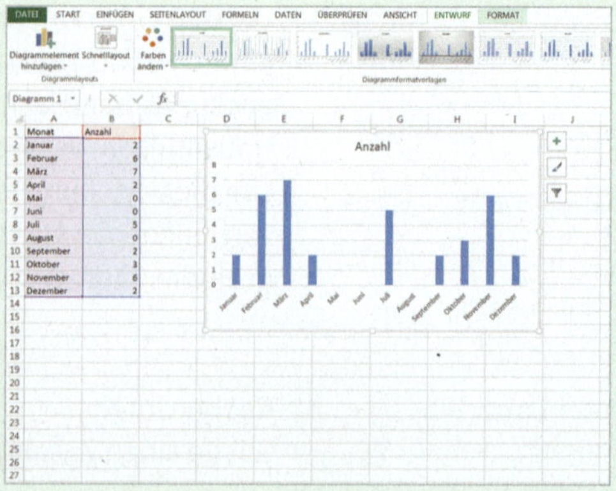

Wenn du das Diagramm mit der rechten Maustaste anklickst, erhältst du ein Menüfenster. Du kannst z. B. den Diagrammtyp noch ändern und auch noch andere Einstellungen verändern. Je nachdem wohin du klickst, erhältst du verschiedene Möglichkeiten. Auch mit den drei Feldern rechts vom Fenster erhältst du Auswahlmöglichkeiten, mit denen du das Diagramm verändern kannst. Probiere das aus.

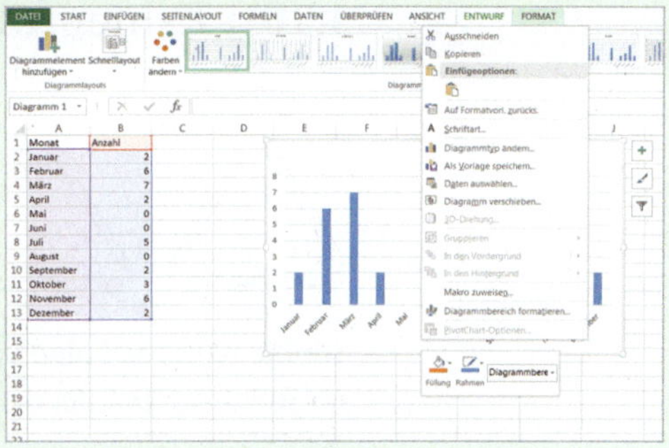

3. Starte eigene Umfragen in deiner Klasse und stelle die gesammelten Daten in Säulen- und Balkendiagrammen dar.

4. Unten siehst du drei Tabellen und drei Diagramme, die mit einem Tabellenkalkulationsprogramm erstellt wurden. Welches Diagramm gehört zu welcher Tabelle?

Einkommen Auszubildende

Berufsgruppe	€
Bäcker	730
Drucker	708
Banken	631
Maurer	554
Tischler	389
Floristen	321
Friseure	313

Anzahl der Geburten

Jahr	Geburten
1997	812 173
1998	785 034
1999	770 744
2000	766 999
2001	734 475
2002	719 250
2003	706 721

Verpackungskonsum je Einwohner

Packstoff	kg
Papier/Pappe	6 193
Glas	3 202
Kunststoff	2 059
Weißblech	712
Flüssigkeitskarton	220
Aluminium	107
Sonstige	7

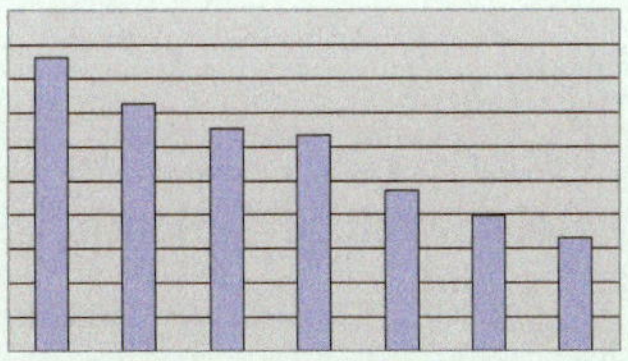

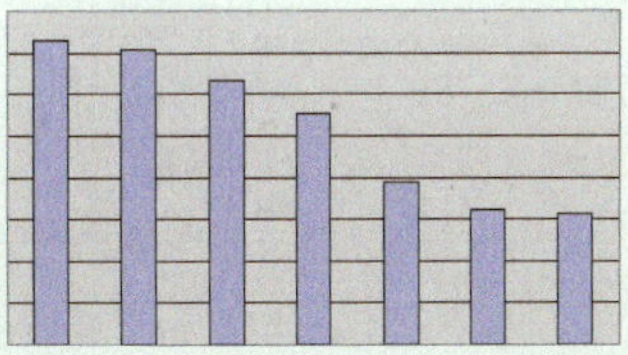

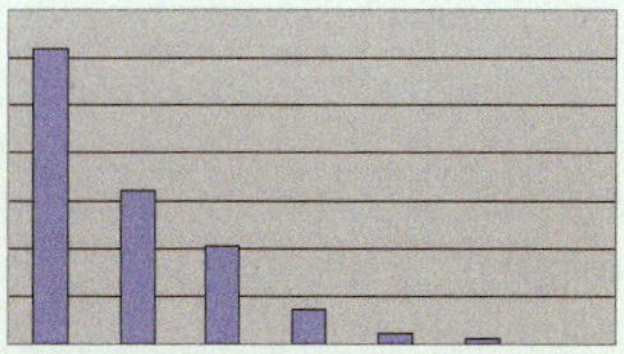

5. Ein Fußballspiel von Borussia Dortmund im Signal Iduna Park kann von maximal 81 264 Zuschauern verfolgt werden, bei Hertha BSC Berlin im Olympiastadion sind es 74 500; der FC Bayern München spielt in der Allianz Arena vor maximal 69 901 und der FC Schalke 04 in der Veltins Arena vor 61 673 Zuschauern. Das Fritz-Walter-Stadion vom 1. FC Kaiserslautern mit einer Kapazität von 49 780 Zuschauern und die Coface Arena von Mainz 05 mit 34 000 Zuschauern zählen somit zu den kleineren Stadien.

a) Stelle die Zuschauerzahlen in einem Balkendiagramm dar.

b) Recherchiere die maximalen Zuschauerzahlen der übrigen Bundesligavereine und ergänze das Balkendiagramm.

1.10 Zahlenfolgen

Einstieg

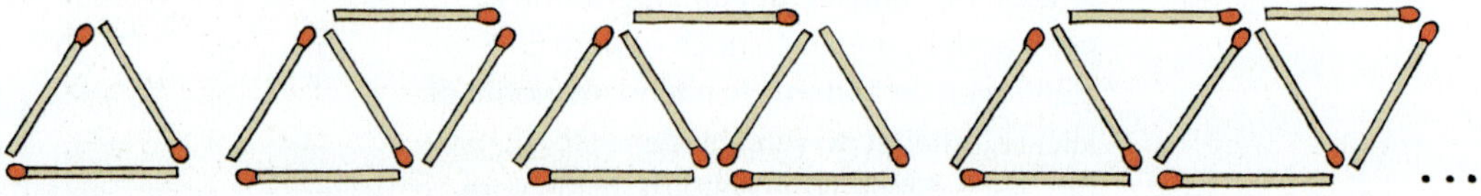

Sophie hat eine Folge von Figuren aus Streichhölzern gelegt. Notiert, wie viele Streichhölzer sie für die erste, zweite, dritte, … Figur benötigt. Welche Regelmäßigkeit erkennt ihr?

Aufgabe 1

Die Klasse 5 a hat die Anzahl der an der Schule vorbeifahrenden Autos gezählt und in einer Strichliste an der Tafel notiert. Jan zählt ganz schnell: 5; 10; 15; 20; 25; …
Beschreibe Jans Vorgehen und gib die nächsten zehn Zahlen an.

Lösung

Jan zählt in Fünferschritten, es kommen also immer 5 Autos dazu.
Die nächsten zehn Zahlen sind: 30; 35; 40; 45; 50; 55; 60; 65; 70; 75.

Information

Die Zahlen, die Jan beim Zählen nennt, bilden eine **Zahlenfolge**, die nach einer bestimmten Gesetzmäßigkeit aufgebaut ist. Jan hat mit 0 Autos begonnen. Deshalb ist 0 der *Startwert* dieser Folge.

$0 \xrightarrow{+5} 5 \xrightarrow{+5} 10 \xrightarrow{+5} 15 \xrightarrow{+5} 20 \xrightarrow{+5} 25 \xrightarrow{+5} \ldots$

Die Vorschrift, nach der die nächsten Zahlen berechnet werden, ist „addiere 5" (kurz „plus 5").
Eine Zahlenfolge hat kein Ende, sie besteht aus unendlich vielen Zahlen hintereinander.
Diese Zahlen heißen *Glieder* der Zahlenfolge.

Übungsaufgaben

2. Übe dich im Kopfrechnen. Bilde die nächsten zehn Zahlen der Folge.
a) Startwert: 3; Vorschrift: $\xrightarrow{+13}$
b) Startwert: 7; Vorschrift: $\xrightarrow{+13}$
c) Startwert: 8; Vorschrift: $\xrightarrow{+15}$

3. Nenne die nächsten 10 Zahlen der Zahlenfolge. Welche Vorschrift liegt zugrunde?
a) 2; 7; 12; 17; 22; …
b) 6; 18; 30; 42; 54; …
c) 2; 21; 40; 59; …
d) 2; 9; 16; 23; 30; …

4. Bestimme die nächsten fünf Glieder der Zahlenfolge. Gib auch die Vorschrift an.
a) 4; 6; 9; 13; 18; 24; …
b) 0; 3; 8; 15; 24; 35; …
c) 1; 2; 6; 24; 120; …
d) 1; 3; 6; 10; 15; 21; …

5. Bei der Zahlenfolge 1; 2; 5; 10; 13; 26; 29; … werden abwechselnd zwei verschiedene Vorschriften angewandt:

$1 \xrightarrow{\cdot 2} 2 \xrightarrow{+3} 5 \xrightarrow{\cdot 2} 10 \xrightarrow{+3} 13 \xrightarrow{\cdot 2} 26 \xrightarrow{+3} 29 \xrightarrow{\cdot 2} \ldots$

Setze die folgende Zahlenfolge passend fort; bestimme fünf weitere Glieder.
a) 3; 6; 10; 20; 24; 48; …
b) 20; 90; 190; 260; 360; …

6. An den Figuren kannst du eine Zahlenfolge erkennen. Gib die nächsten fünf Zahlen an.

a)

2 6 12 20 30

b)

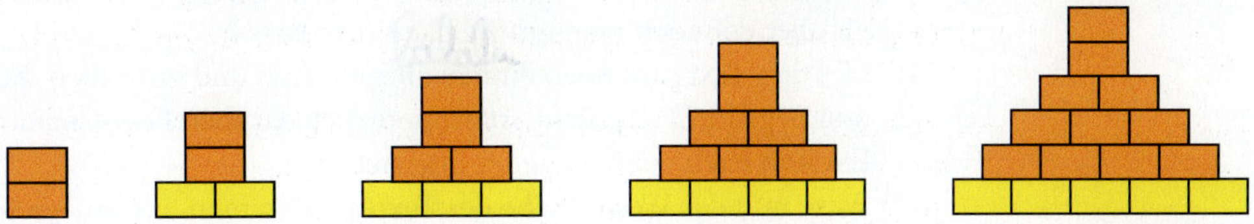

2 4 7 11 16

c)

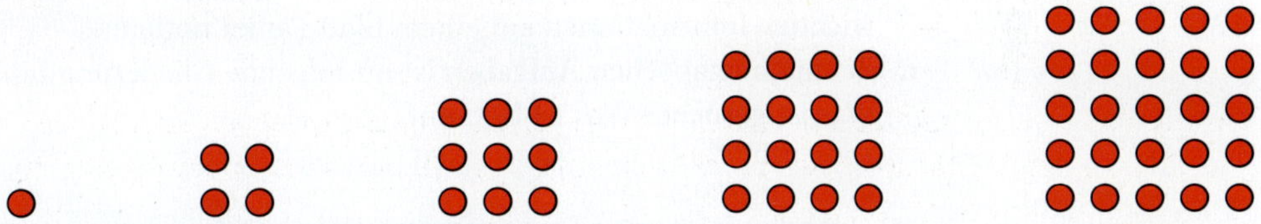

1 4 9 16 25

d)

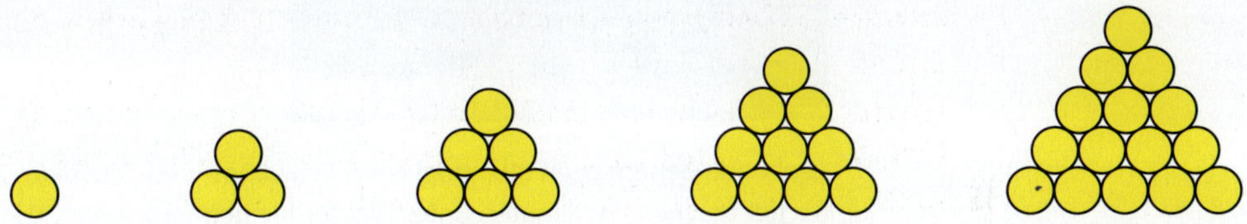

1 3 6 10 15

7. Suche eine Vorschrift. Wie heißen die nächsten fünf Zahlen?

a) 2; 5; 9; 14; 20; …
b) 135; 45; 15; 5; …
c) 1; 2; 6; 12; 36; 72; …
d) 1; 4; 9; 16; …
e) 1; 5; 10; 50; 55; …
f) 2; 1,5; 3; 2,5; 5; 4,5; …

8. Jeder Mensch hat einen Vater und eine Mutter, also 2 Eltern. Jedes Elternteil hat selbst wieder 2 Elternteile, die 4 Großeltern. Zusammen sind das 6 Vorfahren.

a) Wie viele Eltern; Großeltern, Urgroßeltern, Ururgroßeltern, … hast bzw. hattest du? Stelle eine Tabelle auf. Berechne die ersten 12 Glieder dieser Zahlenfolge.

b) Wie viele Vorfahren hast bzw. hattest du in der ersten Generation vor dir, den ersten beiden Generationen vor dir, …?
Stelle eine Tabelle auf. Berechne die ersten 12 Glieder dieser Zahlenfolge.

9. Denke dir eine Zahlenfolge wie in den Aufgaben 7 und 8 aus und notiere fünf Glieder. Dein Partner versucht, die Vorschrift zu finden und gibt weitere Glieder an. Danach tauscht ihr die Rollen. Ihr könnt auch bildliche Darstellungen (wie in den Aufgaben 7 und 8) wählen.

10. Suche mehrere Möglichkeiten für die Fortsetzung der Zahlenfolge 1; 1; 2; .
Formuliere auch die passende Vorschrift.

Umgang mit Texten, Tabellen und Diagrammen

So behältst du Überblick in der Informationsflut!

Längere und schwierigere Texte kann man vorteilhaft in mehreren Schritten lesen:
1. Beim ersten Lesen hast du vielleicht noch nicht alles verstanden oder behalten. Mache dir aber dennoch klar, um welche Frage es geht.
2. Lies den Text nun noch einmal aufmerksam und gründlich. Kennst du alle Fremdwörter und Begriffe? Falls nicht, informiere dich darüber: Frage jemanden oder schlage in einem Lexikon nach oder suche im Internet.
3. Fasse nun das Wesentliche des Textes zusammen. Bei einem Text auf einem Arbeitsblatt kannst du manches durch Unterstreichen hervorheben. Bei Texten in Büchern solltest du wichtige Informationen auf einem Blatt Papier notieren.
4. Bei mathematischen Aufgaben ist oft folgende Gliederung hilfreich: Was ist gesucht? Was ist bekannt?

1. a) Lies den folgenden Text nach dem oben beschriebenen Vorgehen.

Der Seehund
Tauchen – eine Meisterleistung

Seehunde beherrschen alle möglichen Schwimm- und Tauchkünste. Sie können bis zu 200 Meter tief tauchen, 12 Minuten unter Wasser bleiben und sogar 30 Minuten lang auf dem Meeresgrund schlafen. Sie besitzen ein außergewöhnlich starkes Lungen- und Kreislaufsystem. Ihr Blut ist außerdem besonders reich an sauerstoffbindendem Hämoglobin, dem roten Blutfarbstoff. Das Hämoglobin ermöglicht den Tieren, lange unter Wasser zu bleiben, ohne zum Einatmen an die Wasseroberfläche zu müssen. Der Herzschlag verlangsamt sich beim Tauchen auf weniger als zehn Schläge pro Minute und das Herz selbst ist als Anpassung gegen den enormen Wasserdruck besonders breit und flach.

b) Kannst du aus dem obigen Text bestimmen, wie tief ein Seehund pro Minute tauchen kann?

2. Lies den Text. Er enthält sehr viele Zahlen, die man so kaum überblicken kann.
a) Lege eine Tabelle zu dem Text an.
b) Noch besser als in einer Tabelle überblickt man Daten in einer grafischen Darstellung. Zeichne ein Säulendiagramm zu der von dir erstellten Tabelle.

SEEHUNDBESTAND – Jedes Jahr werden sie vom Flugzeug aus gezählt: die bei Niedrigwasser auf den Sandbänken im Nationalpark Schleswig-Holsteinisches Wattenmeer ruhenden Seehunde: Der Bestand der Tiere erholt sich weiter: 2010 wurde die Rekordzahl 9 720 gezählt. Im Jahr 2004 betrug die Anzahl 6 044, ungefähr 1000 mehr als im Vorjahr mit 5 038 Seehunden. Im Jahr 2002 waren bei einer Krankheitsepidemie ungefähr 3 600 der 7 534 im Jahr 2001 gezählten Tiere dem Seehundstaupe-Virus zum Opfer gefallen. Eine erste solche Epidemie noch größeren Ausmaßes gab es 1988, von der sich der Seehundbestand nur langsam erholte: Erst im Jahr 2000 hatte er wieder 6 700 Tiere erreicht, nach einem kontinuierlichen Anstieg von 4 548 im Jahr 1996, 5 003 im Jahr 1997, 5 568 im Jahr 1998.

Enthält ein Text viele Informationen mit Zahlen, so kann man diese oft besser überblicken, wenn man sie in einer Tabelle zusammenfasst oder ein Diagramm dazu zeichnet.

3. Stelle die Informationen aus dem folgenden Text übersichtlich dar.

„Wertloses" Kleingeld von hohem Wert

In Finnland wurden bei der Euro-Einführung die 1-Cent- und 2-Cent-Münzen nur in geringer Auflage geprägt: 35 Mio. 1-Cent-, 23 Mio. 2-Cent-Münzen gegenüber 355 Mio. 5-Cent-, 285 Mio. 10-Cent, 190 Mio. 20-Cent, 72 Mio. 50-Cent, 60 Mio. 1-Euro- und 50 Mio. 2-Euro-Münzen. Zum Vergleich: In Portugal wurden bei der Einführung 40 Mio. 2-Euro-, 68 Mio. 1-Euro-, 152 Mio. 50-Cent-, 116 Mio. 20-Cent-, 220 Mio. 10-Cent-, 196 Mio. 5-Cent-, 272 Mio. 2-Cent- und 232 Mio. 1-Cent-Münzen geprägt. In Deutschland wurden bei der Einführung insgesamt viel mehr Münzen geprägt: 1 Mrd. 2-Euro-, 1 Mrd. 700 Mio. 1-Euro-, 1 Mrd. 600 Mio. 50-Cent-, 1 Mrd. 600 Mio. 20-Cent-, 3 Mrd. 300 Mio. 10-Cent-, 2 Mrd. 300 Mio. 5-Cent-, 1 Mrd. 800 Mio. 2-Cent- und 3 Mrd. 700 Mio. 1-Cent-Münzen.

In Finnland ist es Tradition, beim Bezahlen keine kleinen Münzen zu verwenden und stattdessen zu runden. Daher kommen finnische 1-Cent- und 2-Cent- Münzen im Alltag nicht vor. Ein Staatssekretär des finnischen Finanzministeriums erklärte sogar, dass diese kleinen Münzen oftmals weggeworfen würden, da sie praktisch keinen Wert hätten und auch von Banken nur gegen hohe Gebühren eingetauscht würden.
Seit 2002 können finnische 1-Cent- und 2-Cent-Münzen nur noch bei Münzhändlern zu hohen Preisen erworben werden: Sie kosten jeweils ca. 1 Euro.

4. Gib die Informationen aus dem folgenden Text zum Aufbau eines Bienenstaates mit eigenen Worten wieder.
Kannst du ihm entnehmen, wie viele Bienen in einem Staat zusammenleben?

Bienen – Organisiertes Zusammenleben

Honigbienen leben in einem Staat. Die Gesellschaft der Honigbiene besteht aus drei in ihrem Körperbau unterschiedlichen Formen: der (weiblichen) Königin, den (männlichen) Drohnen und den Arbeiterinnen (sterilen Weibchen). Diesen Formen kommen im Bienenstaat unterschiedliche Funktionen zu; jede Form besitzt ihre eigenen speziellen Verhaltensweisen, die jeweils auf die Bedürfnisse des Volkes abgestimmt sind.
Die **Königin** ist die einzige sich fortpflanzende weibliche Biene im Bienenstock und somit Mutter sämtlicher Drohnen, Arbeiterinnen und zukünftiger Königinnen. Sie produziert täglich oftmals mehr als 1500 Eier, deren Gewicht dem ihres eigenen Körpers gleichkommt. In ihrem Körperbau unterscheidet sich die Königin auffallend von Drohnen und Arbeiterinnen. Ihr Körper ist langgestreckt, sie ist viel größer als eine Arbeiterin und hat einen langen, schlanken Hinterleib.
Arbeiterinnen übertreffen Drohnen stets an der Zahl. Im Frühjahr reicht die Zahl der Arbeiterinnen in einem Volk von 8000 bis 15000, im Frühsommer kann ihre Zahl mehr als 80000 betragen. Die Arbeiterinnen können sich nicht paaren und fortpflanzen; sie sondern Wachs ab, bauen Waben, sammeln Nektar, Pollen und Wasser, wandeln den Nektar in Honig um, säubern den Stock und verteidigen ihn, wenn nötig.

Die **Drohnen** der Honigbienen besitzen keinen Stachel und sind wehrlos; sie weisen auch keine Pollenkörbchen oder Wachsdrüsen auf. Ihre einzige Aufgabe besteht darin, sich mit neuen Königinnen auf dem Hochzeitsflug zu paaren. Unmittelbar nach der Paarung sterben die Drohnen.

1.11 Aufgaben zur Vertiefung

1. Computer rechnen zwar mit im Zweiersystem (Dualsystem) geschriebenen Zahlen, jedoch werden diese sehr schnell lang, da nur zwei Ziffern zur Verfügung stehen.
Im Dualsystem geschriebene Zahlen lassen sich daher nicht so gut überblicken. Programmierer fassen daher oft jeweils 4-ziffrige Ziffernfolgen im Zweiersystem zusammen zu einer Zahl im Sechzehnersystem (Hexadezimalsystem): Hier benötigt man 16 Ziffern. Man verwendet 0 bis 9 und dann die Buchstaben A bis F für die Ziffernwerte 10 bis 15.
Im Sechzehnersystem werden somit 16 Einer zu einem Sechzehner zusammengefasst, 16 Sechzehner zu einem Zweihundertsechundfünziger usw. Um zu kennzeichnen, dass eine Zahlschreibweise im Sechzehnersystem vorliegt, schreiben wir das Zeichen ⑯ dahinter.

Hex.	Dualsystem				Dez.
0	0	0	0	0	00
1	0	0	0	1	01
2	0	0	1	0	02
3	0	0	1	1	03
4	0	1	0	0	04
5	0	1	0	1	05
6	0	1	1	0	06
7	0	1	1	1	07
8	1	0	0	0	08
9	1	0	0	1	09
A	1	0	1	0	10
B	1	0	1	1	11
C	1	1	0	0	12
D	1	1	0	1	13
E	1	1	1	0	14
F	1	1	1	1	15

a) Rechts siehst du die Zahlen 0 bis 15 im Sechzehnersystem geschrieben. Schreibe die Zahlen 16 bis 64 im Sechzehnersystem.

b) Rechne in das Zehnersystem um:
51⑯, 99⑯, 5A⑯, F3⑯, FF⑯.

c) Schreibe die Zahlen im Sechzehnersystem: 70, 80, 100, 123, 187, 202, 256, 298.

2. Ein Lichtjahr ist keine Einheit für eine Zeitspanne, sondern eine Längeneinheit für sehr große Entfernungen. Ein Lichtjahr ist die Entfernung, die das Licht bei einer Geschwindigkeit von 300 000 Kilometern pro Sekunde in einem Jahr zurücklegt: fast 10 Billionen Kilometer.
Gib die im folgenden Text angegebenen Entfernungen in der Einheit km an. Erläutere dann, warum man in der Astronomie auch die Längeneinheit Lichtjahr verwendet.

Unsere **Sonne** ist nur einer von vielen Sternen im Weltall. Sie gehört zu einer Anhäufung von Sternen, die man **Milchstraße** nennt. Diese Bezeichnung kommt daher, dass sie am nächtlichen Sternenhimmel wie ein milchig leuchtendes Band aussieht. Die Milchstraße ist wie die anderen Galaxien auch spiralig aufgebaut. Unsere Sonne befindet sich rund 26 700 Lichtjahre vom Zentrum der Milchstraße entfernt. Im Zentrum hat die Milchstraße eine Dicke von 10 000 Lichtjahren, ihr Durchmesser beträgt etwas 120 000 Lichtjahre. Die unserer Milchstraße am nächsten gelegene Galaxie ist der **Andromeda-Nebel.** Er ist rund 2 Millionen Lichtjahre von uns entfernt und kann noch mit bloßem Auge am Sternenhimmel wahrgenommen werden.

Milchstraße

Andromeda-Nebel

Das Wichtigste auf einen Blick

Große Zahlen

Im **Zehnersystem** werden die Zahlen mit den Ziffern 0, 1, …, 8, 9 geschrieben. In einer *Stellenwerttafel* lassen sich die Stufenzahlen Einer (E), Zehner (Z), Hunderter (H) und Tausender (T) sowie für größere Zahlen: Million, Milliarde, Billion, Billiarde übersichtlich darstellen.

Beispiel: 23 490 287

Million		Tausend					
		HT	ZT	T	H	Z	E
2	3	4	9	0	2	8	7

Natürliche Zahlen

Die Menge der natürlichen Zahlen ist $\mathbb{N} = \{0, 1, 2, 3, 4, \ldots\}$. Die natürlichen Zahlen lassen sich auf einem *Zahlenstrahl* veranschaulichen. Auf dem nach rechts gerichteten Zahlenstrahl liegt die kleinere zweier Zahlen links der größeren.

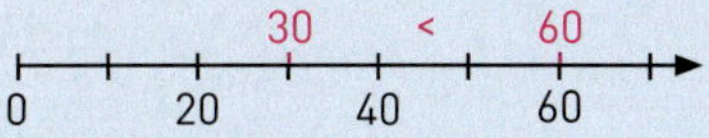

Anders gesagt: 60 > 30

Runden

Beim Runden auf Zehner musst du die Einer betrachten, beim Runden auf Hunderter die Zehner, beim Runden auf Tausender die Hunderter, …:
runde ab bei 0, 1, 2, 3, 4;
runde auf bei 5, 6, 7, 8, 9.

Beispiel:
2735 gerundet:
auf Zehner: 2740 (5 aufgerundet)
auf Hunderter: 2700 (3 abgerundet)
auf Tausender: 3000 (7 aufgerundet)

Größen und ihre Einheiten

Bei Angaben mit Komma bezeichnet die Einheit die Stellen vor dem Komma; die Stellen nach dem Komma geben die kleinere Einheit an.

Beispiele:

Längen werden üblicherweise in den Einheiten 1 mm, 1 cm, 1 dm, 1 m und 1 km angegeben. Es gilt:

$1\,km \underset{\cdot 1000}{\overset{:1000}{\rightleftarrows}} 1\,m \underset{\cdot 10}{\overset{:10}{\rightleftarrows}} 1\,dm \underset{\cdot 10}{\overset{:10}{\rightleftarrows}} 1\,cm \underset{\cdot 10}{\overset{:10}{\rightleftarrows}} 1\,mm$

5 m 7 dm 6 cm = 5,76 m
0 km 980 m = 0,980 km
47 cm = 4,7 dm = 0,47 m
0,82 km = 820 m = 8 200 dm

Gewichte werden üblicherweise in den Einheiten 1 mg, 1 g, 1 kg und 1 t angegeben. Es gilt:

$1\,t \underset{\cdot 1000}{\overset{:1000}{\rightleftarrows}} 1\,kg \underset{\cdot 1000}{\overset{:1000}{\rightleftarrows}} 1\,g \underset{\cdot 1000}{\overset{:1000}{\rightleftarrows}} 1\,mg$

5 t 675 kg = 5,675 t = 5 675 kg
13 g 256 mg = 13,256 g = 13 256 mg
0,498 t = 498 kg = 498 000 g
8 230 mg = 8,23 g = 0,00823 kg

Zeitpunkte und **Zeitspannen** werden in Sekunden (1 s), Minuten (1 min), Stunden (1 h) und Tagen (1 d) angegeben.

Es gilt: $1\,d \underset{\cdot 24}{\overset{:24}{\rightleftarrows}} 1\,h \underset{\cdot 60}{\overset{:60}{\rightleftarrows}} 1\,min \underset{\cdot 60}{\overset{:60}{\rightleftarrows}} 1\,s$

1 d 6 h = 30 h = 1 800 min
540 min = 9 h
75 s = 1 min 15 s

Maßstab

Mit einem **Maßstab** beschreibt man Vergrößerungen, zum Beispiel 4 : 1, sowie Verkleinerungen, zum Beispiel 1 : 20 000.

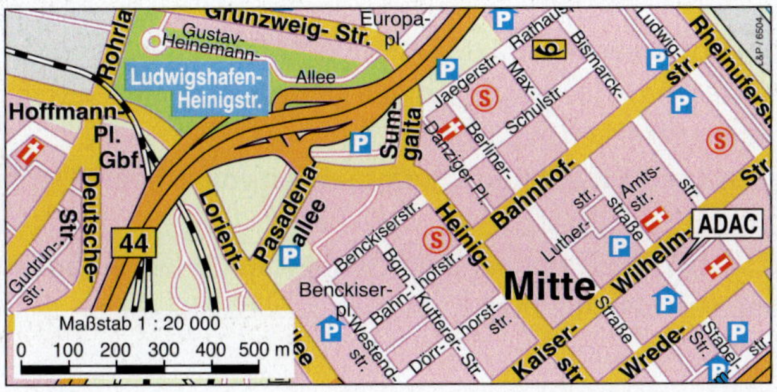

Beispiele:
Maßstab 4 : 1 bedeutet:
1 cm in der Wirklichkeit entspricht 4 cm in der Zeichnung.

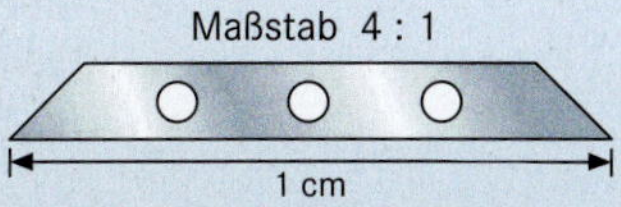

Maßstab 1 : 20 000 bedeutet:
1 cm in der Karte entspricht in der Wirklichkeit 20 000 cm = 200 m

Bist du fit?

1. Übertrage in dein Heft und gib Zahl bzw. Nachfolger an.

Zahl	1 000 000				
Nachfolger		2 000 000	79 901	1 000 001	3 479 009

2. Die sogenannte Schuldenuhr zeigt die Verschuldung Deutschlands an. Schreibe die auf der Schuldenuhr angezeigten Zahlen in Worten.

3. Vergleiche. Setze im Heft für ▢ das Kleiner- oder Größerzeichen.

a) 2 488 ▢ 3 521 **c)** 80 192 ▢ 79 582

b) 6 776 ▢ 6 767 **d)** 432 719 ▢ 432 723

4. **a)** Welche Zahlen sind rot markiert?

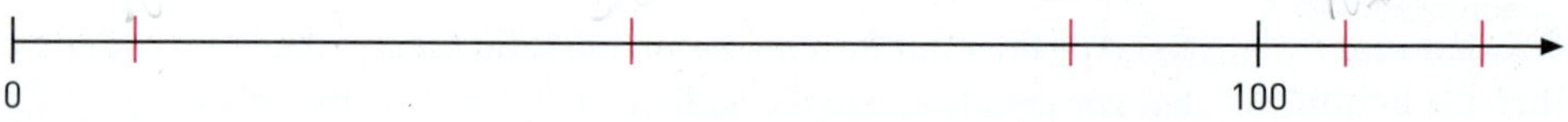

b) Trage im Heft die Zahlen 37, 49, 121, 152, 81 auf einem geeigneten Zahlenstrahl ein.

5. **a)** Runde

(1) 29 429 auf Hunderter; **(2)** 35 482 auf Tausender; **(3)** 831 624 auf Zehntausender.

b) Folgende Zahlen sind gerundet. Welche Zahlen können vor dem Runden gestanden haben? Nenne die kleinstmögliche und die größtmögliche Zahl.

(1) 230 auf Zehner **(3)** 3 400 auf Zehner **(5)** 230 000 auf Zehntausender

(2) 3 400 auf Hunderter **(4)** 29 000 auf Tausender **(6)** 17 000 000 auf Millionen

6. Wie viel fehlt bis zur nächstgrößeren Einheit?

a) 998 mg **b)** 20 h **c)** 756 g **d)** 4 mm **e)** 56 min **f)** 293 kg **g)** 96 m **h)** 12 s

7. Schreibe in der in Klammern angegebenen Einheit.

a) 8 m (cm); 11 km (m) **b)** 512 cm (m); 93 kg (g) **c)** 17 t (kg); 30 g (kg) **d)** 0,05 km (m); 0,5 m (cm) **e)** 300 g (kg); 12 h (min)

8. Wie viel Zeit vergeht bis Mitternacht? **a)** 9.45 Uhr **b)** 0.37 Uhr **c)** 11.58 Uhr **d)** 20.15 Uhr

9. Der Maßstab einer Landkarte beträgt 1 : 200 000.

a) Auf dieser Karte werden folgende Längen gemessen: 3 cm; 5,5 cm; 4,8 cm; 8,7 cm. Wie lang sind die Strecken in Wirklichkeit?

b) Wie groß erscheinen auf der Karte Entfernungen von 6 km; 15 km; 3,6 km; 10,8 km?

10. In Deutschland fallen pro Einwohner jährlich ungefähr 56 kg Verpackungsmaterial an, davon 20 kg Pappe und Papier, 14 kg Kunststoff sowie 22 kg Glas. Zeichne ein Säulendiagramm.

2. Rechnen mit natürlichen Zahlen

Im Alltag und auch bei Spielen werden Preise und andere Größen mithilfe von natürlichen Zahlen angegeben. Zur Beantwortung vieler Fragen muss mit diesen natürlichen Zahlen addiert, subtrahiert, multipliziert und dividiert werden.

Jakob und Hanna spielen Monopoly. Jakob besitzt die Straße am Park und die Straße am Schloss, Hanna die Werke Wassergewinnung und Stromerzeugung.

Stromerzeugung

Die Miete für dieses Werk ist 4-mal so hoch, wie die Augenzahl auf den zwei Würfeln

Wenn man außerdem noch das Werk zur Wassergewinnung besitzt, dann ist die Miete 10-mal so hoch wie die Augenzahl auf den zwei Würfeln.

Dieses Werk kann für 3000 M gekauft werden.

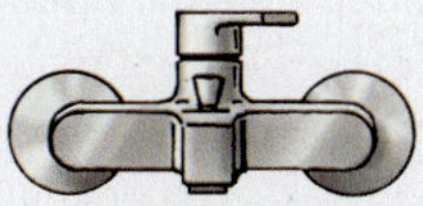

Wassergewinnung

Die Miete für dieses Werk ist 4-mal so hoch, wie die Augenzahl auf den zwei Würfeln

Wenn man außerdem noch das Werk zur Stromerzeugung besitzt, dann ist die Miete 10-mal so hoch wie die Augenzahl auf den zwei Würfeln.

Dieses Werk kann für 3000 M gekauft werden.

Straße am Park

Miete	35 M
mit einem Haus	175 M
mit zwei Häusern	500 M
mit drei Häusern	1100 M
mit vier Häusern	1300 M
mit Hotel	1500 M

Ist man der Besitzer der Straßen am Park, am Wald und am See, so ist die Miete für die unbebauten Straßen doppelt so hoch.

Diese Straße kann für 7000 M gekauft werden.

Ein Haus kostet 200 M, ein Hotel kostet 200 M plus vier Häuser.

Straße am Schloss

Miete	50 M
mit einem Haus	600 M
mit zwei Häusern	500 M
mit drei Häusern	1400 M
mit vier Häusern	1700 M
mit Hotel	2000 M

Ist man der Besitzer der Straßen am Schloss, an der Burg und am Dom, so ist die Miete für die unbebauten Straßen doppelt so hoch.

Diese Straße kann für 8000 M gekauft werden.

Ein Haus kostet 200 M, ein Hotel kostet 200 M plus vier Häuser.

- → Hanna würfelt eine 5 und eine 3 und gelangt damit auf das Feld Wassergewinnung. Wie viel Miete muss sie an Jakob zahlen?
- → Hanna baut ein Haus auf der Straße am Park. Wie oft muss Jakob auf der Straße am Park ankommen, damit Hanna den Kaufpreis als Mietzahlung wieder bekommen hat?
- → Hanna überlegt, ein Hotel auf der Straße am Schloss zu bauen. Wie viel kostet dieses?
- → Stellt weitere Fragen und beantwortet sie.

In diesem Kapitel ...

beschäftigst du dich mit dem Rechnen mit natürlichen Zahlen, dessen Gesetzmäßigkeiten und Zusammenhängen. Für große Zahlen wirst du deine Kenntnisse zu den schriftlichen Rechenverfahren erweitern.

Lernfeld: Mehr ... oder weniger?

Das Polyeder-Spiel

Philipp hat in seiner Spielesammlung verschiedene „Spielwürfel“ (sogenannte Polyeder):

 Tetraeder	 Hexaeder	 Oktaeder	 Dodekaeder	 Ikosaeder
vier gleich große dreieckige Flächen	sechs gleich große quadratische Flächen	acht gleich große dreieckige Flächen	zwölf gleich große fünfeckige Flächen	zwanzig gleich große dreieckige Flächen
Augenzahlen 1, 2, 3, 4	Augenzahlen 1, 2, 3, 4, 5, 6	Augenzahlen 1, 2, 3, ..., 7, 8	Augenzahlen 1, 2, 3, ..., 11, 12	Augenzahlen 1, 2, 3, ..., 19, 20

Bei dem Spiel darf jeder Mitspieler mit jedem der fünf Würfel je einmal würfeln. Die erste geworfene Augenzahl ist der Startwert, die zweite geworfene Augenzahl wird von diesem Startwert subtrahiert, die dritte wieder addiert, die vierte subtrahiert, die fünfte addiert.
Das Spiel hat derjenige gewonnen, der am Ende die höchste Punktzahl erreicht hat.
Wirft man beim zweiten oder vierten Wurf eine Augenzahl, die größer ist als der aktuelle Punktstand, scheidet man aus.

→ Habt ihr einen Vorschlag, in welcher Reihenfolge die Spieler ihre fünf Würfel werfen sollen? Probiert eure Vorschläge selbst aus.

Entdeckungen an Zahlenmauern

Die meisten von euch kennen aus der Grundschule Zahlenmauern. Falls jemand in deiner Klasse solche Zahlenmauern nicht kennt, erkläre am Beispiel rechts, wie man in ihnen rechnet.
Zeichnet für die folgenden Aufträge zunächst leere Zahlenmauern in euer Heft.

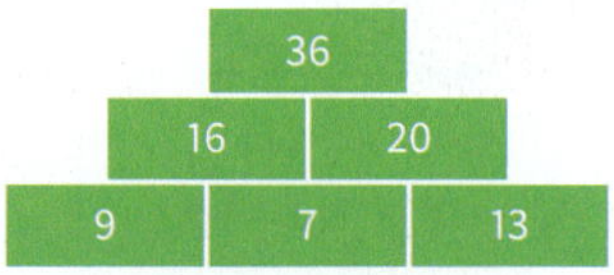

→ Wenn man im Heft die Zahlen in der unteren Reihe einträgt, findet man leicht die Zahlen in der zweiten Reihe und die eine Zahl ganz oben.
Was ändert sich, wenn man die Reihenfolge der Zahlen in der unteren Reihe ändert? Wie viele Möglichkeiten gibt es hierfür?
Wie musst du die Zahlen anordnen, um im Feld ganz oben das kleinst- bzw. größtmögliche Ergebnis zu erhalten?

→ Das Ausfüllen einer Zahlenmauer ist besonders einfach, wenn alle Zahlen in der unteren Reihe bekannt sind.
Übertrage die nebenstehenden Mauern in dein Heft. Kannst du sie auch ausfüllen?

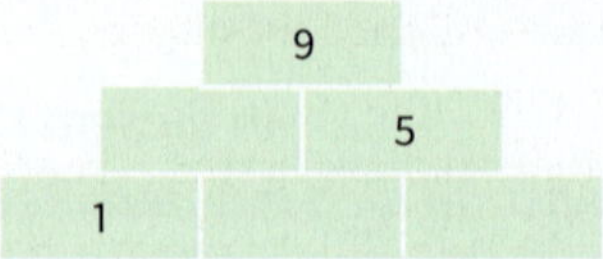

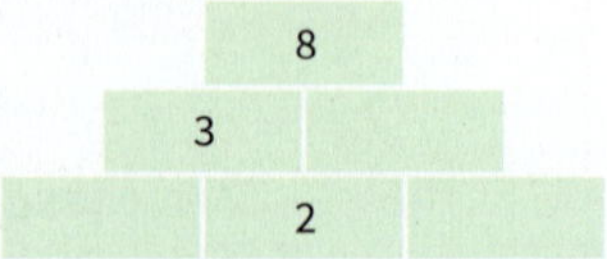

→ Gibt es noch andere Aufgabentypen zum Ausfüllen von Zahlenmauern? Wie viele verschiedene Typen findet ihr? *Achtung:* Die Zahlenmauer kann man auf verschiedene Weisen vervollständigen. Probiert das in eurem Heft.

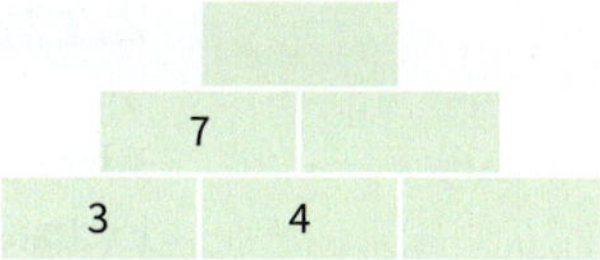

→ An der rechts stehenden Zahlenmauer erkennen wir, dass 4 die kleinstmögliche Zahl in dem oberen Feld der Zahlenmauer ist. Welche Zahlenmauern gibt es mit der Zahl 5 [6; 7] an der Spitze? Wie viele verschiedene Zahlenmauern sind dies jeweils insgesamt?

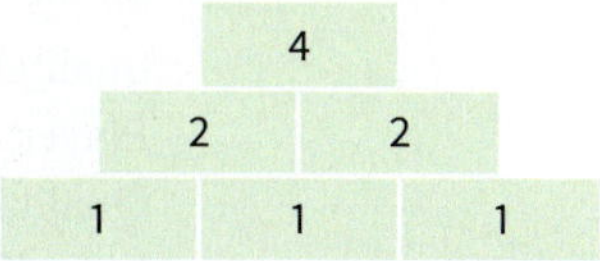

→ Verwende in den Zahlenmauern keine Nullen. Es gibt gerade Zahlen (g) und ungerade Zahlen (u). Übertragt die Mauern in euer Heft. Lassen sich die Zahlenmauern eindeutig ausfüllen oder gibt es mehrere Möglichkeiten?

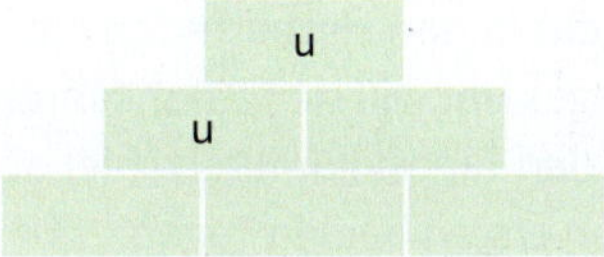

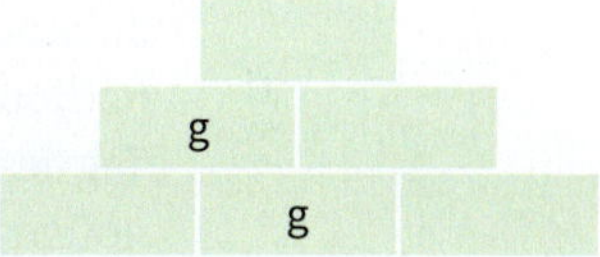

Fermi-Fragen

Enrico Fermi (1901–1954) war ein berühmter italienischer Physiker, der in den Vereinigten Staaten forschte und lehrte. Er erhielt 1938 für seine Entdeckungen in der Atomphysik den Nobel-Preis. Er vertrat die Meinung, dass sich für jede Frage eine Antwort finden lässt – zumindest kann man sich der richtigen Antwort nähern, wenn man geeignete Hilfsfragen stellt.
Seine bekannteste Frage ist: „Wie viele Klavierstimmer gibt es in Chicago?" Diese Frage lässt sich nicht exakt beantworten und die Antwort ist auch sicherlich ziemlich uninteressant, aber der Weg zur Antwort ist das Interessante! Solche Fragen, auf die man nur mit einer Schätzung antworten kann, nennt man Fermi-Fragen.

Enrico Fermi (1901 – 1954)

→ Schätze, wie viele Klavierstimmer es in Frankfurt gibt. Mit folgenden Hilfsfragen findet man zwar nicht die richtige Antwort, aber man erhält eine Vorstellung von der Größenordnung. Frankfurt hat ungefähr 700 000 Einwohner.
- Wie viele Klaviere gibt es wohl in Frankfurt?
- Wie oft muss ein Klavier gestimmt werden?
- Wie viele Klaviere kann ein Klavierstimmer am Tag stimmen?
- Wie viele Tage im Jahr arbeitet ein Klavierstimmer?

Zu welcher Schätzung kommst du? Vergleiche deine Schätzung mit der deiner Mitschüler. Bei welchen Hilfsfragen habt ihr unterschiedliche Antworten gegeben? Wie wirkte sich das bei euren Antworten aus?

→ Überlege dir geeignete Hilfsfragen, um die folgenden Fermi-Fragen zu beantworten:
- Wie viele Blätter hat eine ausgewachsene Buche?
- Wie viele 1-Cent-Stücke passen wohl in euer Klassenzimmer?
- Wie viele Glühbirnen gibt es in Deutschland?
- Wie dick muss ein Buch sein, damit es 1 Million mal den Buchstaben „e" enthält?

→ Denkt euch mit euren Nachbarn eine interessante Fermi-Frage aus und beantwortet sie.

2.1 Addieren und Subtrahieren

Einstieg

Alena möchte in einem Musik-Portal die angekreuzten Songs für ihren MP3-Player laden. Die Songs werden in zwei verschiedenen Aufnahmequalitäten angeboten. Der Platz auf ihrem MP3-Player reicht noch für 450 Sekunden in hoher Qualität oder 900 Sekunden in mittlerer Qualität. Kann Alena die gewählten Songs laden? Für welche Aufnahmequalität sollte sie sich entscheiden? Begründe.

Songload	
Song	Playtime
Big Heart x	194 s
summerdream x	217 s
My Love x	154 s
Sweet Sugar x	163 s
midnight x	182 s

Aufgabe 1

Addieren und Subtrahieren von Größen

Juliane macht in den Herbstferien eine dreitägige Radtour. Insgesamt will sie 120 km fahren. Jeden Tag liest sie den Tageskilometerzähler ab. Sie notiert in den ersten beiden Tagen: 38 km; 46 km.

a) Welche Entfernung hat sie an den ersten beiden Tagen insgesamt schon zurückgelegt?

b) Welche Entfernung muss sie am nächsten Tag noch zurücklegen?

Lösung

a) Die Längen der zurückgelegten Wegstrecken werden addiert: 38 km + 46 km = 84 km
Ergebnis: In den ersten zwei Tagen ist Juliane 84 km gefahren.

b) Gesucht ist die Strecke, die zu 84 km ergänzt werden muss, um die Gesamtstrecke von 120 km zu erhalten; also:
84 km + ▢ km = 120 km

Du erhältst die Lösung in dem du 84 km von 120 km wegnimmst, also:
120 km – 84 km = 36 km
Ergebnis: Für den letzten Tag verbleibt eine Strecke von 36 km.

Information

(1) Fachausdrücke

Im Zusammenhang mit dem Addieren und Subtrahieren benutzt man Fachausdrücke.

Addition

217 + 63 nennt man die **Summe** der Zahlen 217 und 63. Das Ergebnis 280 nennt man den *Wert der Summe*, kurz auch *Summe*.
217 und 63 heißen *Summanden*.

217	+	63	=	280
1. Summand		**2. Summand**		*Wert der* **Summe**

Subtraktion

374 – 52 nennt man die **Differenz** der Zahlen 374 und 52. Das Ergebnis 322 nennt man den *Wert der Differenz*, kurz auch *Differenz*.
374 heißt *Minuend*, 52 heißt *Subtrahend*.

374	–	52	=	322
Minuend		**Subtrahend**		*Wert der* **Differenz**

Merke: M vor S

addieren (lat.) hinzufügen
Summe (lat.) Gesamtzahl
Summand (lat.) hinzuzuzählende Zahl
subtrahieren (lat.) abziehen
Differenz (lat.) Unterschied
Minuend (lat.) Zahl, von der etwas abgezogen wird
Subtrahend (lat.) Zahl, die abgezogen wird

(2) Addition und Subtraktion am Zahlenstrahl

Die Addition von natürlichen Zahlen am Zahlenstrahl entspricht dem Aneinanderlegen von Strecken.

Beispiel: 29 + 37 = 66

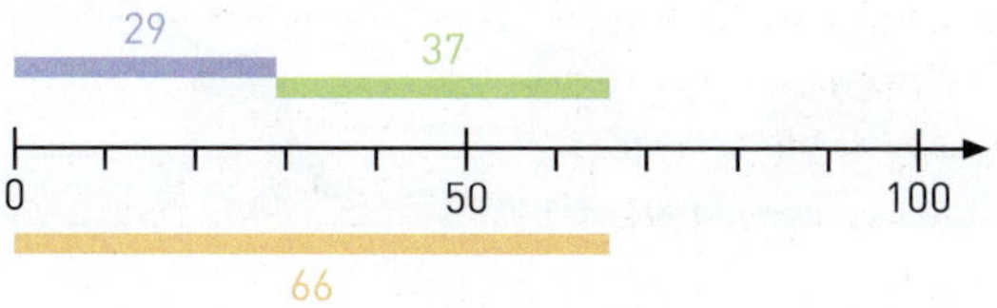

Die Subtraktion von natürlichen Zahlen am Zahlenstrahl entspricht dem Wegnehmen eines Teils von einer Strecke oder dem Ergänzen einer Strecke zu einer Gesamtstrecke.

Beispiel: 85 – 46 = 39

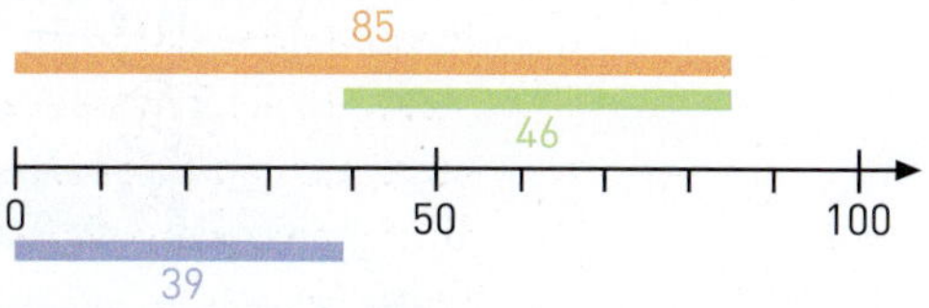

Aufgabe 2 **Addieren und Subtrahieren als entgegengesetzte Rechenarten**

Zur Herbstkonzertwoche der Musikschule kamen 963 Besucher. Das waren 128 mehr als im Frühjahr. Dabei wurden 238 Programmhefte verteilt. Das waren 46 weniger als im Frühjahr. Wie kann man die Zahlen für die Frühjahrskonzerte berechnen?

Lösung

Man erhält die Zahlen für die Frühjahrskonzerte, wenn man die Veränderung rückgängig macht, also rückwärts rechnet.

Besucher:

▢ + 128 = 963

▢ $\underset{-128}{\overset{+128}{\rightleftarrows}}$ 963

963 – 128 = 835

Programmhefte:

▢ – 46 = 238

▢ $\underset{+46}{\overset{-46}{\rightleftarrows}}$ 238

238 + 46 = 284

Ergebnis: Zum Frühjahrskonzert kamen 835 Besucher. Es wurden 284 Programmhefte verteilt.

Information

In Aufgabe 2 haben wir eine Veränderung rückgängig gemacht. Dazu haben wir den Zusammenhang zwischen Addition und Subtraktion verwendet.
Addition und Subtraktion sind *entgegengesetzte* Rechenarten. Das erkennt man besonders deutlich, wenn man Pfeilbilder mit *Rechenanweisungen* verwendet.

Zusammenhang zwischen Addition und Subtraktion

(1) Das Addieren einer Zahl wird durch das Subtrahieren dieser Zahl rückgängig gemacht.

(2) Das Subtrahieren einer Zahl wird durch das Addieren dieser Zahl rückgängig gemacht.

43 $\underset{-17}{\overset{+17}{\rightleftarrows}}$ 60

Weiterführende Aufgabe

Vorteilhaftes Rechnen im Kopf

3. a) Beschreibe und vergleiche folgende Rechenwege. Findest du noch weitere?

b) Berechne geschickt.

(1) 1250 + 780	(3) 287 + 78	(5) 303 − 88	(7) 498 + 63
(2) 167 + 296	(4) 2520 − 150	(6) 427 − 98	(8) 903 − 58

Übungsaufgaben

4. Rechne im Kopf; notiere die Ergebnisse.

a)	b)	c)	d)	e)	f)
42 + 37	229 + 37	734 + 80	685 + 45	699 + 17	623 + 99
69 + 11	15 + 861	533 + 89	600 + 5370	498 + 63	348 + 197
342 + 58	78 + 411	34 + 875	550 + 4800	297 + 34	567 + 298

5. Rechne im Kopf; notiere die Ergebnisse.

a)	b)	c)	d)	e)	f)
138 − 26	350 − 70	600 − 42	3820 − 550	702 − 36	451 − 98
297 − 62	280 − 66	704 − 65	5100 − 250	901 − 72	813 − 199
870 − 40	483 − 38	6500 − 230	3270 − 400	303 − 58	623 − 597

6. Vergleiche. Setze im Heft für ▢ das richtige Zeichen: =, < oder >.

a) 68 + 39 ▢ 75 + 32	c) 185 − 37 ▢ 111 + 47	e) 742 − 88 ▢ 752 − 98
b) 72 + 58 ▢ 100 + 20	d) 170 − 71 ▢ 36 + 65	f) 511 − 25 ▢ 501 − 35

7. Leonie fährt mit ihren Eltern in den Urlaub. Am Straßenrand sieht Leonie die abgebildeten Wegweiser.

a) Wie weit ist es auf dieser Straße von Ahlen bis Kleve?

b) Wie weit ist es auf dieser Straße von Haltern a. See bis Ahlen?

c) Stelle eine weitere Aufgabe und löse sie.

8. Schreibe 91 auf fünf verschiedene Arten als Summe [als Differenz] zweier Zahlen.

Das kann ich noch!

A) Wie viel fehlt bis zur nächstgrößeren Einheit?

1)	2)	3)	4)	5)	6)
7 mm	678 g	7,5 dm	43 s	888 kg	840 m
3 cm	203 kg	3,4 cm	15 min	632 mg	78 cm

B) Runde auf die nächstgrößere Einheit.

1)	2)	3)	4)	5)	6)
73 cm	1678 g	12 dm	430 s	5555 kg	1499 m
28 mm	445 mg	77 cm	105 min	7849 g	99 dm

9. Stelle zunächst eine geeignete Aufgabe und löse sie dann.
a) An einem Marktstand wurden an einem Dienstag 45 kg Tomaten verkauft, am folgenden Tag 17 kg mehr.
b) An dem gleichen Marktstand wurden am Samstag 71 kg Spargel verkauft, am folgenden Montag 34 kg weniger.
c) Am Freitag wurden an dem Marktstand 85 kg Kartoffeln verkauft, am Samstag 125 kg.

10. Erfinde selbst Rechengeschichten.
a) 43 kg + 19 kg
b) 55 € − 28 €
c) 203 km − 87 km
d) 24 min + 33 min

Differenz: 43 m − 27 m
Rechengeschichte: Tim ist ein guter Skispringer. Er schafft auf der Jugendschanze 43 m. Marc erreicht nur 27 m.
Wie viel Meter springt Tim weiter als Marc?
Rechnung: 43 m − 27 m = 16 m
Ergebnis: Tim springt 16 m weiter als Marc.

11. Beachte die Einheiten.
a) 5 € + 21 ct b) 794 g + 20 kg c) 3 d + 46 h d) 941 dm − 59 m e) 8 720 kg − 7 t

12. a) Wie verändert sich der Wert der Summe zweier Zahlen, wenn man
(1) den ersten Summanden um 53 erhöht;
(2) den zweiten Summanden um 120 vermindert;
(3) den ersten und zweiten Summanden um je 70 erhöht;
b) Wie verändert sich der Wert der Differenz zweier Zahlen, wenn man
(1) den Minuenden um 72 vermindert;
(2) den Subtrahenden um 16 erhöht;
(3) den Minuenden und den Subtrahenden um je 41 erhöht?

13. Wähle zwei Karten.
a) Welche Karten musst du wählen, damit du eine möglichst große Summe [Differenz] erhältst?
b) Welche Karten musst du wählen, damit du die kleinste Summe [Differenz] erhältst?
c) Welche Karten kannst du wählen, damit die Summe größer als 200, aber kleiner als 400 ist?

14. Dein Partner stellt eine Frage, die du mit den Informationen aus dem Zeitungsausschnitt unten rechnerisch lösen kannst. Beantworte die Frage. Danach stellst du eine Frage.

Neuer Bücherbus der Stadtbibliothek

Die Stadtbücherei informiert über die Neueinrichtung des Bibliothekbusses und dem neuen Medienangebot: Momentan kann man 745 CDs und 128 Hörbücher ausleihen. Das sind 212 CDs und 53 Hörbücher mehr als im letzten Jahr. Bei den Restbeständen von Musikkasetten sind nur noch 241 Kassetten vorhanden, also 73 weniger als im letzten Jahr.

Spiel
(2 Spieler)

15. *Fünfzig gewinnt*
Einer der beiden Spieler nennt eine Zahl zwischen 1 und 10. Jeder der beiden Spieler muss anschließend abwechselnd eine der Zahlen 1, 2 oder 3 dazu addieren. Wer zuerst die Zahl 50 genau erreicht, hat gewonnen. Wie muss man die Zahlen wählen, um zu gewinnen?

16. Partner A notiert verdeckt eine dreistellige Zahl. Partner B nennt eine zweistellige Zahl und entscheidet, ob Partner A sie zu seiner verdeckten Zahl addieren oder subtrahieren soll. Partner A rechnet im Kopf und nennt sein Ergebnis. Partner B rechnet rückwärts und muss die von A notierte Zahl als Ergebnis erhalten. Danach werden die Rollen vertauscht.

17. Gib im Heft jeweils die fehlende Zahl an. Rechne im Kopf.

a) ▢ $\xrightarrow{+10}$ 80	b) ▢ $\xrightarrow{+24}$ 61	c) ▢ $\xrightarrow{-24}$ 42	d) ▢ $\xrightarrow{-35}$ 48
▢ $\xrightarrow{+8}$ 50	▢ $\xrightarrow{+280}$ 500	▢ $\xrightarrow{-16}$ 34	▢ $\xrightarrow{-220}$ 690

18. Bestimme die fehlende Zahl und notiere sie im Heft.

a) ▢ + 37 = 63	b) ▢ + 370 = 990	c) ▢ + 1100 = 4700	d) ▢ – 123 = 456
18 + ▢ = 81	40 + ▢ = 760	7500 + ▢ = 8000	517 – ▢ = 403
▢ – 49 = 14	▢ – 440 = 440	▢ – 4000 = 2800	▢ + 238 = 559
54 – ▢ = 26	690 – ▢ = 30	2000 – ▢ = 200	417 + ▢ = 888

19. Überprüfe die Rechnung durch Addieren.
Berichtige jedes falsche Ergebnis.

a) 90 – 33 = 67 c) 216 – 44 = 172 e) 840 – 84 = 766
b) 100 – 55 = 45 d) 357 – 32 = 325 f) 9990 – 9090 = 900

Aufgabe: 38 – 14 = 24
Pfeilbild: 38 $\xrightarrow{-14}$ 24 ($\xleftarrow{+14}$)
Probe: 24 + 14 = 38

20. Wie teuer waren die Inlineskater vorher?

21. Tina fährt mit dem Fahrrad zur Schule. Für die Fahrt braucht sie etwa 15 Minuten. Das Abstellen und Abschließen des Fahrrades dauert etwa 5 Minuten.
Der Unterricht beginnt um 7.50 Uhr. Tina möchte 10 Minuten früher in der Schule sein.
Wann muss Tina von zu Hause wegfahren?

22. Der Hüttenwirt Franz notiert die Veränderungen der Wetterverhältnisse in seinem Schneebericht.

a) Nach den Schneefällen vom 17. 2. lagen insgesamt 54 cm Schnee.
Wie hoch war die Schneedecke vorher?

b) Nach Tauwetter am 20. 2. war die Schneedecke nur noch 25 cm hoch.
Wie hoch lag der Schnee, bevor es taute?

23. Ein Regional-Express, der um 15:02 Uhr in Koblenz abfährt, kommt planmäßig um 16:49 Uhr in Frankfurt (Main) Hbf an. Er hat damit auf dieser Strecke eine um 24 Minuten kürzere Fahrzeit wie die Regionalbahn, benötigt jedoch 22 Minuten länger als ein Inter-City-Express. Berechne die Fahrzeiten der drei Züge.

24. Rechne mit benachbarten Zahlen. Das Ergebnis steht im Feld darüber. Fülle in deinem Heft aus.

a) Addiere.

430			
234	196		
130	104	92	
63	67	37	55

b) Subtrahiere.

25			
57			
	65		
260			

2.2 Schriftliches Addieren und Subtrahieren

Ziel

Sind mehrstellige Zahlen für das Kopfrechnen zu groß, so kann man die Rechnungen schriftlich ausführen. Hier wiederholst du das schriftliche Addieren und Subtrahieren.

Zum Erarbeiten

Schriftliches Addieren – Überschlag

Ein Fernfahrer muss auf einer Lieferfahrt durch Europa folgende Route fahren: Paris – Lissabon – Wien – Stuttgart. Von dort aus fährt er zurück an den Stammsitz der Firma in München. Mit einem Routenplaner ermittelt er nebenstehende Entfernungen. Um abzuschätzen, wie lange er für die Fahrt auf dieser Route braucht, benötigt er nur die ungefähre Länge dieser Route. Führe im Kopf einen Überschlag durch.

→ Für einen Überschlag runden wir die Entfernungen auf volle 100 km. Damit erhalten wir als Überschlag für die Gesamtstrecke:
1800 km + 2900 km + 600 km = 5300 km

Um mit seinem Arbeitgeber abzurechnen, muss er die genaue Länge der Route kennen. Berechne sie.

→ Die genaue Summe ermitteln wir durch schriftliches Addieren; dabei verwenden wir nur die Maßzahlen.

	1	7	5	3
+	2	8	8	5
+		6	4	1
	2	1		
	5	2	7	9

Wir addieren:

die Einer:	1 + 5 + 3 = 9,	also 9 Einer
die Zehner:	4 + 8 + 5 = 17,	also 7 Zehner und 1 Hunderter als Übertrag
die Hunderter:	1 + 6 + 8 + 7 = 22,	also 2 Hunderter und 2 Tausender als Übertrag
die Tausender:	2 + 2 + 1 = 5,	also 5 Tausender

Ergebnis: Die Route von Paris über Lissabon nach Stuttgart ist 5 279 km lang.

Schriftliches Subtrahieren

Am Ende der Fahrt in München zeigt sein Fahrtenschreiber, dass er insgesamt 5 504 km gefahren ist. Wie lang war die Leerfahrt von Stuttgart nach München?

→ Für die Berechnung der Leerfahrt muss die Summe der Einzelstrecken von der Gesamtstrecke subtrahiert werden:
1. Möglichkeit: Wir kennen schon die Summe der Einzelstrecken (5 279 km) und subtrahieren diese von 5 504 km.

	5	5	0	4
−	5	2	7	9
		1	1	
		2	2	5

Wir ergänzen:

bei den Einern:	9 + 5 = 14,	also 5 Einer und 1 Zehner als Übertrag
bei den Zehnern:	1 + 7 + 2 = 10,	also 2 Zehner und 1 Hunderter als Übertrag
bei den Hundertern:	1 + 2 + 2 = 5,	also 2 Hunderter

Ergebnis: Die Leerfahrt von Stuttgart nach München ist 225 km lang.

2. Möglichkeit: Wir können auch die Einzelstrecken von der Gesamtstrecke subtrahieren, ohne vorher die Summe der Einzelstrecken zu bestimmen:

	5	5	0	4
−	1	7	5	3
−	2	8	8	5
−		6	4	1
	2	2	1	
		2	2	5

Wir ergänzen bei:

den Einern: 1 + 5 + 3 + 5 = 14, also 5 Einer und 1 Zehner als Übertrag
den Zehnern: 1 + 4 + 8 + 5 + 2 = 20, also 2 Zehner und 2 Hunderter als Übertrag
den Hundertern: 2 + 6 + 8 + 7 + 2 = 25, also 2 Zehner und 2 Hunderter als Übertrag
den Tausendern: 2 + 2 + 1 + 0 = 5

0 am Anfang einer Zahl wird nicht geschrieben.

Ergebnis: Auch bei der Berechnung mit den Einzelstrecken ergibt sich für die Leerfahrt von Stuttgart nach München eine 225 km lange Strecke.

Zum Üben

1. Addiere schriftlich. Mache zunächst eine Überschlagsrechnung.

a)	b)	c)	d)	e)
24 866	3 157 824	8 221	7 685	67 588
+ 83 195	+ 2 406 137	+ 759	+ 7 717	+ 6 880
		+ 3 070	+ 7 405	+ 55 227
			+ 6 898	+ 548

2. Welche Ergebnisse sind falsch? Entscheide ohne schriftlich zu rechnen.

(1)		(2)		(3)	
	75 205		355		81 703
+	4 993	+	3 907	+	9 956
+	10 417	+	11 098	+	304 589
	90 611		15 360		406 248

Vergiss den Überschlag nicht.

3. Addiere schriftlich.

a) 256 + 467 + 494 + 587
889 + 264 + 453 + 778

b) 584 + 1 302 + 1 459 + 829
1 279 + 388 + 1 462 + 1 371

c) 2 207 + 5 007 + 8 086 + 1 108
70 859 + 10 278 + 1 091 + 2 722

4.

a)	b)	c)	d)	e)	f)
3 825	2 380	2 421	8 491	87 824	79 063
− 2 427	− 251	− 518	− 2 130	− 1 433	− 2 482
− 1 184	− 2 076	− 1 702	− 3 142	− 23 250	− 13 501

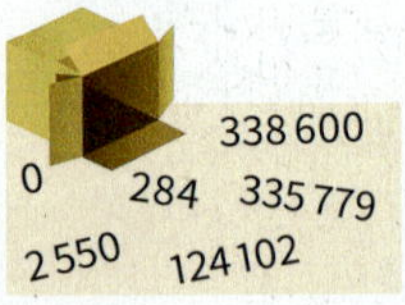

5. Die Ergebnisse zu den Aufgaben kannst du an den Lösungen links kontrollieren.

a)	b)	c)	d)	e)	f)
3 509	9 000	492 823	700 000	605 377	4 804 000
− 1 009	− 3 031	− 107 596	− 295 317	− 506 733	− 365 200
− 1 383	− 838	− 45 322	− 68 508	− 22 836	− 1 408 700
− 833	− 2 581	− 215 803	− 396	− 75 808	− 2 691 500

6. Auffallende Ergebnisse:

a) 8 000 − 916 − 1 422 − 662
b) 25 933 − 4 876 − 11 345 − 703
c) 77 812 − 19 321 − 4 288 − 3 088
d) 468 000 − 2 913 − 78 305 − 126 522
e) 81 300 − 21 407 − 9 − 683 − 4 880
f) 1 000 000 − 6 389 − 440 255 − 108 912

7. Ende letzten Jahres hatte ein Werk 829 175 Personenwagen vom Typ „Speedy" hergestellt. Die Fertigstellung des millionsten „Speedy" soll besonders gefeiert werden. Wie viele Wagen müssen noch vom Band laufen, bis gefeiert werden kann?

8. Eine Ferienanlage zählte im Jahre 2011 während der Hauptsaison 125 832 Übernachtungen. In der Vorsaison waren es 37 187 Übernachtungen und in der Nachsaison 28 518 Übernachtungen. Stelle geeignete Fragen und rechne.

9. Stelle deinem Partner eine geeignete Frage. Anschließend tauscht ihr die Rollen.

a) Herr Schmitz muss eine Autobahnstrecke von 353 km zurücklegen. Nach 168 km verlässt er die Autobahn wegen einer Vollsperrung. Auf der Landstraße fährt er einen Umweg von 18 km.

b) Herr Mertes hat 879 € auf seinem Konto. Nachdem ihm sein Autoradio gestohlen worden ist, überweist ihm seine Versicherung einen Betrag von 376 €. Für Kauf und Einbau des neuen Radios muss er 459 € überweisen.

c) Eine dreitägige Radfernfahrt geht über insgesamt 646 km. Am ersten Tag werden 188 km gefahren, die zweite Etappe geht über 245 km.

d) Familie Schneider fährt mit dem Pkw in den Urlaub. Das zulässige Gesamtgewicht des Autos beträgt 1 600 kg. Der leere Wagen wiegt 1 045 kg. Frau Schneider wiegt 62 kg, Herr Schneider 81 kg und die beiden Kinder 27 kg und 44 kg.

10. Auf einer Wanderkarte sind die Längen einzelner Wege in Meter angegeben.

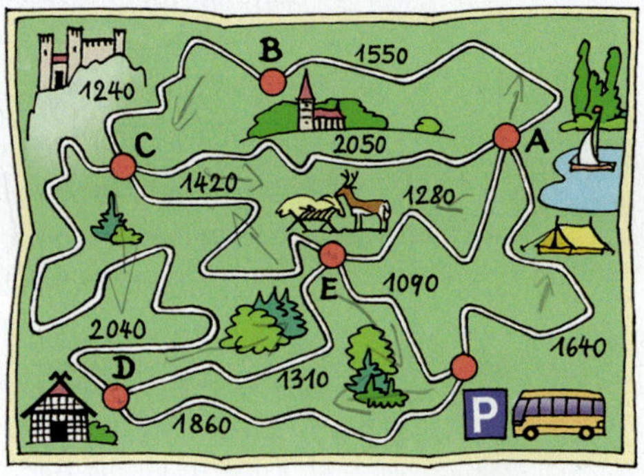

a) Peter und seine Mutter möchten vom Parkplatz P über E den kürzesten Weg nach B gehen.
Wie lang ist dieser Weg?

b) Die Klasse 5 b der Goethe-Schule startet beim Parkplatz eine Radtour. Dabei soll kein Weg ausgelassen und nur einer doppelt gefahren werden.
Gib einen solchen Weg an und berechne seine Länge.

11. Für ein Fußballspiel wurden 22 500 Eintrittskarten bereitgestellt. Im Vorverkauf wurden in der ersten Woche 3 145 Karten verkauft, in der zweiten sogar 9 802.

a) Wie viele Karten bleiben nach dem Vorverkauf noch übrig?

b) Heide und Silke kaufen ihre Karten an der Kasse kurz nacheinander.
Wie viele Besucher haben in der Zwischenzeit eine Eintrittskarte gekauft?
Schreibe auch die Nummern dieser Eintrittskarten auf.

12. Hier sind Zahlen weggewischt. Schreibe die Rechnung vollständig auf.

a)	c)	e)	g)	i)
572	8■5	■30	88■	■634
4■	+756	+63■	+■82	+62■4
+3■8	+■6■	+776	+676	+ 35■
■82	■079	■6■5	■7■7	9■32

b)	d)	f)	h)	j)
■■■■	2234	312■	55■0■	1■00■
− 358	−■■■■	− 4■5	− 445	− 4■10
− 607	− 788	− 26	− 8997	− 2183
584	367	2613	−■■1■4	− 2074
			21144	17■3

13. Für einen Zoo wurden folgende Besucherzahlen ermittelt:

Januar	22 459	Juli	175 356
Februar	36 506	August	96 059
März	78 091	September	72 528
April	145 912	Oktober	92 735
Mai	128 559	November	22 420
Juni	123 798	Dezember	14 765

Stellt euch geeignete Aufgaben und löst sie.

14. Entscheide, ob die Aussage richtig ist, und begründe deine Antwort.

a) Die Summe von drei verschiedenen dreistelligen Zahlen ist nie größer als 3 000.

b) Die Differenz aus einer vierstelligen Zahl und einer dreistelligen Zahl liegt immer zwischen 9 und 9 000.

c) Wenn man vier verschiedene vierstellige Zahlen addiert, erhält man nie 4 949.

15. a) Addiere zwei gerade Zahlen. Ist das Ergebnis wieder eine gerade Zahl?

b) Ist die Summe zweier ungerader Zahlen gerade oder ungerade?

c) Formuliere und beantworte eigene Fragestellungen und beantworte sie. Denke an Differenzen, mehr als zwei Zahlen, …

16. a) Erstelle eine vollständig ausgefüllte Additionsmauer mit vier Steinen in der untersten Reihe. Zerschneide sie in die einzelnen Steine und gib diese deinem Partner. Er soll die Mauer wieder richtig aufbauen. Anschließend tauscht ihr die Rollen.

b) Überlegt anschließend gemeinsam: Welche Überlegungen helfen beim Zusammenbauen der Mauer?

17. Übertrage die Rechenmauer links in dein Heft. In der Mauer soll jeder „Oberstein“ die Summe der beiden „Untersteine“ enthalten.

a) Max verteilte die Zahlen 1, 2, 3, 4, 5 in der untersten Reihe so, dass er als oberste Zahl die kleinstmögliche erhielt. Gib eine mögliche Verteilung an. Welche Zahl steht dann ganz oben?

b) Maxi verteilte die Zahlen 1, 2, 3, 4, 5 in der untersten Reihe so, dass sie als oberste Zahl die größtmögliche erhielt. Gib eine mögliche Verteilung an. Welche Zahl steht dann ganz oben?

18. Familie Oetzmann möchte ein neues Auto kaufen. Das Auto soll höchstens 19 000 € kosten. Von den angebotenen Sonderausstattungen sind die angekreuzten von Interesse. Stelle zunächst mit einem Überschlag fest, ob das Auto mit der gewünschten Ausstattung weniger als 19 000 € kostet. Falls das nicht der Fall ist, mache einen Vorschlag, auf welche Ausstattung verzichtet werden könnte.
Berechne danach den genauen Preis.

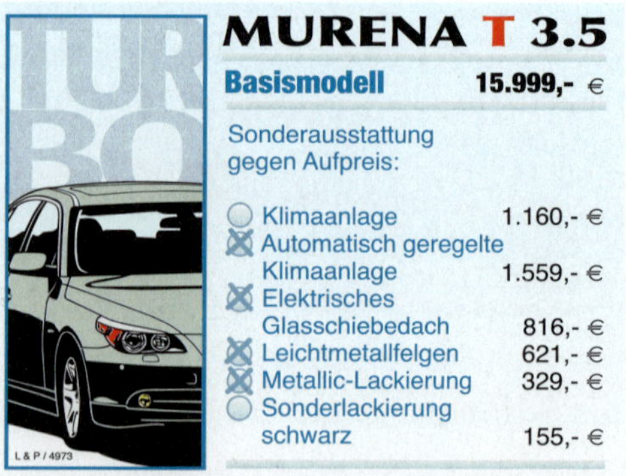

Berechnungen mithilfe einer Tabellenkalkulation

Du hast schon gesehen, wie man mithilfe eines Tabellenkalkulations-Programmes Diagramme erstellen kann. Eine noch wichtigere Anwendung ist jedoch das automatische Durchführen von Berechnungen.

1. Eine Bäckereikette möchte die Abrechnung ihrer 4 Bäckereigeschäfte zusammenfassen.
Erstelle zunächst folgende Tabelle mit einer Tabellenkalkuation.

B4 | fx

	A	B	C	D	E	F	G
1	**Bäckerei**	**Berta**	**Claudia**	**Dani**	**Elfi**	**Bäckereikette**	
2	**Einnahmen**	**18000**	**20000**	**17000**	**14000**		
3	**Ausgaben**	**14000**	**19500**	**17000**	**14000**		
4	**Gewinn**						
5							
6							

Berechnungen müsen mit einem Gleichheitszeichen beginnen.

Im Feld B4 soll der Gewinn der Bäckerei Berta berechnet werden. Den Gewinn kannst du leicht berechnen, indem du die Ausgaben von den Einnahmen subtrahierst. Gibst du in Feld B4 ein 18000 – 14000, so schreibt das Programm diese Differenz so in das Feld, berechnet sie aber nicht. Damit das Programm eine Berechnung durchführt, muss die Eingabe mit einem Gleichheitszeichen beginnen. Schreibst du also = 18000 – 14000 in das Feld B4, so schreibt das Programm 4000 in das Feld, nachdem du ENTER eingibst oder in ein anderes Feld wechselst. Das Programm hat also die Berechnung für dich durchgeführt.
Änderst du nun aber die Einnahme in Feld B2 auf 20000 ab, so ändert sich der Gewinn in Feld B4 nicht automatisch. Du müsstest neu rechnen lassen.
Dies kannst du vermeiden, indem du für Feld B4 folgende Anweisung vereinbarst:
„Nimm den Wert aus der Zelle B2, subtrahiere davon den Wert aus der Zelle B3 und schreibe das Ergebnis in Zelle B4".
In Kurzform gibt man für diesen Befehl in Zelle B4 ein: =B2–B3. Nach dem Drücken der ENTER-Taste erscheint in der Zelle B4 der Gewinn und in der Eingabezeile siehst du die dazugehörige Formel.

B4 | fx | =B2-B3

	A	B	C	D	E	F	G
1	**Bäckerei**	**Berta**	**Claudia**	**Dani**	**Elfi**	**Bäckereikette**	
2	**Einnahmen**	**18000**	**20000**	**17000**	**14000**		
3	**Ausgaben**	**14000**	**19500**	**17000**	**14000**		
4	**Gewinn**	**4000**					
5							
6							

Für die anderen Bäckereien soll auch der Gewinn berechnet werden. Damit du den Berechnungs-Befehl nicht noch dreimal eingeben musst, kannst du ihn in die anderen Felder kopieren: Klicke mit der Maus die Zelle B4 an. Der Zellzeiger hat in der unteren rechten Ecke einen dicken Punkt. Klicke nun mit der linken Maustaste auf diesen dicken Punkt, er wird zu einem Kreuz.

B4 | =B2-B3

	A	B	C	D	E	F	G
1	Bäckerei	Berta	Claudia	Dani	Elfi	Bäckereikette	
2	Einnahmen	18000	20000	17000	14000		
3	Ausgaben	14000	19500	17000	14000		
4	Gewinn	4000					
5							
6							

Ziehe nun mit der Maus bei festgehaltener linker Maustaste den Cursor auf die Zelle C4 und es erscheint das Ergebnis.

C4 | =C2-C3

	A	B	C	D	E	F	G
1	Bäckerei	Berta	Claudia	Dani	Elfi	Bäckereikette	
2	Einnahmen	18000	20000	17000	14000		
3	Ausgaben	14000	19500	17000	14000		
4	Gewinn	4000	500				
5							
6							

In der Eingabezeile der Zelle C4 steht nun die Formel, die du sonst von Hand eingegeben hättest. Wenn also =B2–B3 in der Zelle B4 steht, merkt sich das Tabellenkalkulations-Programm in Wirklichkeit: Hole dir den Wert aus der Zelle, die zwei Zellen über mir steht und subtrahiere davon den Wert, der direkt über mir steht. Excel speichert also nicht, wo die Werte stehen, sondern wie man dort hinkommt. Das nennt man *relative Adressierung*.
Beim Loslassen der Maustaste wird noch ein Auswahlfenster angezeigt. Man kann auswählen, ob man nur die Formel oder auch die Zellenformate (Schrift, Farbe, ...) übernehmen möchte.
Fülle auf die gleiche Weise die Zellen D4 und E4 mit deinem Programm aus.

Summe(B_2:E_2) bedeutet: Die Werte in den Zellen B_2, C_2, D_2 und E_2 werden addiert.

2. In der Zelle F5 sollen die Gesamteinnahmen berechnet werden. Hierzu müssen die Werte in B2 bis E2 aufsummiert werden, indem du eingibst: =B2+C2+D2+E2. Noch günstiger ist der Befehl =SUMME(B2:E2), der sich insbesondere bei mehreren Summanden anbietet.
a) Führe die Berechnung mit deinem Programm durch.
b) Berechne auch die Gesamtausgaben und den Gesamtgewinn.
c) Verändere anschließend Werte für einzelne Einnahmen oder Ausgaben und kontrolliere die daraus von der Tabellenkalkulation berechneten Werte.

3. Abschließend kannst du die Tabelle in einem Diagramm darstellen lassen.

4. Ein Blumenladen rechnet monatlich Einnahmen und Ausgaben (in €) ab. Werte die Daten aus.

Monat	Jan.	Feb.	Mär.	Apr.	Mai	Jun.	Jul.	Aug.	Sep.	Okt.	Nov.	Dez.
Einnahmen	12 314	16 427	17 511	23 067	19 412	17 409	16 273	11 075	13 907	15 771	21 507	25 696
Ausgaben	8 620	11 401	13 406	16 596	13 097	11 956	13 995	8 513	9 717	11 090	15 673	16 912

Magie und Mathe – Zauberquadrate erforschen

Aus schon über 2000 Jahre alten chinesischen Quellen wird unter dem Namen *Lo-Shu* das rechts abgebildete mathematische Muster überliefert. Das Muster soll magische Eigenschaften besitzen und die Menschen vor Krankheit, Armut und jedem anderen Unglück bewahren. Neun Symbole sind in drei Zeilen und drei Spalten angeordnet. Zählt man die Anzahl der Kreise in jedem Symbol, so erhält man das Zahlenquadrat links mit den Zahlen 1 bis 9.

4	9	2
3	5	7
8	1	6

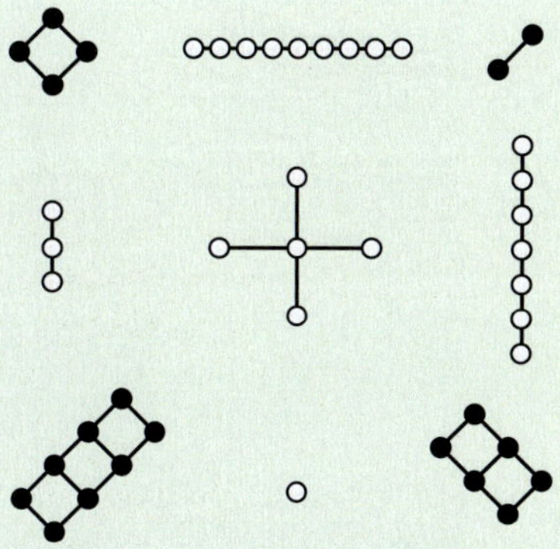

1. Berechne in diesem Zahlenquadrat die Summe der Zahlen aus jeder Zeile, aus jeder Spalte und aus jeder Diagonalen. Was stellst du fest?

Ein Zahlenquadrat nennt man **magisches Quadrat** oder auch **Zauberquadrat**, wenn gilt: Die Summe der Zahlen aus jeder Zeile stimmt überein mit der Summe der Zahlen aus jeder Spalte und auch mit der Summe der Zahlen auf jeder der beiden Diagonalen.
Der konstante Summenwert heißt **magische Zahl** oder Konstante des Quadrats.

2. In dem angegebenen Lo-Shu-Zauberquadrat treten alle natürlichen Zahlen von 1 bis 9 auf. Durch Vertauschen einiger dieser Zahlen kann man weitere Zauberquadrate mit der magischen Zahl 15 erzeugen. Gib drei weitere solcher Quadrate an.

3. a) Warum muss jedes Zauberquadrat mit den Zahlen 1 bis 9 die magische Zahl 15 haben? Berechne dazu die Summe der natürlichen Zahlen von 1 bis 9.
   b) Warum muss die Zahl 5 bei einem solchen Zauberquadrat unbedingt in der Mitte stehen? Addiere dazu in einem dieser Zauberquadrate alle Zahlen aus den beiden Diagonalen, aus der mittleren Zeile und der mittleren Spalte.

4. Ausgehend vom Lo-Shu-Quadrat hat Marc nebenstehendes Quadrat entwickelt.

40	90	20
30	50	70
80	10	60

   a) Überprüfe, ob ein Zauberquadrat vorliegt und gib die magische Konstante an. Wie ist Marcs Zauberquadrat entstanden?
   b) Kannst du Zauberquadrate mit neun verschiedenen natürlichen Zahlen angeben, die die magische Zahl 120 haben?
   c) Mit dem Verfahren von Marc kannst du kein Zauberquadrat mit neun verschiedenen natürlichen Zahlen und der magischen Zahl 33 herstellen. Begründe, warum.
   d) Stelle ein solches Quadrat auf andere Weise her.
   e) Maria meint: „Es gibt unendlich viele Zauberquadrate mit drei Zeilen und drei Spalten, in denen neun verschiedene natürliche Zahlen auftreten." Was meinst du dazu?

Schon seit 1000 Jahren haben Mathematiker den Aufbau der magischen Quadrate genauer untersucht und derartige Quadrate mit mehr als drei Zeilen und drei Spalten konstruiert. Diese nennt man *magische Quadrate höherer Ordnung*. Sie wurden den damals bekannten Himmelskörpern (Mond und Planeten) zugeordnet und die Astrologen sahen in ihnen magische Kräfte die gegen bestimmte Krankheiten helfen sollten.
Der Nürnberger Künstler Albrecht Dürer (1471–1528) hat im Jahre 1514 unter dem Eindruck des Todes seiner Mutter in seinem Kupferstich „Melancholie“ ein magisches Quadrat der Ordnung 4, das dem Jupiter gewidmet war, mit den natürlichen Zahlen 1, 2, …, 16 eingearbeitet.
Die Schreibweise der Ziffern zu Dürers Zeiten unterscheidet sich teilweise von unserer heutigen Schreibweise.

5. a) Wenn man die natürlichen Zahlen von 1 bis 16 addiert, so erhält man 136 als Summe. Wie groß muss deshalb die magische Konstante beim „Dürer-Quadrat“ sein?

b) Stelle das „Dürer-Quadrat“ in unserer Ziffernschreibweise dar. Unklare Ziffern können mithilfe der Eigenschaften des Zauberquadrats bestimmt werden.

6. Übertrage in dein Heft und ergänze die folgenden lückenhaften Zauberquadrate, in denen die natürlichen Zahlen von 1 bis 16 auftreten:

7	1	14	
16	10		
9	15		
		11	

2			
		4	1
8	5		12
11		6	

1	14		4
		6	
		10	5
13			16

2.3 Multiplizieren und Dividieren

2.3.1 Multiplizieren und Dividieren – Fachbegriffe

Einstieg

a) Die Astrid-Lindgren Grundschule in Kleinstadt hat insgesamt 8 Klassen. In jeder Klasse sind insgesamt 26 Schülerinnen und Schüler. Wie viele Kinder besuchen diese Schule?

b) Für die Jahrgangsstufe 5 des Kepler-Gymnasiums in Kleinstadt sind insgesamt 112 Schülerinnen und Schüler angemeldet. Sie sollen gleichmäßig auf 4 Klassen in der zukünftigen Jahrgangsstufe verteilt werden. Wie groß wird jede Klasse?

c) Für die künftige Jahrgangsstufe 5 des Schweitzer-Gymnasiums gibt es insgesamt 168 Anmeldungen. Sie sollen gleichmäßig auf Klassen mit je 28 Schülerinnen und Schülern verteilt werden. Wie viele Klassen müssen gebildet werden?

Aufgabe 1

Multiplizieren und Dividieren bei Anzahlen

a) Auf dem rechts abgebildeten Parkplatz siehst du Autos in 4 Reihen geparkt. In jeder Reihe stehen 6 Pkw. Wie viele Pkw stehen insgesamt auf dem Parkplatz?

b) Ein Automobilwerk plant einen neuen Abstellplatz für 240 Pkw; in jeder Reihe sollen 20 Autos stehen. Wie viele Reihen müssen auf dem Parkplatz angelegt werden?

c) Ein anderer Automobilhersteller plant einen Abstellplatz für 180 Pkw; es sollen 15 Reihen angelegt werden. Wie viele Pkw müssen dann in einer Reihe stehen?

Lösung

a) Es gibt 4 Reihen, in jeder Reihe stehen 6 Pkw.
Rechnung: $6 + 6 + 6 + 6 = 4 \cdot 6 = 24$
Ergebnis: Auf dem Parkplatz stehen insgesamt 24 Pkw.

b) 240 Pkw sollen auf Reihen mit je 20 Pkw aufgeteilt werden.
Rechnung: $240 : 20 = 12$
Ergebnis: Es müssen 12 Reihen angelegt werden.

c) 180 Pkw sollen gleichmäßig auf 15 Reihen verteilt werden.
Rechnung: $180 : 15 = 12$
Ergebnis: In jeder Reihe stehen 12 Pkw.

Information

multiplizieren (lat.) vervielfältigen
Produkt (lat.) das Erzeugte
Faktor (lat.) derjenige, der etwas tut
dividieren (lat.) (zer-)teilen
Quotient (lat.) Ergebnis einer Division
Divident (lat.) die zu teilende Zahl
Divisor (lat.) die teilende Zahl

Eine Summe mit gleichen Summanden kann man als Produkt schreiben, z. B.: $14 + 14 + 14 = 3 \cdot 14$

Multiplikation
$6 \cdot 57$ nennt man das **Produkt** der Zahlen 6 und 57. Das Ergebnis 342 nennt man den *Wert des Produktes*, kurz auch *Produkt*.
Die Zahlen 6 und 57 heißen Faktoren.

6	·	57	=	342
1. Faktor		**2. Faktor**		*Wert des* **Produkts**

Division
272 : 4 nennt man den **Quotienten** der Zahlen 272 und 4. Das Ergebnis 68 nennt man den *Wert des Quotienten*, kurz auch *Quotient*.
Die Zahl 272 heißt *Dividend*, die Zahl 4 heißt *Divisor*.

272	:	4	=	68
Dividend		**Divisor**		*Wert des* **Quotienten**

d vor s

Weiterführende Aufgaben

Vervielfachen und Dividieren bei Größen

2. a) Frederick kauft für kleine Weihnachtsgeschenke 8 Tüten Früchtetee zu je 70 g. Wie viel Tee kauft er insgesamt?
b) Laura will 1200 g Weihnachtstee für ihre Freunde gleichmäßig in 4 Tüten umfüllen. Wie viel Tee muss sie in jede Tüte füllen?
c) Lisa kauft 2 kg Ceylontee und möchte sie gleichmäßig in Beutel zu je 50 g verteilen. Wie viele Beutel benötigt sie?

Multiplizierst du ein Gewicht mit einer Zahl, so erhältst du ein Gewicht.
Dividierst du ein Gewicht durch eine Zahl, so erhältst du ein Gewicht.
Dividierst du ein Gewicht durch ein Gewicht, so erhältst du eine Zahl.

Entsprechendes gilt für Längen, Zeitspannen, Geldwerte.

Vorteilhaftes Rechnen im Kopf

3. a) Beschreibe und vergleiche die folgenden Rechnungen. Findest du noch weitere?

b) Berechne geschickt.

(1) $7 \cdot 16$	(3) $3 \cdot 170$	(5) $42 : 3$	(7) $321 : 3$	(9) $56\,000 : 700$
(2) $3 \cdot 48$	(4) $5 \cdot 2\,400$	(6) $112 : 4$	(8) $1\,500 : 50$	(10) $990\,000 : 90$

Übungsaufgaben

4. Im Baumarkt werden Tapetenrollen zu 13 € das Stück angeboten. Herr Meyer und Frau Özuan kaufen je 5 dieser Rollen und bezahlen an verschiedenen Kassen.
Vergleiche die beiden Kassenzettel und erläutere die beiden Rechnungen.

5. a) Schreibe als Produkt, berechne auch.
(1) $8 + 8 + 8 + 8 + 8 + 8$ (2) $15 + 15 + 15 + 15$ (3) $3 + 3 + 3 + 3$
b) Schreibe die Produkte $7 \cdot 4$, $3 \cdot 9$, $6 \cdot 2$, $5 \cdot 1$, $13 \cdot 8$, $4 \cdot 4$ jeweils als Summe. Berechne auch deren Werte.

6. Prüfe deine Rechenfertigkeit. Rechne im Kopf.

a)	b)	c)	d)	e)	f)
$8 \cdot 24$	$78:6$	$6 \cdot 74$	$135:5$	$6 \cdot 207$	$936:9$
$6 \cdot 37$	$84:7$	$7 \cdot 63$	$132:6$	$7 \cdot 215$	$856:8$

7. Berechne
a) das Vierfache von 19 [37; 107];
b) das Neunfache von 17 [23; 204];
c) den siebten Teil von 112 [182; 252];
d) den neunten Teil von 126 [207; 333].

8. Für Eintrittskarten wurden bei einer Schulveranstaltung insgesamt 150 € eingenommen. Jede Karte kostete 6 €. Wie viele Personen haben teilgenommen?

9. a) Lukas ist mit seinem Rad im ersten halben Jahr 2 400 km gefahren. Wie viel km ist er im Durchschnitt pro Monat gefahren?
b) Pro Tag fährt er für den Hin- und Rückweg seines Schulwegs insgesamt 13 km.
(1) Wie viel km fährt er in einer Woche?
(2) Wie viel fährt er in einem Jahr, wenn er die Strecke an insgesamt 190 Tagen fährt?

10. Die Laufbahn eines Stadions hat eine Länge von 400 m. Wie viele Runden muss ein 10 000-m-Läufer [ein 5 000-m-Läufer] zurücklegen?

11. Ein Kopierer benötigt für jede Kopie 2 Sekunden. Ein Drucker schafft 5 Seiten pro Minute.
a) Wie viel Minuten benötigt jedes Gerät für 100 Seiten?
b) Wie viele Kopien kann man mit jedem Gerät in einer Stunde anfertigen?

12. Sina, Christoph und Janina trainieren für die Stadtmeisterschaften im Schwimmen. Im Training durchschwimmen sie die Bahnen sehr gleichmäßig.
a) Sina benötigt für eine Bahn 37 s.
Sie schwimmt 8 Bahnen im gleichen Tempo. Wie lange benötigt sie dafür?
b) Janina schwimmt die gleiche Strecke in 5 min 36 s. Wie viel Sekunden benötigt sie für eine Bahn?
c) Christoph benötigt für eine Bahn 32 s.
Wie viele Bahnen schwimmt Christoph in 6 min 24 s?

13. Ein Baumstamm von 12 m Länge soll in Stücke zu je 1,50 m Länge zersägt werden. Wie lange muss gesägt werden, wenn ein Schnitt 30 s dauert?

14. Stelle deinem Partner eine geeignete Frage. Dieser notiert für den Rechenweg auch einen einzigen Term. Anschließend tauscht ihr die Rollen.

a) Eine Ameise ist 3 mg schwer und kann das 20-fache ihres Gewichtes stemmen.
b) Ein Floh ist 2 mm groß und kann mit einem Sprung das 170-fache seiner Körpergröße zurücklegen.
c) Katharina legt jeden Tag auf dem Schulweg für Hin- und Rückweg zusammen 5 km mit dem Fahrrad zurück. Sie fährt an insgesamt 190 Tagen zur Schule.
d) Imke und Kathrin vergleichen die Preise für eine Flugreise. Die Eltern von Imke haben 2100 € für 7 Tage, die Eltern von Kathrin 2900 € für 10 Tage bezahlt.

15. Erfinde selbst Rechengeschichten zu folgenden Produkten bzw. Quotienten.

a) 60 g : 2 g	f) 25 kg · 8
b) 3 m · 6	g) 3 d : 6 h
c) 5 · 45 min	h) 12 · 15 cm
d) 40 m : 4	i) 15 · 5 s
e) 30 € : 5 €	j) 80 km : 5

Quotient: 60 g : 30
Rechengeschichte: Inga muss Hustentee trinken. Auf der Dose liest sie: „Inhalt 60 g Teepulver. Reicht für 30 Tassen." Wie viel Tee muss man für 1 Tasse nehmen?
Rechnung: 60 g : 30 = 2 g
Ergebnis: Man muss 2 g Teepulver nehmen.

16. a) Der Divisor ist 15, der Wert des Quotienten ist 4. Bestimme den Dividenden.
b) Der Wert des Quotienten ist 12, der Dividend ist 72. Bestimme den Divisor.
c) Der Wert des Quotienten ist 25, der Divisor ist 18. Bestimme den Dividenden.

17. Erläutere ein Beispiel: Wie ändert sich der Wert eines Produktes aus zwei Faktoren,
a) wenn ein Faktor verdoppelt wird;
b) wenn beide Faktoren verdoppelt werden;
c) wenn der eine Faktor verdoppelt, der andere halbiert wird?

18. Wie ändert sich der Wert eines Quotienten, wenn man
a) den Dividenden verdoppelt;
b) den Divisor verdoppelt;
c) den Dividenden und den Divisor verdoppelt;
d) den Dividenden verdoppelt und den Divisor halbiert?

2.3.2 Zusammenhang zwischen Multiplikation und Division

Einstieg Löst die Zahlenrätsel. Erklärt, wie ihr vorgegangen seid.

Aufgabe 1 **Multiplikation und Division als entgegengesetzte Rechenarten**

Ein Computerladen feiert sein 10-jähriges Bestehen.
In der Jubiläumsanzeige steht über diesen Zeitraum:

a) Wie viele Programmpakete wurden vor 10 Jahren angeboten?

b) Wie viel kostete das preisgünstigste Programmpaket vor 10 Jahren?

Lösung Gesucht ist in beiden Fragen die Ausgangsgröße vor 10 Jahren. Wir erhalten sie, indem wir die angegebene Veränderung rückgängig machen, also rückwärts rechnen.

a) *Anzahl vor 10 Jahren*

Anzahl vor 10 Jahren → ■ $\xrightarrow{\cdot 4}$ 260, $\xleftarrow{:4}$

Rechnung: 260 : 4 = 65

Ergebnis: Vor 10 Jahren wurden 65 Programmpakete angeboten.

b) *Preis vor 10 Jahren*

Preis vor 10 Jahren → ■ $\xrightarrow{:3}$ 137, $\xleftarrow{\cdot 3}$

Rechnung: 137 · 3 = 411

Ergebnis: Vor 10 Jahren kostete das preisgünstigste Programmpaket 411 €.

Information In Aufgabe 1 haben wir eine Veränderung rückgängig gemacht, indem wir den Zusammenhang zwischen Multiplikation und Division verwendet haben.
Multiplikation und Division sind entgegengesetzte Rechenarten. Das erkennt man besonders deutlich, wenn man Pfeilbilder als Rechenanweisungen verwendet.

Zusammenhang zwischen Multiplikation und Division

(1) Das Multiplizieren mit einer Zahl wird durch das Dividieren durch diese Zahl wieder rückgängig gemacht.

(2) Das Dividieren durch eine Zahl wird durch das Multiplizieren mit dieser Zahl wieder rückgängig gemacht.

6 $\xrightarrow{\cdot 8}$ 48, $\xleftarrow{:8}$

Weiterführende Aufgabe **Rechnen mit der Null**

2. Das Rechnen mit der Null fällt manchmal schwer. Mache daher bei den Divisionsaufgaben jeweils die Probe durch Multiplizieren. Was ergibt

a) 0 · 4; **b)** 0 : 4; **c)** 4 : 0; **d)** 0 : 0?

Information **Rechnen mit der Null**

Beim Rechnen mit der Null gibt es einige Besonderheiten.

(a) Wenn ein Faktor 0 ist, so ist das Produkt 0.

(b) Wenn man 0 durch eine andere Zahl als 0 dividiert, so erhält man als Ergebnis 0.

(c) Durch 0 kann man *nicht* dividieren.

Beispiele: 3 · 0 = 0; 0 · 5 = 0;
0 : 7 = 0

Übungsaufgaben

3. Ein Bürgermeister berichtet über die Veränderungen in seiner Gemeinde:
(1) Im Innenstadtbereich gibt es 189 Schulkinder. Das sind nur halb so viele Schulkinder wie vor 5 Jahren.
(2) Im Neubaugebiet gibt es 378 Schulkinder. Das sind dreimal so viele Schulkinder wie vor 5 Jahren.
Wie viele Schulkinder gab es vor 5 Jahren im Innenstadtbereich, wie viele Schulkinder in den Neubaugebieten?

4. Lukas ist an seinem dritten Geburtstag 1,02 m groß und wiegt 15,4 kg. Damit hat sich seine Größe seit seiner Geburt verdoppelt. Sein Gewicht hat sich sogar verfünffacht.

5. Bestimme die fehlende Zahl und notiere sie im Heft. Rechne im Kopf.

a) $12 \xrightarrow{\cdot 8} \blacksquare$ $\quad\blacksquare \xrightarrow{\cdot 9} 144$
b) $24 \xrightarrow{\cdot 4} \blacksquare$ $\quad\blacksquare \xrightarrow{\cdot 8} 200$
c) $91 \xrightarrow{:7} \blacksquare$ $\quad\blacksquare \xrightarrow{:6} 13$
d) $121 \xrightarrow{:11} \blacksquare$ $\quad\blacksquare \xrightarrow{:5} 29$

6. a) An der Tafel sind einige Zahlen ausgewischt. Welche waren es? Notiere sie im Heft.

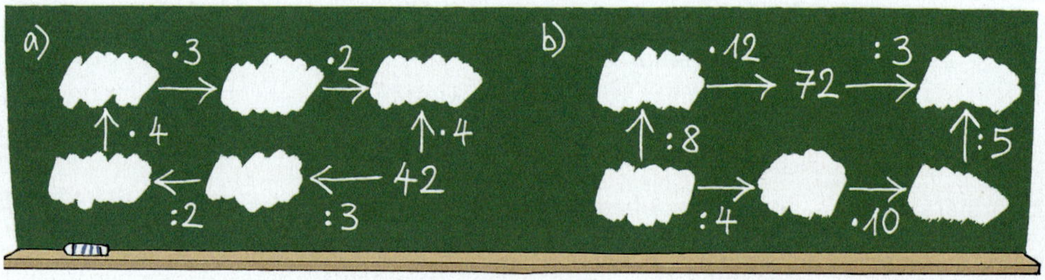

b) Jeder erstellt ein unvollständiges Rechengitter wie an der Tafel oben.
Der Partner ergänzt die fehlenden Zahlen.

7. Mache die Probe mithilfe der entgegengesetzten Rechenart.
Berichtige, wenn es nötig ist.

a) $405 : 5 = 81$
b) $434 : 7 = 69$
c) $279 : 9 = 32$
d) $220 : 4 = 55$

Aufgabe: $288 : 8 = 36$
Pfeilbild: $288 \underset{\cdot 8}{\overset{:8}{\rightleftarrows}} 36$
Probe: $36 \cdot 8 = 288$

8. Berechne, wenn möglich.

a)	b)	c)	d)	e)	f)
$1 \cdot 9$	$10:1$	$0+0$	$1-1$	$1:1$	$0:0$
$0 \cdot 9$	$0:10$	$1:0$	$0 \cdot 0$	$1-0$	$0 \cdot 275$
$9 \cdot 9$	$10:10$	$1+1$	$0+1$	$0 \cdot 1$	$1 \cdot 1$

9. Fülle, soweit möglich, die Lücken im Heft aus.

a)	b)	c)	d)
$\blacksquare \cdot 12 = 12$	$\blacksquare : 1 = 19$	$60 + \blacksquare = 60$	$\blacksquare - 48 = 0$
$80 \cdot \blacksquare = 0$	$25 : \blacksquare = 1$	$\blacksquare + 33 = 33$	$72 - \blacksquare = 72$
$\blacksquare \cdot 1 = 0$	$\blacksquare : 8 = 0$	$0 : \blacksquare = 0$	$\blacksquare - 25 = 1$
$0 \cdot \blacksquare = 24$	$15 : \blacksquare = 0$	$\blacksquare : 0 = 7$	$\blacksquare - 30 = 30$

10. Tim hat seine Hausaufgaben erledigt. Kontrolliere und berichtige im Heft.

a)	b)	c)	d)
$84 : 14 = 6$	$336 : 21 = 16$	$210 : 14 = 15$	$225 : 15 = 15$
$144 : 18 = 9$	$126 : 18 = 7$	$234 : 13 = 16$	$132 : 12 = 12$

2.4 Schriftliches Multiplizieren und Dividieren

2.4.1 Schriftliches Multiplizieren

Einstieg

In einem Montagewerk für Sonnenkollektoren werden täglich 1745 Kollektoren produziert.
Wie viele Kollektoren werden in diesem Werk produziert in
a) einer Woche mit 5 Arbeitstagen;
b) einem Jahr mit 235 Arbeitstagen?

Aufgabe 1

Multipliziere schriftlich:

a) $1394 \cdot 7$ b) $417 \cdot 238$ c) $3472 \cdot 604$

Mache zunächst einen Überschlag. Runde dabei so, dass du im Kopf rechnen kannst.

Lösung

a) *Überschlag:* $1400 \cdot 7 = 9800$
Wir multiplizieren schriftlich:

T	H	Z	E		
1	3	9	4	·	7
		9	7	5	8

Einer: $7 \cdot 4 = 28$
Zehner: $7 \cdot 9 + 2 = 65$
Hunderter: $7 \cdot 3 + 6 = 27$
Tausender: $7 \cdot 1 + 2 = 9$

b) *Überschlag:* $400 \cdot 250 = 100000$
Rechnung:

4	1	7	·	2	3	8	
		8	3	4			← 417·200
		1	2	5	1		← 417· 30
			3	3	3	6	← 417· 8
			1				Übertrag
		9	9	2	4	6	

c) *Überschlag:* $3500 \cdot 600 = 2100000$
Rechnung:

3	4	7	2	·	6	0	4
	2	0	8	3	2	0	
			1	3	8	8	8
				1			
	2	0	9	7	0	8	8

Achtung bei der Ziffer 0

Übungsaufgaben

2. Multipliziere schriftlich. Mache zuerst einen Überschlag.

a) $423 \cdot 3$; $146 \cdot 7$
b) $3416 \cdot 8$; $7093 \cdot 6$
c) $28143 \cdot 7$; $59628 \cdot 6$
d) $476 \cdot 50$; $702 \cdot 60$
e) $2513 \cdot 400$; $3518 \cdot 600$
f) $4860 \cdot 80$; $1930 \cdot 40$

3. Multipliziere schriftlich. Mache zuerst einen Überschlag.

a) 32 · 14	**b)** 45 · 35	**c)** 760 · 62	**d)** 445 · 87	**e)** 823 · 471	**f)** 583 · 709
54 · 64	39 · 76	564 · 54	807 · 46	531 · 746	716 · 817

4. Wo steckt der Fehler?

a)	b)	c)	d)
215 · 35	580 · 67	723 · 408	374 · 320
645	3481	2892	1122
1075	4061	5784	748
1720	38871	34704	11968

5. Ein Partner berechnet die Produkte in a) bis e), der andere die Produkte in f) bis j). Je zwei Ergebnisse sind gleich.

a) 299 · 1 435	**c)** 116 · 915	**e)** 882 · 405	**g)** 731 · 1 073	**i)** 455 · 943
b) 629 · 1 247	**d)** 437 · 341	**f)** 145 · 732	**h)** 253 · 589	**j)** 630 · 567

6. Es ergeben sich besondere Ergebnisse.

a) 273 · 481	**b)** 148 · 1 365	**c)** 851 · 546	**d)** 3 367 · 159	**e)** 259 · 1 638
1 147 · 273	1 813 · 429	2 849 · 195	6 216 · 143	168 · 1 443

7. Die Treppe zum Keller eines Hauses hat 16 Stufen. Jede Stufe ist 19 cm hoch und 60 cm breit. Wie tief ist der Keller?

8. Multipliziere in der Rechenmauer nebeneinander stehende Zahlen. Rechne so lange im Kopf, wie es geht. Vervollständige die Mauern im Heft. Wie lautet die oberste Zahl?

a)

b)

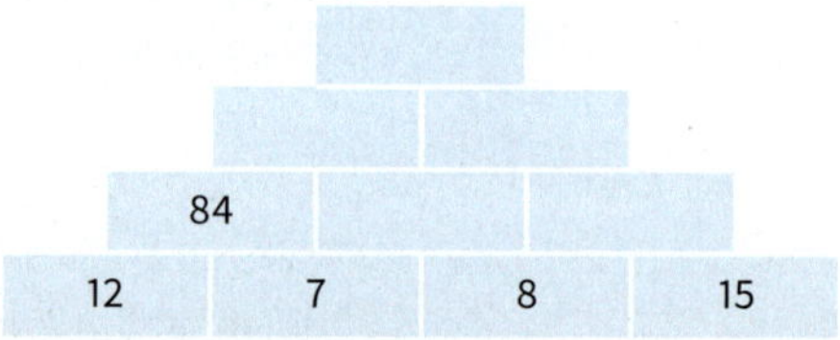

9. Die Firma verschenkte 587 Stühle im Wert von jeweils 17 €. Stimmen die Angaben auf dem Plakat?

Firmenjubiläum
Firma Maierseeger verschenkt Möbel im Wert von über 10 000 €!

10. Eine Person verbraucht etwa 140 Liter Wasser am Tag. Wie viel Liter verbrauchen die 80 000 Einwohner von Marburg in einer Woche?
Rechne auch für deinen Schulort.

11. Auf der Strecke von Hamburg nach Basel fährt der erste Inter-City-Express morgens um 7 Uhr, der letzte um 19 Uhr. Dazwischen verkehren die Züge im zweistündigen Abstand. Jeder ICE hat 12 Personenwaggons. In jedem Waggon können 106 Fahrgäste befördert werden.
Stelle selbst geeignete Fragen und beantworte sie.

12. Die Insel Helgoland ist ein beliebtes Reiseziel. Im Sommer fahren täglich Schiffe z. B. von Cuxhaven oder Büsum zur Insel.

a) Ein Schiff kann 975 Fahrgäste aufnehmen. Es fährt im Sommer 115-mal nach Helgoland. Wie viele Personen kann es in der Sommersaison insgesamt befördern?

b) Der Fahrpreis von Büsum nach Helgoland und zurück beträgt für eine Einzelperson 38 €. Eine Familienkarte kostet 95 €. Für eine Helgolandfahrt werden 168 Einzelfahrkarten und 137 Familienkarten verkauft. Berechne die Einnahmen.

13. Das Herz eines 14-jährigen schlägt durchschnittlich 85-mal in der Minute. Stelle geeignete Fragen und beantworte sie.

14. Ein Rundkurs eines Radrennens ist 12 km lang; er soll 15-mal durchfahren werden. Die Rennleitung geht davon aus, dass die Radfahrer im Durchschnitt 35 km in der Stunde fahren. Dauert das Rennen nach dieser Einschätzung länger als 6 Stunden?

15. In den englischsprachigen Ländern werden im Alltag immer noch andere Längeneinheiten benutzt als bei uns. Gib die Längen in der Einheit m an.

a) 12 miles **c)** 700 miles

b) 19 000 feet **d)** 1 500 feet

10 inch	254 mm
100 yard	9 144 cm
1 mile	1 609 m
1 000 feet	305 m

16. Eine Toilettenspülung verbraucht ungefähr 5 Liter Wasser. Bei Familie Berg läuft sie 17-mal am Tag. Wie viel Liter Wasser sind das in einem Jahr?

17. Wie lang ist das Auto in der Wirklichkeit?

a) Tim hat ein Automodell im Maßstab 1 : 43. Es ist 10,2 cm lang, 4,0 cm breit und 3,4 cm hoch.

b) Maries Automodell im Maßstab 1 : 64 ist 7,5 cm lang, 2,8 cm breit und 2,3 cm hoch.

Automodelle, also verkleinerte Abbildungen von Autos, werden in verschiedenen Maßstäben angefertigt: 1 : 18, 1 : 24, 1 : 43, 1 : 64 und 1 : 87.

Der Maßstab mit der größten Auswahl an Modellen und dementsprechend den meisten Sammlern ist 1 : 43. Er ist auch der sogenannte internationale Sammlermaßstab.

Das kann ich noch!

A) Marie sieht die Uhren in einem Spiegel eines Uhrengeschäftes. Wie spät ist es?

1) 

2) 

3) 

4) 

18. Der Bodensee ist einer der größten natürlichen Trinkwasserspeicher Europas. Auch Stuttgart „trinkt" aus dem Bodensee. In der Nähe von Ludwigshafen holen sechs Pumpen durchschnittlich 7 500 Liter Wasser in jeder Sekunde aus 60 m Tiefe. Wie viel Liter sind das an einem Tag?

19. Fülle die Lücken im Heft mit den richtigen Ziffern aus.

a)	b)	c)	d)
3□ · □5	4□ · 3□	64 · □□	□□ · 23
74	1□7	3□0	□4□
□□□	□□4	□4	□□□
□25	□□□□	3□6□	1□56

2.4.2 Schriftliches Dividieren

Einstieg

Ein Getränkehersteller produziert stündlich 18 540 Flaschen Mineralwasser. Diese werden in Kisten zu 12 Flaschen ausgeliefert. Wie viele Kisten werden dafür benötigt?

Aufgabe 1

Schriftliches Dividieren durch eine einstellige Zahl

Beim Börsenspiel „Daxopoly" haben 6 Spieler gemeinsam 2 310 Euro verdient. Bei diesem Spiel gibt es 1 000-, 100- und 10-Euro-Scheine, sowie 1-Euro-Münzen.
Der Geldbetrag wird mit den Scheinen rechts ausbezahlt. Erkläre, wie du beim gerechten Aufteilen des Geldbetrages vorgehst.

Lösung

2 Tausender können wir so nicht an 6 Spieler verteilen. Wir wechseln sie in 20 Hunderter, sodass wir nun insgesamt 23 Hunderter an 6 Spieler zu verteilen haben. Jeder von ihnen erhält 3 Hunderter.
Dann sind 18 Hunderter verteilt und wir haben 5 Hunderter übrig. Um auch diese zu verteilen, wechseln wir sie in 50 Zehner. Wir haben dann insgesamt 51 Zehner. Jeder der 6 Spieler erhält 8 Zehner.
Dann sind 48 Zehner verteilt und 3 Zehner können so nicht verteilt werden. Wir wechseln diese in 30 Einer-Münzen. Davon erhält jeder der 6 Spieler 5 und der Verdienst ist ohne Rest verteilt.
Dieses Vorgehen kann man auch kürzer als schriftliche Division 2 310 : 6 notieren.

	T	H	Z	E			H	Z	E
	2	3	1	0	: 6 =		3	8	5
−	1	8			← · 6 (3)				
		5	1						
	−	4	8		← · 6 (8)				
			3	0					
		−	3	0	← · 6 (5)				
				0					

2	3	1	0	:	6	=	3	8	5
1	8								
	5	1				*Probe:*			
	4	8				3	8	5	· 6
		3	0				2	3	1 0
		3	0						
			0						

Ergebnis: Jeder der 6 Spieler erhält 385 Euro. Wenn wir dieses Ergebnis überprüfen möchten, können wir multiplizieren.

Aufgabe 2 **Dividieren durch eine zweistellige Zahl – Dividieren mit Rest**

Zwei Lottotippgemeinschaften haben an einem Wochenende beide je 5 966 € gewonnen. Der Gewinn soll gleichmäßig verteilt werden, wobei nur volle Euro-Beträge ausgezahlt werden. Der Rest verbleibt in der Kasse. Wie viel Euro bekommt jeder, wenn

a) eine Tippgemeinschaft aus 19 Personen,

b) die andere Tippgemeinschaft aus 14 Personen besteht?

Mache vorher eine Überschlagsrechnung. Überprüfe das Ergebnis durch eine Probe.

Lösung

a) Man muss 5 966 € durch 19 dividieren.
Eine mögliche Überschlagsrechnung lautet: 6 000 € : 20 = 300 €
Jeder erhält rund 300 €.
Den genaueren Betrag ermitteln wir durch *schriftliches Dividieren* der Zahlen.

	T	H	Z	E		H	Z	E
	5	9	6	6	: 19 =	3	1	4
−	5	7			← ·19 (3)			
		2	6					
	−	1	9		← ·19 (1)			
			7	6				
		−	7	6	← ·19 (4)			
				0				

5 9 6 6 : 1 9 = 3 1 4
5 7
2 6
1 9
7 6
7 6
0

Probe:
3 1 4 · 1 9
3 1 4
2 8 2 6
5 9 6 6

Ergebnis: Jeder der 19 Teilnehmer dieser Lottotippgemeinschaft erhält 314 €.

b) Man muss 5 966 € durch 14 dividieren.
Eine mögliche Überschlagsrechnung lautet auch hier 6 000 € : 15 = 400 €.
Den genaueren Betrag ermitteln wir wieder durch *schriftliches Dividieren* der Zahlen.

	T	H	Z	E		H	Z	E
	5	9	6	6	: 14 =	4	2	6
−	5	6			← ·14 (4)			
		3	6					
	−	2	8		← ·14 (2)			
			8	6				
		−	8	4	← ·14 (6)			
				2				

5 9 6 6 : 1 4 = 4 2 6 R 2
5 6
3 6
2 8
8 6
8 4
2

Probe:
4 2 6 · 1 4
4 2 6
1 7 0 4
5 9 6 4

5 9 6 4 + 2 = 5 9 6 6

Bei dieser Divisionsaufgabe bleibt ein Rest von 2, der sich nicht mehr durch 14 dividieren lässt.
Ergebnis: Jeder der 14 Teilnehmer dieser Lottotippgemeinschaft erhält 426 €. In der Kasse bleiben 2 €.

Information **Beim Dividieren musst du besonders auf die 0 achten.**

(1) 4807 : 23 = 209
```
46
—
 20
  0
 —
 207
 207
 ———
   0
```
Beim Verteilen von 20 Zehnern erhält jeder 0.

(2) 51068 : 17 = 3004
```
51
—
 00
  0
 —
  06
   0
  —
   68
   68
   —
    0
```
0 Hunderter sind zu verteilen.

(3) 12420 : 54 = 230
```
108
———
 162
 162
 ———
   00
    0
   —
    0
```
Nach den Zehnern folgen Einer.

Übungsaufgaben

3. Berechne. Kontrolliere dein Ergebnis durch eine Probe.

a) 615 : 5	**b)** 2416 : 8	**c)** 4518 : 9	**d)** 1680 : 30	**e)** 194810 : 70	**f)** 102000 : 300
1284 : 3	1575 : 7	1626 : 6	54450 : 90	100020 : 60	803600 : 200

4. Jeder der beiden Partner berechnet die Divisionsaufgaben seines Zettels, anschließend wird getauscht und der Partner kontrolliert durch Multiplikation.

a)

Partner A	Partner B
255 : 17	966 : 23
512 : 32	966 : 42
288 : 24	952 : 28
252 : 42	851 : 37

b)

Partner A	Partner B
8856 : 72	20017 : 37
18249 : 77	19968 : 32
5712 : 68	11748 : 89
11760 : 48	49707 : 63

5. Wo steckt der Fehler? Berichtige im Heft.

a)
```
14985 : 37 = 45
148
 185
 185
   0
```

b)
```
23940 : 63 = 38
189
  504
  504
    0
```

c)
```
3467 : 47 = 75 R 6
329
 241
 235
   6
```

6. Aus einem Metallstab sollen 32 mm lange Stücke als Träger für Regalbretter geschnitten werden.
Wie viele solcher Träger erhält man, wenn der Stab
a) 2,08 m, **b)** 1,50 m lang ist?
Überschlage zunächst, berechne dann genau.

7. Führe nur eine Überschlagsrechnung durch.

1521 : 39 ≈ 1600 : 40 = 40

a) 1155 : 33	**b)** 2184 : 56	**c)** 3403 : 41		
2272 : 71	4680 : 78	4899 : 69		
4968 : 69	1488 : 31	5396 : 76	**d)** 9794 : 83	**e)** 24231 : 591
6545 : 85	2303 : 47	4505 : 53	7387 : 83	92196 : 234

8. Führe zunächst eine Überschlagsrechnung durch. Rechne anschließend schriftlich.

a) 6006 : 21	**b)** 8778 : 38	**c)** 6069 : 21	**d)** 26166 : 42
3638 : 17	9720 : 24	9984 : 32	850796 : 454
2376 : 18	1530 : 45	4712 : 62	894855 : 507

9. Frau Kunze ist mit ihrem neuen Auto im Laufe von 8 Monaten 7 736 km gefahren.
a) Wie viel km waren das durchschnittlich im Monat?
b) Wie viel km wird sie voraussichtlich innerhalb eines Jahres fahren?

10. Ein Verein bestellt für seine 72 Mitglieder T-Shirts mit Vereinszeichen zu einem Gesamtpreis von 1152 €. Nach dem Zugang von 9 weiteren Mitgliedern muss der Verein die Bestellung erhöhen.
Welcher Betrag muss zusätzlich aufgewandt werden?

11. Überprüft, ob die Aufgabe richtig gerechnet wurde. Bei einigen Aufgaben könnt ihr auch schon an einer Überschlagsrechnung erkennen, dass die Aufgabe falsch gerechnet wurde. Erklärt euch eure Überlegungen gegenseitig.

a) 1539 : 19 = 41	d) 5642 : 62 = 81	g) 7938 : 42 = 170	j) 14364 : 342 = 32
b) 1127 : 23 = 49	e) 3648 : 76 = 48	h) 24966 : 73 = 342	k) 34563 : 123 = 461
c) 2698 : 71 = 58	f) 4316 : 83 = 42	i) 19968 : 78 = 156	l) 15360 : 512 = 36

12. Bestimme im Heft die fehlende Zahl.
a) ▢ · 15 = 1335 b) 24 · ▢ = 1968 c) ▢ : 14 = 74 d) 3465 : ▢ = 21 e) ▢ · 75 = 1725

13. Dividiere mit Rest, führe auch die Probe durch.

a)	b)	c)	d)	e)
487 : 4	347 : 20	973 : 30	150 : 12	874 : 15
368 : 6	685 : 30	501 : 60	200 : 15	735 : 18
500 : 8	402 : 50	758 : 80	378 : 18	855 : 22
425 : 7	400 : 90	904 : 90	198 : 21	1072 : 37

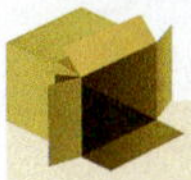

104 35 185 62 33

14. Rechne schriftlich. Die Summe der Reste jeder Teilaufgabe siehst du links.

a)	b)	c)	d)	e)
562 : 11	1572 : 19	8462 : 35	8539 : 65	19683 : 63
465 : 18	4329 : 21	7070 : 42	6351 : 76	47338 : 92
721 : 27	4000 : 24	9401 : 28	4108 : 59	832941 : 123

Vermischte Übungen

15. Welche der Aufgaben haben den gleichen Rest?

A	B	C	D	E	F
1043 : 23	5657 : 101	1093 : 45	4977 : 56	10952 : 456	2362 : 87

16. Stelle geeignete Fragen und beantworte sie.
a) 770 Flaschen Apfelsaft und 550 Flaschen Traubensaft sollen in Kästen für je zwölf Flaschen versandt werden.
b) Die Klassen 5a und 5b planen einen gemeinsamen Ausflug. Übernachtung und Verpflegung kosten insgesamt 1256 €. Für den Bus müssen 520 € bezahlt werden.
In der Klasse 5a sind 23 Schülerinnen und Schüler, in der 5b sind 25 Schülerinnen und Schüler.
c) Jacob backt Muffins und füllt den Teig in eine Form für 12 Muffins.

Muffin-Rezept

Zutaten

250 g Mehl
250 g Butter
150 g Zucker/Zimt-Gemisch
4 große Eier (je 70 g)
1 Teelöffel Backpulver (4 g)
4 Esslöffel Milch (20 g)

17. a) Der Planet Venus benötigt 225 Tage, um einmal um die Sonne zu kreisen. Er legt dabei 680 400 000 km zurück.
Wie viel km legt er in einer Stunde zurück?

b) Ein Satellit macht um die Erde 12 Umdrehungen in 24 Stunden.
Wie viel Stunden benötigt er für 7 Umläufe?
Wie viele Umläufe schafft er in 50 Stunden?

18. a) Eine Tanzkapelle aus 4 Musikern spielt bei einer Hochzeit.
Jeder erhält als Gage für den Abend 150 €. Wie viel kostet der Auftritt der Tanzkapelle insgesamt?

b) Eine Popband aus 5 Musikern erhält für einen Auftritt eine Gage von 17 500 €.
Die Gage wird gleichmäßig an die Musiker verteilt. Wie viel erhält jeder?

c) Der Auftritt eines Chores bei einer Einweihungsfeier kostete insgesamt 1 100 €.
Ein Chormitglied berichtet, dass jeder gleich viel bekommen hat, und zwar 50 €.
Aus wie vielen Mitgliedern besteht der Chor?

19. Ein Obstgroßhändler kauft vom Erzeuger 25 Kisten mit je 50 Äpfeln. Er muss dem Erzeuger pro Kiste 5 € bezahlen. Der Preis des Obstgroßhändlers für einen Apfel beträgt 20 Cent. Während des Lagerns verderben 75 Äpfel.

a) Wie viel Geld hat der Obstgroßhändler eingenommen?

b) Wie viel Geld bleibt ihm als Gewinn übrig?

20. Ein Wanderer geht 4 km in einer Stunde. Nach 3 Stunden Wandern macht er immer eine halbe Stunde Pause. Wie viel km hat er 8 Stunden nach dem Beginn zurückgelegt?

21. Beim Handballspiel kostet eine Einzelkarte für den Stehplatz 6 €, eine Sitzplatzkarte 9 €. Für die 17 Spiele der Saison gibt es aber auch Saisonkarten zu 95 € für einen Stehplatz und zu 140 € für einen Sitzplatz. Robert kann aber nicht jedes Spiel sehen.
Ab wie viel Spielbesuchen lohnt sich eine Saisonkarte?

22. Kirsten sieht einen Inter-City-Express vorbeifahren. Sie zählt 13 Wagen zwischen den beiden Triebköpfen und schätzt: „Der Zug ist 400 m lang." Die technischen Angaben sind:
Länge eines Triebkopfes: 20 560 mm
Länge eines Wagens: 26 400 mm
Berechne die tatsächliche Länge des Zuges. Um wie viel Meter hat sich Kirsten verschätzt?

23. Im Verkehrsfunk wird gemeldet: „Vor der Anschlussstelle Fünfort 11 km Stau." Wie viele Autos sind ungefähr auf dem zweispurigen Autobahnabschnitt im Stau?
Hinweis: Du benötigst eine weitere Angabe. Schätze sie.

24. Berechne jeweils die fehlende Zahl. Nenne auch den Begriff für die fehlende Zahl.

a) Der Dividend ist 3 195, der Divisor ist 71.

b) Der Divisor ist 270, der Dividend ist 95 580.

c) Der Quotient ist 13, der Dividend ist 2 054.

d) Der Quotient ist 13, der Divisor ist 2 054.

e) Ein Faktor ist 185, das Produkt 22 200.

25. a) Ein Autorennen wird auf einer 37 km langen Rundstrecke durchgeführt. Das Rennen soll über 1 000 km gehen. Wie weit muss die Ziellinie von der Startlinie entfernt markiert werden?

b) Rennfahrer Rudi Rasig benötigt für jede Runde durchschnittlich 3 min 47 s.
Welche Zeit benötigt er für 25 Runden?
Nach drei Stunden wird das Rennen beendet. Wie viele volle Runden ist Rudi Rasig gefahren? Ein anderer Rennfahrer benötigt für 20 Runden 1 h 15 min. Ist er schneller oder langsamer?

26. Für ein Fußballspiel wurden 4 000 Sitzplatzkarten und 12 000 Stehplatzkarten zum Verkauf angeboten. 1 250 Sitzplatzkarten und 3 220 Stehplatzkarten blieben übrig.
Insgesamt wurden 111 470 € eingenommen. Für eine Stehplatzkarte waren 9 € zu bezahlen. Stelle geeignete Fragen und beantworte sie.

27. Eine Orange wiegt 210 g, ihre Schale 60 g. Wie viele Orangen muss man für 6 kg Fruchtfleisch schälen?

28. Landwirt Egen hat 34 Kühe. Im Laufe eines Jahres liefert jede Kuh im Mittel in 10 Monaten zweimal 12 ℓ Milch am Tag.

a) Wie hoch ist die gesamte Milchproduktion von Landwirt Egen im Laufe eines Jahres?

b) Für 1 kg Käse benötigt man ungefähr 9 ℓ Milch. Wie viel Käse kann Landwirt Egen monatlich herstellen?

c) Das „Allgäuer Braunvieh“ ist eine spezielle Rasse, von der es insgesamt 670 000 Tiere gibt, darunter 340 000 Milchkühe. Stelle geeignete Fragen und rechne.

d) Erkundige dich, wie teuer ein Liter Milch ist und wie viel die Landwirte für einen Liter bekommen. Berechne mit diesen Angaben die Jahreseinkünfte, die Landwirt Egen aus dem Verkauf seiner Milch bezieht.

29. Übertrage ins Heft und fülle die Lücken mit den richtigen Ziffern aus.

a)

(1)
```
  3578
+  192
+ 4316
+ □□□□
------
  9320
```

(2)
```
  5841
- □□□□
------
  1629
```

(3)
```
  2□13
+  4□7
+ □21□
+   57
------
  4543
```

(4)
```
  □265
-  3□7
------
  7□18
```

b)

(1)
```
278·2□
------
 □□□
  □78
------
 □□□□
```

(2)
```
314·2□
------
  628
  12□6
------
  □5□□
```

(3)
```
□□□·□3□
-------
 6□□
   471
  □□□□
-------
  □□□□9
```

(4)
```
□□□·538
-------
□□□□
  2202
   □□□□
-------
□□□□□□
```

c)

(1)
```
411075:□□□=2□4□
350
 610
 525
  857
  □□□
  1575
  1575
     0
```

(2)
```
□□□□□□:□□□=□□5□
□□□
312□
□920
 □□80
 1□2□
  2□5□
  □□□□
     0
```

Muster beim Rechnen erforschen

Im Buch „Der Zahlenteufel“ von Hans Magnus Enzensberger wird der Junge Robert, der wegen einer Abneigung gegen den Mathematikunterricht schlecht träumt, in seinen Träumen von einem gar nicht so beängstigenden Teufel heimgesucht. Dieser zeigt ihm viele spannende Dinge aus dem Bereich der athematik:

Wenn du willst, mache ich dir gerne vor, wie man alle anderen Ziffern aus lauter Einsen macht.

- Und wie soll das gehen?
- Ganz einfach. Ich mache das so:
  $1 \times 1 = 1$
  Als nächstes kommt:
  11×11
  Dazu brauchst du wahrscheinlich deinen Taschenrechner.
- Quatsch, sagte Robert.
  $11 \times 11 = 121$
- Siehst du, sagte der Zahlenteufel, schon hast du eine Zwei gemacht, aus lauter Einsen. Und jetzt sag mir bitte, wieviel ist:
  111×111

1. Rechnet selbst. Setzt dann diese Aufgabenreihe fort. Ihr entdeckt ein Muster. Beschreibt es und untersucht, ob eure Vermutung stets zutrifft.

2. Untersucht, was passiert, wenn ihr statt der Ziffer 1 die Ziffer 2 oder eine andere Ziffer verwendet.

3. Ihr könnt auch mit zwei Ziffern arbeiten.

a) Setzt die Aufgabenreihe rechts im Heft fort. Berechnet die ersten Ergebnisse und findet heraus, ob sich in den Ergebnissen ein Muster ergibt.

$1 \cdot 1$
$11 \cdot 11$
$101 \cdot 101$
$1001 \cdot 1001$

b) Wenn ihr ein Muster erkannt habt, dann setzt es fort und überlegt, wie weit es sich fortsetzen lässt. Vielleicht könnt ihr sogar begründen, warum es hier ein anderes Langzeitverhalten gibt als bei den Mustern in Aufgabe 1.

c) Übertragt das Schema auf die 2 und prüft, ob sich für die 2 im Ergebnis ebenfalls ein Muster ergibt und ob sich dieses für die nächsten Stufen fortsetzen lässt.

d) Erfindet und erkundet weitere Muster, indem ihr andere Kombinationen aus 1 und 0 bildet und die Produkte untersucht.

2.5 Terme – Rechengesetze

2.5.1 Regeln für das Berechnen von Termen

Einstieg

Frau Weyer geht mit ihrer Klasse ins Schwimmbad. An der Kasse bezahlt sie mit einem 100-€-Schein.

a) Wie viel Wechselgeld erhält sie? Notiere den Rechenweg in einer einzigen Aufgabe.

b) Hättest du die Kartenverteilung auch so vorgenommen? Denke auch an den Fall, dass die Klasse mehrmals ins Schwimmbad geht.

Aufgabe 1 **Beschreibung eines Rechenweges durch einen Term**

Sport Maier	
Trikot	49,00
Shorts	37,00
Total	86,00
Gegeben	122,00
Zurück	36,00

(1) Leon hat für ein Sportgeschäft einen Gutschein über 122 €. Er kauft sich dafür ein neues Fußballtrikot für 49 € und eine passende Fußballhose für 37 €. Leon erhält an der Kasse den abgebildeten Bon.

(2) Herr Simon ist Trainer einer Volleyballmannschaft und möchte für die 6 Mitglieder neue bedruckte T-Shirts zu je 17 € kaufen. In der Mannschaftskasse sind 180 €. Wie viel Geld bleibt nach dem Kauf in der Kasse?

a) Schreibe zu beiden Aufgaben zunächst die einzelnen Rechenschritte auf.

b) Schreibe den Rechenweg jeweils mithilfe einer einzigen Aufgabe. Setze das, was zuerst berechnet wird, in Klammern.

Lösung

Wie auch viele Kassen lassen wir die Einheit Euro im Folgenden weg und notieren die Rechenwege nur mit Zahlen.

a) (1) Die Kasse addiert die Preise zu einem Gesamtpreis (Total). Dann wird der Gesamtpreis vom Guthaben subtrahiert.
1. Schritt: $49 + 37 = 86$
2. Schritt: $122 - 86 = 36$

(2) Wir berechnen zunächst die Kosten für die T-Shirts. Dann werden diese Kosten von dem Betrag in der Mannschaftskasse subtrahiert.
1. Schritt: $6 \cdot 17 = 102$
2. Schritt: $180 - 102 = 78$

b) Wir notieren den Rechenweg jeweils als eine einzige Aufgabe.

(1) $122 - (49 + 37)$
$= 122 - 86$
$= 36$
Ergebnis: Leon erhält 36 € Rückgeld.

(2) $180 - (6 \cdot 17)$
$= 180 - 102$
$= 78$
Ergebnis: In der Kasse verbleiben 78 €.

Information

(1) Term – Klammern – Rechenbaum – Vorrangregeln

Du kannst einen Rechenweg in Form einer einzigen Aufgabe aufschreiben. Eine solche Aufgabe wie zum Beispiel $122 - (49 + 37)$ oder $180 - (6 \cdot 17)$ heißt *Term*.
Die Rechnungen werden schrittweise ausgeführt. Was zuerst berechnet werden soll, wird in Klammern gesetzt. Sind keine Klammern gesetzt, rechnest du von links nach rechts.
Einen Term kannst du auch durch einen Rechenbaum darstellen.

Berechnen des Terms:

$122 - (49 + 37)$
$= 122 - 86$
$= 36$

Rechenbaum:

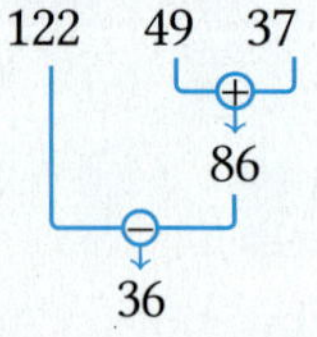

Berechnen des Terms:

$180 - (6 \cdot 17)$
$= 180 - 102$
$= 78$

Rechenbaum:

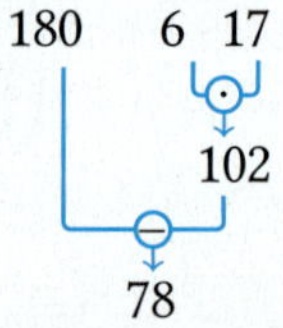

Um Klammern einzusparen, vereinbart man, dass Punktrechnung ($\cdot$ und :) vor Strichrechnung (+ und –) ausgeführt werden sollen. Dann kann man statt $180 - (6 \cdot 17)$ auch kürzer $180 - 6 \cdot 17$ schreiben.

Ein **Term** gibt einen Rechenweg an. Als Ergebnis der Rechnung erhält man eine Zahl, den Wert des *Terms*. Bei der Berechnung eines Terms musst du folgende Regeln beachten.

Vorrangregeln
- Was in Klammern steht, muss zuerst berechnet werden.
- Punktrechnung geht vor Strichrechnung.
- Wenn nicht anders geregelt, rechnet man von links nach rechts.

Beispiele:

$35 - (8 + 7)$ (Klammer zuerst)
$= 35 - 15$
$= 20$

$35 - 2 \cdot 8$ (Punkt vor Strich)
$= 35 - 16$
$= 19$

$48 : 12 : 2$ (Von links nach rechts)
$= 4 : 2$
$= 2$

(2) Richtiger Gebrauch des Gleichheitszeichens

Beim Ausrechnen eines Terms muss man darauf achten, dass das Gleichheitszeichen richtig gebraucht wird.

$2 \cdot (8 + 7) - 17 = 2 \cdot 15 - 17$
$= 30 - 17$
$= 13$

Richtiger Gebrauch des Gleichheitszeichens: Vor und hinter dem Gleichheitszeichen stehen Terme mit demselben Wert.

~~$2 \cdot (8 + 7) - 17 = 2 \cdot 15 = 30 - 17 = 13$~~ (Wert: 30) (Wert: 13)

Falscher Gebrauch des Gleichheitszeichens: Daher wurde die Rechnung durchgestrichen.

Richtiger Gebrauch des Gleichheitszeichens
Der Wert der Terme vor und hinter dem Gleichheitszeichen muss derselbe sein.

Weiterführende Aufgaben

Wortform von Termen

2. Stelle zunächst den Term auf und berechne ihn dann.
Addiere zu 41 die Differenz der Zahlen 58 und 44.

> *Wortform:* Subtrahiere von 97 die Summe der Zahlen 28 und 17.
> *Term:* $97 - (28 + 17)$

Ineinander geschachtelte Klammern

3. Berechne.

a) $740 - [120 - (67 - 47)]$
b) $482 - [13 \cdot (6 + 4)]$
c) $[400 - (300 - 100)] : 2$

> $550 - [(200 - 25) + 55]$ ← Innere Klammer zuerst!
> $= 550 - [175 + 55]$
> $= 550 - 230$
> $= 320$

Gliedern eines Terms

4. Die Reihenfolge zur Berechnung eines Terms kann man gut verdeutlichen, wenn man ihn in Teilterme gliedert. Erkläre das Beispiel und gliedre entsprechend.

a) $7 \cdot (21 - 5)$
b) $(81 + 16) - (37 - 13)$
c) $81 + 16 : 2$
d) $64 : 4 \cdot 3$

> $\underbrace{81 - \underbrace{(13 + 41)}_{\text{Summe}}}_{\text{Differenz}} = 87 - 54 = 33$

Übungsaufgaben

5. Beachte die Klammern bei der Berechnung des Terms.

a) $712 - (72 - 12)$
b) $712 - (72 + 12)$
c) $712 - 72 - 12$
d) $293 + (73 - 23)$
e) $293 + 73 - 23$
f) $293 - (73 - 23)$
g) $844 - (27 - 19) - (83 - 50)$
h) $844 - 27 - 19 - 83 - 50$
i) $844 - (27 + 19) + (83 - 50)$

6. Rechne zunächst im Kopf; schreibe dann die Berechnung des Terms korrekt auf.

a) $8 + 72 : 8$
b) $36 + 24 : 6$
c) $84 : 7 - 7$
d) $12 + 78 : 6$
e) $105 - 45 : 15$
f) $45 : 3 + 12 : 2$
g) $84 : 12 + 91 : 7$
h) $12 \cdot 8 + 14 : 7$
i) $78 : 6 - 2 \cdot 5$
j) $135 : 45 - 48 : 16$
k) $117 - 17 \cdot 5 + 25$
l) $123 + 27 \cdot 3 - 2$

7. Überprüfe, ob ein richtiger Gebrauch des Gleichheitszeichens vorliegt.
Wenn nicht, berichtige im Heft.

a) $(43 - 17) + (88 - 12)$
$= 26 + 76$
$= 102$

b) $78 : 6 + 5 - 2 \cdot 3$
$= 13 + 5$
$= 18 - 2 \cdot 3$
$= 18 - 6 = 12$

c) $[33 - (4 + 23) - 5] + 6$
$= 33 - 27$
$= 6 - 5$
$= 1 + 6 = 7$

8. Auf einem Ballen sind 30 m Dekostoff.
Schreibe einen Term für die Restlänge an Stoff und berechne diese.
Es werden vier Stücke von je 2 m und 5 Stücke von je 3 m abgeschnitten.

9. Ein kleiner Pkw darf mit 320 kg beladen werden. Der Fahrer wiegt 78 kg. Die beiden Koffer zusammen 37 kg und sein Kind wiegt 31 kg. Schreibe jeweils einen Term und berechne.
Mache zunächst einen Überschlag.

a) Wie viel darf noch eingeladen werden?
b) Dürfen noch 6 Wasserkisten, die jeweils 12 kg wiegen, und eine Marmorplatte mit ca. 40 kg Gewicht zugeladen werden?

10. Im Schreibwarengeschäft kostet ein Schreibheft 40 Cent und ein Vokabelheft 30 Cent. Marten bezahlt 7 Schreibhefte und 3 Vokabelhefte mit einem 10-Euro-Schein. Wie viel Geld erhält er zurück? Notiere die Rechenschritte und berechne. Schreibe auch einen einzigen Term.

11. Beim Biathlon benötigt eine Läuferin für die reine Laufstrecke 57 Minuten und 30 Sekunden. Für jeden Schuss auf die 10 Scheiben braucht sie durchschnittlich 10 Sekunden. Wie lange ist sie insgesamt unterwegs, wenn sie auch noch zwei Strafrunden zu je 35 Sekunden laufen muss? Schreibe auch einen einzigen Term.

12. Von einem 10-m-Stab werden zwei Stücke zu je 1,60 m und drei Stücke zu je 80 cm abgeschnitten. Der Rest wird in zwei gleich große Teile geteilt. Wie lang ist jedes Teil?

13. Ein Lkw hat ein Gesamtgewicht von 7,5 t. Das Ladegewicht ist um 1,9 t geringer als das Gesamtgewicht. Es sollen Kisten zu je 175 kg transportiert werden. Wie viele Kisten dürfen aufgeladen werden?

14. Ein Lebensmittelhändler erhält eine Lieferung von 12 Kisten Eier. In jeder Kiste befinden sich 8 Lagen Eier. In jeder dieser Lagen sind der Breite nach 5 Eier, der Länge nach 6 Eier.
- a) Wie viele Eier werden dem Händler geliefert?
- b) Der Händler muss für ein Ei 13 Cent, für die Verpackung je Kiste 50 Cent und für den Transport insgesamt 5 € bezahlen. Wie teuer ist die gesamte Lieferung?

15. Erfinde selbst eine Rechengeschichte zu den angegebenen Termen. Denke an Einkaufen, Basteln, Sport, … Es muss nicht immer Geld sein.

a) $13 + 4 \cdot 7$ b) $(100 - 40) : 3$ c) $(16 - 12) \cdot 8 + 56$ d) $(38 - 14) : 3 - 5$

16. Berechne und vergleiche: $20 \cdot (7 - 2)$; $20 \cdot 7 - 2$; $20 - (7 \cdot 2)$; $20 - 7 \cdot 2$; $(20 - 7) \cdot 2$

17. a) Schreibe zu dem Rechenbaum einen Term und berechne ihn.

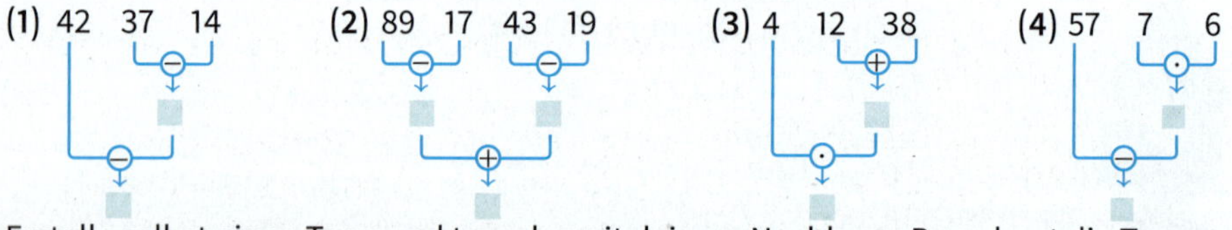

b) Erstelle selbst einen Term und tausche mit deinem Nachbarn. Berechnet die Terme.

18. Zeichne zu dem Term einen Rechenbaum und rechne.

a) $(716 - 230) + (179 - 96)$ c) $3 \cdot 4 + (12 - 2)$ e) $(321 - (215 + 36)) + (104 - 85)$

b) $3 \cdot 4 + 12 \cdot 2$ d) $5 \cdot (4 + 3) - 10$ f) $(14 - 9) \cdot (4 + 16) - 3$

19. Stelle einen Term auf und berechne seinen Wert.
- a) Subtrahiere die Zahl 18 von der Differenz der Zahlen 82 und 19.
- b) Addiere zum Produkt der Zahlen 24 und 4 die Zahl 18.
- c) Subtrahiere den Quotienten der Zahlen 96 und 6 von der Zahl 200.
- d) Multipliziere die Summe der Zahlen 48 und 67 mit der Zahl 20.
- e) Dividiere die Summe der Zahlen 54 und 18 durch die Differenz der Zahlen 26 und 14.
- f) Subtrahiere von der Summe der Zahlen 38 und 72 das Produkt der Zahlen 17 und 6.

20. Schreibe den Term in der Wortform auf. Berechne auch seinen Wert.

a) 37 + (48 − 12) **c)** (34 − 17) − 12 **e)** 216 : (51 − 15) **g)** (150 − 98) − (100 − 49)
b) 117 − 7 · 13 **d)** (51 − 15) : 12 **f)** (19 − 7) · (7 + 5) **h)** (101 − 68) − 8 · 3

21. Gliedere den Term und berechne seinen Wert.

a) 482 − [72 − (50 − 20)] **e)** 578 − [(183 − 78) − 35] **i)** 700 − [300 − 2 · (200 − 100)]
b) 482 − [(72 − 50) − 20] **f)** 578 − [183 − (78 − 35)] **k)** 800 : [600 − 2 · (350 − 150)]
c) 675 − [68 + 127 − 37] **g)** 700 − [300 − (200 − 100) · 2] **j)** [700 − (300 − 100)] · 2
d) 675 − [68 + (127 − 37)] **h)** 700 − [300 − (200 − 100)] · 2 **l)** 800 : [600 − (2 · 350 − 300)]

22. Erkläre Tim, welche Fehler er bei den Berechnungen gemacht hat.

a) 86 − 27 + 3
= 86 − 30
= 56

b) 79 − 9 · 8
= 70 · 8
= 560

c) 86 − (23 − 9)
= 63 − 9
= 54

d) 45 − [2 · (7 + 5) − 2]
= 45 − 2 · 12 − 2
= 45 − 2 · 10
= 25

23. Ordne die Karten nach der Größe des Ergebnisses.

I (15 · 8) + 3 · (103 − 78) − (5 · 13) · 2
L 200 − (87 + 14) − (6 · 3) · 5 + (14 + 6 · 9)
S 45 + (44 − 33) · 5 + (14 · 3) · (101 − 98)
E (20 · 5 · 9 − 16 · 50) · (3 · 6) · 2 + 8 · 13

24. Welche Klammern kann man weglassen, ohne den Wert des Terms zu verändern? Begründe. Schreibe den Term ohne die überflüssigen Klammern und berechne ihn.

a) (4 · (7 · 3)) **b)** 95 + (34 − 6 · 5) **c)** 28 : (4 · 7) + (6 : 3) **d)** (84 : 4) : 7

25. Die ersten sieben Ziffern sind in der natürlichen Reihenfolge 1, 2, 3, 4, 5, 6, 7 aufgeschrieben. Die Ziffern kann man nebeneinander stellen oder sie mit „+"-Zeichen oder „−"-Zeichen zu einem Term verbinden. *Beispiel:* 1 + 23 − 4 + 56 − 7 = 69

a) Gib einen Term an, der den Wert 40 hat.
b) Bestimme zwei verschiedene Terme, die jeweils den Wert 55 ergeben.

26. Lege die Kärtchen so aneinander, dass sie einen Term ergeben. Achte darauf, dass die Subtraktion ausführbar ist. Bilde einen Term (ohne dass der Partner das sieht) und sage deinem Partner nur das Ergebnis. Er soll den Term mit den Kärtchen aufbauen. Tauscht auch die Rollen.

27. a) Felix hat in der Pause Zahlen an der Tafel weggewischt. Welche waren es? Notiere sie im Heft.
b) Jeder erstellt unvollständige Aufgaben wie an der Tafel rechts. Der Partner ergänzt die fehlende Zahl.

28. Hier sind Klammern vergessen worden. Füge an den richtigen Stellen Klammern ein.

a) 6 + 4 · 3 = 30 **b)** 70 − 50 − 10 + 3 = 33 **c)** 200 : 50 − 10 + 8 = 13

29. Setze ein Klammerpaar so, dass das Ergebnis eine möglichst große [kleine] Zahl ist.

a) 2 + 2 · 2 − 2 **b)** 9 − 2 · 3 − 2 **c)** 2 · 6 − 3 · 2 **d)** 6 + 15 : 1 + 4

2.5.2 Vorteilhaftes Rechnen: Kommutativgesetz und Assoziativgesetz

Einstieg

a) Wie teuer ist die Winterausrüstung? Berechnet geschickt.

b) Eine Wasserkiste enthält 12 Flaschen. Wie viele Flaschen sind insgesamt auf der Palette? Findet verschiedene Rechenwege. Vergleicht in der Klasse, wie ihr vorgegangen seid.

Aufgabe 1

Verwenden von Rechengesetzen beim vorteilhaften Rechnen

Tom und Tina rechnen die Aufgaben geschickt im Kopf.

a) Notiere die Rechenwege ausführlich.

b) Findest du noch geschicktere Rechenwege?

Lösung

a) Eigentlich müssten Tom und Tina die Aufgaben von links nach rechts rechnen. Das ist aber ungünstig für das Rechnen im Kopf.

Tom hat eine andere Reihenfolge gewählt und zunächst die letzten beiden Summanden addiert.

$173 + 283 + 27$
$= 173 + (283 + 27)$ ← Klammern um 283 und 27.
$= 173 + 310$
$= 483$

Tina hat eine andere Reihenfolge gewählt und zunächst die letzten beiden Faktoren multipliziert.

$125 \cdot 5 \cdot 8$
$= 125 \cdot (5 \cdot 8)$ ← Zuerst $5 \cdot 8$ berechnen.
$= 125 \cdot 40$
$= 5\,000$

b) Tom kann auch zunächst die letzten beiden Summanden tauschen und dann von links nach rechts rechnen.

$173 + 283 + 27$
$= 173 + 27 + 283$ ← 283 und 27 wurden vertauscht.
$= 200 + 283$
$= 483$

Tina kann auch zunächst die letzten beiden Faktoren tauschen und dann von links nach rechts rechnen.

$125 \cdot 5 \cdot 8$
$= 125 \cdot 8 \cdot 5$ ← $8 \cdot 125$ lässt sich gut rechnen.
$= 1\,000 \cdot 5$
$= 5\,000$

Information

(1) Kommutativgesetz (Vertauschungsgesetz)

Die Reihenfolge für die Berechnung eines Terms ist durch die Vorrangregeln festgelegt. Aber in diesen Fällen darfst du, so wie Tom und Tina, auch anders vorgehen:
Tom hat in Lösung b) zwei Summanden vertauscht, Tina vertauscht zwei Faktoren. Bei einer Summe und bei einem Produkt ist das immer möglich, ohne dass sich der Wert der Summe oder des Produkts ändert.
Dieses Rechengesetz nennt man das Kommutativgesetz oder Vertauschungsgesetz.

Anwenden des Distributivgesetzes – Ausklammern

$14 \cdot 4 + 14 \cdot 6$
$= 14 \cdot (4 + 6)$ ← Distributivgesetz rückwärts
$= 14 \cdot 10$
$= 140$

3. Manchmal ist es vorteilhafter, anders als nach der Regel „Punktrechnung vor Strichrechnung" zu rechnen. Wenn man nämlich eine Zahl „ausklammern" kann, wird die Rechnung oft einfacher. Erläutere die Rechnung rechts.
Berechne ebenso:
a) $8 \cdot 96 + 8 \cdot 4$ b) $4 \cdot 16 + 4 \cdot 34$ c) $15 \cdot 17 + 15 \cdot 13$ d) $18 \cdot 12 + 22 \cdot 12$

Übungsaufgaben

4. a) Bei welchem Term ist die Rechnung vorteilhafter?
(1) $4 \cdot 19 + 4 \cdot 6$ oder $4 \cdot (19 + 6)$
(2) $4 \cdot 17 + 4 \cdot 23$ oder $4 \cdot (17 + 23)$
(3) $9 \cdot 100 + 9 \cdot 12$ oder $9 \cdot (100 + 12)$
(4) $9 \cdot 50 + 9 \cdot 7$ oder $9 \cdot (50 + 7)$
b) Rechne vorteilhaft.
(1) $8 \cdot 17 + 2 \cdot 17$ (3) $39 \cdot 24 + 11 \cdot 24$ (5) $(40 + 3) \cdot 9$ (7) $7 \cdot (30 + 12)$
(2) $23 \cdot 64 + 23 \cdot 36$ (4) $176 \cdot 36 + 24 \cdot 36$ (6) $12 \cdot (20 + 3)$ (8) $(100 + 9) \cdot 18$

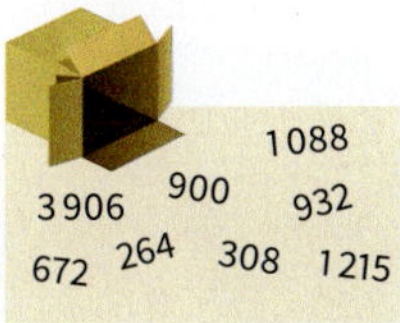

5. Rechne vorteilhaft.
a) $8 \cdot (40 - 7)$ c) $9 \cdot (400 + 30 + 4)$ e) $(250 - 17) \cdot 4$ g) $18 \cdot (38 + 12)$
b) $(50 - 6) \cdot 7$ d) $(125 + 11) \cdot 8$ f) $(200 + 40 + 3) \cdot 5$ h) $(50 - 2) \cdot 14$

6. Rechne vorteilhaft.
a) $(72 + 45) : 9$ c) $(168 - 28) : 14$ e) $720 : 8 - 32 : 8$ g) $(360 - 36) : 12$
b) $102 : 6 + 78 : 6$ d) $135 : 15 + 15 : 15$ f) $221 : 17 - 51 : 17$ h) $(378 + 42) : 21$

7. Rechne vorteilhaft.
a) $17 \cdot 13 + 87 \cdot 17$ c) $24 \cdot 33 - 33 \cdot 14$ e) $16 \cdot 13 + 16 \cdot 29 + 16 \cdot 8$
b) $54 \cdot 19 - 9 \cdot 54$ d) $47 \cdot 73 - 23 \cdot 47$ f) $14 \cdot 38 - 3 \cdot 14 + 65 \cdot 14$

8. Beim Kopfrechnen habt ihr schon immer das Distributivgesetz benutzt.
a) Erläutert das eurem Partner an folgenden Beispielen:

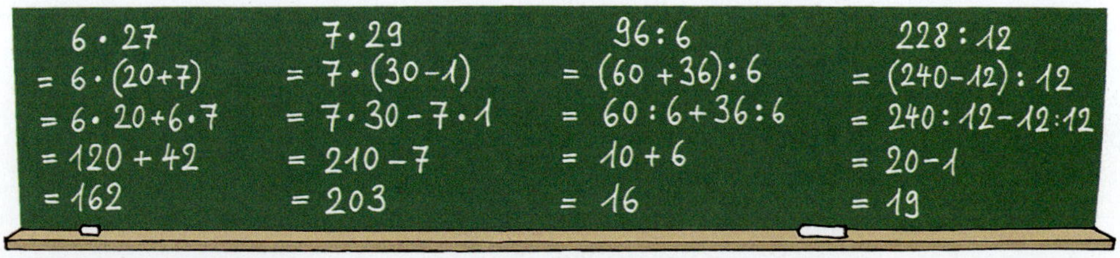

b) Berechnet im Kopf.
(1) $7 \cdot 36$; $84 \cdot 6$ (2) $9 \cdot 98$; $8 \cdot 149$ (3) $69 \cdot 4$; $152 \cdot 3$ (4) $917 : 7$; $104 : 8$ (5) $187 : 17$; $156 : 13$ (6) $247 : 13$; $330 : 15$

9. Clara sammelt für einen gemeinsamen Ausflug der Klassen 5 a und 5 b Geld ein. Die Kosten betragen pro Schüler 5 €. In Claras Klasse sind 23 Schülerinnen und Schüler, in der Nachbarklasse 27. Wie viel Geld muss Clara insgesamt einsammeln?
Rechne auf zwei verschiedenen Wegen. Schreibe auch einen Term.

10. 380 Flaschen Apfelsaft und 120 Flaschen Traubensaft sollen in Kästen zu je 20 Flaschen versandt werden. Wie viele Kästen sind nötig? Rechne auf zwei Wegen.

11. Untersuche an Beispielen, ob es auch ein Gesetz $c : (a + b) = c : a + c : b$ gibt.

2.6 Potenzieren

Einstieg

Jeder Mensch hat zwei Elternteile, vier Großelternteile, acht Urgroßelternteile usw.
Wie viele Ururururgroßelternteile hat er?
Wie viele Ahnen hat er in der 5. [6., 7., 8.] Vorfahrengeneration?

Einführung

Ein Papierbogen wird mehrmals nacheinander gefaltet.
Wie viele Papierschichten liegen nach dem fünften Falten übereinander? Wie viele Papierschichten wären es nach dem zehnten Falten?

Bei jedem Falten verdoppelt sich die Anzahl der übereinander liegenden Blätter:

Anzahl der Faltungen	Anzahl der übereinanderliegenden Schichten	Kurzschreibweise
1	2	
2	$2 \cdot 2$	2^2
3	$2 \cdot 2 \cdot 2$	2^3
4	$2 \cdot 2 \cdot 2 \cdot 2$	2^4
5	$2 \cdot 2 \cdot 2 \cdot 2 \cdot 2$	2^5

Nach dem 5. Falten liegen schon 32 Schichten übereinander.
Beim weiteren Falten kommst du bald in Schwierigkeiten.
Die Anzahl der Schichten nach dem 10. Falten wäre nämlich:
$2 \cdot 2 \cdot 2 \cdot 2 \cdot 2 \cdot 2 \cdot 2 \cdot 2 \cdot 2 \cdot 2 = 2^{10} = 1024$

Information

(1) Potenzen

Da man auch bei einer Faltung die Kurzschreibweise verwenden will, setzt man fest: $2^1 = 2$.
Da man beim nullmaligen Falten 1 Schicht hat, setzt man außerdem fest: $2^0 = 1$.

Anstelle des Produktes $2 \cdot 2 \cdot 2 \cdot 2 \cdot 2$ mit fünf gleichen Faktoren schreibt man auch 2^5 (gelesen: 2 *hoch* 5).
Man nennt 2^5 eine **Potenz** von 2 (die fünfte Potenz von 2), 32 ist der Wert dieser Potenz.
Beachte: $2^1 = 2$ und $2^0 = 1$.
Beispiele:
$5^3 = 5 \cdot 5 \cdot 5 = 125$
$10^5 = 10 \cdot 10 \cdot 10 \cdot 10 \cdot 10 = 100\,000$
$7^1 = 7$
$6^0 = 1$

$2^5 = 2 \cdot 2 \cdot 2 \cdot 2 \cdot 2 = 32$

2^5

Exponent (Hochzahl) Gibt die Anzahl der Faktoren an.

Basis (Grundzahl) Gibt den Faktor an.

(2) Vorrangregeln für das Berechnen von Termen, in denen Potenzen vorkommen

Kommen in einem Term neben dem Potenzieren auch andere Rechenarten vor, so vereinbaren wir, dass das Potenzieren vor den anderen Rechenarten ausgeführt wird.

Vorrangregeln für das Potenzieren	*Beispiele:*
• Potenzrechnung vor Punktrechnung	$2 \cdot 3^4 = 2 \cdot 81 = 162$
• Potenzrechnung vor Strichrechnung	$18 + 3^4 = 18 + 81 = 99$
• Klammern vor Potenzen	$(2 \cdot 3)^4 = 6^4 = 1\,296$

Weiterführende Aufgabe

Angabe großer Zahlen mithilfe von Zehnerpotenzen

1. Die Zahlenangaben in der Abbildung sind Entfernungen der Planeten zur Sonne (in km). Schreibe die Zahlenangaben ohne Zehnerpotenzen.

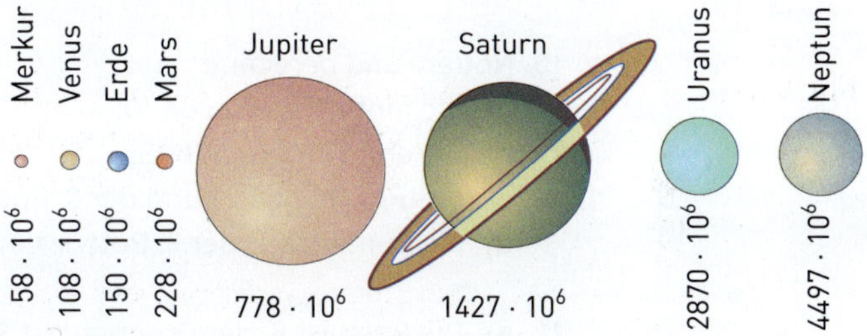

Übungsaufgaben

2. Schreibe als Potenz; berechne auch den Wert.

a) $4 \cdot 4 \cdot 4$ b) $12 \cdot 12$ c) $10 \cdot 10 \cdot 10 \cdot 10 \cdot 10$ d) $7 \cdot 7 \cdot 7 \cdot 7$ e) 8

3. Berechne.

a) 2^4 b) 5^2 c) 6^3 d) 10^7 e) 4^4 f) 1^8 g) 0^4 h) 4^1 i) 100^3 j) 40^2 k) 1000^2 l) 5000^2 m) 3719^1 n) 1000^4

4. Vergleiche die Ergebnisse.

a) $6 + 6$; $6 \cdot 6$; $6 \cdot 2$; 6^2 b) $4 + 3$; $4 \cdot 3$; 4^3 c) $7 + 1$; $7 \cdot 1$; 7^1 d) 5^2; 2^5 e) 4^2; 2^4

5. Berechne.

a) $5^2 \cdot 3$ b) $7 \cdot 2^3$ c) $32 : 2^3$ d) $96 - 6^2$ e) $4 \cdot 3^2 - 12$ f) $28 + 2^6 : 16$

6. Setze in deinem Heft anstelle von ■ das richtige Zeichen (>, =, <) ein.

a) 2^4 ■ 4^2 b) 2^5 ■ 5^2 c) 27 ■ 27^1 d) 5^3 ■ 8^3 e) 7^5 ■ 7^3 f) $4 \cdot 5^2$ ■ $5 \cdot 4^2$

7. Alexander hat in der Pause Zahlen weggewischt. Welche waren es? Notiere sie im Heft.

Quadratzahlen
$1^2 = 1$
$2^2 = 4$
$3^2 = 9$
$4^2 = 16$
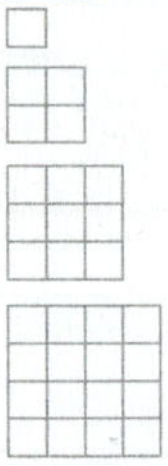
$5^2 = 25$
$6^2 = 36$
$7^2 = 49$
$8^2 = 64$
$9^2 = 81$

8. **a)** Links auf dem Rand findest du Potenzen mit dem Exponenten 2.
Das Potenzieren mit dem Exponenten 2 heißt auch **Quadrieren**. Beim Quadrieren erhältst du **Quadratzahlen**.
Erläutere, warum sie so heißen. Lerne sie auswendig.
b) Berechne die weiteren Quadratzahlen bis 25^2 und lerne sie auswendig.
c) Es ist günstig, auch noch die folgenden Potenzen auswendig zu wissen.
Lege dir entsprechend eine Tafel an und lerne sie auswendig:
(1) Zehnerpotenzen: $10^1, 10^2, 10^3, \ldots, 10^6, 10^9$
(2) Zweierpotenzen: $2^1, 2^2, 2^3, \ldots, 2^{10}$

9. Schreibe als Potenz: **a)** 25; 8; 121; 343 **b)** 16; 81; 64; 0; 1

10. Notiere und berechne
a) die fünfte Potenz von 10;
b) die erste Potenz von 13;
c) das Produkt aus 2 und der 3. Potenz von 5;
d) die Summe aus der 2. Potenz von 8 und der 3. Potenz von 2.

11. **a)** Die Basis ist 6, der Exponent ist 3. Gib den Wert der Potenz an.
b) Der Wert der Potenz ist 64, die Basis ist 2. Gib den Exponenten an.
c) Der Exponent ist 3, der Wert der Potenz ist 1 Million. Gib die Basis an.

12. In einer Milchprobe befinden sich Keime, deren Anzahl sich jede Stunde vervierfacht.
a) Berechne die Anzahl der Keime nach 2 Stunden, wenn anfangs 5 Keime vorhanden sind.
b) Berechne die Anzahl der Keime nach 5 Stunden, wenn anfangs 100 Keime vorhanden sind.
c) Löse die Teilaufgaben a) und b) für gekühlte Milch, in der sich die Anzahl der Keime stündlich nur verdreifacht. Vergleiche.

13. Wo steckt der Fehler? Schreibe die Berechnung der Terme korrekt auf.

a) $(6+8)^3 = 14 \cdot 3 = 42$
b) $5 \cdot 4^4 = 20^4 = 160\,000$
c) $(22 - 2 \cdot 8)^2 = (20 \cdot 8)^2 = 160^2 = 25\,600$
d) $(8 + 11 \cdot 2)^2 = (8 + 22)^2 = 8^2 + 22^2 = 64 + 484 = 548$

14. Berechne.

a)	**b)**	**c)**	**d)**
$4 \cdot 3^2$	$4^2 \cdot 3^1 \cdot 2$	$2 \cdot 3^2 + 9 \cdot 5$	$10^3 - 5 \cdot 10^2 + 8$
$5^3 \cdot 4$	$5^1 \cdot 3^3 \cdot 4$	$5^2 \cdot 3 - 5 \cdot 4$	$3 \cdot 7^2 - 4 \cdot 2^2$
$3 \cdot 2^4$	$1^8 \cdot 8^1$	$2^3 \cdot 2 + 4^2 \cdot 7$	$5 \cdot 2^3 \cdot 3 + 7 \cdot 2^4$
$5^2 \cdot 5$	$2^3 \cdot 3^2$	$3 \cdot 4^3 - 8^1 \cdot 5$	$4^3 - 4^2 + 4 \cdot 5$

15. Kontrolliere, ob Christians Ergebnisse richtig sind.

a)	b)	c)
$(3\cdot4)^2 = 140$	$(3+4)^2 = 14$	$(16-3\cdot4)^2 = 16$
$(5\cdot4)^4 = 10\,000$	$8\cdot(12-8)^3 = 512$	$5\cdot(2+3^2)-5\cdot3 = 40$
$2\cdot(3\cdot2)^2 = 108$	$(15+5)^1\cdot4^2 = 320$	$(5^1\cdot2+10)^2-10^2 = 300$
$2^3\cdot(2\cdot3) = 48$	$(30-4\cdot7)^5 = 64$	$4^3+(5\cdot13-4^3)^7 = 65$

16. Beim Quiz „Schaffen Sie die Million?" erhält ein Kandidat 50 € für die erste richtig beantwortete Frage. Für jede weitere richtig beantwortete Frage vervierfacht sich sein Gewinn. Bei der ersten falschen Antwort verliert der Kandidat die Hälfte des bisherigen Gewinns und scheidet aus.

a) Wie viel Geld hat ein Kandidat nach vier richtigen Antworten?

b) Wie viele richtige Antworten muss er geben, um auf mehr als 50 000 € zu kommen?

c) Wie viele richtige Antworten muss er geben, um Millionär zu werden?

17. Schreibe als Potenz von 10.

a) hundert b) zehntausend c) eine Million d) eine Milliarde e) 10 Billionen

18. Die Erde ist vor $5\cdot10^9$ Jahren entstanden, die Lebewesen später. Schreibe die folgenden Zeitangaben ohne Potenzen.

Bakterien	Fische	Insekten	Saurier	Blütenpflanzen	Mensch
$6\cdot10^8$ Jahre	$45\cdot10^7$ Jahre	$4\cdot10^8$ Jahre	$2\cdot10^8$ Jahre	$7\cdot10^7$ Jahre	10^5 Jahre

19. Wandle die großen Zahlen in Zehnerpotenzen um.

a) Der Mensch verliert im Jahr 35 000 Haare.

b) Das Herz schlägt 42 000 000-mal im Jahr und pumpt 2 500 000 Liter Blut durch die Adern.

c) Von unseren 100 000 000 000 Gehirnzellen sterben jährlich 36 500 000 ab.

d) Durch das Atmen strömen jährlich 7 000 000 Liter Luft durch die Lungen.

20. Sucht in Zeitungen und Zeitschriften Zahlenangaben für große Zahlen, die mithilfe von Zehnerpotenzen geschrieben werden können. Findet ihr auch Angaben, die mit Zehnerpotenzen notiert sind? Gestaltet ein Plakat mit euren Suchergebnissen.

2.7 Geschicktes Bestimmen von Anzahlen – Zählprinzip

Einstieg

Ein Fahrradgeschäft wirbt mit der nebenstehenden Anzeige.
Unter wie vielen verschiedenen Ausführungen kann Christiana wählen?

Einführung

Allgemeines Zählprinzip
Janina steht vor dem Getränkeautomaten und wählt gesüßten Tee. Sie meint, dass es viele Möglichkeiten der Getränkewahl gibt.
Alexander findet die Anzahl schnell heraus:
„Du hast 3 Möglichkeiten ein Getränk zu wählen. Bei jedem der 3 Getränke kannst du dich für süß oder pur entscheiden, also *jeweils* zwischen 2 Möglichkeiten. Du erhältst insgesamt $3 \cdot 2$, also 6 Möglichkeiten."

Die verschiedenen Möglichkeiten kann man übersichtlich in einem *Baumdiagramm* darstellen. Zu jeder Entscheidungsmöglichkeit gehört eine Verzweigung im Baumdiagramm. Jeder der 6 Wege gehört zu einer der 6 Möglichkeiten.

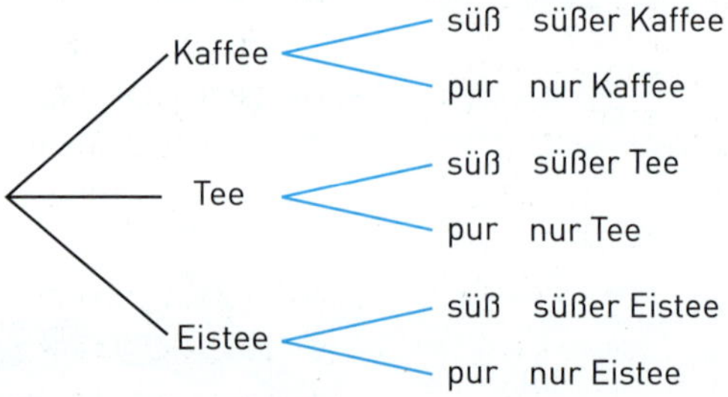

Information

Baumdiagramm – Allgemeines Zählprinzip
In der Einführung gab es bei jedem der drei möglichen Getränke zwei weitere Möglichkeiten: süß oder pur.

Das Kombinieren verschiedener Möglichkeiten kann man übersichtlich in einem Baumdiagramm darstellen.
Man erkennt dann, dass man die Anzahl der Möglichkeiten bei den einzelnen Auswahlen miteinander multiplizieren muss, um die Gesamtanzahl aller Kombinationen zu erhalten.

Beispiel:

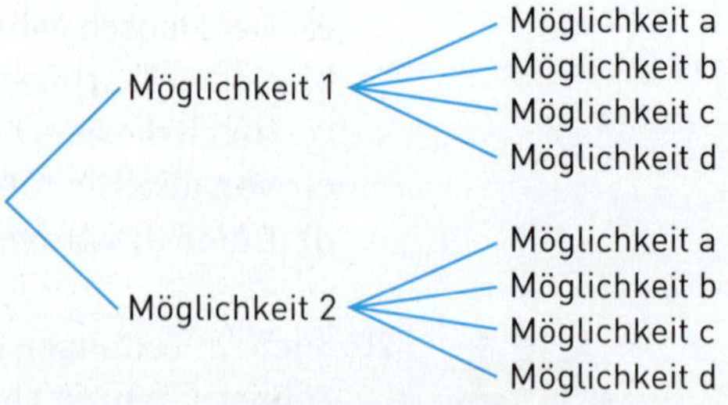

$2 \cdot 4$ Kombinationen

Aufgabe 1

Anwenden des allgemeinen Zählprinzips

Für eine Flagge aus drei Streifen stehen fünf unterschiedliche Farben zur Verfügung.
Wie viele Gestaltungsmöglichkeiten gibt es, wenn

a) alle Streifen unterschiedlich gefärbt sind;
b) die beiden äußeren Streifen dieselbe Farbe besitzen?

Lösung

a) Näht man die Flagge von links nach rechts zusammen, so kann man für den linken Streifen aus fünf Farben eine beliebige Farbe wählen. Für den mittleren Streifen bleiben vier Farben zur Auswahl, für den rechten Streifen nur noch drei Farben übrig.
Ergebnis: Insgesamt sind es $5 \cdot 4 \cdot 3 = 60$ Gestaltungsmöglichkeiten.

b) Für den linken Streifen gibt es fünf Möglichkeiten, für den mittleren vier. Da der rechte Streifen dieselbe Farbe haben soll wie der linke Streifen, gibt es nur eine Möglichkeit.
Ergebnis: Insgesamt sind es $5 \cdot 4 \cdot 1 = 20$ Gestaltungsmöglichkeiten.

Übungsaufgaben

2. In einer Radtourenkarte sind drei Wege von Lisas Standort nach Unterstein und vier Wege von Unterstein nach Oberstein eingezeichnet.
Wie viele Möglichkeiten hat Lisa, um über Unterstein nach Oberstein zu fahren?

3. a) Aus wie vielen Möglichkeiten kann Fabian ein Menü aus Salat, Pizza und Eis zusammenstellen?
b) Wie viel muss er für das billigste [teuerste] Menü bezahlen?
c) Eine kleine Portion Eis besteht aus drei Kugeln. Es gibt die Sorten Vanille, Schoko, Erdbeer, Himbeer und Zitrone.
Wie viele Zusammenstellungen für kleine Portionen gibt es, wenn alle Kugeln verschieden sein sollen?

4. Bei einem Zahlenschloss lassen sich an jeder der vier Positionen die Ziffern 0, 1, …, 9 einstellen.
Wie viele verschiedene Einstellungsmöglichkeiten für das Zahlenschloss gibt es, wenn man keine Ziffer doppelt verwenden will?

5. Bei einem Spiel sind 10 Tierbilder in je vier Teile (Kopf, Hals, Rumpf, Beine) zerlegt. Man kann daraus verschiedene lustige Tiere zusammensetzen.

a) Wie viele verschiedene Tiere kann man insgesamt zusammenstellen?
b) Drei der zehn Tiere sind Vögel.
Wie viele verschiedene Möglichkeiten gibt es, Vögel zusammenzustellen?
c) Wie viele verschiedene Möglichkeiten gibt es, ein Tier mit einem Vogelkopf, aber mit Beinen, die nicht zu einem Vogel gehören, zusammenzustellen?

6. Beim Werfen einer Münze kann entweder Zahl (Z) oder Wappen (W) oben liegen. Eine Münze wird dreimal hintereinander geworfen.

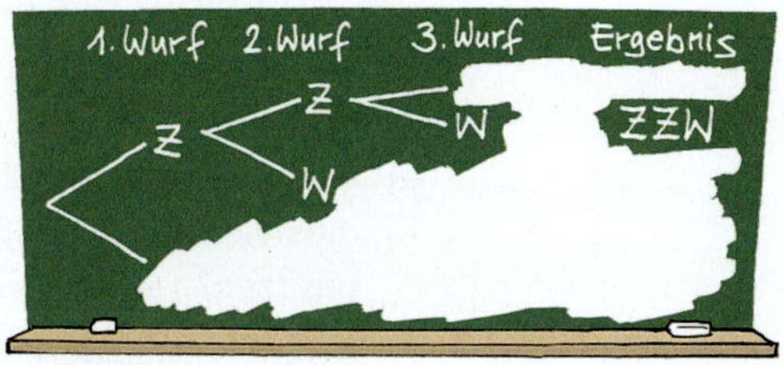

a) Ergänze das nebenstehende Baumdiagramm.

b) Das Gesamtergebnis einer dreimal hintereinander geworfenen Münze haben wir im Baumdiagramm durch ZZW angegeben. Was bedeutet ZZW? Wie unterscheidet sich ZWZ von ZZW?

c) Wie viele verschiedene Ergebnisse für den dreimaligen Münzwurf gibt es?

Tetraeder (lat.) Vierflächner

7. Ein Tetraederwürfel mit den Zahlen 1 bis 4 wird zweimal hintereinander geworfen. Es wird jeweils die geworfene Zahl notiert.

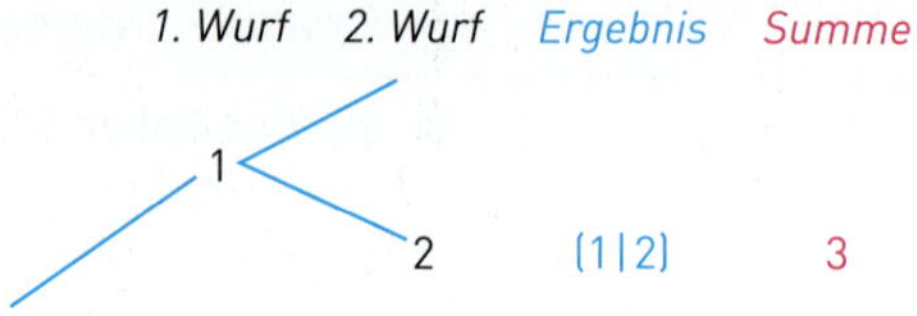

a) Die Ergebnisse schreibt man als Zahlenpaare:
(4|3) bedeutet: erstes Ergebnis ist eine 4, zweites Ergebnis ist eine 3.
Wie viele solcher Ergebnisse gibt es?

b) Zeichne ein Baumdiagramm. Notiere neben jedem Ergebnis die Summe der beiden Zahlen. Welche Summenwerte sind möglich?

c) Welche Ergebnisse führen zu denselben Summenwerten? Lege eine Tabelle an.

8. Ohne zu schauen nimmt Michael nacheinander zwei Murmeln aus dem Beutel links.

a) Wie viele unterschiedliche Farbkombinationen gibt es?

b) In wie vielen Fällen dieser Farbkombinationen haben die Murmeln die gleiche Farbe?

9. Eine Fußballjugend hat 2 Jungen, die als Torwart geeignet sind, 4 Spieler für die Abwehr, 6 für das Mittelfeld und 4 für den Sturm. Es soll eine Mannschaft mit der abgebildeten Aufstellung zusammengestellt werden. Wie viele verschiedene Möglichkeiten gibt es?

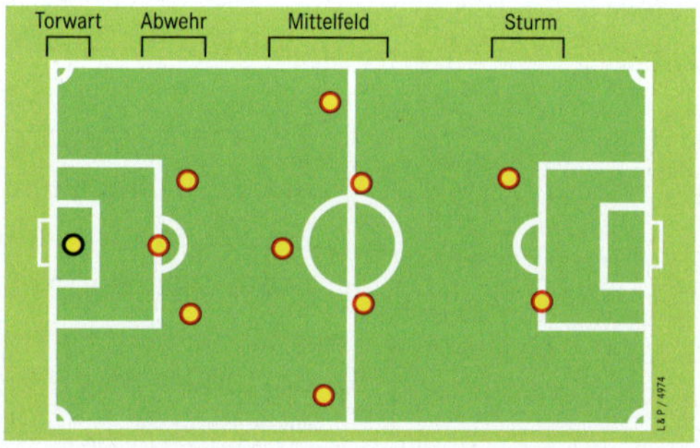

10. Nimm an, du hast 2 blaue und 3 gelbe Bausteine. Wie viele Möglichkeiten gibt es, damit einen 4 Steine hohen Turm zu bauen?

Das kann ich noch!

A) Die Schülerinnen und Schüler aller 5. Klassen wurden nach ihrer Lieblingsfarbe befragt.

1) Was kannst du dem Diagramm „auf einen Blick“ entnehmen?

2) Übertrage die Ergebnisse in eine Tabelle.

3) Wie viele Schülerinnen und Schüler wurden befragt?

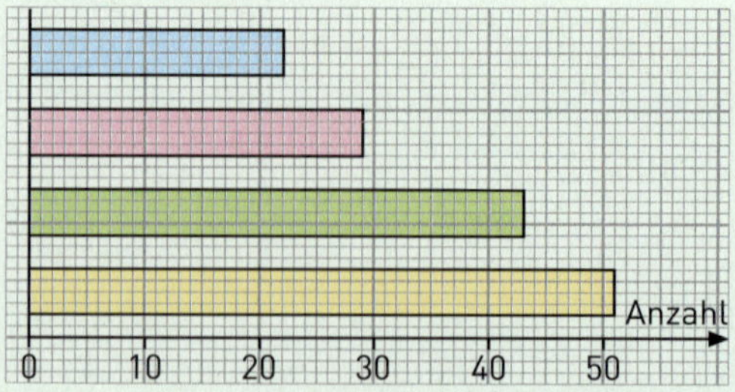

Schätzen und Überschlagen

Ganz genau? – Nicht immer nötig!

1. a) Schätze
(1) die Höhe des Turmes;

(2) das Alter der Menschen auf dem Foto;

(3) die Anzahl der Pinguine;

(4) die Anzahl der Menschen.

b) Beschreibe, wie du jeweils vorgegangen bist.

Oftmals kann man eine Größe oder Anzahl nicht genau bestimmen, oder es ist gar nicht nötig, ihren genauen Wert zu kennen. Dann kann man schätzen. Dazu gibt es mehrere Möglichkeiten:

Beim Schätzen einer Größe (z. B. Länge, Gewicht oder Zeitspanne) vergleicht man die gesuchte Größe mit einem bekannten Wert.

Beispiel:
Der Brief wiegt ungefähr so viel wie zwei Pakete Butter, also 500 g.

Beim Schätzen einer Anzahl von Gegenständen kann man das Ganze in gleich große Teile einteilen. Dann zählt man nur einen dieser Teile aus und vervielfacht anschließend.

Beispiel:
Auf der Fensterscheibe sind ungefähr $16 \cdot 25$, also 400 Wassertropfen.

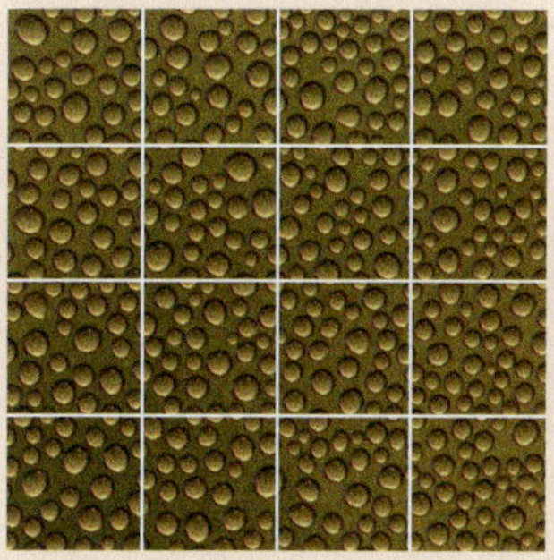

2. a) Überschlage:

(1) Reichen 10 € aus, um zwei Tafeln Schokolade zu 0,98 €, eine Tüte Kartoffelchips zu 1,48 €, drei Flaschen Cola zu 1,69 € und 2 Päckchen Kaugummi zu 0,69 € zu kaufen?

(2) Auf der Autobahn beträgt die Richtgeschwindigkeit 130 $\frac{km}{h}$. Hamburg und München sind 800 km voneinander entfernt. Welche Zeit sollte man für eine Autobahnfahrt von Hamburg nach München einplanen?

(3) Bist du schon eine Million Stunden alt?

b) Erläutere folgende Zusammenfassung an eigenen Beispielen.

> Manchmal ist es nicht nötig, das Ergebnis einer Rechnung genau zu bestimmen, da man nur den ungefähren Wert wissen möchte. Dann kann man einen Überschlag durchführen. Dazu ändert man die Zahlen vor der Rechnung so ab, dass man bequem mit ihnen im Kopf rechnen kann.
>
> *Beispiel:* $3981 \cdot 21 \approx 4000 \cdot 20 = 80000$ ← Ungefähr richtig
>
> Zu groß (4000) · Zu klein (20)

3. Jessica und Sebastian möchten wissen, wie viele Buchstaben man wohl benötigt, um das Buch „Jim Knopf und Lukas der Lokomotivführer“ von Michael Ende zu drucken: „Hunderttausend oder vielleicht sogar eine Million?“. Der Text des Buches beginnt auf Seite 3 und endet auf Seite 252. Unten siehst du einen kleinen Ausschnitt der Seite 79.

> Den ganzen Vormittag über herrschte in der kaiserlichen Bibliothek die größte Aufregung. Die Bibliothek bestand aus siebenmillionendreihundertundneunundachtzigtausendfünfhundertundzwei Büchern. Sämtliche gelehrten Männer Mandalas waren damit beschäftigt, alle diese Bücher in höchster Eile durchzulesen. Sie hatten nämlich den Auftrag, schnellstens herauszufinden, was die Bewohner der Insel Lummerland am liebsten zu Mittag essen und wie man es kocht.

4. a) Berechne nicht genau; überschlage, zwischen welchen Zahlen das Ergebnis liegt.

(1) $4637 + 74589$ (2) $21345 - 5978$ (3) $453 \cdot 337$ (4) $8395 : 73$

b) Betrachte noch einmal die Beispiele aus Teilaufgabe a): Erläutere, wie du jeweils die Zahlen abändern musst, um einen zu kleinen Wert [zu großen Wert] für das Ergebnis zu erhalten.

5. Christine und Florian wohnen an einer stark befahrenen Straße. Vom Fenster ihrer Wohnung aus können sie die vorbeifahrenden Autos zählen. An einem Werktag zählen sie
in der Zeit zwischen 14.10 Uhr und 14.30 Uhr insgesamt 336 Autos;
in der Zeit zwischen 16.20 Uhr und 16.35 Uhr insgesamt 281 Autos;
in der Zeit zwischen 19.20 Uhr und 19.50 Uhr insgesamt 147 Autos.

a) Woher kommt es, dass die Ergebnisse so unterschiedlich sind?

b) Schätze, wie viele Autos vorbeifahren, und zwar in der Zeit zwischen

(1) 14 Uhr und 15 Uhr; (2) 16 Uhr und 17 Uhr; (3) 19 Uhr und 20 Uhr.

c) Wie sinnvoll ist es, aus den Zahlenwerten aus Teilaufgabe b) auf die Anzahl der in 24 Stunden vorbeifahrenden Autos zu schließen? Was käme wohl heraus?

d) In der Zeitung stand: Pro Tag fahren 17 352 Autos vorbei. Ist diese Angabe sinnvoll?

6. Überschlagt, wie viele Schüler und Schülerinnen eure Schule hat. Erkundigt euch anschließend nach dem genauen Wert.

2.8 Variable und Gleichungen

2.8.1 Aufstellen von Termen

Einstieg

Elena hat ein Handy, für das eine monatliche Grundgebühr von 6 € zu zahlen ist. Sie versendet selber nur SMS, weil das günstiger als das Telefonieren ist: jede SMS kostet 9 Cent.
In der Tabelle seht ihr du, wie viele SMS Elena verschickt hat.
Berechnet die monatlichen Handykosten in Cent.
Notiert einen Rechenweg allgemein.

Monat	Januar	Februar	März	April	Mai	Juni
Anzahl der SMS	10	30	15	27	32	45

Einführung

Marie, Sarah, Leon, Mark, Kristin und Frank arbeiten bei der Aufführung eines Theaterstücks mit.
Sie erhalten für das Einstudieren des Stücks 50 € und dann pro Aufführung 12 €. Die Tabelle zeigt die Anzahl der Aufführungen. Nicht bei jeder Aufführung spielen alle Kinder mit:

Name	Marie	Sarah	Leon	Mark	Kristin	Frank
Anzahl der Aufführungen	20	9	15	12	23	27

Wir wollen eine *Formel* aufstellen, mit der man aus der Anzahl der Aufführungen den Geldbetrag für ein Kind errechnen kann. Mit den folgenden Fragen kann man die Formel leichter finden.

(1) Wie sehen Beispiele für die Berechnungen aus?
Maries Geldbetrag (in €): $50 + 12 \cdot 20 = 290$
Sarahs Geldbetrag (in €): $50 + 12 \cdot 9 = 158$

(2) Was ändert sich, was nicht?
Es ändert sich die Anzahl der Aufführungen und damit der Betrag für diese. Gleich bleibt aber der Grundbetrag von 50 € für das Einstudieren des Stücks sowie die Bezahlug von 12 € pro Aufführung.

(3) Wie kann man die Berechnung allgemein ausdrücken?
Bezeichnet man die Anzahl der Aufführungen kurz mit Anzahl, so lautet die Berechnungsvorschrift: $50 + 12 \cdot$ Anzahl.
Dabei verwenden wir hier nur die Maßzahlen der Größen, also 50 statt 50 € und 12 statt 12 €, damit die Vorschrift knapp und übersichtlich bleibt. Mit dieser Vorschrift lassen sich schnell alle Geldbeträge berechnen (siehe Tabelle rechts).

Kind	Anzahl der Aufführungen	Ausgezahltes Geld (in €): *50 + 12 · Anzahl*
Marie	20	$50 + 12 \cdot 20 = 290$
Sarah	9	$50 + 12 \cdot 9 = 158$
Leon	15	$50 + 12 \cdot 15 = 230$
Mark	12	$50 + 12 \cdot 12 = 194$
Kristin	23	$50 + 12 \cdot 23 = 326$
Frank	27	$50 + 12 \cdot 27 = 374$

Information

Variable und Terme

Anstelle eines Wortes wie *Anzahl* verwendet man in der Mathematik auch Zeichen wie ■, ▲, ● oder Buchstaben wie a, x, y, …
Dann schreibt man anstelle von *50 + 12 · Anzahl*
kürzer $50 + 12 \cdot$ ■
oder $50 + 12 \cdot x$

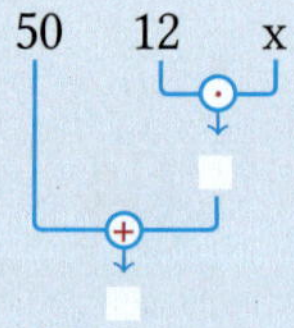

Rechenbaum

Variable (lat.) veränderliche Größe

Ein solches Zeichen ist ein Platzhalter; in der Mathematik nennt man Platzhalter auch **Variable**. Variable halten den Platz frei, z. B. für Zahlen, die eingesetzt werden können.
Auch eine Rechenvorschrift mit einer Variablen wie $50 + 12 \cdot x$ bezeichnet man als **Term**.
Terme mit Variablen kann man erst berechnen, wenn man für die Variable eine Zahl einsetzt.

Folgendes Vorgehen zum Aufstellen von Termen ist günstig:

Schritte zum Aufstellen eines Terms
1. Schritt: Wie sehen Beispiele für die Berechnung aus?
2. Schritt: Was ändert sich, was nicht?
3. Schritt: Wie kann man die Berechnung mit Variablen ausdrücken?

Übungsaufgaben

1. Schreibe zu jeder Aufgabe einen Term mit Platzhalter (Variable). Überlege, wofür der Platzhalter zu setzen ist. Lege eine Tabelle an und fülle sie aus.

a) Eine Autowerkstatt beschäftigt 5 Kraftfahrzeug-Mechaniker. Jeder erhält einen Stundenlohn von 11 €. Im Monat Juli wird außerdem für jeden ein Urlaubsgeld von 350 € ausbezahlt. Die Mechaniker haben unterschiedlich viele Stunden im Juli gearbeitet.

Name	Jahn	Lange	Schulz	Thon	Scholl
Stunden	64	76	48	82	114

b) Ein Bauunternehmen beschäftigt Arbeiter zu unterschiedlichen Stundenlöhnen. Alle Arbeiter arbeiten 38 Stunden pro Woche. Außerdem hat jeder 4 Überstunden für einen Sonderauftrag geleistet. Für jede Überstunde wird der Stundenlohn um 3 € erhöht. Berechne den Wochenlohn für jeden Arbeiter.

Maurermeister	Geselle	Handlanger	Aushilfe (z. B. Schüler)
13 €	9 €	8 €	6 €

2. Fülle die Tabellen aus.

a)

x	x : 6	x : 6 · 12
72	12	144
90		
102		
114		

b)

x	x · 5	x · 5 + 3
8	40	43
9		
12		
34		

c)

x	12 · x	12 · x : 4	12 · x : 4 − 9
7			
12			
20			
35			

3. Wähle für x nacheinander die Zahlen 8, 15, 36, 47. Berechne den Term.
Lege eine Tabelle an. Beim schrittweisen Berechnen hilft dir der Rechenbaum.

a) $x \cdot 4 + 50$ b) $200 - x - 35$ c) $9 \cdot x - 65$ d) $7985 + 246 \cdot x$

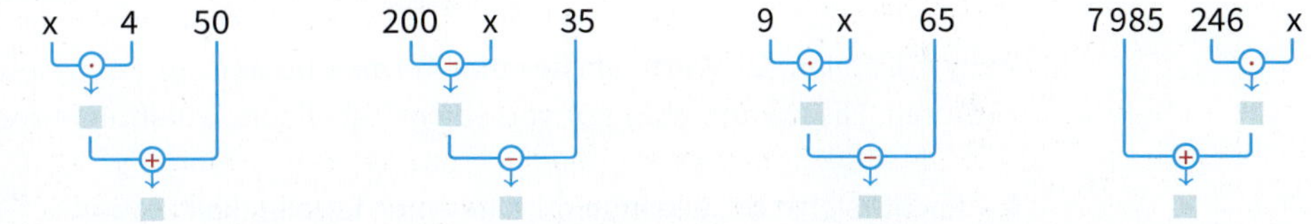

4. Notiere den passenden Term. Berechne dann den Term für folgende Einsetzungen: 16, 32, 40.

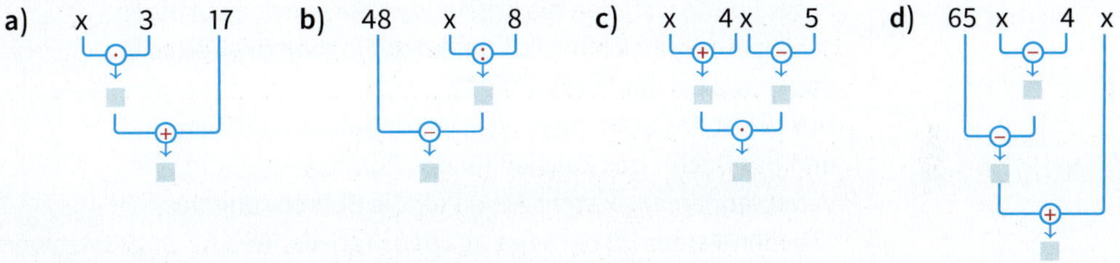

5. Berechne den Term für die angegebenen Einsetzungen.

a)

x	180 − (x + 46)
35	
52	
67	

b)

x	(x + 15) : 5
5	
25	
45	

c)

x	(x − 18) : 6
24	
48	
60	

d)

x	5 · (x − 26) + 18
36	
42	
71	

6. Lege eine Tabelle an. Setze für x nacheinander die Zahlen 12, 24, 36, 84, 108 ein und berechne dann jeweils den Term. Zeichne auch einen Rechenbaum.

a) $x \cdot 6 + 237$
b) $435 + x \cdot 7$
c) $937 - (x + 436)$
d) $x \cdot (3 + 4) - 17$
e) $x \cdot 5 - x + 5$
f) $x : 4 + x \cdot 4$
g) $(x + 4) \cdot (x - 4)$
h) $(x \cdot 8 - x \cdot 5) - x \cdot 2$
i) $[(x + 6) + (x - 12)] - x : 4$

7. Gib den Term an. Setze für x nacheinander die Zahlen 222, 233, 444, 999 und 143 ein und berechne dann jeweils den Term.

a) Subtrahiere von der Summe aus x und 95 die Zahl 17.
b) Subtrahiere 227 von dem Produkt von x und 43.
c) Addiere zu 348 den Quotienten der Zahlen von x und 11.
d) Addiere zur Summe von x und 58 die Zahl 259.
e) Multipliziere x mit der Differenz von x und 18.

> *Wortform:* Multipliziere x mit der Summe von 84 und y.
> *Term:* $x \cdot (84 + y)$

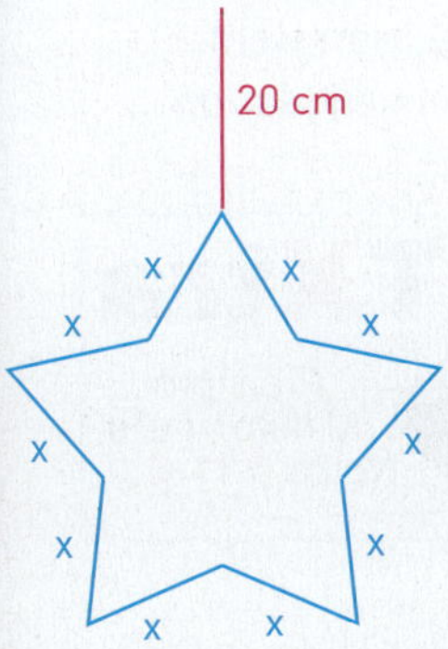

8. Sophie will einen Fensterschmuck basteln. Dazu braucht sie die Gesamtlänge des Drahtes. Sie weiß aber noch nicht, wie groß sie den Schmuck machen soll und probiert verschiedene Möglichkeiten durch.
Stelle einen Term für die gesamte Drahtlänge auf. Berechne den Term für $x = 10$ $[x = 7]$.

TAB

Tabellenkalkulation und Terme

Zum Aufstellen der Wertetabelle eines Terms sind in jeder Zeile gleichartige Rechnungen durchzuführen. Diese kann man gut von einem Tabellenkalkulations-Programm erledigen lassen.

1. Rechts siehst du, wie man mithilfe einer Tabellenkalkulation eine Wertetabelle für den Term $3 \cdot x^2$ erstellen kann.
In der Spalte A stehen unter der Überschrift x ab der 2. Zeile die Werte, die eingesetzt werden sollen.
In der Spalte B stehen die Ergebnisse. Sie wurden auf einen Schlag automatisch berechnet durch Eingabe des Terms für das Feld B2 in der Form 3 * A2^2.
Hierbei ist das Sternchen * das Multiplikationszeichen und das Dach ^ das Zeichen für das Potenzieren. Statt des Variablennamens x steht A2, da für die Berechnung des Tabellen-Feldes B2 der Wert aus dem Tabellenfeld A2 eingesetzt werden muss.
Beachte, dass die Eingabe mit einem Gleichheitszeichen beginnt.
Ziehst du mit der Maus den quadratischen Eckpunkt des dick umrandeten Feldes B2 herunter bis zum Tabellenende, so berechnet das Programm automatisch den Wert des Feldes für B3 als 3 * A3^2, den für B4 als 3 * A4^2 usw.

B2 | =3*A2^2

	A	B
1	x	3*x^2
2	1	3
3	2	12
4	3	27
5	4	48
6	5	
7	6	
8	7	
9	8	
10	9	

a) Probiere das mit deinem Tabellenkalkulations-Programm aus.
b) Denke dir Terme aus; erstelle für sie mithilfe einer Tabellenkalkulation eine Wertetabelle.

2. Lisas Vater beschäftigt 5 Maurer.
Jeder erhält einen Stundenlohn von 16 €, außerdem pro Woche eine Zulage von 85 €.
Die Maurer haben in dieser Woche unterschiedlich viele Stunden gearbeitet:
Herr Meier 40, Herr Sorge 32, Herr Abt 39, Herr Held 28 und Herr Lang 34 Stunden.
a) Berechne für jeden Maurer den Wochenlohn. Lege dazu eine Tabelle an.
b) Lisas Vater arbeitet mit einer Tabellenkalkulation. Erstelle das abgebildete Rechenblatt mit deiner Tabellenkalkulation.
c) In der folgenden Woche haben Herr Meier 38, Herr Sorge 37, Herr Abt 41, Herr Held 29, Herr Lang 33 Stunden gearbeitet. Berechne die Löhne mit einer Tabellenkalkulation.

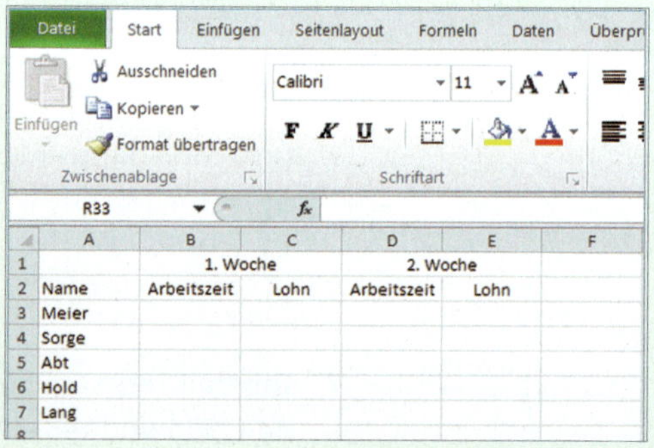

	A	B	C	D	E	F
1		1. Woche		2. Woche		
2	Name	Arbeitszeit	Lohn	Arbeitszeit	Lohn	
3	Meier					
4	Sorge					
5	Abt					
6	Hold					
7	Lang					

3. Lucas möchte mithilfe einer Tabellenkalkulation eine Wertetabelle erstellen, aus der er sofort entnehmen kann, welche monatlichen Handy-Kosten anfallen.
Erstelle diese Tabelle für monatliche Gesprächsdauern von 0 min bis 120 min.

2.8.2 Lösen einer Gleichung durch systematisches Probieren

Einstieg

Fatima stellt gerne Zahlenrätsel.
Welche Zahl könnte sie sich gedacht haben?
Gibt es mehrere Möglichkeiten?

Aufgabe 1

Wahre und falsche Aussagen – Variable
Tiana und Lukas würfeln abwechselnd mit einem Spielwürfel.
Die Lehrerin hat die folgende Spielregel festgelegt:
Multipliziere die Augenzahl mit sich selbst und addiere 10.
Ist das Ergebnis genau so groß wie das Siebenfache der Augenzahl, so hast du gewonnen, sonst verloren.
Bei welchen Augenzahlen gewinnt man, bei welchen verliert man?
Lege eine Tabelle an.

Lösung

Augenzahl	Augenzahl mal Augenzahl	dazu 10 addiert	Siebenfaches der Augenzahl	Sind die Ergebnisse gleich?
x	$x \cdot x$	$x \cdot x + 10$	$7 \cdot x$	$x \cdot x + 10 \stackrel{?}{=} 7 \cdot x$
1	$1 \cdot 1$	$1 \cdot 1 + 10$	$7 \cdot 1$	nein
2	$2 \cdot 2$	$2 \cdot 2 + 10$	$7 \cdot 2$	ja
3	$3 \cdot 3$	$3 \cdot 3 + 10$	$7 \cdot 3$	nein
4	$4 \cdot 4$	$4 \cdot 4 + 10$	$7 \cdot 4$	nein
5	$5 \cdot 5$	$5 \cdot 5 + 10$	$7 \cdot 5$	ja
6	$6 \cdot 6$	$6 \cdot 6 + 10$	$7 \cdot 6$	nein

Ergebnis: Bei den Augenzahlen 2 und 5 gewinnt man, bei den Augenzahlen 1, 3, 4 und 6 verliert man.

Information

(1) Gleichung
In Aufgabe 1 waren die Gewinnzahlen x festgelegt durch die Bedingung: $x \cdot x + 10 = 7 \cdot x$
Man bezeichnet eine solche Bedingung als **Gleichung**. Gesucht sind dann alle Zahlen, die man für x einsetzen darf, sodass eine wahre Aussage entsteht.

(2) Lösung einer Gleichung
Auch $y \cdot 6 = 42$ ist eine Gleichung. Setzt man 7 für die Variable y ein, so erhält man eine *wahre Aussage*: $7 \cdot 6 = 42$. Man sagt dafür: 7 ist eine *Lösung* dieser Gleichung.
Die Zahl 8 ist *nicht* Lösung der Gleichung $y \cdot 6 = 42$, denn man erhält bei der Einsetzung von 8 für y eine *falsche* Aussage: $8 \cdot 6 = 42$.

(3) Lösungsmenge

Die Gleichung $7 + x \cdot x = 8 \cdot x$ aus Aufgabe 2 besitzt die Lösungen 1 und 7. Man fasst die Lösungen zu einer Menge zusammen und nennt sie die Lösungsmenge L. Mit geschweiften Klammern schreibt man dann $L = \{1, 7\}$.
Die Gleichung $y \cdot 6 = 42$ besitzt nur eine Lösung, nämlich 7. Auch in diesem Falle schreibt man eine Lösungsmenge $L = \{7\}$. In der Mathematik kann eine Menge auch nur eine Zahl enthalten.
Die Gleichung $5 \cdot z = 24$ hat in der Grundmenge $\mathbb{N}$ keine Lösung; die Lösungsmenge ist leer: $L = \{\}$

Eine Zahl, die beim Einsetzen in eine Gleichung eine wahre Aussage ergibt, nennt man eine **Lösung** der Gleichung. Die Lösungen werden in der **Lösungsmenge** zusammengefasst. Diese Lösungsmenge kann kein, ein oder aber mehrere Elemente enthalten.
Die Menge, die kein Element enthält, heißt leer. Man spricht dann auch von der **leeren Menge** und schreibt dafür { }.

Übungsaufgaben

2. Marie und Lukas würfeln abwechselnd mit einem Spielwürfel. Marie hat sich für das Spiel eine Gewinnbedingung ausgedacht. Bestimme die Augenzahlen, bei denen man gewinnt.
a) $4 \cdot x - 2$ ist kleiner als 12.
b) $3 \cdot y + 4$ ist eine ungerade Zahl.
c) $3 \cdot z + 4$ ist eine Zahl zwischen 11 und 20.
d) $4 \cdot a - 3$ ist eine einstellige Zahl.
e) $4 \cdot b - 3$ lässt sich ohne Rest durch 2 teilen.
f) $2 \cdot c + 1$ lässt sich ohne Rest durch 3 teilen.

3. Jakob und Hanna würfeln mit zwei Spielwürfeln statt mit einem Würfel.
a) Welche Augensummen können vorkommen? Bei welchen Augensummen gewinnt man, bei welchen verliert man? Lege eine Tabelle an.
b) Gib die Bedingung für einen Gewinn möglichst kurz an.

Spielregel
Man gewinnt, wenn das Zwölffache der Augensumme genauso groß ist wie das Ergebnis, wenn man die Augensumme mit sich selbst multipliziert und 27 addiert.

4. Bestimme die Lösung der Gleichung. Setze dazu nur die Zahlen 3, 6, 9, 12, 15 für die Variable x ein.
a) $2 \cdot x = 3 \cdot x - 3$
b) $2 \cdot x + 6 = 3 \cdot x$
c) $2 \cdot x + 12 = 3 \cdot x - 3$
d) $4 \cdot x + 14 = 5 \cdot x + 5$
e) $6 \cdot x - 5 = 2 \cdot x + 38$
f) $x - 2 = 13$

5. Welche der Zahlen 2, 4, 6, 8, 10 sind Lösungen der Gleichung?
a) $x^2 = 10 \cdot x - 16$
b) $x^2 = 14 \cdot x - 40$
c) $x^2 = 12 \cdot x - 36$
d) $x^2 = 12 \cdot x - 20$
e) $x^2 = 8 \cdot x - 24$
f) $x^2 = 20x - 100$

6. Die Grundmenge der angegebenen Gleichung soll $G = \{0, 1, 2, 3, 4, 5, 6, 7, 8, 9, 10\}$ sein. Bestimme die Lösungsmenge durch systematische Probieren mithilfe einer Tabelle.
a) $x^2 = 6 \cdot x + 7$
b) $x^2 = 9 \cdot x$
c) $2 \cdot x + 5 = 15 + x$
d) $x = x + 1$
e) $2 \cdot x = 3 \cdot x$
f) $2 \cdot x + 24 = 3 \cdot x + 16$

2.8.3 Lösen einer Gleichung durch Rückwärtsrechnen

Einstieg

a) Welche Zahl hat Sarah sich gedacht? Erstellt dazu auch eine Gleichung.

b) Löst mit einer entsprechenden Überlegung die Gleichung $z:3+2=15$.

Aufgabe 1

Die Lösung einer Gleichung wie $4 \cdot x + 25 = 73$ muss man nicht durch Probieren bestimmen.
Man kann sie auch berechnen. Zu dieser Gleichung gehört das Pfeilbild rechts. Bestimme die Lösungsmenge mit dem Pfeilbild.

$$x \xrightarrow{\cdot 4} 4 \cdot x \xrightarrow{+25} 73$$

Lösung

Der Term $4 \cdot x + 25$ besagt, dass die Zahl für x zunächst mit 4 multipliziert wird und dann zu dem Ergebnis 25 addiert wird. Die beiden Rechenanweisungen $\cdot 4$ und $+25$ machen wir in umgekehrter Reihenfolge rückgängig:
-25 macht $+25$ rückgängig; $:4$ macht $\cdot 4$ rückgängig.
Die Gleichung $4 \cdot x + 25 = 73$ hat somit als Lösungsmenge: $L = \{12\}$

$$x \xrightarrow{\cdot 4} 4 \cdot x \xrightarrow{+25} 73$$
$$12 \xleftarrow[:4]{} 48 \xleftarrow[-25]{} 73$$

Übungsaufgaben

2. Bestimme jeweils die Lösungsmenge.

a) $2 \cdot x + 31 = 93$	**b)** $4 \cdot y + 78 = 190$	**c)** $x:2 + 23 = 38$	**d)** $x:11 + 47 = 109$
$3 \cdot x - 31 = 44$	$4 \cdot y - 58 = 222$	$x:6 - 13 = 37$	$x \cdot 11 - 47 = 109$
$4 \cdot x - 53 = 31$	$8 \cdot y - 47 = 401$	$y:5 - 18 = 42$	$y \cdot 13 + 85 = 345$
$5 \cdot x + 53 = 98$	$7 \cdot y + 83 = 300$	$z:3 + 26 = 59$	$y:13 - 85 = 345$

3. An welche Zahl wurde gedacht? Erstelle dazu auch eine Gleichung.

4. Bestimme erst die Lösungsmenge der Gleichung $90 \cdot x - 18 = 4662$.
Welche Lösungsmenge haben die Ungleichungen $90 \cdot x - 18 < 4662$ bzw. $90 \cdot x - 18 > 4662$?

5. Bestimme die Lösungsmenge der Ungleichung. Löse hierzu zunächst die Gleichung.

a) $3 \cdot x - 17 > 52$ **b)** $6 \cdot y + 57 < 99$ **c)** $9 \cdot y + 48 > 417$ **d)** $z:3 - 17 > 18$

2.9 Teiler und Vielfache

Einstieg

Spiel: Eins ist Spitze
Ihr benötigt drei Würfel. Der erste Spieler würfelt zunächst mit zwei Würfeln und bildet daraus eine zweistellige Zahl. Dann würfelt der zweite Spieler mit dem dritten Würfel. Lässt sich die zweistelli-ge Zahl durch die Augenzahl des dritten Würfels ohne Rest teilen, so erhält der zweite Spieler einen Punkt. Dann werden die Rollen getauscht. Wer zuerst 10 Punkte hat, ist Sieger. Überlegt anschließend gemeinsam, welche zweistelligen Zahlen günstig bzw. ungünstig sind.

Aufgabe 1

Teiler einer Zahl
Auf dem Klassenfest wurden von der Foto-AG 30 Fotos gemacht, die auf einer Plakatwand in der Klasse ausgestellt werden sollen. Um eine bessere Übersicht für Bestellwünsche zu haben, sollen die Fotos in gleich langen Reihen angeordnet werden.

a) Maria schlägt vor, in jeder Reihe 6 Fotos nebeneinander anzuordnen. Jan überlegt, ob man mit 7 Fotos nebeneinander die Plakatbreite besser ausnutzt. Was meinst du?

b) Welche Möglichkeiten gibt es überhaupt, die 30 Fotos in gleich langen Reihen einzukleben?

Lösung

a) *Marias Vorschlag:*
30 Fotos müssen auf 6er-Reihen aufgeteilt werden:
$30 : 6 = 5$
Also kann man 5 Reihen zu je 6 Fotos bilden.

Jans Vorschlag:
$30 : 7 = 4$ Rest 2
Aus 30 Fotos kann man 4 vollständige 7er-Reihen bilden.
Dann bleiben aber noch 2 Fotos übrig.
30 Fotos kann man nicht in gleich lange Reihen mit je 7 Fotos anordnen.

b) Die Anzahl 30 lässt sich nur in folgende Produkte zerlegen:
Zerlegungen und Anordnungen:

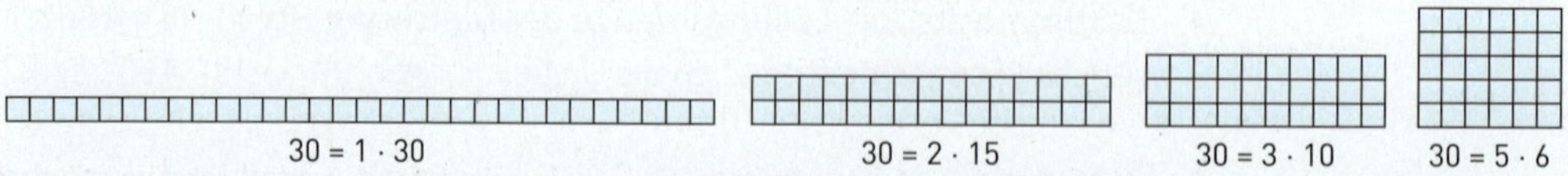

Neben diesen Anordnungen gibt es nur noch die, bei denen Breite und Höhe vertauscht wurden.

Information

(1) Teiler einer natürlichen Zahl

In der Aufgabe 1 hast du versucht, die Zahl 30 auf verschiedene Weisen als Produkt zweier Zahlen zu schreiben.
30 lässt sich als Produkt der Zahl 5 mit einem anderen Faktor schreiben: $30 = 5 \cdot 6$. Das liegt daran, dass sich 30 ohne Rest durch 5 teilen lässt.
30 lässt sich nicht als Produkt der Zahl 7 mit einem anderen Faktor schreiben. Das liegt daran, dass sich 30 nicht ohne Rest durch 7 teilen lässt: $30 : 7 = 4$ Rest 2.
Wir vereinbaren:

> Eine Zahl heißt **Teiler** einer anderen Zahl, wenn diese ohne Rest durch die Zahl dividiert werden kann.
> *Beispiele:*
> 4 ist Teiler von 32, denn $32 : 4 = 8$.
> Wir schreiben dafür: $4 \mid 32$
> 9 ist nicht Teiler von 32, denn $32 : 9 = 3$ Rest 5.
> Wir schreiben dafür: $9 \nmid 32$

(2) Strategie zur Bestimmung aller Teiler einer Zahl – Partnerteiler

Beispiel: Es sollen alle Teiler von 100 bestimmt werden. Hast du einen Teiler gefunden, zum Beispiel die 2, so kennst du eine Zerlegung der Zahl 100 als Produkt: $100 = 2 \cdot 50$.
Damit kennst du aber auch sofort noch einen weiteren Teiler der Zahl 100, nämlich die 50. Für die Zahl 100 sind 2 und 50 **Partnerteiler** zueinander.

$100 = 1 \cdot 100$
$100 = 2 \cdot 50$
$100 = 4 \cdot 25$
$100 = 5 \cdot 20$
$100 = 10 \cdot 10$

100	
1	100
2	50
4	25
5	20
10	10

Suchst du alle Teiler einer Zahl, so beginne mit der 1 und notiere gleich neben dem Teiler auch den zugehörigen Partnerteiler.
Ergebnis: Die Zahlen 1, 2, 4, 5, 10, 20, 25, 50 und 100 sind Teiler von 100.

Weiterführende Aufgaben

Vielfache einer Zahl

2. Eier gibt es in Packungen zu je 6 Stück. Wenn man solche Packungen kauft, hat man immer eine Anzahl Eier, die ein Vielfaches von 6 ist, z. B. das Einfache, Zweifache, das Dreifache, …
Notiere in einer Tabelle, wie viele Eier man kaufen kann, wenn man nur volle Packungen nehmen kann.

> Multipliziert man eine Zahl nacheinander mit 1, 2, 3, 4, … , so erhält man ihre **Vielfachen**.
> *Beispiel:* Die Vielfachen von 7 sind 7, 14, 21, 28, …
> *Beachte:* Jede Zahl hat unendlich viele Vielfache.

Zusammenhang zwischen „ist Teiler von“ und „ist Vielfaches von“

3. Einerseits kann man sagen:
5 ist Teiler von 30;
andererseits kann man sagen:
30 ist Vielfaches von 5.
Erläutere allgemein:

> Wenn die Zahl b ein Teiler der Zahl a ist, dann ist a ein Vielfaches von b.

Übungsaufgaben

4. Schreibe ab und setze das richtige Zeichen ein: | oder ∤

a) 4 ▢ 36; 5 ▢ 56; 20 ▢ 20 **b)** 6 ▢ 76; 7 ▢ 29; 5 ▢ 75 **c)** 8 ▢ 98; 6 ▢ 126; 11 ▢ 111 **d)** 12 ▢ 60; 14 ▢ 96; 10 ▢ 133 **e)** 1 ▢ 13; 8 ▢ 58; 13 ▢ 260

27	
1	27
3	9

5. Bestimme mithilfe der Partnerteiler alle Teiler der angegebenen Zahl.

a) 35 **b)** 22 **c)** 34 **d)** 32 **e)** 44

6. Bestimme alle Teiler der Zahl wie in Aufgabe 5.

a) 10; 28 **b)** 13; 30 **c)** 16; 22 **d)** 21; 18 **e)** 15; 23 **f)** 25; 70 **g)** 56; 96

7. Hier wurden Fehler gemacht. Schreibe die richtigen Teiler ins Heft.

a) 32 hat die Teiler 1, 2, 3, 4, 5, 6, 8, 12, 16, 32.
b) 48 hat die Teiler 1, 2, 3, 4, 6, 8, 10, 12, 16, 18, 24, 48.
c) 31 hat die Teiler 1, 2, 3, 13, 31.
d) 46 hat die Teiler 1, 2, 3, 4, 16, 23, 26, 46.

8. Das große Rad wird einmal gedreht. Kommt dann der markierte Zahn wieder in die markierte Lücke? Begründe.

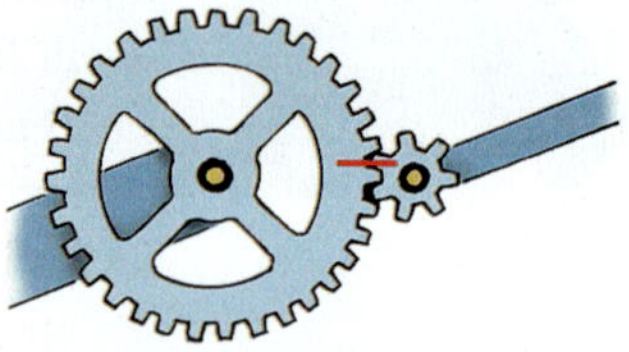

9. Prüfe folgende Aussagen: **a)** 0|2 **b)** 2|0 **c)** 0|0

10. Bestimme zwei Zahlen, die die folgenden Teiler haben:

a) 2 und 3 **b)** 3 und 9 **c)** 3, 5 und 10 **d)** 2, 3, 4 und 5

11. Mini-Tafeln Schokolade gibt es in Packungen zu je 9 Stück. Wie viele Mini-Tafeln kann man jeweils nur kaufen?

12. Richtig oder falsch?

25 ist Vielfaches von 5,	*65 ist Vielfaches von 8,*	*9 ist Vielfaches von 9*
42 ist Vielfaches von 66,	*81 ist Vielfaches von 1,*	*50 ist Vielfaches von 7*
5 ist Vielfaches von 25,	*88 ist nicht Vielfaches von 11,*	*168 ist nicht Vielfaches von 14*

13. Notiere nacheinander alle Vielfachen der Zahl 4 zwischen folgenden Zahlen:

a) 30, ..., 50 **b)** 55, ..., 85 **c)** 95, ..., 135 **d)** 485, ..., 535

14. Auf jeder Karte stehen einige Vielfache einer Zahl.
Welche Zahlen könnten es sein?

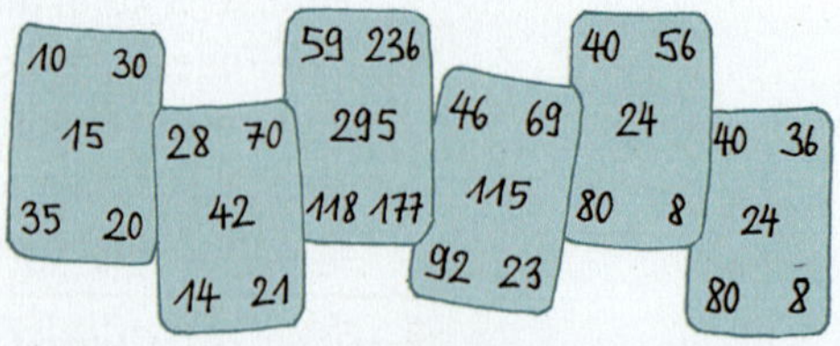

15. Beim normalen Gehen beträgt Jans Schrittweite 65 cm. Welche Entfernung kann Jan so mit 1 Schritt, mit 2, 3, 4, ..., 10 Schritten zurücklegen?

2.10 Teilbarkeitsregeln

2.10.1 Endstellenregeln

Einstieg

Überlegt, welche Ziffern ihr anstelle der Leerstelle setzen könnt, damit die Zahl teilbar ist
(1) durch 2; **(2)** durch 5; **(3)** durch 10.
Formuliert jeweils eine Regel.

Aufgabe 1

Teilbarkeit durch 2, 5 und 10
Untersuche, wie man einer Zahl ansehen kann, ob sie
a) durch 10; **b)** durch 5; **c)** durch 2 teilbar ist.

Lösung

a) Multipliziert man eine Zahl mit 10, zum Beispiel $7 \cdot 10 = 70$, so endet das Ergebnis auf 0.
Alle Zahlen, deren letzte Ziffer eine Null ist, sind durch 10 teilbar.

b) Multipliziert man eine Zahl mit 5, so endet das Ergebnis auf 5 oder 0, z. B. sind die ersten Vielfachen von 5: $1 \cdot 5 = 5$, $2 \cdot 5 = 10$, $3 \cdot 5 = 15$; $4 \cdot 5 = 20$, …
Alle Zahlen, deren letzte Ziffer eine 0 oder 5 ist, sind durch 5 teilbar.

c) Die Vielfachen von 2 sind: 2, 4, 6, 8, 10, 12, 14, 16, 18, 20, 22, …
Die letzte Ziffer des Ergebnisses ist eine 0 oder 2 oder 4 oder 6 oder 8. Daran kann man erkennen, dass die Zahl durch 2 teilbar ist.

Information

Teilbarkeit durch 2, 5 oder 10

Die letzte Ziffer entscheidet.

Eine natürliche Zahl ist
- durch 2 teilbar, wenn ihre letzte Ziffer 0, 2, 4, 6 oder 8 ist, sonst nicht;
- durch 5 teilbar, wenn ihre letzte Ziffer 0 oder 5 ist, sonst nicht;
- durch 10 teilbar, wenn ihre letzte Ziffer 0 ist, sonst nicht.

Durch 2 teilbare Zahlen heißen **gerade Zahlen**, die übrigen **ungerade Zahlen.**

Weiterführende Aufgabe

Teilbarkeit durch 4 und durch 25

2. **a)** Notiere bis 150 alle Vielfachen **(1)** von 4; **(2)** von 25. Was fällt auf?
b) Formuliere eine Regel für die Teilbarkeit **(1)** durch 4, **(2)** durch 25.

Information

Teilbarkeit durch 4 und durch 25

Die letzten beiden Ziffern entscheiden.

Eine natürliche Zahl ist
- durch 4 teilbar, wenn die aus den beiden letzten Ziffern gebildete Zahl durch 4 teilbar ist, sonst nicht;
- durch 25 teilbar, wenn die aus den beiden letzten Ziffern gebildete Zahl durch 25 teilbar ist, sonst nicht.

Übungsaufgaben

3. Welche der Zahlen 53, 624, 10 458, 660, 125, 6 828, 28 124, 375, 1 000, 1 005 sind teilbar
a) durch 2; **b)** durch 5; **c)** durch 10?

4. Setze (wenn es möglich ist) für die Leerstellen im Heft passende Ziffern ein, sodass die Zahl dann **a)** durch 2, **b)** durch 5, **c)** durch 10 teilbar ist.
(1) 3 82■ **(2)** 60■ **(3)** 87 4■■ **(4)** 23 7■■ **(5)** 7 35■ **(6)** 34 2■■ **(7)** 68 ■■0

5. Suche die Zahlen heraus, die teilbar sind durch 2 [5; 10; 4; 25].

348	572	700	1250	5216	2175	8415	17700	124110
375	855	780	1770	4131	7557	7025	44447	324805
441	725	1000	2552	3555	2936	3175	35296	701234

6. Ein Jahr ist ein Schaltjahr, wenn die Jahreszahl durch 4 teilbar ist. Ausnahmen sind die vollen Jahrhunderte, die nicht durch 400 teilbar sind (z. B. 1700).
a) Waren die Jahre 1926, 1904, 1884, 1968, 1996, 2000 Schaltjahre?
b) Gib die kommenden fünf Schaltjahre an.

7. Gib je zwei vierstellige Zahlen an, die
a) durch 4 und durch 25 teilbar sind;
b) durch 4 und nicht durch 25 teilbar sind;
c) durch 25 und nicht durch 4 teilbar sind;
d) weder durch 4 noch durch 25 teilbar sind.

8. Diskutiert in eurer Klasse die Behauptung der Parallelklasse: „Wenn eine Zahl durch 4 teilbar ist, muss sie zweimal durch 2 teilbar sein. Also müssen die letzten beiden Ziffern der Zahl gerade sein." Schreibt als Antwort einen Brief an die Parallelklasse.

2.10.2 Quersummenregeln

Einstieg

Überlege, welche Ziffern du anstelle der Leerstellen setzen kannst, damit die Zahl teilbar ist
a) durch 9; **b)** durch 3.

Einführung

9 Klassen einer Schule sollen Lose für eine Lotterie verkaufen. Die Lose sollen gleichmäßig an die 9 Klassen verteilt werden.
Können **(1)** 1273 Lose, **(2)** 3465 Lose gleichmäßig auf 9 Klassen verteilt werden?
Verteilt man 1000 bzw. 100 bzw. 10 Lose gleichmäßig an 9 Klassen, so bleibt jeweils ein Los übrig, denn:
1000 : 9 = 111 Rest 1; 100 : 9 = 11 Rest 1; 10 : 9 = 1 Rest 1
Verteilt man Vielfache von 1000 bzw. 100 bzw. 10 Losen an 9 Klassen, so bleiben entsprechende Vielfache von 1 Los übrig:
3000 : 9 = 333 Rest 3; 500 : 9 = 55 Rest 5; 70 : 9 = 7 Rest 7

Wir zerlegen nun 1273 bzw. 3465 in Tausender, Hunderter, Zehner und Einer und notieren jeweils die Reste bei Division durch 9:

a)

1000 an 9 verteilen:	111	Rest 1
200 an 9 verteilen:	22	Rest 2
70 an 9 verteilen:	7	Rest 7
3 an 9 verteilen:	0	Rest 3
1273 an 9 verteilen:	140	Rest 13

b)

3000 an 9 verteilen:	333	Rest 3
400 an 9 verteilen:	44	Rest 4
60 an 9 verteilen:	6	Rest 6
5 an 9 verteilen:	0	Rest 5
3465 an 9 verteilen:	383	Rest 18

Ob sich die Karten gleichmäßig verteilen lassen, hängt jetzt nur noch davon ab, ob sich die restlichen Karten zusammen gleichmäßig an 9 Klassen verteilen lassen:
13 an 9 verteilen: Rest 4 18 an 9 verteilen: Rest 0
Ergebnis: 1273 ist *nicht* durch 9 teilbar, 3465 ist durch 9 teilbar.

Information

Quersumme = Summe der Ziffern

An den Beispielen der Einführung erkennst du: Die Anzahl der restlichen Karten ist die Summe der einzelnen Reste, also gerade die Summe der Ziffern der Zahl. Ob 7583 durch 9 teilbar ist, hängt nur davon ab, ob die Summe der Ziffern $7 + 5 + 8 + 3 = 23$ durch 9 teilbar ist oder nicht: 23 ist nicht durch 9 teilbar, also ist auch 7583 nicht durch 9 teilbar.

> **Teilbarkeit durch 9**
> Eine natürliche Zahl ist durch 9 teilbar, wenn ihre Quersumme durch 9 teilbar ist, sonst nicht.
> *Beispiel:* $9 \mid 4572$, da $9 \mid (4 + 5 + 7 + 2)$

Weiterführende Aufgabe

Teilbarkeit durch 3

1. Untersuche, ob sich (1) 754, (2) 2361 Karten gleichmäßig auf 3 Klassen verteilen lassen. Begründe die folgende Regel für die Teilbarkeit durch 3.

> **Teilbarkeit durch 3**
> Eine natürliche Zahl ist durch 3 teilbar, wenn ihre Quersumme durch 3 teilbar ist, sonst nicht.
> *Beispiel:* $3 \mid 4875$, da $3 \mid (4 + 8 + 7 + 5)$

Übungsaufgaben

2. Suche die Zahlen heraus, die teilbar sind **a)** durch 3; **b)** durch 9.

45	270	981	6780	31854	278370
105	647	1215	7431	42975	753448
190	816	4721	11081	87949	798303

3. **a)** Setze im Heft für □ Ziffern passend ein, sodass die Zahl durch 3 teilbar ist. Wie viele Möglichkeiten gibt es jeweils?
   (1) 27□3 (2) 58□4 (3) 72□573 (4) 8□172 (5) 52□3□24 (6) 6□125□
   b) Setze für □ Ziffern passend ein, sodass die Zahl durch 9 teilbar ist.
   (1) 58□7 (2) 6547□ (3) 81□54 (4) 7□635 (5) 3□7□85 (6) 64□9□7

4. Prüfe für jede der Zahlen, ob sie teilbar ist durch 2, 3, 5, 9, 10, 100. Schreibe wie im Beispiel.

   > 200 ist teilbar durch 2, 4, 5, 10, 100

   a) 80; 108; 135; 300; 720; 3384; 7500
   b) 6375; 9000; 4572; 37764; 82125
   c) 884700; 197025; 208205; 133456789

5. **a)** Notiere jeweils drei Zahlen, die zugleich teilbar sind durch
   (1) 2 und 5; (2) 3 und 10; (3) 2 und 9; (4) 2, 3 und 5.
   b) Nenne jeweils die kleinste [größte] zweistellige Zahl, die die Bedingungen von Teilaufgabe a) erfüllt.

6. Erläutere: Ist die Quersumme einer Zahl größer als 9, dann kann von der Quersumme wieder die Quersumme gebildet werden. An ihr entscheidet man, ob die Zahl durch 9 (bzw. 3) teilbar ist.

7. **a)** Erläutere am Beispiel der Zahl 294593: Um zu prüfen, ob eine Zahl durch 9 teilbar ist, kann die Ziffer 9 bei der Quersummenbildung weggelassen werden.
   b) Wie lautet eine entsprechende Regel über das Weglassen von Ziffern bei der Quersumme, wenn man die Teilbarkeit durch 3 prüfen will?

2.11 Primzahlen – Primfaktorzerlegung

Einstieg

Natascha behauptet, dass große Zahlen viele Teiler haben müssen. Was meint ihr dazu?

Zahl	1	2	3	4
Teiler	1	1; 2	1; 3	1; 2; 4
Anzahl der Teiler	1	2	2	3

Aufgabe 1

Zerlegen einer Zahl in ein Produkt mit möglichst vielen Faktoren
Schreibe die Zahlen 70, 14, 132, 25 und 23 als Produkt mit möglichst vielen Faktoren. Lasse den Faktor 1 dabei weg.

Lösung

$70 = 7 \cdot 10 = 7 \cdot 2 \cdot 5$

$14 = 2 \cdot 7$

$132 = 4 \cdot 33 = 2 \cdot 2 \cdot 3 \cdot 11$

$25 = 5 \cdot 5$

$23 =$ Kann man nicht zerlegen

Wie auch immer du die Zerlegung beginnst, stets erhältst du dieselben Faktoren, höchstens in anderer Reihenfolge, zum Beispiel:
$70 = 7 \cdot 10 = 7 \cdot 2 \cdot 5$; $70 = 2 \cdot 35 = 2 \cdot 5 \cdot 7$; $70 = 5 \cdot 14 = 5 \cdot 2 \cdot 7$

Information

(1) Primzahlen
Bei Aufgabe 1 erhalten wir schließlich Zahlen, die sich nicht weiter in von 1 verschiedene Faktoren zerlegen lassen. Diese Zahlen heißen Primzahlen. 23 ist eine solche Zahl, sie hat nur die Teiler 1 und 23. Du erkennst Primzahlen daran, dass sie genau zwei Teiler haben. Man kann beweisen, dass es unendlich viele Primzahlen gibt.

> Jede natürliche Zahl mit genau zwei Teilern heißt **Primzahl**.
> Primzahlen sind: 2, 3, 5, 7, 11, 13, 17, 19, 23, 29, 31, 37, 41, 43, 47, ...

(2) Primfaktorzerlegung
In Aufgabe 1 hast du eine Zahl in ein Produkt aus lauter Primzahlen zerlegt.

> Die Zerlegung einer natürlichen Zahl in ein Produkt aus Primzahlen heißt **Primfaktorzerlegung**.
> Zerlegt man eine Zahl in Primfaktoren, so erhält man (abgesehen von der Reihenfolge der Faktoren) stets dieselbe Zerlegung.
>
> *Beispiel:*
> $360 = 10 \cdot 36 = 2 \cdot 5 \cdot 4 \cdot 9 = 2 \cdot 5 \cdot 2 \cdot 2 \cdot 3 \cdot 3$
> $360 = 9 \cdot 40 = 3 \cdot 3 \cdot 4 \cdot 10 = 3 \cdot 3 \cdot 2 \cdot 2 \cdot 2 \cdot 5$

Beachte:

(1) *Ausschluss des Faktors 1*
Hätten wir die Zahl 1 als Primzahl zugelassen, so könnte man sie in der Zerlegung einer Zahl beliebig oft ergänzen. Die Primfaktorzerlegung wäre dann nicht mehr eindeutig. Deshalb hat man den Faktor 1 ausgeschlossen.

(2) *Potenzschreibweise der Primfaktorzerlegung*
Mit der Potenzschreibweise lässt sich die Primfaktorzerlegung kürzer aufschreiben.
Beispiel: $360 = 2 \cdot 2 \cdot 2 \cdot 3 \cdot 3 \cdot 5$
$= 2^3 \cdot 3^2 \cdot 5^1$

Übungsaufgaben

2. Suche die Primzahlen heraus. Es sind 5 Primzahlen auf jedem Zettel.

a)

9	13	1	35
7	52	57	2
39	5	19	63

b)

33	13	43	38
59	49	39	28
20	27	17	61

c)

96	89	79	99
101	97	92	75
84	76	87	83

d)

153	143	136	134
135	151	131	159
137	129	139	149

3. Schreibe alle Primzahlen auf, die zwischen den folgenden Zahlen liegen.

a) 1 und 20 **c)** 60 und 80 **e)** 100 und 130 **g)** 160 und 200
b) 20 und 50 **d)** 80 und 100 **f)** 130 und 160 **h)** 200 und 230

4. Richtig oder falsch? Prüfe an Beispielen.

Es gibt keine geraden Primzahlen.

Es gibt nur zwei Primzahlen, deren Differenz 1 ist.

Es gibt keine Primzahlen, deren Differenz 3 ist.

Eine Primzahl kann Teiler einer anderen Primzahl sein.

5. Fülle im Heft die Lücke in der Primfaktorzerlegung aus.

a) $30 = 2 \cdot \square \cdot 5$ **b)** $42 = \square \cdot 3 \cdot 7$ **c)** $350 = 2 \cdot 5 \cdot \square \cdot 7$ **d)** $182 = 2 \cdot \square \cdot 13$
$40 = 2 \cdot 2 \cdot \square \cdot 5$ $44 = 2 \cdot 2 \cdot \square$ $264 = 2 \cdot 2 \cdot \square \cdot 3 \cdot 11$ $195 = 3 \cdot 5 \cdot \square$

6. Zerlege in Primfaktoren.

a)	b)	c)	d)	e)	f)	g)	h)
20	60	64	110	630	816	836	984
39	22	90	200	868	888	203	644
70	54	88	180	875	608	768	975

7. Ist Tinas Behauptung richtig (Bild links)? Begründe.

8. Zerlege in Primfaktoren. Schreibe mit Potenzen.

a) 50 **b)** 48 **c)** 135 **d)** 300 **e)** 4 410 **f)** 22 295

9. Zerlege die Zahlen in Primfaktoren. Die Karten mit den Zahlen, bei denen der Primfaktor 3 zweimal auftritt, ergeben ein Lösungswort.

10. Bestimme alle Teiler von: **a)** $2 \cdot 3 \cdot 5 \cdot 7$ **b)** $2^3 \cdot 3 \cdot 5$

Spiel (für zwei Spieler)

11. *Primzahlen – STOP*

Gespielt wird mit einem Würfel. Der erste Spieler würfelt so lange, bis die Summe seiner gewürfelten Augenzahlen eine Primzahl ergibt. Diese wird notiert. Nun ist der andere Spieler an der Reihe. Nach 10 Spielrunden werden die notierten Zahlen addiert. Wer die höhere Punktzahl erreicht hat, ist Sieger.

Wie findet man Primzahlen?

Euklid, griechischer Mathematiker, der um 300 v. Chr. in der ägyptischen Hafenstadt Alexandria lebte. Über sein Leben ist fast nichts bekannt.

Seit mehr als 2 500 Jahren beschäftigen sich Mathematiker mit Primzahlen. Im berühmten Lehrbuch von *Euklid* mit dem Titel „Elemente“ findet man eine Begründung dafür, dass es unendlich viele Primzahlen gibt. Große Primzahlen zu finden, ist jedoch sehr mühsam.

Das Sieb des Eratosthenes

Ein Verfahren, das nach einem bestimmten Plan übersichtlich und schnell aus den natürlichen Zahlen von 1 bis zu einer Zahl (z. B. bis 30) alle Primzahlen „aussiebt“, soll von dem griechischen Gelehrten *Eratosthenes* stammen.

Eratosthenes von Kyrene (heute Shahat in Libyen) lebte etwa um 275 bis 195 v. Chr. Er war Erzieher am Königshof von Alexandria und Direktor der dortigen Bibliothek.

1. a) Notiere die Zahlen von 1 bis 30.
(1) Streiche 1.
(2) Umrahme 2 und streiche das 2-, 3-, 4-, …fache von 2.
(3) Umrahme 3 und streiche das 2-, 3-, 4-, …fache von 3, falls noch nicht geschehen.
(4) Umrahme 5 und streiche das 2-, 3-, 4-, …fache von 5, falls noch nicht geschehen, usw.
Was für Zahlen bleiben übrig?

b) Warum muss man nach dem 3. Schritt nicht die Vielfachen von 4 streichen?

c) Warum endet das Verfahren mit der 5? Begründe dazu, dass die Vielfachen von 6 (bis 30) bereits gestrichen sind.

2. Führe das Verfahren für die Zahlen 31 bis 100 [101 bis 200] durch.

Berechnen von Primzahlen

Marin Mersenne, französischer Franziskanermönch, lebte von 1588 bis 1648. Er stand mit vielen Mathematikern seiner Zeit, wie Fermat, Pascal, Descartes, im Briefwechsel.

Bis heute haben Mathematiker noch keine Formel gefunden, mit der man die Primzahlen berechnen kann. *Mersenne* berechnete gewisse Primzahlen mithilfe der Formel $m = 2^n - 1$.

3. a) Setzt man für n eine natürliche Zahl ein, die keine Primzahl ist, so erhält man auch keine Primzahl. Überprüfe das für die Zahlen von 1 bis 20.

b) Setzt man für n eine Primzahl ein, so kann man eine Primzahl erhalten, jedoch nicht immer. Überprüfe das für die Primzahlen 2, 3, 5, 7, 11.

Primzahlen, die man auf diese Weise erhält, sind 3, 7, 31, 127. Sie heißen **Mersenn'sche Primzahlen**. Der französische Mathematiker *Lucas* begründete 1876, dass $2^{127} - 1 = 170\,141\,183\,460\,469\,231\,731\,687\,303\,715\,884\,105\,727$ eine Primzahl ist; dies ist die 12. Mersenn'sche Primzahl; sie hat 39 Stellen. Erst im Januar 1952 fand man – nun mit Computern – eine 157-stellige Mersenn'sche Primzahl. 2008 wurde von amerikanischen Mathematikern die 47. Mersenn'sche Primzahl gefunden: $2^{43\,112\,609} - 1$. Sie hat 12 978 189 Stellen.

4. Wie viele Seiten eines Buches füllt die 47. Mersenn'sche Primzahl aus? Nimm an, dass in eine Zeile 75 Ziffern passen und eine Seite 50 Zeilen hat. Schätze zunächst.

5. Sucht im Internet: Wie viele Stellen hat die größte bis heute bekannte Primzahl? Wie lange dauert das Ausdrucken dieser Zahl?

Zählen und Rechnen – einst und jetzt

Zahlzeichen anderer Kulturen

Wozu muss man zählen können? Alle Völker versuchten, Zahlen aufzuschreiben. Dazu hatten sie die unterschiedlichsten Ideen und Materialien. Es wurde gemalt, in Stein gehauen oder in Holz eingekerbt. Man nutzte Finger, Zehen, Knöchel, Steinchen, Knoten, Kerben und vieles mehr.

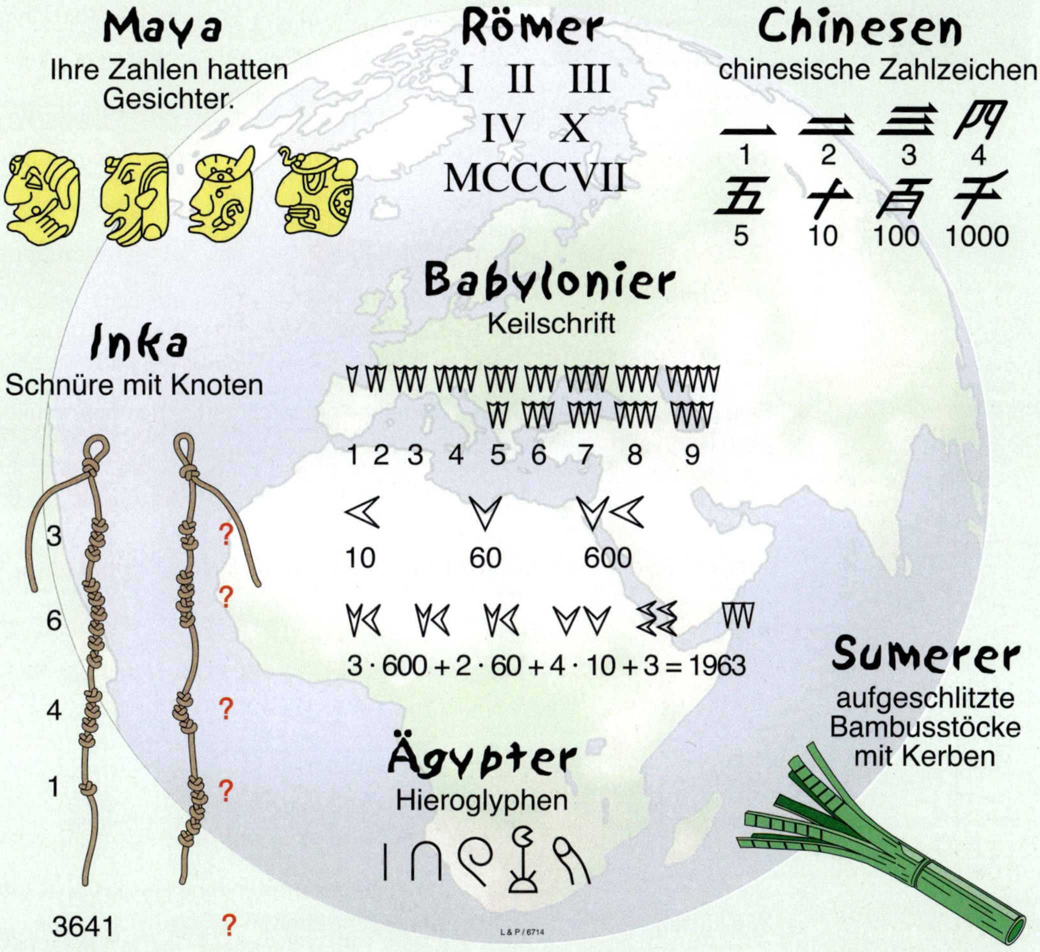

1. Schreibe selbst in der Keilschrift der Babylonier die Zahlen 23; 105; 999; 2004.

2. **a)** Welche Zahl stellt die rechte Inka-Schnur dar?
b) Stelle mit einer Schnur selbst Zahlen dar und gib sie deinem Nachbarn zu lesen.

3. Sammelt aus Sachbüchern oder dem Internet Informationen zu den verschiedenen oben genannten Völkern. Legt eine Zeitleiste an.

So schrieben die Ägypter Zahlen

Zum Bau der Pyramiden mussten viele Berechnungen durchgeführt werden. So wurden Maße, Masse und Anordnung der Steinblöcke, Länge der Transportwege und Größe der Vorratsräume für Nahrungsmittel berechnet.
Zum Aufschreiben der Zahlen verwendeten die Ägypter 7 Hieroglyphenzeichen, von denen jedes eine eigene Bedeutung hatte.

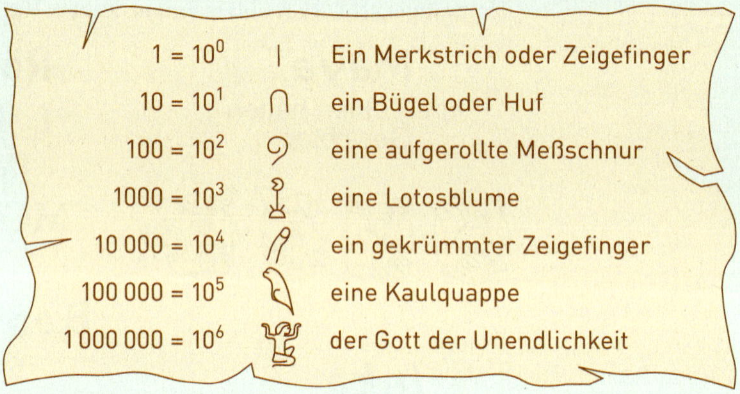

4. Eine Zahl wurde durch Aneinanderreihen entsprechender Symbole gebildet, wobei von rechts nach links geschrieben wurde. Entziffere die Zahlen.

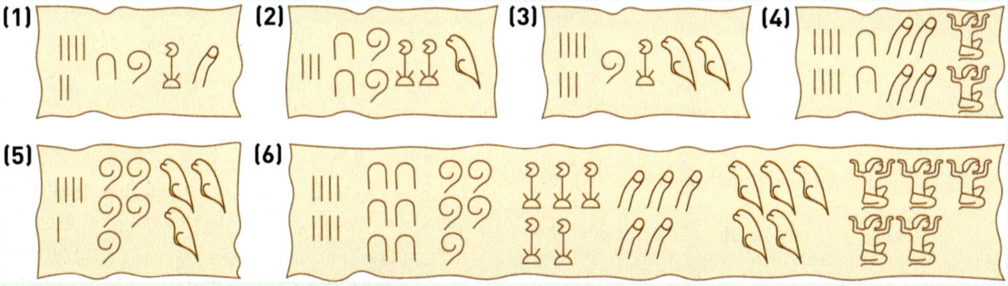

5. Schreibe die Zahlen 3 456 und 20 346 in ägyptischer Schreibweise.

6. Die Steine der Cheopspyramide haben zusammen eine Masse von 6 700 000 Tonnen. Wie hätten die Ägypter diese Zahl geschrieben?

7. Addieren und Subtrahieren sind mit den ägyptischen Hieroglyphenzeichen sehr einfach. Berechne.

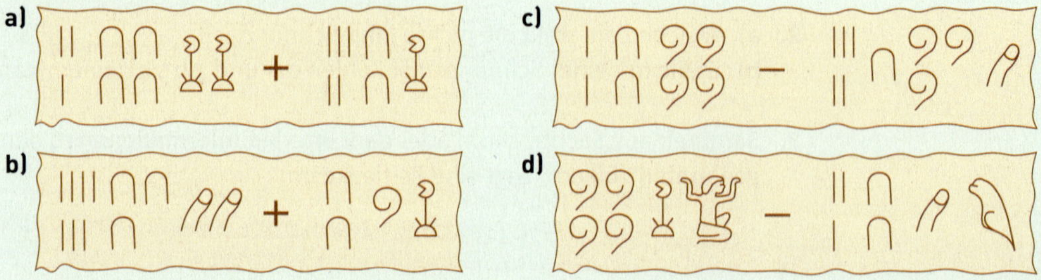

2.12 Aufgaben zur Vertiefung

1. Eines der ältesten Rechengeräte ist das Rechenbrett. Die Römer geben ihm den Namen *abacus*. Den Abakus gab es als tragbares Brett, als Tuch oder als Platte eines Tisches. Gerechnet wurde mit den *calculi* – das waren früher wertvolle Steine – später ersetzt durch „Rechenpfennige“ aus Kupfer oder Eisen. Diese wurden auf die Linien oder in die Zwischenräume *(spacio)* gelegt, um die entsprechenden Zahlen in der römischen Schreibweise zu veranschaulichen.
Die senkrechten Linien, auch *bankir*-Linien genannt, dienten zur Trennung der Zahlen.

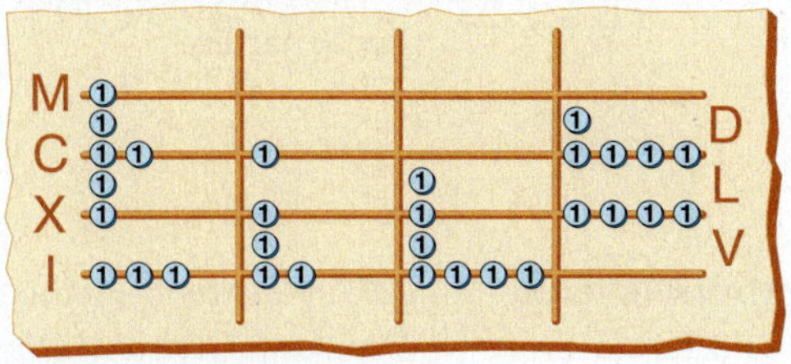

a) Die auf dem Abakus im linken *bankir* dargestellte Zahl ist 1763.
Schreibe sie mit römischen Zahlzeichen und erläutere die Darstellung.

b) Welche Zahl ist in dem zweiten *bankir* gelegt?

c) Im dritten *bankir* ist die Zahl 69 gelegt. Schreibe sie mit römischen Zahlzeichen und erläutere die Unterschiede zur Darstellung auf dem Abakus.

d) Welche Zahl ist im vierten *bankir* gelegt?

2. Für das Addieren am Abakus gilt die Regel rechts. Erläutere das Addieren mit dem Abakus am Beispiel 58 + 19.

Elevatio – Bündeln
Liegen 5 Pfennige auf einer Linie, so heb sie auf und leg einen dafür in das spacium darüber. Hast du aber 2 Pfennige in einem spacio, so heb sie auf und leg einen dafür auf die Linie darüber.

3. Stelle dir selbst einen Abakus her. Du kannst ihn zeichnen oder aber Stoff verwenden. Dazu benötigst du ein Stück Stoff (60 cm · 40 cm), schwarze Textilfarbe und „Rechenpfennige“, z. B. Dame-Steine. Zeichne die waagerechten Linien – wie oben – auf, unterteile in vier *bankire*. Löse damit folgende Aufgaben.

(1) XXXVII + XVIII	(3) 207 + 84	(5) 23 + 57 + 96 + 12
(2) CXIV + LXVI	(4) 1652 + 673 + 325	(6) 114 + 78 + 34 + 9

4. Mit dem Abakus kann man auch subtrahieren.

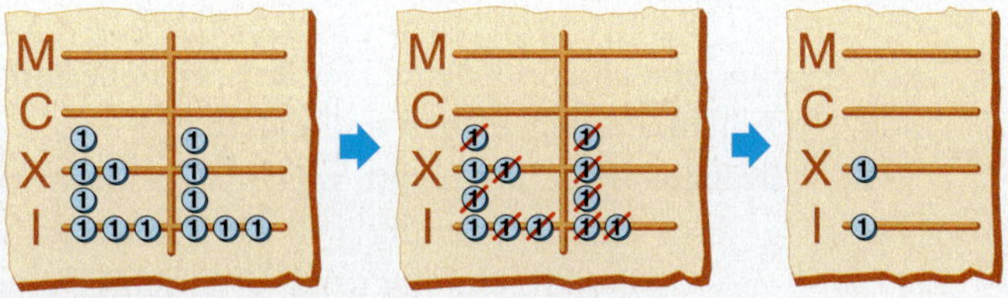

a) Erläutere das Subtrahieren am Beispiel von 78 – 67.

b) Bestimme mit deinem Abakus: (1) 167 – 51 (2) 389 – 274 (3) 62 – 43

Das Wichtigste auf einen Blick

Addieren und Subtrahieren

Summand + Summand = Summe
Minuend – Subtrahend = Differenz
Addition und Subtraktion sind *entgegengesetzte* Rechenarten.

Beispiele:
$12 + 35 = 47$
$47 - 35 = 12$

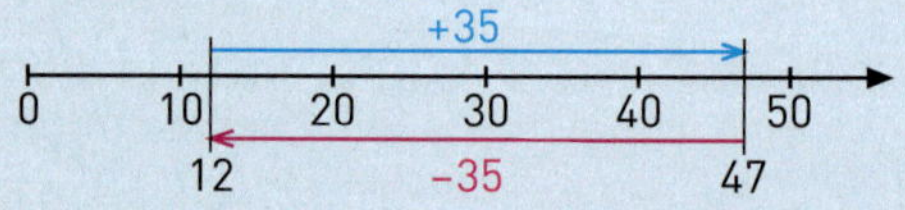

Multiplizieren und Dividieren

Faktor · Faktor = Produkt
Dividend : Divisor = Quotient
Multiplikation und Division sind *entgegengesetzte* Rechenarten. Für alle Zahlen a gilt:
$0 \cdot a = 0$ und $1 \cdot a = a$.
Durch 0 kann man *nicht dividieren*.

Beispiel:
$64 \cdot 8 = 512$
$512 : 8 = 64$
$64 \xrightarrow[\;:8\;]{\cdot 8} 512$

Rechengesetze

Kommutativgesetz für Addition und Multiplikation
Summanden bzw. Faktoren kann man vertauschen.
$\mathbf{a + b = b + a}$
$\mathbf{a \cdot b = b \cdot a}$

Beispiele:
$12 + 43 = 43 + 12$
$12 \cdot 43 = 43 \cdot 12$

Assoziativgesetz für Addition und Multiplikation
$\mathbf{(a + b) + c = a + (b + c) = a + b + c}$
$\mathbf{(a \cdot b) \cdot c = a \cdot (b \cdot c) = a \cdot b \cdot c}$

$(25 + 7) + 66 = 25 + (7 + 66) = 25 + 7 + 66$
$(9 \cdot 11) \cdot 5 = 9 \cdot (11 \cdot 5) = 9 \cdot 11 \cdot 5$

Distributivgesetze:
$\mathbf{a \cdot (b + c) = a \cdot b + a \cdot c}$
$\mathbf{a \cdot (b - c) = a \cdot b - a \cdot c}$

$7 \cdot (45 + 8) = 7 \cdot 45 + 7 \cdot 8$
$6 \cdot (34 - 5) = 6 \cdot 34 - 6 \cdot 5$

Potenzieren

Potenz: $a^n = \underbrace{a \cdot a \cdot a \cdot \ldots \cdot a}_{n \text{ Faktoren}}$
Exponent (Hochzahl) → n
Basis (Grundzahl) → a

Beispiel:
$3^4 = 3 \cdot 3 \cdot 3 \cdot 3 = 81$
Die 4. Potenz von 3 hat den Wert 81.

Teiler und Vielfache

Wenn b (ohne Rest) durch a teilbar ist, sagen wir:
a ist *Teiler* von b. Wir schreiben $a \mid b$.
b heißt dann *Vielfaches* von a.

Beispiele:
7 ist Teiler von 84, da $7 \cdot 12 = 84$.
84 ist Vielfaches von 7. $7 \mid 84$

Primzahl

Eine natürliche Zahl mit genau zwei Teilern ist eine Primzahl.

Beispiele:
2, 3, 5, 7, …

Terme

Ein *Term* beschreibt einen *Rechenweg*; er besteht aus Zahlen, Rechenzeichen und Klammern.
Beachte: Berechne zuerst, was in Klammern steht.
Potenzrechnung geht vor Punktrechnung.
Punktrechnung geht vor Strichrechnung.
Sonst rechne von links nach rechts.

Beispiel:
$\underbrace{\underbrace{\underbrace{24 : 2}_{\text{Quotient}} \cdot 3}_{\text{Produkt}} - \underbrace{2 \cdot \underbrace{(\underbrace{3^2}_{\text{Potenz}} + 4)}_{\text{Summe}}}_{\text{Produkt}}}_{\text{Differenz}}$

$24 : 2 \cdot 3 - 2 \cdot (3^2 + 4)$
$= 12 \cdot 3 - 2 \cdot (9 + 4)$
$= 36 - 2 \cdot 13$
$= 36 - 26$
$= 10$

Bist du fit?

1. Welche Zahl muss man einsetzen? Übertrage in dein Heft und kontrolliere durch die entgegengesetzte Rechenart.

a) 486 + ■ = 791 b) 955 − ■ = 218 c) ■ − 436 = 159 d) ■ + 641 = 807

2.

a)	b)	c)	d)	e)	f)
2317	4057	18375	3157	6281	8371
+ 739	+ 503	+ 10813	− 1734	− 1066	− 5299
+ 365	+ 1978	+ 902			
		+ 1488			

3. Schätze zunächst die Summe bzw. die Differenz durch Runden. Berechne dann schriftlich den genauen Wert.

a) 3278 + 2948 c) 4088 + 5907 + 1116 e) 6480 + 1246 + 597 + 2217
b) 5314 − 4685 d) 8816 − 975 f) 8245 − 4912 − 613

4. Berechne.

a) 461 + (53 + 21) c) 625 − (104 + 17) e) 491 − [196 + (97 − 41)]
b) 840 + (75 − 24) d) 374 − (216 − 86) f) [263 − (81 + 42)] − (26 + 13)

5. Schreibe als Term und berechne.

a) Addiere die Differenz aus 47 536 und 38 215 zur Summe aus 32 814 und 76 543.
b) Subtrahiere von der Differenz aus 98 472 und 39 604 die Summe aus 18 421 und 23 470.
c) Subtrahiere von 1 000 000 die Differenz der Zahlen 527 643 und 87 429.

6. a) Welche Zahl muss man zu 384 addieren, um die kleinste vierstellige Zahl zu erhalten?
b) Wie viel muss man von 93 215 subtrahieren, um die größte vierstellige Zahl zu erhalten?

7. Vom Erlös des Schulfestes soll ein Öko-Teich angelegt werden. In der Kaffeestube werden 243 € und bei der Theateraufführung 189 € eingenommen. Für die Kostüme wurden 73 € und für die Ausstattung der Kaffeestube 42 € ausgegeben. In der Spendenbox waren 53 €.

8. Ein Unternehmen beliefert drei Haushalte mit Heizöl. Im Tank des Tankwagens sind 11 650 Liter. Die Haushalte erhalten 3785 Liter, 4360 Liter und 2875 Liter. Wie viel Liter Heizöl bleiben im Tankwagen? Überschlage und rechne dann genau.

9. Rechne im Kopf.

a) 45 · 80 b) 960 : 80 c) 207 · 4 d) 6 · 340 e) 624 : 12 f) 910 : 70
 38 · 70 780 : 30 520 · 3 16 · 25 143 : 13 800 : 25

10. Rechne schriftlich. Du erhältst auffallende Ergebnisse.

a) 38 885 : 7 b) 3737 · 12 c) 176 042 : 23 d) 7992 · 125 e) 217 560 : 280
 74 070 : 6 2963 · 33 302 192 : 34 3389 · 102 220 800 : 640

11. Berechne das Produkt. Dividiere dann das Ergebnis durch 24.

a) 109 · 17 b) 31 · 144 c) 179 · 9 d) 23 · 71 e) 25 · 52 f) 26 · 73

12. Welche Zahl kann für das Kästchen eingesetzt werden, damit eine wahre Aussage entsteht? Rechne in deinem Heft.

a) $\square \cdot 12 = 168$ **b)** $800 : \square = 32$ **c)** $\square \cdot 170 = 0$ **d)** $0 : \square = 0$ **e)** $33 : 0 = \square$

13. Ein Kreuzfahrtschiff kann 1 912 Personen an Bord nehmen. Jedes Rettungsboot hat Platz für 86 Passagiere. Wie viele Rettungsboote muss das Schiff für seine Passagiere mitführen?

14. An einer Landstraße sollen 712 Bäume gepflanzt werden. Jeder Baum kostet 65 €. Es stehen 50 000 € zur Verfügung. Reicht dieser Betrag? Berechne die Differenz.

15. In einem Zuschauerraum gibt es 23 Sitzreihen zu je 54 Plätzen. Bei einer überfüllten Veranstaltung mussten 95 Zuschauer stehen. Wie viele Zuschauer waren anwesend?

16. Rechne vorteilhaft: **a)** $5 \cdot 51 \cdot 20$ **b)** $4 \cdot 25 \cdot 73$ **c)** $12 \cdot 25 \cdot 5 \cdot 4 \cdot 7$

17. Berechne.

a) $5 \cdot 10^3$
b) $(640 - 30) : (31 - 3 \cdot 7)$
c) $(30 - 10) \cdot (23 + 3)$
d) $5 \cdot (100 - 5 \cdot 14) - 48 : 12$
e) $(263 - 81 : 9) : 2 - 26 : 13$
f) $5 \cdot 2^3 - 2$

18. a) Manuels Vater nimmt für eine Tasse Kaffee 4 g Kaffeepulver. Für wie viele Tassen reicht dann ein halbes Kilogramm?

b) Manuels Mutter nimmt für eine Tasse 3,5 g Kaffeepulver. Wie viele Tassen erhält sie?

c) Wie viel g darf man für eine Tasse nehmen, damit man 200 Tassen erhält?

19. Auf einem Lkw können insgesamt 12 500 kg geladen werden. Auf dem Fahrzeug sind bereits 8 250 kg Baumaterial geladen.
Wie viele Zementsäcke zu je 50 kg können noch zugeladen werden?
Schreibe auch einen einzigen Term.

20. Alexander kauft 7 Comic-Hefte, Maria 9 Comic-Hefte.
Jedes Heft kostet gleich viel, alle zusammen 80 €. Wie viel muss Maria bezahlen?

21. Löse die Gleichung **a)** $7 \cdot x - 2 = 33$ **b)** $x^2 = 10 \cdot x + 24$

22. a) Suche alle Zahlen heraus, die teilbar sind durch 2, 3, 4, 5, 9, 10, 25 und 100.

35	125	1 017	9 100
36	310	2 225	9 700
45	400	5 316	37 850
64	884	6 172	60 002
72	927	7 620	87 904

b) Suche alle Primzahlen heraus.

12	19	43
15	29	51
17	39	71
13	56	81
33	49	101

23. Zerlege in Primfaktoren: **a)** 40 **b)** 84 **c)** 148 **d)** 6 200

3. Geometrie

Viele Gegenstände weisen entsprechend ihrer Verwendung oder des schöneren Aussehens wegen besondere Formen auf.

→ Sieh dich um. Du findest überall Körper. Beschreibe ihre Formen:

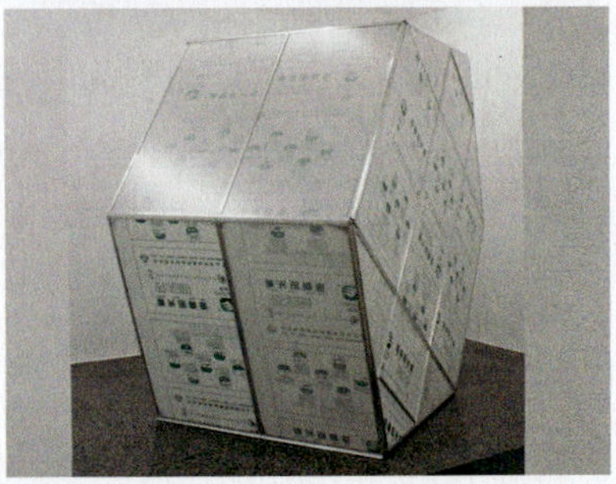

In diesem Kapitel ...
wirst du geometrische Begriffe zur Beschreibung von Körpern, Figuren und Linien sowie ihrer Lage zueinander kennen lernen.

Lernfeld: Körper herstellen und damit experimentieren

Geometrie zum Essen

Alles was wir essen und trinken können, bezeichnet man als Lebensmittel. Viele Lebensmittel haben einfache Formen.

- Beschreibt die Formen, die ihr erkennen könnt.
- Nennt Lebensmittel mit möglichst unterschiedlichen einfachen geometrischen Formen. Findet noch andere als die abgebildeten Formen.
- Sortiert:
  Welche Formen kommen in der Natur vor, welche werden von Menschen hergestellt?
  Welche Formen kommen besonders oft vor, welche sind selten?
- Diskutiert Gründe, weshalb manche Formen besonders oft vorkommen.
- Organisiert eine Ausstellung mit Bildern von Zusammenstellungen solcher geometrischer Speisen. Solche Bilder werden in der Kunst Stillleben genannt.
- Organisiert ein „Geometrie-Frühstück“, bei dem nur Speisen in bestimmten geometrischen Formen erlaubt sind.

Verpackungen

Verpackungen werden überall gebraucht. Oft findet man ungewöhnliche, interessante Verpackungen. Besonders einfallsreiche Firmen benutzen ausgefallene Körperformen.

Seht euch mal zu Hause oder in Geschäften nach Verpackungen um und bringt sie mit, insbesondere solche mit interessanten Formen.

→ In der Klasse werden die mitgebrachten Verpackungen gezeigt und sortiert. Dabei müsst ihr überlegen, welche Verpackungen ähnliche Formen haben. Formuliert auch, worin die Gemeinsamkeiten der zusammengehörigen Verpackungen bestehen.

→ Nun werden Kleingruppen gebildet. Jede Gruppe soll eine eigene Verpackung basteln und gestalten, d. h. beschriften und bemalen.
Die folgenden Vorgaben sind möglich:
- Sie soll eine bestimmte Grundform haben.
- Sie soll einen bestimmten Inhalt aufnehmen können, den ihr festlegen könnt.
- Sie soll einem bestimmten Zweck dienen (z. B. als Geschenk).

→ Am Schluss werden die Verpackungen in der Klasse vorgestellt. Vergleicht nicht nur die Schönheit der Form und der Gestaltung, sondern auch die Stabilität.
Stellt eure Verpackungen dann in der Klasse aus.

Schattenbilder

Bastelt aus Strohhalmen oder magnetischen Stäben einen möglichst großen würfelförmigen Körper und haltet ihn ins Sonnenlicht. Durch die Sonnenstrahlen entsteht ein Schattenbild des Würfels.

→ Dreht den Würfel. Wie muss der Würfel in das Sonnenlicht gehalten werden, damit der Schatten so aussieht wie in den folgenden Abbildungen?
Welche Kante des Würfels gehört zu welcher Kante des Schattens?
Welches Schattenbild vermittelt den besten räumlichen Eindruck vom Würfel?

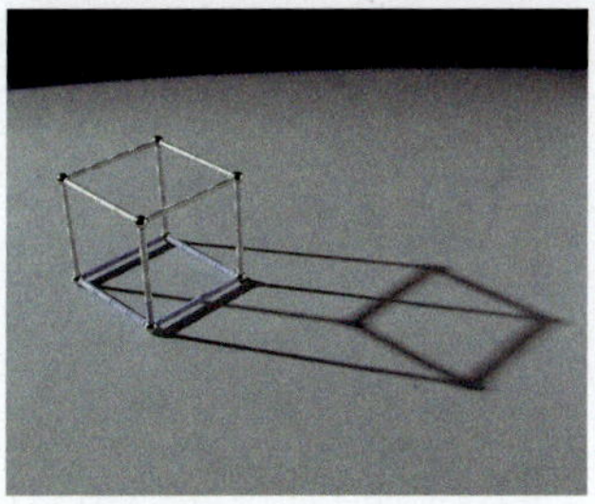

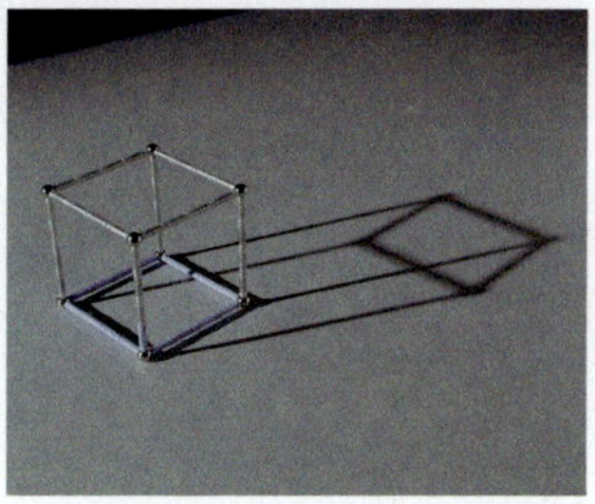

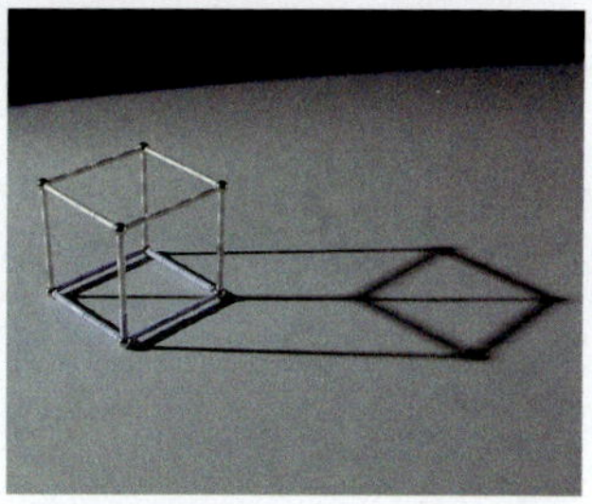

→ Baut das Kantenmodell eines Quaders. Untersucht, welche Schattenbilder ihr damit erzeugen könnt.

→ Baut das Kantenmodell einer Pyramide mit einer quadratischen Standfläche. Könnt ihr euch vorstellen, wie deren Schattenbild aussieht?

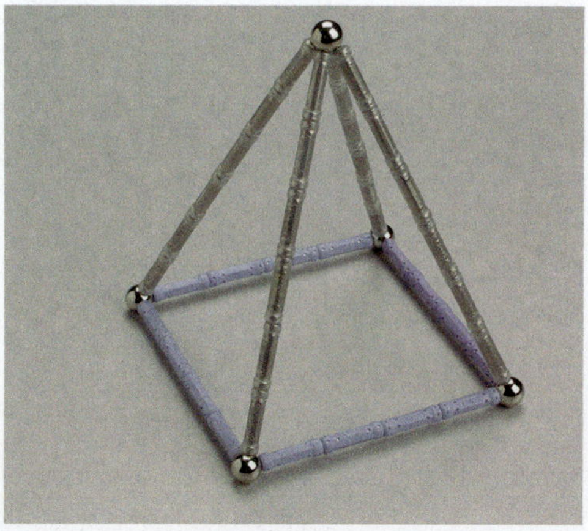

3.1 Körper und Vielecke

3.1.1 Körper – Ecken, Kanten, Flächen

Einstieg Bringt verschieden geformte Verpackungen mit in den Unterricht. Sortiert sie.

Aufgabe 1 Vergleiche die Körper; finde Körper mit gemeinsamen Eigenschaften.

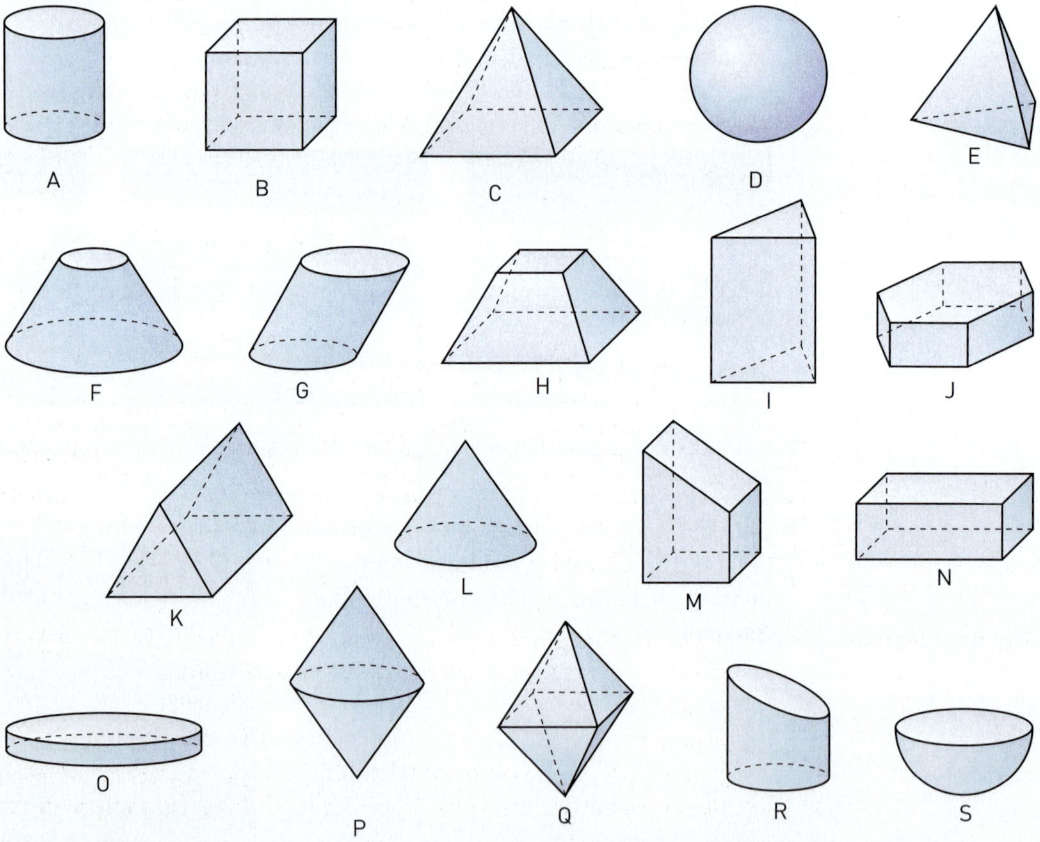

Lösung Es gibt viele Gesichtspunkte, nach denen man diese Körper verg leichen und zusammenfassen kann, z. B.:

(1) Körper wie C, E, I, K und Q haben dreieckige Begrenzungsflächen.
(2) Körper wie C, E, L, P und Q haben eine Spitze.
(3) Körper wie A, D, F, G, L, O, P und R kann man rollen.

Information

(1) Flächen, Kanten und Ecken

Körper werden von **Flächen** begrenzt.
Aufeinander stoßende Flächen bilden eine **Kante**.
Aufeinander treffende Kanten bilden eine **Ecke**.

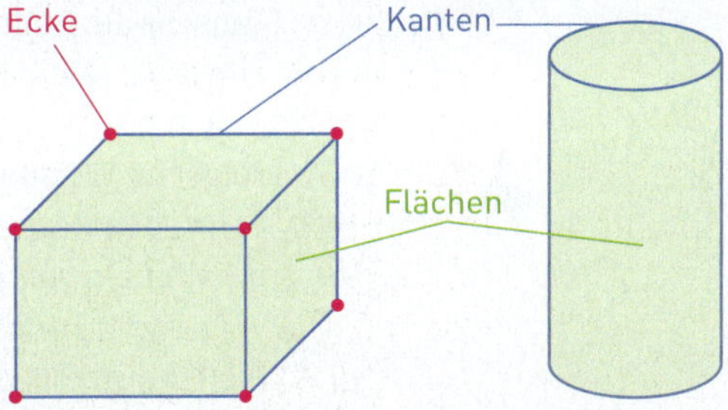

(2) Besondere Körper

Zur Beschreibung von Gegenständen aus dem Alltag verwendet man die Formen einfacher Körper.

Körper	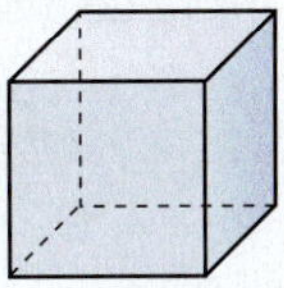 Würfel	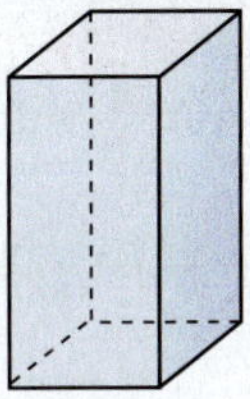 Quader	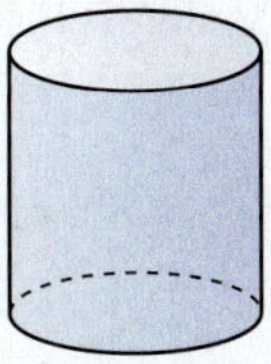 Zylinder	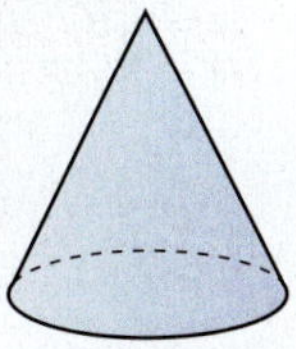 Kegel	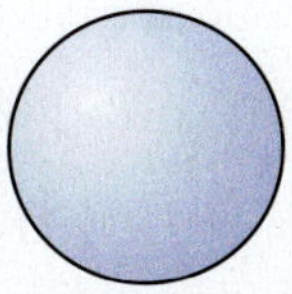 Kugel
Begrenzungsflächen	6 Quadrate	6 Rechtecke	2 Kreisflächen und 1 gewölbte Fläche	1 Kreisfläche und 1 gewölbte Fläche	nur 1 gewölbte Fläche

Körper	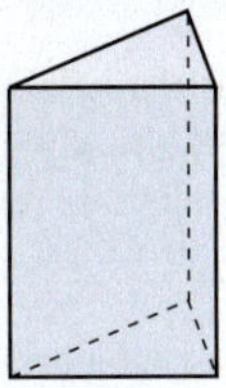 dreiseitiges Prisma	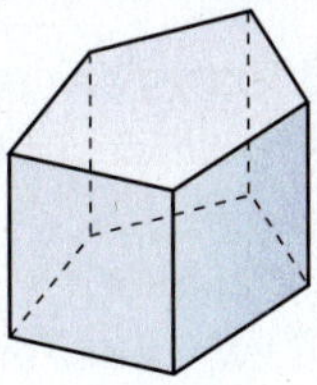 fünfseitiges Prisma	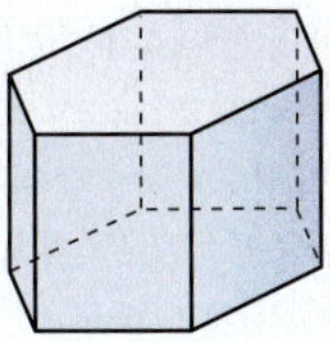 sechsseitiges Prisma	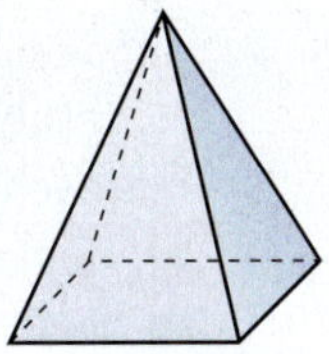 quadratische Pyramide	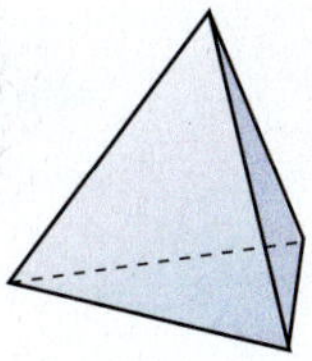 dreiseitige Pyramide
Begrenzungsflächen	2 Dreiecke und 3 Rechtecke	2 Fünfecke und 5 Rechtecke	2 Sechsecke und 6 Rechtecke	1 Quadrat und 4 Dreiecke	4 Dreiecke

Übungsaufgaben

2. Gib für den Körper die Anzahl der Ecken, die Anzahl der Kanten, die Anzahl der Flächen an. Gib auch an, um welche Art von Flächen es sich handelt.

a) Quader
b) Zylinder
c) Pyramide mit quadratischer Grundfläche
d) Pyramide mit sechseckiger Grundfläche
e) Kegel
f) Kugel
g) Prisma mit dreieckiger Grundfläche
h) Prisma mit sechseckiger Grundfläche

3. Nenne einen Körper mit:

a) 5 Flächen, 8 Kanten und 5 Ecken,
b) 4 Flächen, 6 Kanten und 4 Ecken,
c) 5 Dreiecke und ein Fünfeck als Flächen,
d) nur gewölbten Flächen,
e) keiner einzigen Kante,
f) keiner einzigen Ecke.

4. **a)** Erfinde weitere solche Beschreibungen wie in Aufgabe 3 und lasse deinen Partner raten. Tauscht die Rollen nach jedem Körper.

b) Tim sagt: „Mein Körper hat 1 Ecke, 1 Kante und 1 Fläche.“ Was meinst du dazu?

5. Auf folgende Weisen könnt ihr euch Modelle von Körpern herstellen:

(1) Formt den Körper aus Knetmasse oder schneidet ihn z. B. aus einer Kartoffel aus. Ihr erhaltet ein *Vollmodell* des Körpers.

(2) Verwendet Trinkhalme für die Kanten des Körpers. Ihr könnt diese mit Knetmasse oder Pfeifenputzern verbinden. Ihr erhaltet ein *Kantenmodell* des Körpers. Noch einfacher ist es, wenn ihr stabförmige Magneten und Eisenkugeln zur Verfügung habt.

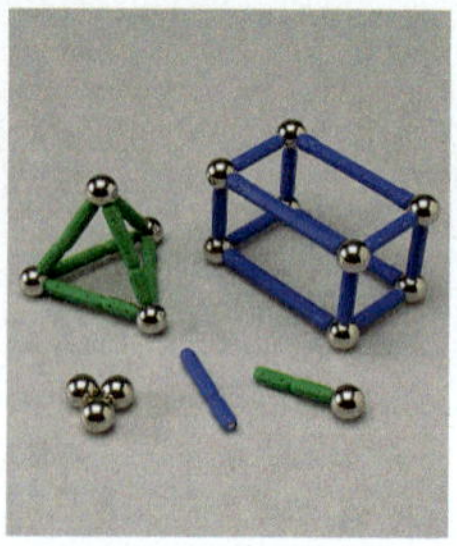

Arbeite mit deinem Partner zusammen. Jeder stellt ein Modell eines Körpers her und der Partner beschreibt den Körper mithilfe der Ecken, Kanten und Flächen.

6. Nenne Körper, von denen du kein Kantenmodell wie in Aufgabe 5 herstellen kannst. Begründe.

7. Auf dem Foto seht ihr die 1000 Jahre alte Michaeliskirche in Hildesheim. Das gesamte Gebäude ist aus einfachen geometrischen Körpern zusammengesetzt.

a) Gebt an, welche Körper ihr erkennt.

b) Sucht weitere Körper mit zwei oder mehreren Grundformen. Stellt die Körper oder Fotos von ihnen in eurem Klassenraum aus.

Das kann ich noch!

A) Welche Entfernung haben die Orte voneinander?

1) Mainz – Köln
2) Koblenz – Würzburg
3) Bingen – Saarbrücken
4) Ludwigshafen – Luxemburg
5) Kaiserslautern – Gotha
6) Speyer – Siegen
7) Landau – Ansbach
8) Pirmasens – Aachen

3.1.2 Vielecke – Umfang und Diagonale

Einstieg

a) Manche Körper könnt ihr als Stempel benutzen. Mit welchen der Körpern rechts kann man die Stempelabdrücke links herstellen?

b) Stelle aus Kartoffeln oder Knetmasse einen Körper her und stemple mit ihm Abdrücke von mehreren seiner Seiten. Dein Partner soll aus den Stempelabdrücken erkennen, welchen Körper du verwendest hast. Danach tauscht Ihr die Rollen.

Aufgabe 1

Vieleck – Umfang

Eine mit jungen Fichten bepflanzte Schonung im Wald soll eingezäunt werden. Die Punkte A, B, C, D und E markieren die Eckpfähle. Die Zeichnung ist im Maßstab 1:1000 angefertigt.

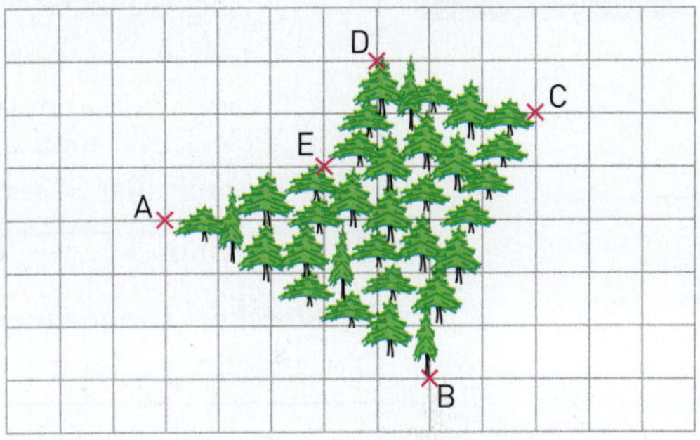

a) Übertrage die Punkte in dein Heft und zeichne den Zaun ein.
Färbe die bepflanzte Fläche.

b) Wie lang wird der Zaun?

Lösung

a) Wir übertragen die Punkte auf Karopapier und verbinden sie.

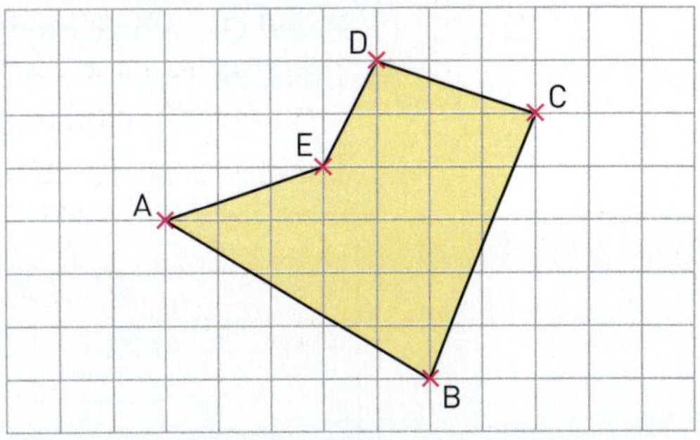

b) Um die Länge des Zaunes zu bestimmen, muss man die Längen aller Seiten der Schonung messen und addieren.
Beim Maßstab 1:1000 entspricht 1 mm in der Zeichnung 1000 mm, also 1 m in der Wirklichkeit.

Seite	Länge
Seite von A nach B	29 m
Seite von B nach C	27 m
Seite von C nach D	16 m
Seite von D nach E	11 m
Seite von E nach A	16 m
Länge des Zaunes	99 m

Information

(1) Vielecke – Umfang

Körper werden von Flächen begrenzt. In unserer Umwelt finden wir aber auch Flächen wie beispielsweise Grundstücke, Waldflächen, landwirtschaftliche Flächen, bei denen wir nicht an einen Körper denken. Die Waldfläche in Aufgabe 1 ist geradlinig begrenzt. Es gibt aber auch Flächen in der Umwelt, die nicht geradlinig begrenzt sind, wie z. B. kreisförmige Beete.

Jede Fläche, die nur von sich nicht überschneidenden geraden Linien begrenzt ist, bezeichnen wir als **Vieleck**. Die begrenzenden geraden Linien heißen **Seiten** des Vielecks.
Ein **Dreieck** wird von *drei* Seiten begrenzt und hat *drei* Eckpunkte;
ein **Viereck** wird von *vier* Seiten begrenzt und hat *vier* Eckpunkte;
ein **Fünfeck** wird von *fünf* Seiten begrenzt und hat *fünf* Eckpunkte, usw.

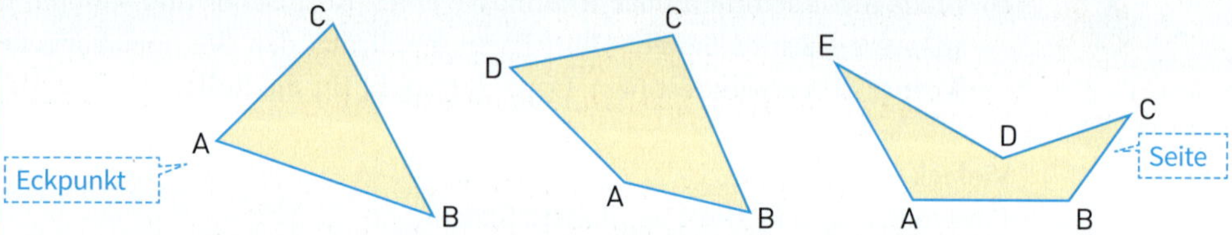

Ein Vieleck gibt man mithilfe der Eckpunkte an. Das obige Fünfeck heißt ABCDE.
Die Summe aller Seitenlängen ergibt den **Umfang** des Vielecks.

(2) Strecke – Länge einer Strecke

Die geradlinigen Kanten eines Körpers und die Seiten eines Vielecks sind Beispiele für *Strecken*.

Die geradlinige Verbindung zweier Punkte P und Q nennen wir **Strecke** mit den Endpunkten P und Q. Dafür schreiben wir kurz $\overline{PQ}$ oder $\overline{QP}$.
Das Lineal oder die entsprechende Kante des Geodreieckes kann man sowohl zum Zeichnen einer Strecke als auch zum Messen ihrer Länge verwenden.
Für die Länge der Strecke $\overline{PQ}$ schreiben wir $|PQ|$.

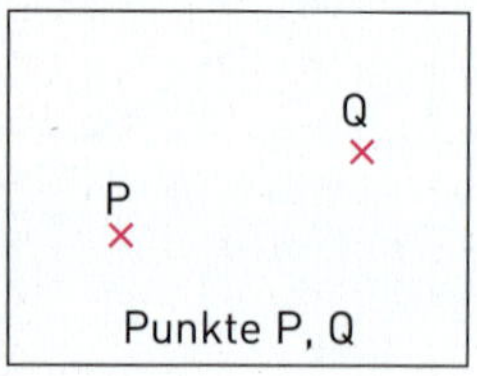

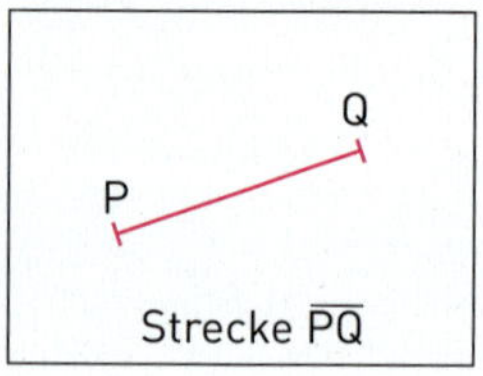

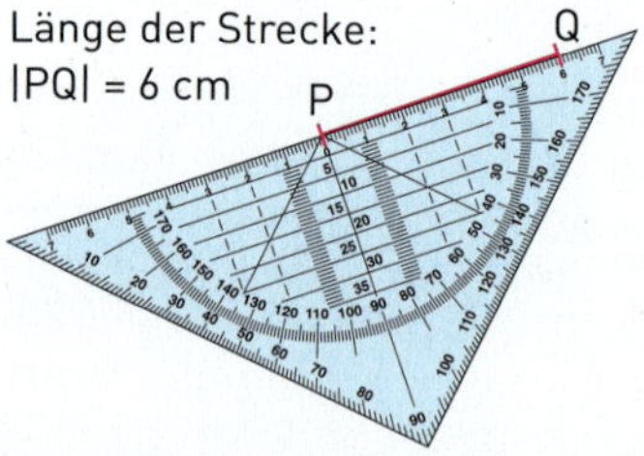

Weiterführende Aufgabe

Diagonale

2. Übertrage die beiden Vielecke in dein Heft.
Zeichne bei jedem Vieleck alle Verbindungslinien nicht benachbarter Ecken ein.
Was fällt dir beim Viereck ABCD auf?

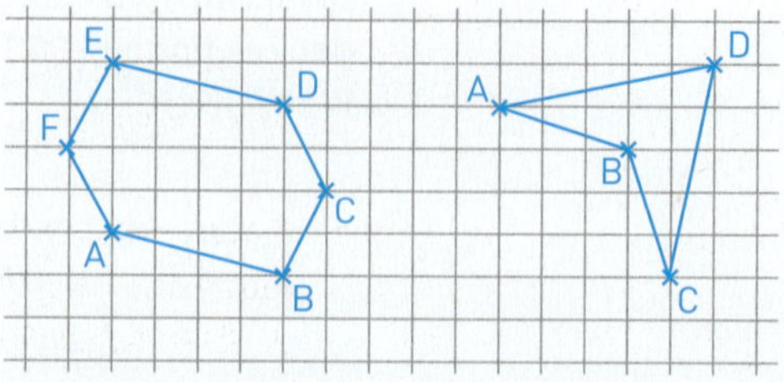

Zum Üben

1. a) Gib für jeden eingezeichneten Punkt die Koordinaten an, z. B. A(3|2).

b) Zeichne ein Koordinatensystem mit der Einheit 1 cm in dein Heft und trage die folgenden Punkte ein:
A(2|1); B(1|2); C(3|5); D(6|10); E(6|5); F(0|4); G(0|0); H(4|4).

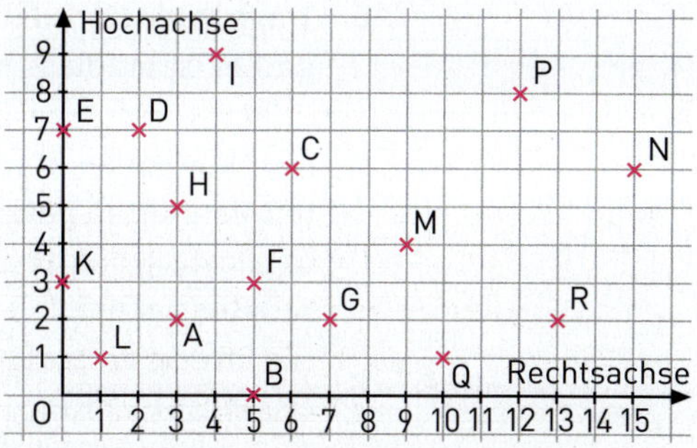

2. Lege das Blatt (DIN A4) quer.
Zeichne dann die Punkte in ein Koordinatensystem mit der Einheit 1 cm. Verbinde sie dann in der angegebenen Reihenfolge.
Punkte: A(2|12), B(2|2), C(6|2), D(17|2), E(19|4), F(19|10), G(18|11), H(8|11), I(8|14), J(5|17), K(6|12), L(17|8), M(6|8), N(7|11)
Reihenfolge: A-B-C-D-E-F-G-H-I-J-A-K-I, dann D-L-G, dann L-M-N-H, dann J-K-M-C.

3. Denke dir eine Figur im Koordinatensystem aus. Gib die Koordinaten deinem Nachbarn an und lasse daraus die Figur zeichnen. Du findest rechts eine Anregung.

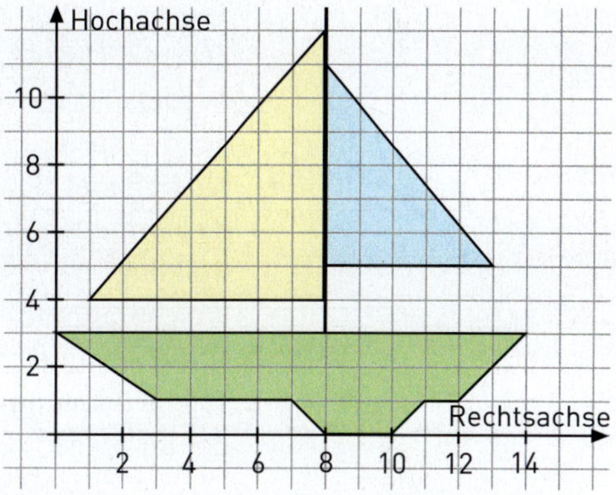

4. Zeichne die angegebenen Punkte in ein Koordinatensystem mit der Einheit 1 cm. Verbinde sie dann in der angegebenen Reihenfolge zu einem Vieleck.
Miss dessen Umfang.

a) A(2|7); B(7|3); C(9|6); D(6|9)
b) A(8|2); B(3|8); C(1|1); D(5|4)
c) A(4|5); B(0|5); C(2|0); D(5|0); E(8|1); F(9|5)
d) A(0|4); B(5|0); C(6|2); D(7|5); E(4|4); F(5|7); G(2|6)
e) A(5|5); B(1|6); C(5|7); D(6|11); E(7|7); F(11|6); G(7|5); H(6|1)

5. Bei einem Orientierungslauf führt die Strecke vom Start S aus über die Stationen A, B und C zurück zum Start. Jeder Läufer erhält eine Karte, auf der die Route zu sehen ist. Derjenige, der am schnellsten im Ziel ankommt, gewinnt den Lauf.

a) Gib die Koordinaten der Stationen A, B und C an.
b) Wie lang ist die Wegstrecke, die die Läufer mindestens zurückgelegt haben, wenn sie im Ziel angekommen sind?
c) Ein Läufer wählt aus Versehen den Weg S–A–C–B–S.
Um wie viel ist sein Weg länger?

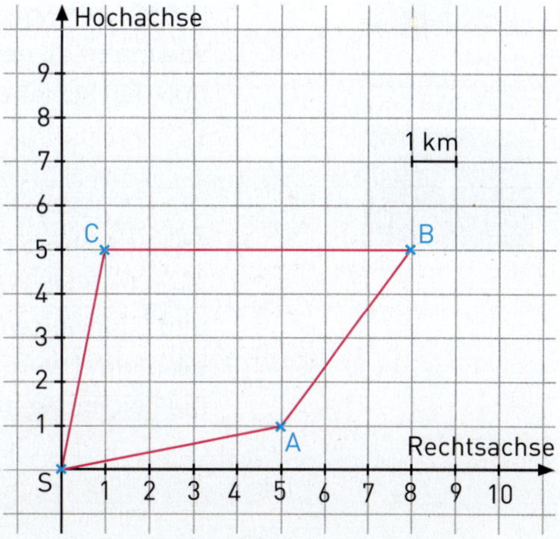

6. Trage in ein Koordinatensystem fünf Punkte ein, bei denen jeweils die 1. Koordinate um 2 größer ist als die 2. Koordinate. Was fällt auf?

7. Der New Yorker Stadtteil Manhattan hat ein regelmäßig aufgebautes Straßensystem. Die Streets verlaufen in Ost-West-Richtung, die Avenues in Nord-Süd-Richtung. Beide sind durchnummeriert.

- Der Eingang zum Hauptbahnhof (Grand Central Terminal) ist an der Ecke 42nd Street / 4th Avenue. Finde ihn auf der Karte.
- Wo befindet sich das Empire State Building?
- Welche Gründe sprechen für eine solche Benennung der Straßen?

Hydrant
Wasserzapfstelle an der Straße

Schieber
Riegel zum Öffnen und Schließen einer Leitung

8. a) Die Schilder geben die Lage eines Hydranten H und eines Schiebers (GS) für eine Gasleitung an. Die Rohrdurchmesser betragen 80 mm bzw. 50 mm. Die übrigen Angaben sind in m. Wie musst du gehen, um den Hydranten und den Schieber zu finden?

b) An der Stelle O sollen Schilder aufgestellt werden, die auf die Hydranten bei A, B und C hinweisen. Wie müssen sie beschriftet werden? Die Zeichnung hat den Maßstab 1 : 200.

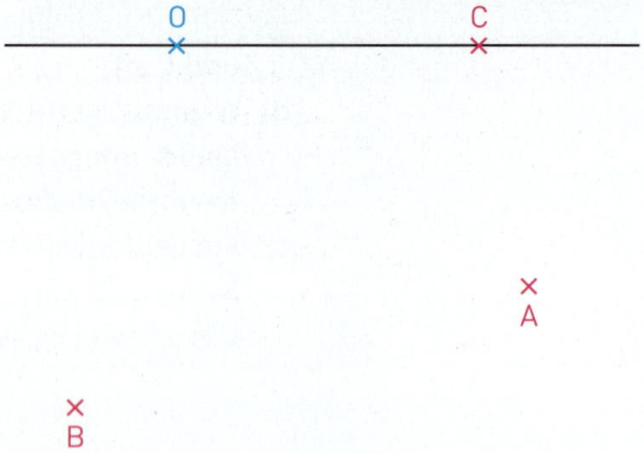

3.3 Geraden – Beziehungen zwischen Geraden

3.3.1 Geraden

Einstieg

Wenn du ein Zeichenblatt faltest, entsteht eine *Faltlinie*. Eine Faltlinie ist eine gerade Linie; du kannst sie deshalb mit Lineal und Bleistift von Rand zu Rand nachzeichnen.

Rechts siehst du ein Blatt mit vier Faltlinien a, b, c und d.

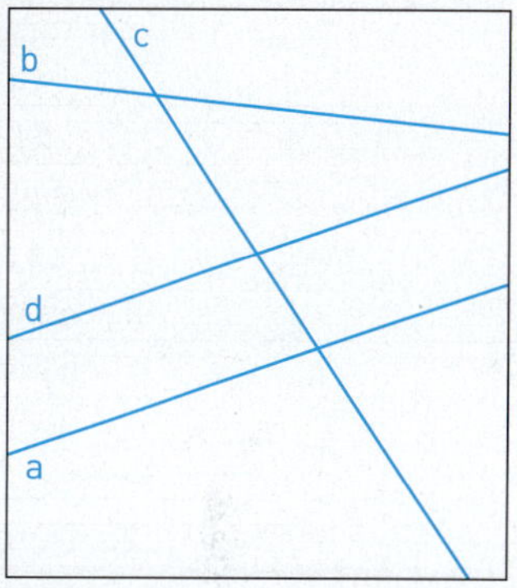

- Welche der Faltlinien *schneiden* (treffen) sich auf dem abgebildeten Blatt?
- Pause die Faltlinien auf ein größeres Blatt Papier durch und falte wieder.
  Welche Faltlinien schneiden sich jetzt? Markiere jeweils den *Schnittpunkt*.
- Denke dir nun das Zeichenblatt nach allen Seiten unbegrenzt fortgesetzt und damit auch die Faltlinien über die Ränder des Zeichenblattes hinaus beliebig verlängert.
  Was kann man nun über die Schnittpunkte sagen?

Information

(1) Gerade

Eine gerade Linie, die man sich über das Zeichenblatt hinaus beliebig verlängert denkt, nennen wir **Gerade**.

> Eine **Gerade** ist eine gerade Linie, die nach beiden Seiten unbegrenzt ist.
> Geraden bezeichnen wir meistens mit kleinen Buchstaben wie g, h, ...
> Die Gerade durch die beiden Punkte P und Q bezeichnen wir mit PQ oder QP. Wir sagen auch: „Die Gerade geht durch die Punkte P und Q."
> Will man die Lage der Punkte P und Q beschreiben, so sagt man: „P und Q liegen auf der Geraden PQ."
>
> 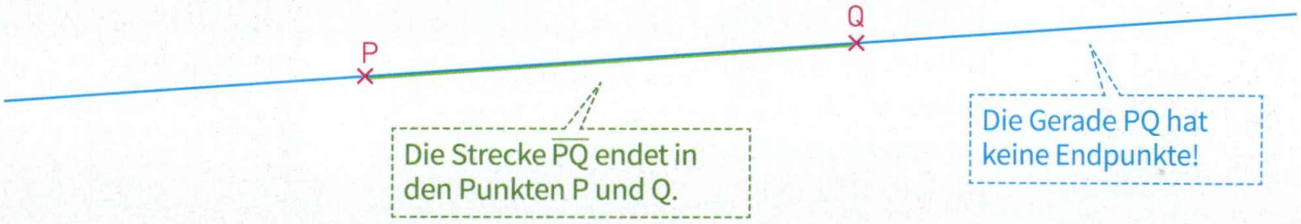
>

Beachte: Du kannst eine Gerade nie vollständig zeichnen, sondern immer nur ein kleines Stück von ihr. Um das zu verdeutlichen, markieren wir keine Endpunkte. Geraden haben im Gegensatz zu Strecken keine Länge.

(2) Schnittpunkt von Geraden

Die beiden rechts gezeichneten Geraden haben einen gemeinsamen Punkt. Man sagt auch: Sie schneiden sich. Den gemeinsamen Punkt nennt man **Schnittpunkt**.

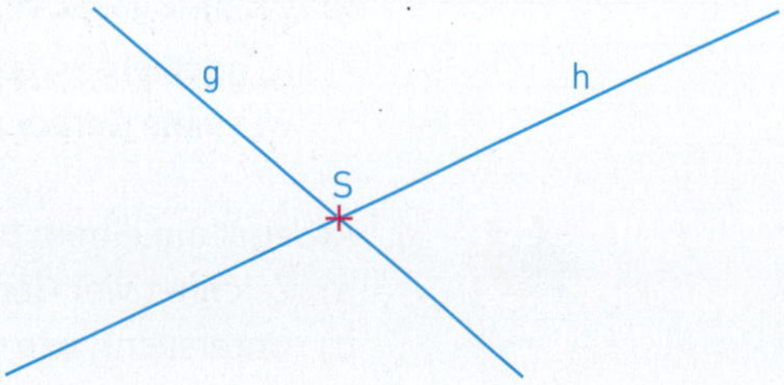

Übungsaufgaben

1.

a) Wozu wird im linken Bild die Schnur benutzt? Worauf muss man achten?

b) Wie kann man überprüfen, ob die Bäume im rechten Bild in einer geraden Linie stehen? Nenne zwei verschiedene Möglichkeiten.

2. Durch zwei Punkte kannst du stets eine Gerade zeichnen. Benenne diese Geraden. Auf welchen Geraden liegen drei oder noch mehr der eingezeichneten Punkte?

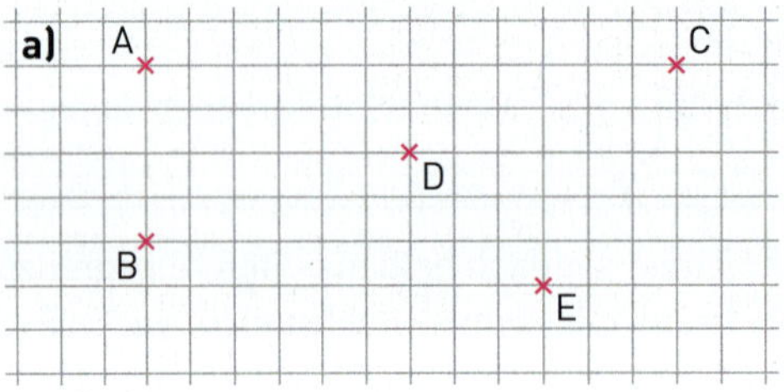

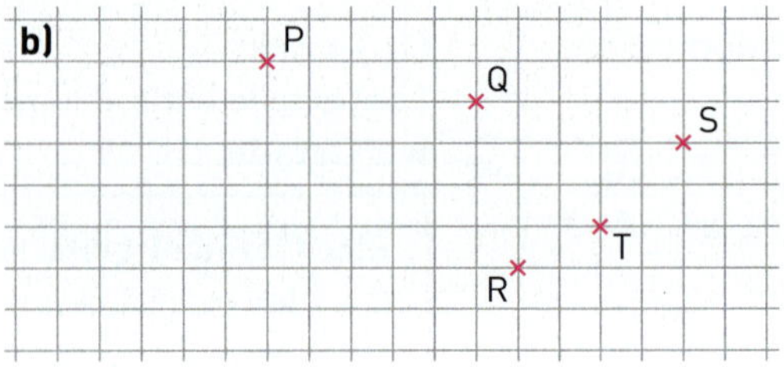

3. Bestimme die gemeinsamen Punkte
(1) von AC und BD,
(2) von AC und $\overline{BD}$,
(3) von AB und CD,
(4) von $\overline{AB}$ und $\overline{CD}$,
(5) von $\overline{AB}$ und AC,
(6) von AB und BC.

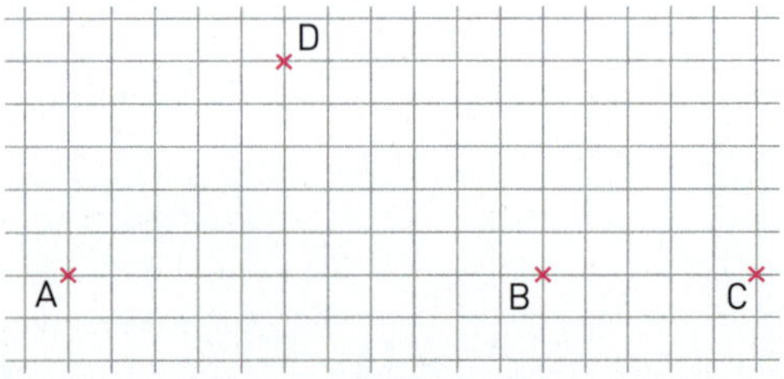

4. Zeichne in ein Koordinatensystem die Punkte A (3 | 2), B (13 | 4), C (15 | 10) und D (5 | 12) und alle Verbindungsgeraden. In welchem Punkt schneidet die Gerade DB die Rechtsachse?

5. a) Zeichne fünf Punkte so in dein Heft, dass drei von ihnen auf einer Geraden liegen und es noch eine weitere Gerade gibt, auf der drei dieser fünf Punkte liegen.

b) Zeichne sechs Punkte so in dein Heft, dass vier von ihnen auf einer Geraden liegen und es noch eine weitere Gerade gibt, auf der genau drei dieser Punkte liegen. Wie viele Geraden gibt es, auf denen genau zwei dieser Punkte liegen?

6. Arbeitet auf einem Blatt Papier oder benutzt ein DGS.

a) Zeichnet vier Geraden so, dass sich möglichst viele Schnittpunkte ergeben.

b) Untersucht, wie viele Schnittpunkte 2 [3; 4; 5; 6] Geraden höchstens haben können. Notiert euer Ergebnis in einer Tabelle.

c) Welche Regelmäßigkeit entdeckt ihr? Begründet.

3.3.2 Zueinander orthogonale Geraden

Einstieg

Rechts seht ihr einen kleinen Ausschnitt aus dem Stadtplan von Mainz. An welchen Kreuzungen haben Autofahrer einen besonders guten Einblick in die quer verlaufende Straße?

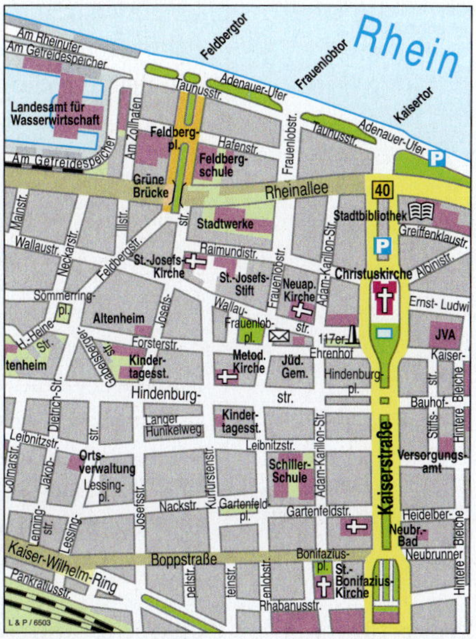

Aufgabe 1

Zueinander orthogonale Geraden

Nimm einen unregelmäßig umrandeten Notizzettel und falte ihn zweimal wie im Bild.
Die beiden Faltlinien bestimmen zwei Geraden, nenne sie g und h.
Beschreibe die Lage der Geraden zueinander.

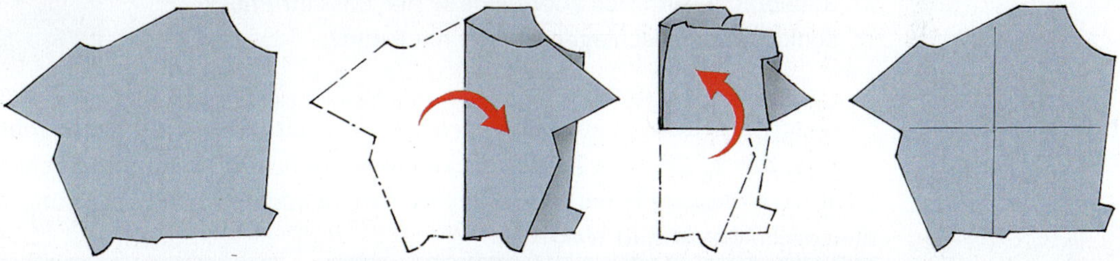

Lösung

Faltet man das Papier wieder auseinander, so erkennt man, dass die Geraden g und h sich in besonderer Weise schneiden. Sie treffen aufeinander wie benachbarte Seiten eines Rechtecks. Dies kannst du auch durch Anlegen eines Geodreiecks überprüfen.

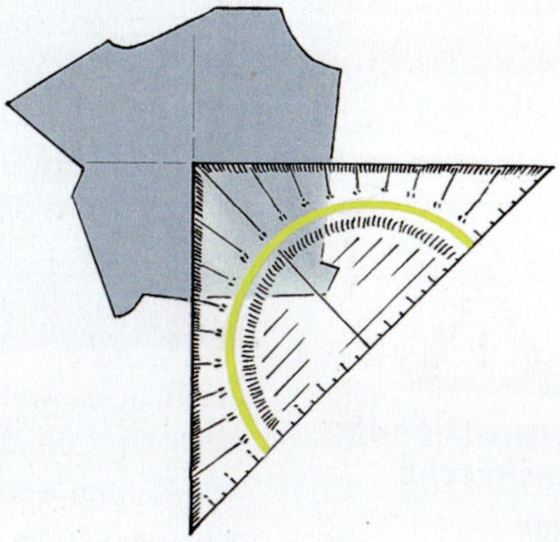

Information

Zueinander orthogonale Geraden

orthogonal (griech.)
rechtwinklig

Zwei sich schneidende Geraden heißen **orthogonal** zueinander, wenn beim Falten an einer der beiden Geraden die beiden Teile der anderen Geraden aufeinander fallen.
Mit dem Geodreieck kann man bequem zueinander orthogonale Geraden zeichnen.

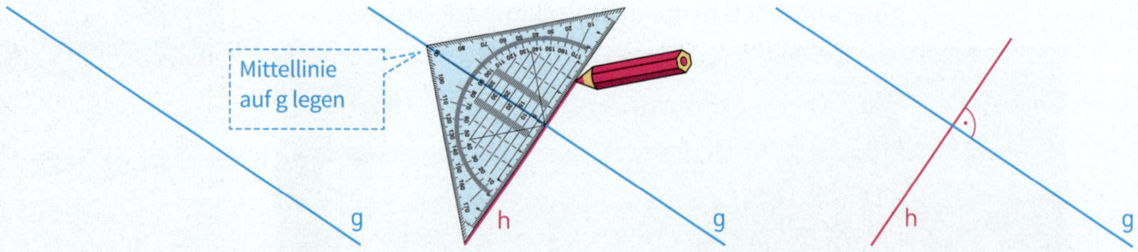

Sind zwei Geraden g und h orthogonal zueinander, so schreiben wir dafür kurz $g \perp h$, gelesen: *g ist orthogonal zu h.* In der Zeichnung verwenden wir das Zeichen ⊾.
Sind zwei Geraden g und h *nicht* orthogonal zueinander, so schreiben wir $g \not\perp h$.
Sind zwei Geraden g und h orthogonal zueinander, so sagt man häufig auch:
g ist **senkrecht zu** h.

Weiterführende Aufgaben

„Senkrecht" und „senkrecht zu"

2. Bei der Neugestaltung eines Schulgartens sollen Mia und Peter in den schrägen Hang am Ende des Grundstücks Pflöcke senkrecht in den Boden schlagen, damit neu gepflanzte Sträucher daran befestigt werden können. Mia und Peter haben ihre Pflöcke jedoch ganz unterschiedlich angebracht, sind sich aber beide sicher, dass ihr Pflock senkrecht eingeschlagen ist. Wer hat Recht?

Information

Der Begriff „senkrecht zu" kann leicht verwechselt werden mit „senkrecht".
Ob eine Kante, z. B. eine Mauer, senkrecht verläuft, prüft man mit einem Senklot. Der Begriff „senkrecht" beschreibt die Lage *einer* Strecke (Geraden). Um Verwechslungen zu vermeiden, sagt man auch *lotrecht* statt *senkrecht*.

Im Alltag verwendet man oft eine Wasserwaage statt eines Senklots. Mit ihr kann man nicht nur überprüfen, ob eine Kante senkrecht verläuft, sondern auch, ob eine Kante waagerecht verläuft. Zwei Kanten, von denen eine senkrecht (lotrecht) und die andere waagerecht verläuft, sind senkrecht zueinander. Umgekehrt gibt es aber Kanten, die senkrecht zueinander sind, von denen aber keine der beiden senkrecht ist. Der Begriff „senkrecht zu" beschreibt die Lage *zweier* Geraden *zueinander*. Um Verwechslungen zu vermeiden, sagt man *„orthogonal zu"* statt *„senkrecht zu"*.

Abstand eines Punktes von einer Geraden

3. Juri badet noch im See, als seine Freunde schon gehen wollen. Welchen Weg muss er nehmen, um möglichst schnell auf den Steg zu gelangen?
Zeichne dazu in deinem Heft mehrere Möglichkeiten und vergleiche.

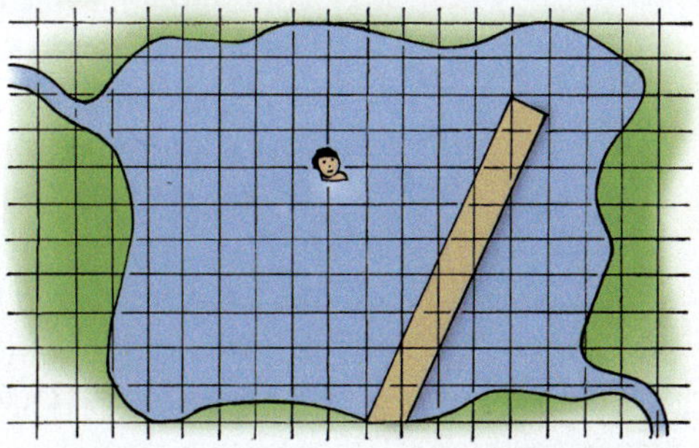

Information

(1) Abstand eines Punktes von einer Geraden

Die Länge der *kürzesten* Verbindungslinie von einem Punkt P zu einer Geraden g nennt man den **Abstand** des Punktes von der Geraden.
Um den Abstand des Punktes P von der Geraden zu bestimmen, zeichnet man zunächst die zu g orthogonale Gerade durch den Punkt P. Diese Gerade nennt man die **Orthogonale zu der Geraden g durch den Punkt P.**
Statt Orthogonale sagt man auch **Senkrechte**.
Die Länge der Strecke vom Punkt P bis zum Schnittpunkt F der beiden Geraden ist der gesuchte Abstand.

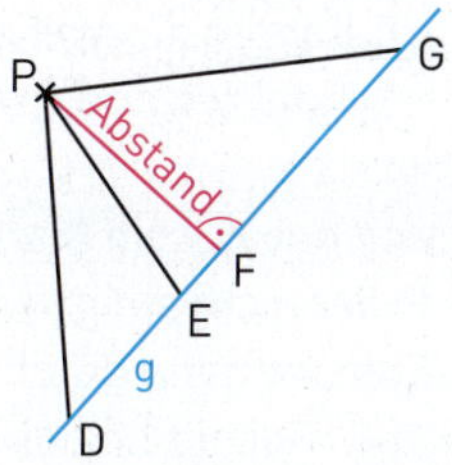

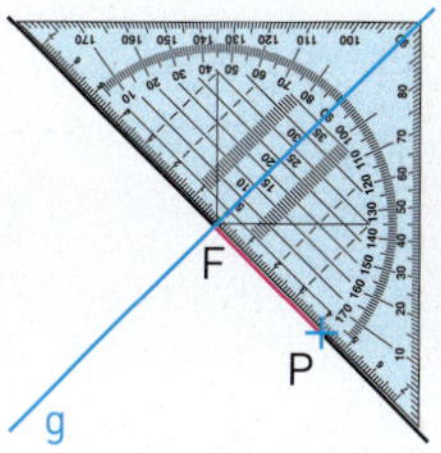

(2) Abstand zweier Punkte
Man spricht auch von dem Abstand zweier Punkte. Das ist hier die Länge der kürzesten Verbindungslinie, also die Länge der Verbindungsstrecke.

Übungsaufgaben

4. **a)** Finde im Klassenraum oder in deiner Umwelt gerade Linien, die zueinander orthogonal sind.
b) Finde auf dem Geodreieck zueinander orthogonale Linien.
c) Wofür verwendet man einen Anschlagwinkel im Bild rechts?

5. Zeichne die Geraden AB und CD. Prüfe, ob sie orthogonal zueinander sind.
Schreibe z.B. $AB \perp CD$ bzw. $AB \not\perp CD$.
a) A(2|3); B(7|8); C(1|9); D(8|2)
b) A(1|5); B(6|9); C(0|10); D(8|1)
c) A(2|9); B(8|5); C(1|5); D(7|14)
d) A(1|9); B(7|4); C(2|0); D(7|7)

6. Sammle Körper, bei denen zueinander orthogonale Kanten vorkommen. Zähle bei jedem Körper, wie viele Kanten keine dazu orthogonale Kante haben.
Tausche die Körper mit deinem Nachbarn aus. Vergleiche, ob der Partner die gleiche Zahl nicht zueinander orthogonaler Kanten findet.

7. **a)** Zeichne ab und fahre entsprechend weiter fort.
b) Was ändert sich, wenn man mit nur 4 [nur 3; nur 2] Geraden durch einen gemeinsamen Punkt beginnt?

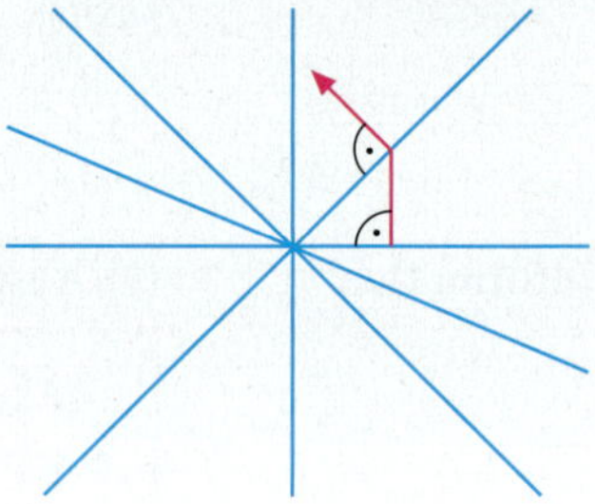

8. **a)** Finde im Klassenraum orthogonale und waagerechte Linien.
b) Kannst du zwei zueinander orthogonale Linien an die Tafel zeichnen, die beide nicht orthogonal sind?

9. Zeichne auf ein Blatt Papier eine Gerade g und einen Punkt P, der nicht auf g liegt.
Erzeuge dann durch Falten die Orthogonale zu g durch P und beschreibe deine Vorgehensweise.

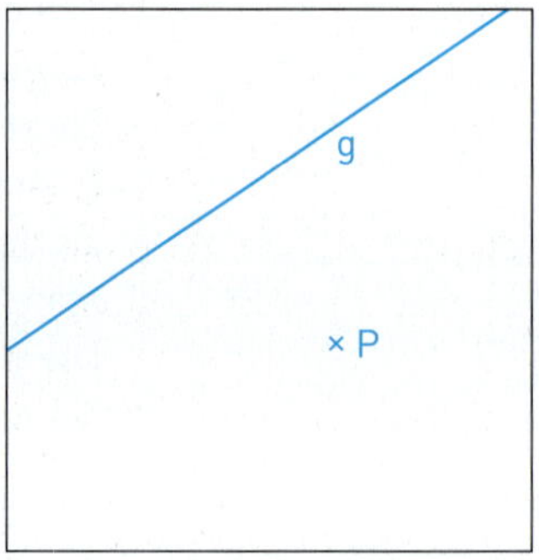

10. Zeichne die Gerade durch die Punkte A (3 | 6) und B (12 | 3). Zeichne anschließend durch den Punkt C (6 | 5) die Orthogonale zu der Geraden AB. Gib zwei Punkte auf der Orthogonalen an. Einer soll unterhalb und einer oberhalb von AB liegen.

11. Zeichne in ein Koordinatensystem mit der Einheit 1 cm die Gerade AB und bestimme den Abstand des Punktes C von der Geraden.

a) A (0 | 4); B (9 | 2); C (5 | 7)	**c)** A (2 | 3); B (6 | 7); C (8 | 9)	**e)** A (1 | 1); B (7 | 6); C (4 | 4)
b) A (1 | 9); B (7 | 8); C (2 | 3)	**d)** A (3 | 4); B (5 | 6); C (1 | 1)	**f)** A (0 | 1); B (2 | 3); C (4 | 4)

12. Eltern ermahnen ihre Kinder, „richtig über die Straße zu gehen".
a) Beschreibe diesen Weg in der Sprache der Geometrie.
b) Erläutere, warum dieser Weg der „richtige" ist.

13. Zeichne die Punkte A (1 | 1), B (6 | 1), C (4 | 7) und P (4 | 3). Von welcher der Geraden AB, BC und AC hat P den kleinsten Abstand?

14. Zeichne einen Punkt P und dann möglichst viele Geraden, die von P den Abstand 3 cm haben. Welchen Eindruck erweckt das fertige Bild?

3.3.3 Zueinander parallele Geraden – Besondere Vierecke

Einstieg

Nimm ein Blatt Papier und falte es in der abgebildeten Art und Weise dreimal. Die erste und die letzte Faltlinie bestimmen zwei Geraden. Nenne sie g und h. Beschreibe ihre Lage zueinander.

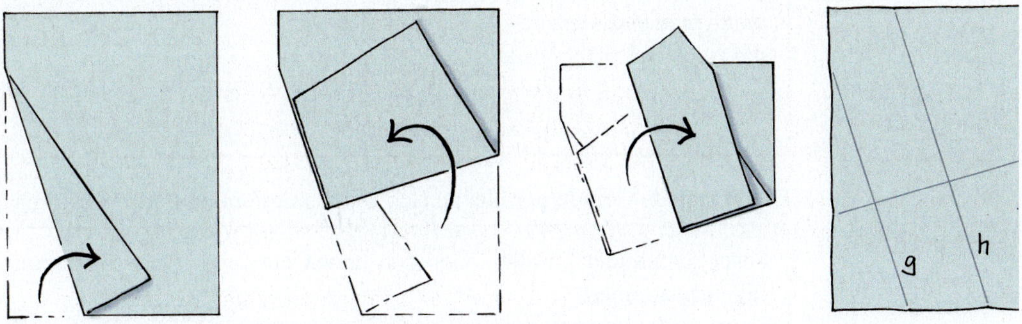

Einführung

Florian und Sarah wollen ein Stück eines Eisenbahngleises zeichnen. Alle Punkte der zweiten Schiene müssen den gleichen Abstand von der ersten Schiene haben. Dieser Abstand heißt Spurweite. Bei der Modellgröße TT beträgt die Spurweite 12 mm.

Florian zeichnet an mehreren Stellen die Orthogonale zur ersten Schiene ein. Auf ihnen markiert er jeweils die Punkte mit 12 mm Abstand zur ersten Schiene. Anschließend zeichnet er die Gerade, auf der alle diese Punkte liegen.

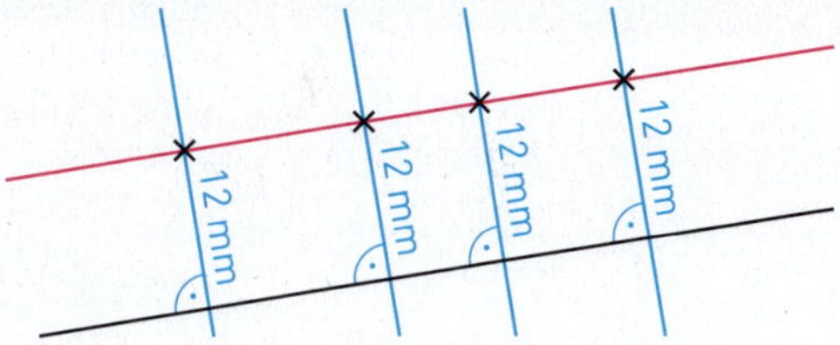

Sarah fällt auf: „Das lässt sich doch viel einfacher lösen. Zeichne nur eine Orthogonale zur ersten Schiene. Dann zeichnest du zu dieser Orthogonalen eine Orthogonale durch den Punkt mit 12 mm Abstand."

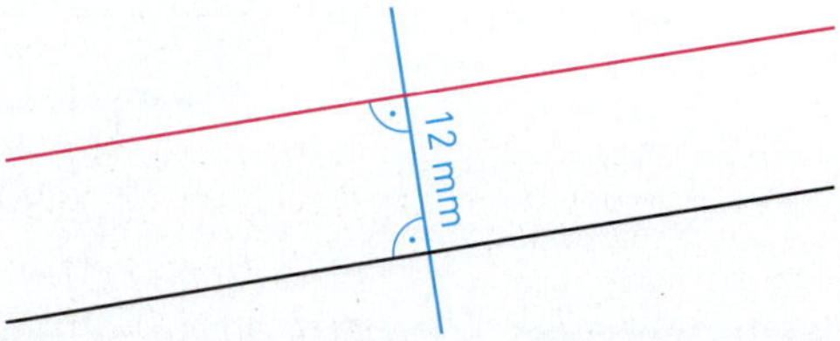

Information

(1) Parallelität von Geraden

Florian hat zum Zeichnen der zweiten Schiene ausgenutzt, dass sie überall denselben Abstand von der ersten Schiene hat.

parallel (griech.) gleichlaufend, gleichgerichtet, genau entsprechend

Zwei Geraden g und h heißen **parallel** zueinander, wenn alle Punkte auf g denselben Abstand von h haben und umgekehrt.
Sind zwei Geraden g und h parallel zueinander, so schreiben wir dafür kurz:
$g \parallel h$
Sind zwei Geraden g und h *nicht* parallel zueinander, so schreiben wir dafür:
$g \nparallel h$

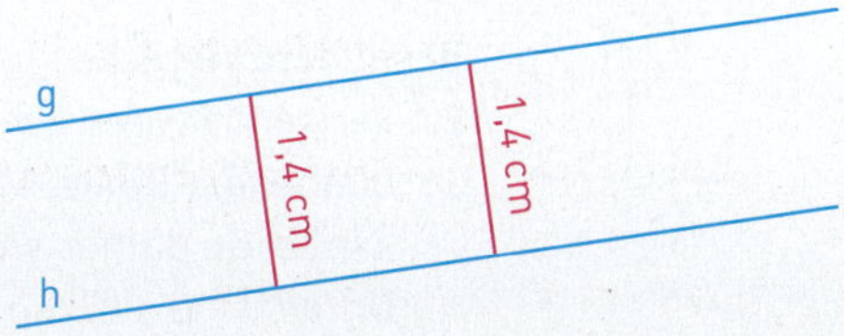

(2) Parallelität und Orthogonalität

Sarah hat zum Zeichnen der zweiten Schiene ausgenutzt, dass beide Schienen orthogonal zu einer Eisenbahnschwelle sind.

> Zwei Geraden sind parallel zueinander, wenn man eine weitere Gerade finden kann, die zu beiden orthogonal ist.

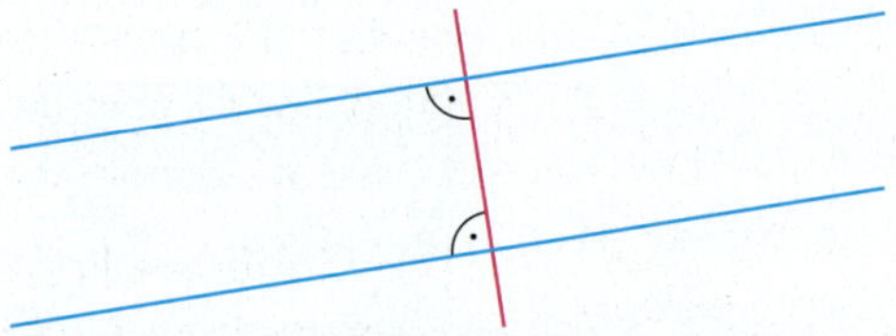

Damit ist jede Gerade parallel zu sich selbst mit dem Abstand 0. Daraus ergibt sich dann:

> Zwei zueinander parallele Geraden haben entweder keinen gemeinsamen Punkt oder sie fallen zusammen.

(3) Zeichnen zueinander paralleler Geraden mit dem Geodreieck

Mit dem Geodreieck kannst du auf verschiedene Weisen zueinander parallele Geraden zeichnen: Du kannst die auf dem Geodreieck eingezeichneten Parallellinien verwenden wie in Bild (1). Reichen die Parallellinien nicht aus, so musst du bei diesem Vorgehen zunächst eine Hilfsparallele (oder mehrere) zeichnen. Einfacher kannst du in diesem Fall die beiden Parallelen mithilfe einer gemeinsamen Orthogonalen zeichnen wie in Bild (2).

(1)

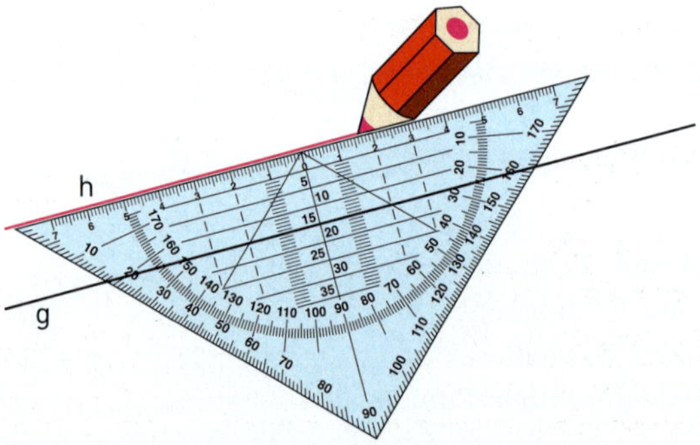

(2)

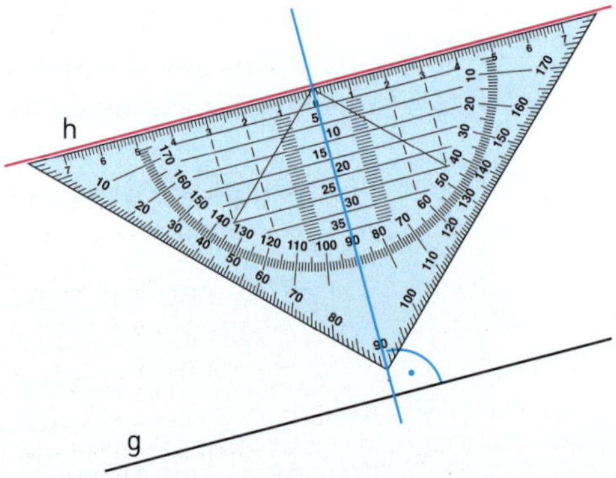

Weiterführende Aufgaben

Parallele zu einer Geraden durch einen Punkt

1. Zeichne eine Gerade AB und einen Punkt P, der nicht auf g liegt. Zeichne anschließend die Parallele zu AB durch P. Beschreibe zwei verschiedene Möglichkeiten für dein Vorgehen.
a) A(1|2); B(7|3); P(5|5) **b)** A(2|4); B(3|9); P(7|0)

Besondere Vierecke

2. Verwende einen Streifen Papier von gleich bleibender Breite. Mit zwei Schnitten kannst du daraus Vierecke herstellen. Untersuche, welche besonderen Vierecke du so erzeugen kannst. Beschreibe ihre Eigenschaften.

Information

(1) Rechteck und Quadrat als besondere Vierecke

Vierecke mit zueinander orthogonalen Seiten kennst du schon.

Jedes Viereck, bei dem benachbarte Seiten jeweils senkrecht zueinander sind, nennen wir ein **Rechteck**.
An dieser Eigenschaft erkennst du das Rechteck.

Jedes Rechteck, bei dem alle vier Seiten gleich lang sind, nennen wir ein **Quadrat**.
An dieser Eigenschaft erkennst du das Quadrat.

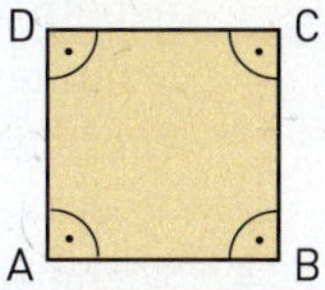

Quadrate sind also besondere Rechtecke.
Eine weitere Eigenschaft aller Rechtecke ist:
Einander gegenüber liegende Seiten sind jeweils parallel zueinander und gleich lang.

(2) Parallelogramme als besondere Vierecke

Jedes Viereck, bei dem die gegenüberliegenden Seiten jeweils parallel zueinander sind, nennen wir ein **Parallelogramm**.
An dieser Eigenschaft erkennst du das Parallelogramm.

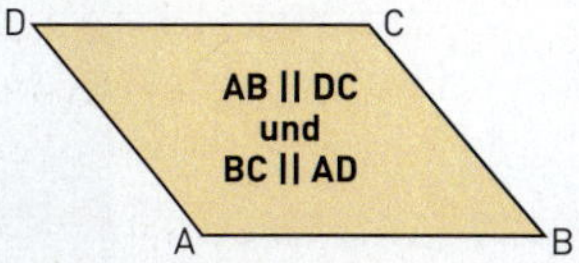

Rechtecke sind also besondere Parallelogramme.
Eine weitere Eigenschaft von Parallelogrammen ist:
Einander gegenüberliegende Seiten sind jeweils gleich lang.

(3) Rauten als besondere Parallelogramme

Jedes Parallelogramm, bei dem alle vier Seiten gleich lang sind, nennen wir eine **Raute** (einen *Rhombus*).
An dieser Eigenschaft erkennst du die Raute.

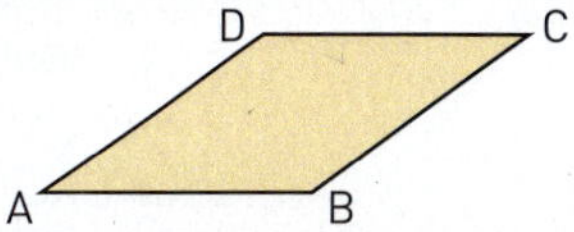

Quadrate sind also besondere Rauten.

(4) Trapeze als besondere Vierecke

Ein Viereck, bei dem wenigstens zwei gegenüberliegende Seiten parallel zueinander sind, heißt **Trapez**.
Die beiden zueinander parallelen Seiten heißen **Grundseiten**, die beiden anderen Seiten heißen **Schenkel**.

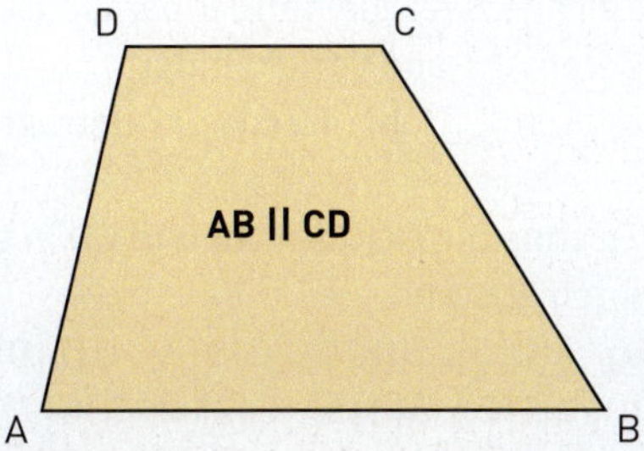

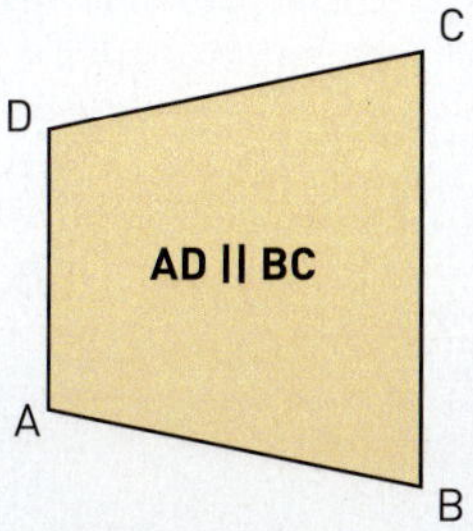

Parallelogramme sind somit besondere Trapeze.

Übungsaufgaben

3. Zeichne zwei Geraden, die keinen Schnittpunkt haben. Beschreibe ihre Lage zueinander.

4. Findet im Klassenzimmer bzw. in eurer Umwelt gerade Linien, die parallel zueinander sind.

5. Beschreibe den Ausschnitt aus dem nebenstehenden Stadtplan der Mannheimer Innenstadt.
Wie liegen die Straßen zueinander?

6. Suche auf deinem Geodreieck zueinander parallele Linien. Bestimme ihren Abstand voneinander.

7. Zeichne ab. Vereinfache dabei die Latten zu Strecken.

Jägerzaun

Der Jägerzaun, auch Scherengitter- oder Kreuzzaun genannt, wird in manchen Gegenden sehr gerne beim Privathausbau angelegt. Der Zaun besteht aus sich x-förmig kreuzenden Halbrundprofilplatten, die an zwei Querbalken befestigt sind.
Ursprünglich stammen solche Holzzäune wie der Jägerzaun aus holzreichen Gegenden, wo sie zum Schutz gegen Wild preiswerte Einfriedungen für Nutzflächen waren. Jägerzäune werden heute aus vorgefertigten, ausziebaren Zaunfeldern hergestellt, wobei die Zaunpfähle etwa im Abstand von 2,8 m gesetzt werden.

8. Welche Kanten der Kerzen rechts sind parallel zueinander?

9. Zeichne eine Gerade g und mehrere Punkte, die alle den gleichen Abstand 3 cm von dieser Geraden haben. Wo liegen alle diese Punkte?

10. Zeichne zwei zueinander parallele Geraden, deren Abstand voneinander
a) 3 cm, b) 4,3 cm beträgt.

11. Zeichne die Geraden AB und CD in ein Koordinatensystem mit der Einheit 1 cm. Bestimme ihren Abstand.
a) A(0|5); B(5|0); C(0|7); D(7|0)
b) A(1|2); B(4|5); C(3|4); D(6|7)
c) A(1|3); B(3|3); C(4|4); D(6|4)
d) A(2|3); B(5|6); C(0|5); D(6|11)

12. Zeichne eine Gerade g. Zeichne dann zwei zu g orthogonale Geraden h und i. Beschreibe die Lage von h und i zueinander.

13. Eine Gärtnerin will Johannisbeersträucher in zwei Reihen anpflanzen. Die Reihen sollen den Abstand 1,20 m haben. Dazu benutzt sie Pflöcke und Spannseile. Beschreibt, wie sie das machen kann. Ihr könnt dazu auch zeichnen.

14. Daniel und Julia sollten jeweils drei Geraden so zeichnen, dass sie keinen bzw. einen bzw. zwei bzw. drei Schnittpunkte aufweisen.
Was meinst du zu ihren Zeichnungen?

Daniel:

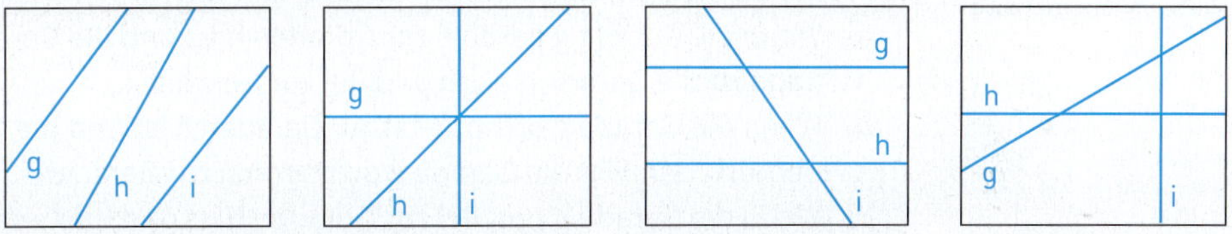

Julia:

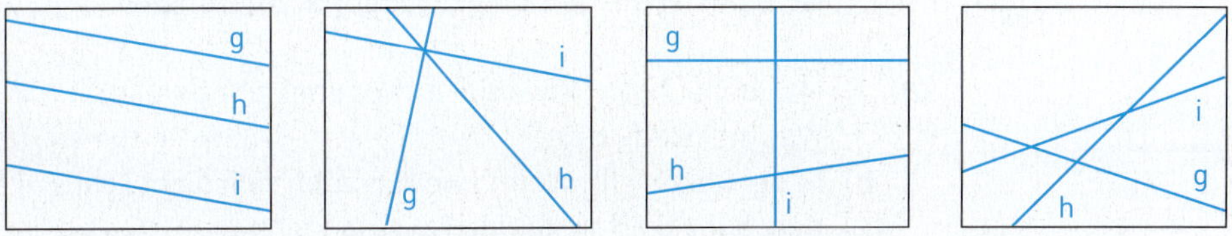

15. Zeichne ein Dreieck ABC. Zeichne dann durch jeden Eckpunkt die Gerade, die parallel zur gegenüberliegenden Dreieckseite ist.

16. Wie liegen die Geraden AB und CD zueinander? Notiere mit den entsprechenden Zeichen. Bestimme bei den zueinander parallelen Geraden ihren Abstand in einem Koordinatensystem mit der Einheit 1 cm.

a) A(1|3); B(5|7); C(6|0); D(10|4)
b) A(0|0); B(6|2); C(1|3); D(5|6)
c) A(1|8); B(5|3); C(2|4); D(7|8)
d) A(0|7); B(2|5); C(5|5); D(3|4)

17. Zeichne eine 1 cm lange Strecke. Zeichne an einem Endpunkt eine dazu orthogonale Strecke von 1,5 cm Länge.
An deren Endpunkt zeichnest du wieder eine dazu senkrechte Strecke der Länge 2 cm.
Fahre so fort.
Wie liegen die Strecken zueinander?

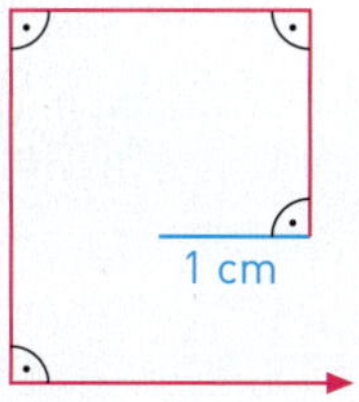

Das kann ich noch!

A) Berechne und beachte dabei Rechenvorteile. Welche Rechengesetze verwendest du?

1) 69 + 86 + 31 + 114
2) 164 + 27 + 200 + 73 + 536
3) 234 + 567 + 433 + 766
4) 45 000 + 177 000 + 55 000 + 223 000
5) 8 999 + 2 333 + 7 667 + 1 001
6) 123 456 789 + 987 654 321 + 876 543 211

B) Berechne. Welche Besonderheit haben alle Ergebnisse?

1) 9 975 − 8 754
2) 14 677 − 12 345
3) 63 430 − 59 987
4) 255 612 − 45 600

18. Zeichne ein großes Dreieck ABC. Wähle einen Punkt auf der Seite $\overline{AB}$ und zeichne von ihm aus eine Parallele zur Seite $\overline{AC}$ bis hin zur Seite $\overline{BC}$. Von diesem Punkt aus zeichnest du eine Parallele zu einer Dreieckseite bis hin zur anderen. Fahre so fort, bis du am Anfangspunkt wieder angelangt bist. Vergleiche die Länge dieses Rundweges im Dreieck mit dem Dreiecksumfang.
Wiederhole die Aufgabe mit anderen Startpunkten auf der Seite $\overline{AB}$.

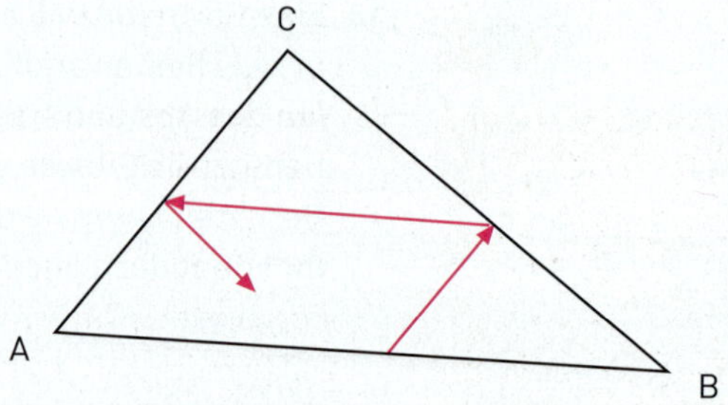

19. Mache dir die Behauptungen an Skizzen klar und überprüfe die Richtigkeit.
- **a)** Wenn die Gerade g parallel zur Geraden h ist und die Gerade h parallel zur Geraden i, dann ist die Gerade g auch parallel zur Geraden i.
- **b)** Wenn die Gerade g orthogonal zur Geraden h ist und die Gerade h orthogonal zur Geraden i ist, dann ist die Gerade g orthogonal zur Geraden i.
- **c)** Wenn die Gerade g parallel zur Geraden h ist und die Gerade h orthogonal zur Geraden i ist, dann ist die Gerade g orthogonal zur Geraden i.

20. a) Max behauptet: „Zweimal orthogonal gibt parallel.“ Was meinst du dazu?
b) In der Ebene gilt: Wenn zwei Geraden sich nicht schneiden, dann sind sie parallel zueinander.
Gilt dies auch im Raum? Begründe.

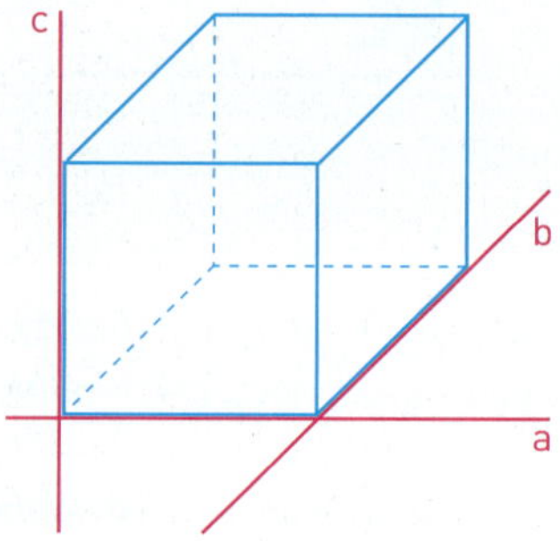

21. Zwei verschiedene Geraden haben entweder einen oder keinen Schnittpunkt. Untersuche, wie viele Schnittpunkte bei 3 [4; 5] verschiedenen Geraden vorkommen können.

22. Zeichne zwei sich schneidende Geraden. Zeichne alle Punkte, die
- **a)** von beiden Geraden einen Abstand von 3 cm haben;
- **b)** von beiden Geraden einen Abstand von mindestens 3 cm haben;
- **c)** von beiden Geraden einen Abstand von höchstens 3 cm haben.

23. In den Bildern sieht es so aus, als ob nicht auf Parallelität und Orthogonalität geachtet wurde. Zeichnet genau ab.
Entwerft selber *optische Täuschungen*; hängt sie im Klassenraum aus.

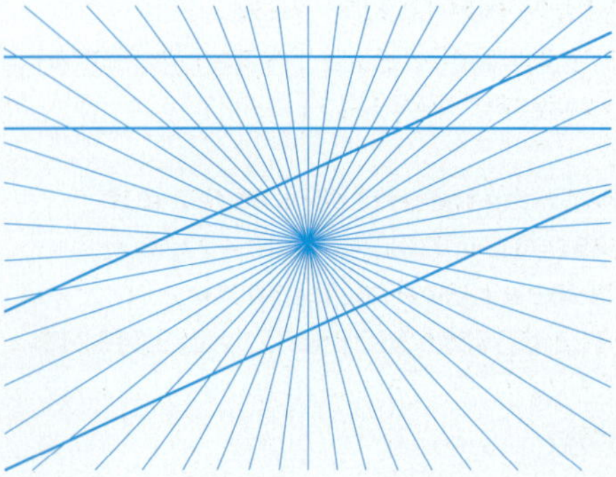

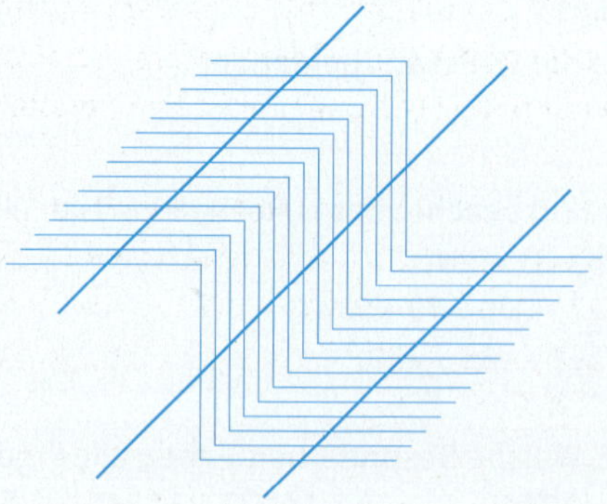

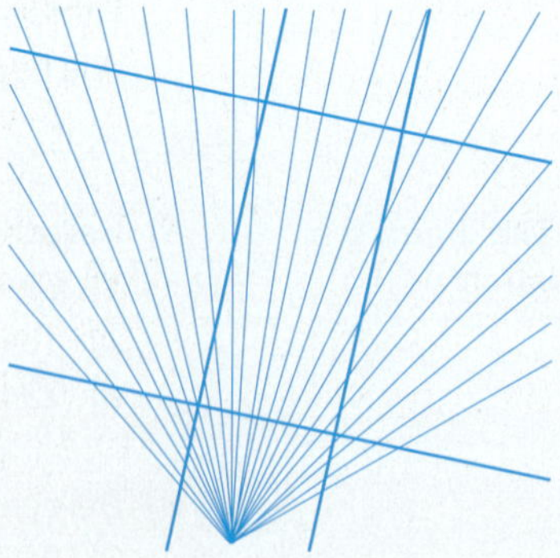

24. Erkundet, wo ihr in eurer Umwelt besondere Vierecke findet. Gestaltet ein Plakat damit.

25. Um welches besondere Viereck handelt es sich jeweils?
Stelle deine Antworten im Heft in einer Tabelle zusammen.
Begründe sie auch.

Viereck	(1)	(2)
Parallelogramm	ja	
Rechteck	ja	
Quadrat	nein	
Raute	nein	
Trapez	ja	

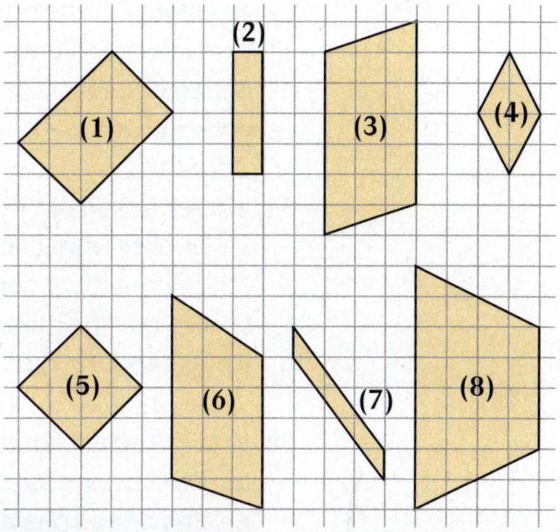

26. Falte aus einem unregelmäßig geformten Stück Papier ein Rechteck.

27. Zeichne das Viereck ABCD in ein Koordinatensystem mit der Einheit 1 cm. Welches besondere Viereck liegt vor? Bestimme den Umfang. Miss auch beide Diagonalen.

a) A(0|5); B(5|0); C(10|5); D(5|10)
b) A(1|6); B(5|2); C(8|1); D(4|5)
c) A(0|2); B(3|1); C(5|7); D(2|8)
d) A(9|0); B(5|3); C(0|3); D(4|0)
e) A(1|4); B(5|0); C(5|3); D(3|5)
f) A(1|2); B(4|2); C(6|7); D(1|7)

28. Miss bei den Vierecken die Längen der Diagonalen. In welchen Fällen sind die Diagonalen zueinander orthogonal? Um welche Art von Vierecken handelt es sich?

a) A(5|1); B(9|5); C(5|9); D(1|5)
b) A(2|0); B(7|5); C(6|7); D(0|2)
c) A(2|3); B(8|3); C(7|6); D(1|6)
d) A(2|7); B(4|3); C(6|7); D(4|11)

29. Zeichne zwei verschiedene Trapeze, bei denen die zueinander parallelen Seiten 6 cm und 4 cm lang sind.

30. **a)** Zeichne drei verschiedene Parallelogramme, die keine Rechtecke sind, mit den Seitenlängen 3 cm und 5 cm. Bestimme die Umfänge der Parallelogramme. Was kannst du über den Abstand der zueinander parallelen Seiten aussagen?

b) Zeichne ein Quadrat mit der Seitenlänge 4,5 cm. Bestimme den Umfang des Quadrats. Was kannst du über den Abstand der zueinander parallelen Seiten aussagen?

c) Zeichne eine Raute, die kein Quadrat ist. Bestimme den Umfang der Raute. Was kannst du über den Abstand der zueinander parallelen Seiten aussagen?

31. Zeichne die Punkte A, B, C in ein Koordinatensystem mit der Einheit 1 cm. Zeichne dann einen weiteren Punkt D so, dass ABCD ein Parallelogramm ist.
Bestimme den Umfang und untersuche, ob ein besonderes Parallelogramm entsteht.

a) A(1|6); B(6|1); C(11|6)
b) A(2|7); B(6|3); C(9|2)
c) A(1|3); B(4|2); C(6|8)
d) A(10|1); B(6|4); C(1|4)

32. Übertrage das Dreieck in dein Heft.
Vervollständige es dann auf mehrere Arten zu einem Parallelogramm.
Miss jeweils, wie weit die beiden längeren Seiten des Parallelogramm voneinander entfernt sind.

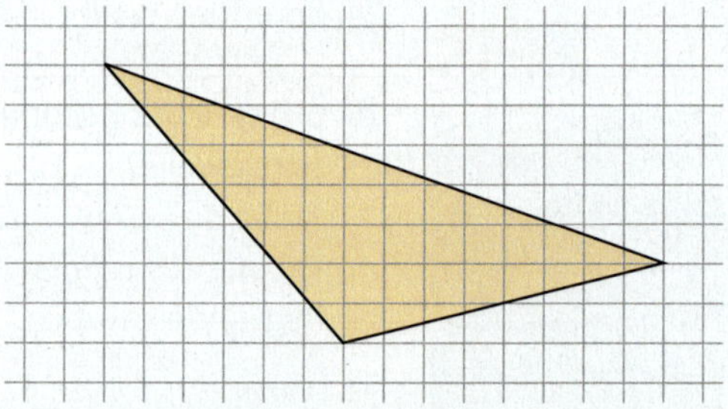

33. a) Zeichne in ein Koordinatensystem die Punkte A(3|3) und B(6|3) ein.
Zeichne zwei weitere Punkte C und D so, dass ein Quadrat ABCD entsteht.
Gib die Koordinaten von C und D an.
b) Wiederhole die Teilaufgabe a) für die Punkte A(5|1) und B(5|4).

34. a) Ein Rechteck hat den Umfang von 24 cm; eine Seitenlänge beträgt 4 cm. Zeichne es.
b) Zeichne ein Quadrat, dessen Umfang 18 cm beträgt.
c) Zeichne ein Parallelogramm mit dem Umfang 12 cm, eine Seitenlänge beträgt 4 cm.
d) Zeichne zwei Rauten mit jeweils dem Umfang von 14 cm.

35. Ein Packset der Größe L ist 45 cm breit, 35 cm tief und 20 cm hoch. Zeichne den Boden, die Vorderwand und die Seitenwand verkleinert im Maßstab 1 : 10 in dein Heft.

36. Zeichne ein Parallelogramm, das
a) weder ein Rechteck noch eine Raute ist;
b) sowohl ein Rechteck als auch eine Raute ist.

37. a) Zeichne ein Quadrat, dessen Diagonalen 4 cm lang sind.
b) Zeichne ein Rechteck, dessen Diagonalen 6 cm lang sind, das aber kein Quadrat ist.
c) Zeichne ein Parallelogramm, dessen Diagonalen 6 cm und 8 cm lang sind.
d) Zeichne eine Raute, deren Diagonalen 5 cm und 7 cm lang sind.
e) Welche Eigenschaften haben die Diagonalen bei den besonderen Vierecken?

38. a) Zeichne das Muster in dein Heft und färbe es.

(1)

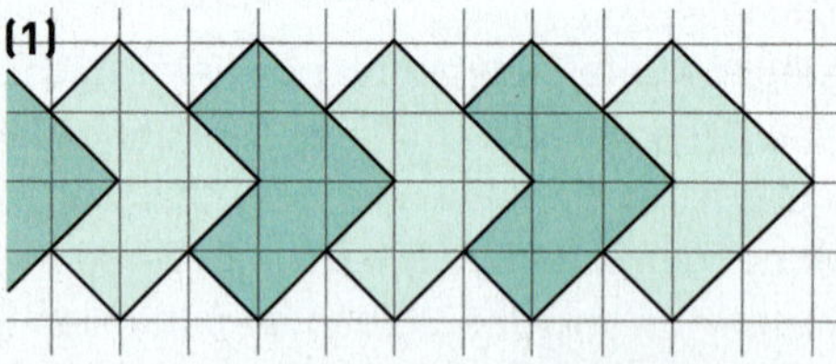

(2)

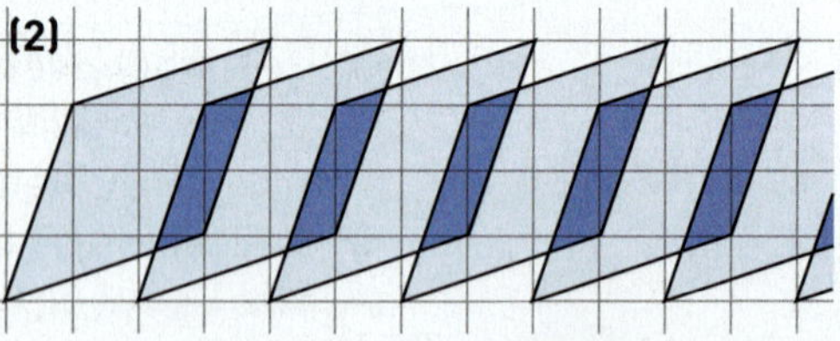

b) Erfindet weitere solcher Vierecksmuster.

39. Ein Architekt hat für einen Kirchturm das nebenstehende Fenster aus Dreiecken entworfen.
Kannst du auch Parallelogramme darin erkennen? Wie viele?

Eigenschaften besonderer Vierecke mit einem Dynamischen Geometrie-System (DGS) erforschen

1. Um mit einem dynamischen Geometrie-System ein Quadrat mit seinen Diagonalen zu zeichnen, sind mehrere Schritte nötig. Unten siehst du eine Möglichkeit. Zeichne selbst ein Quadrat und kontrolliere anschließend durch Verändern beim Ziehen an einem Eckpunkt, ob es ein Quadrat bleibt:

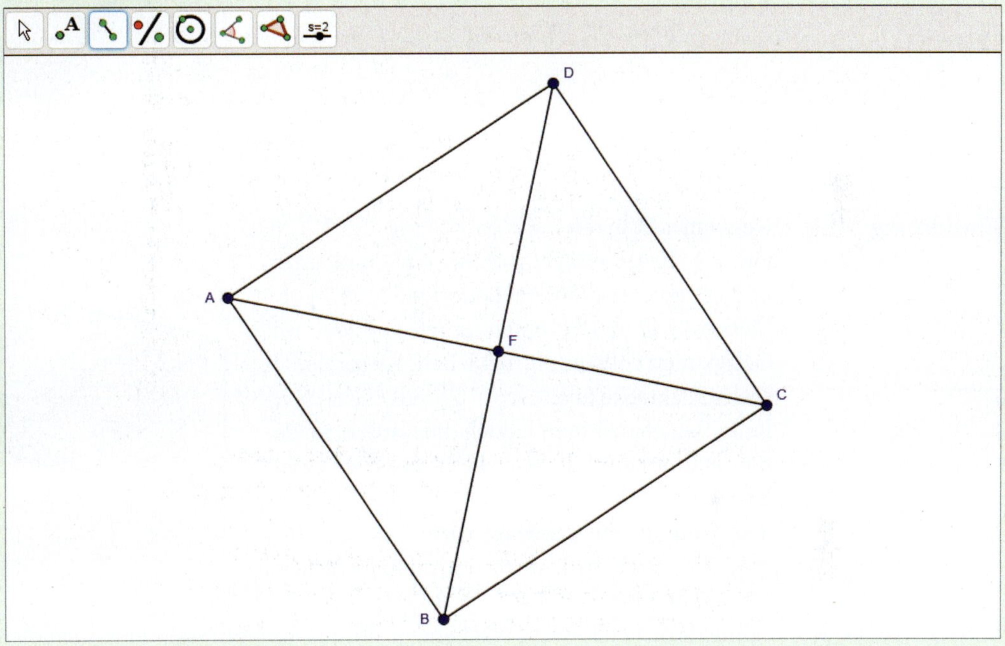

2. Beim Quadrat sind beide Diagonalen gleich lang. Sie halbieren sich ferner gegenseitig. Du kannst die Streckenlängen auch vom DGS messen lassen. Probiere das aus.

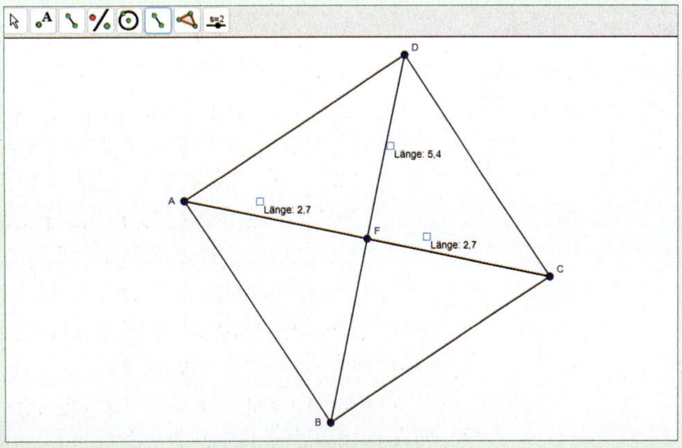

3. a) Untersuche die Länge der Diagonalen bei weiteren besonderen Vierecken.
   b) Untersuche bei den besonderen Vierecken, ob sich die Diagonalen gegenseitig halbieren.

4. Beim Quadrat sind die Diagonalen sogar orthogonal zueinander. Untersuche, ob das bei anderen besonderen Vierecken auch so ist.

3.4 Netz und Schrägbild von Quader und Würfel

3.4.1 Herstellen von Quader und Würfel aus einem Netz

Einstieg

Besorgt euch mehrere quaderförmige und würfelförmige Schachteln. Schneidet sie längs so vieler Kanten auf, dass man die Begrenzungsflächen in die Ebene klappen kann. Es entstehen *Netze*. Welche Gemeinsamkeiten, welche Unterschiede weisen diese Netze auf?

Einführung

Netz eines Würfels

Für ein Theaterstück werden ein Goldbarren und ein goldener Würfel benötigt.
Matties will daher einen Spielzeugklotz mit Goldpapier vollständig bekleben. Er schneidet sechs Rechtecke aus.
Beim Bekleben stören jedoch die Kanten, an denen man erkennt, dass er kein massiver Goldbarren ist.
Sein Freund Fabian schlägt vor:
Mache es doch so wie ich mit meinem Würfel im Bild unten.
Schneide nicht alle sechs Flächen einzeln aus, sondern stelle einen Bauplan her, bei dem die Flächen zusammenhängen. So ergeben sich weniger Kanten, an denen zusammengeklebt werden muss.

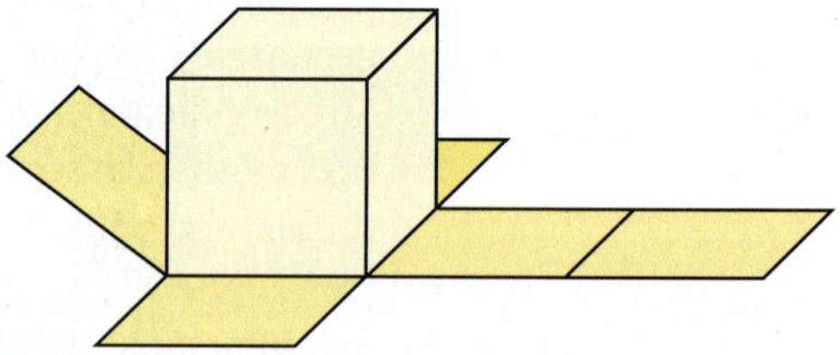

Aufgabe 1

Netz eines Quaders

Es soll ein Flächenmodell eines Quaders gebastelt werden.
Der Quader hat die Seitenlängen 1,5 cm, 2,3 cm und 3,5 cm.
Denke dir dazu einen Karton zerschnitten und dann aufgeklappt. Zeichne anschließend auf dickeres Papier einen Bauplan, bei dem die einzelnen Flächen zusammenhängen. Schneide ihn dann aus und klebe zusammen.

Lösung

Der Bauplan besteht aus sechs Rechtecken, von denen jeweils zwei genau aufeinander passen.

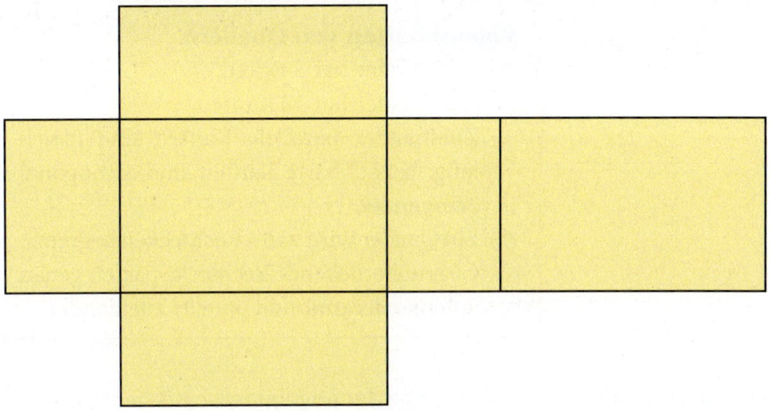

Information

(1) Quader als besonderer Körper, Würfel als besonderer Quader

(a) Jeder Körper, der von sechs rechteckigen Flächen begrenzt wird, heißt **Quader**.

(b) Die besonderen Quader, die von sechs quadratischen Flächen begrenzt werden, heißen **Würfel**.

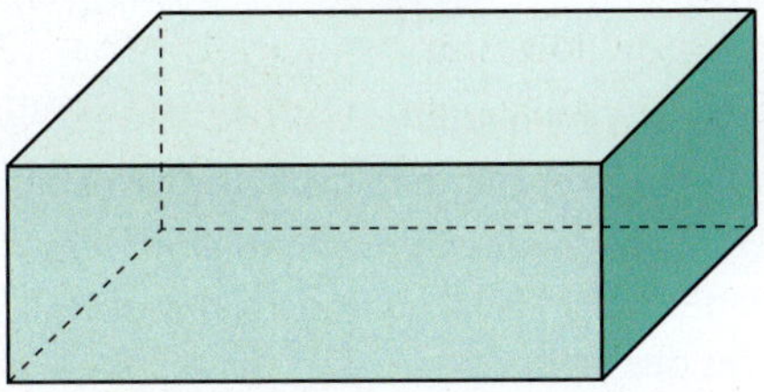

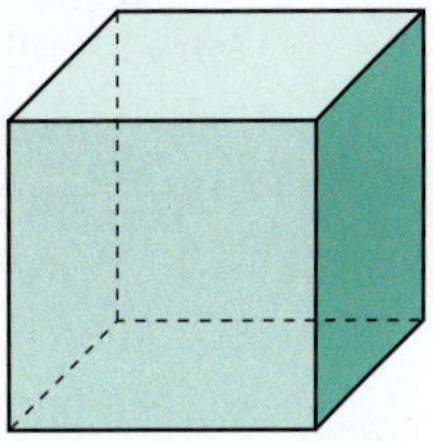

(2) Netz von Quader und Würfel

Die Begrenzungsflächen von Quadern und damit auch von Würfeln lassen sich aus ebenen **Netzen** herstellen.

Quadernetz

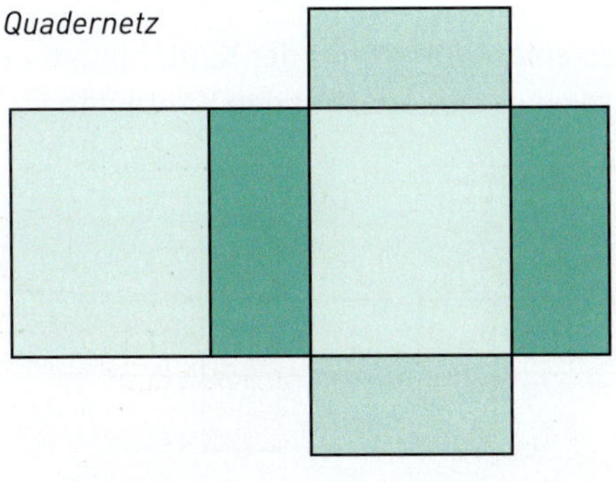

Würfelnetz

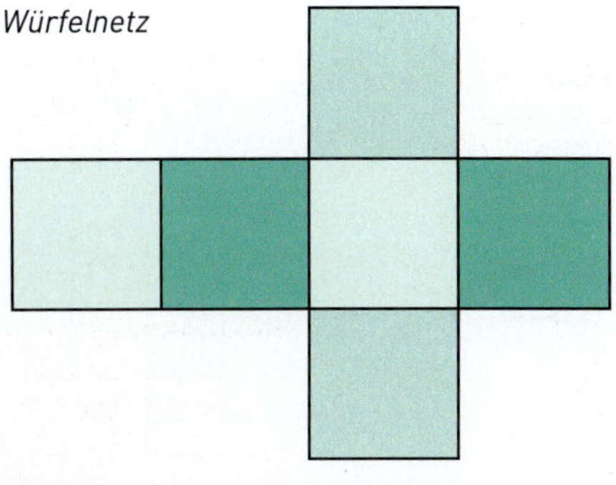

Weiterführende Aufgabe

Eigenschaften von Quadern

2. Rechts siehst du ein Kantenmodell einer Schachtel. Baue ein solches Modell aus Strohhalmen, Plastilin oder Pfeifenputzern. Beschreibe, worauf du beim Zuschneiden und Zusammenbauen achten musst.

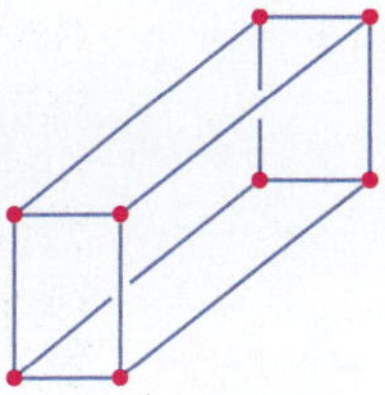

Eigenschaften von Quadern

(1) Ein Quader hat 8 Ecken.
(2) Ein Quader hat 12 Kanten.
Zueinander parallele Kanten sind gleich lang, benachbarte Kanten sind orthogonal zueinander.
(3) Ein Quader wird von 6 Rechtecken begrenzt.
Gegenüberliegende Rechtecke passen genau aufeinander und sind parallel zueinander.

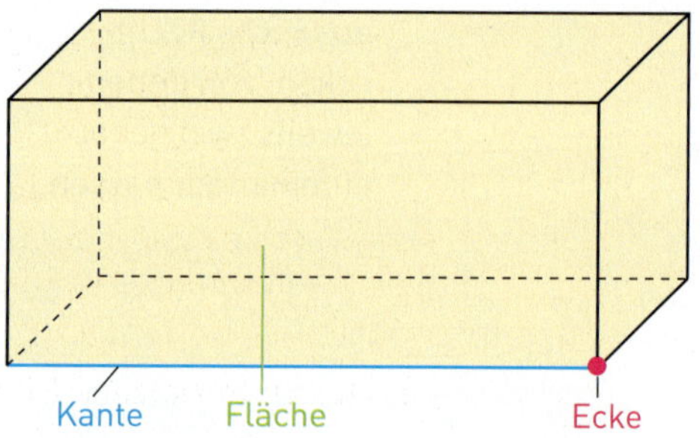

Übungsaufgaben

3. **a)** Welche der abgebildeten Körper sind Quader?

b) Nenne Beispiele für Würfel aus dem Alltag.
c) Tim meint, ein Stück Würfelzucker hat die Form eines Würfels. Was meinst du dazu?

4. Janina behauptet: „Ein Quader hat 24 Kanten und zwar 4 unten, 4 oben, 4 rechts, 4 links, 4 vorn und 4 hinten." Wo steckt der Fehler?

5. **a)** Zeichne auf dünnen Karton das Netz eines Würfels mit der Kantenlänge 6 cm. Schneide es aus und falte es zu einem Würfel zusammen.
b) Verfahre ebenso mit dem Netz eines Quaders, der 4 cm lang, 3 cm breit und 6 cm hoch ist.

6. **a)** Zeichne 3 verschiedene Netze eines Würfels mit der Kantenlänge 2 cm.
b) Zeichne 3 verschiedene Netze eines Quaders mit den Kantenlängen 2 cm, 3 cm, 4 cm.

7. **(1)**

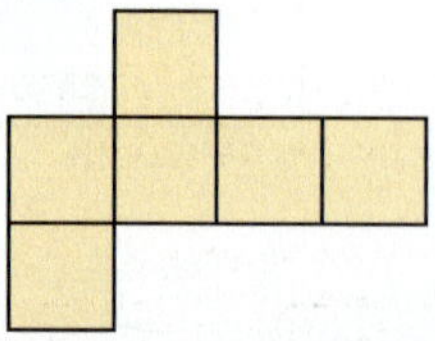

(2)

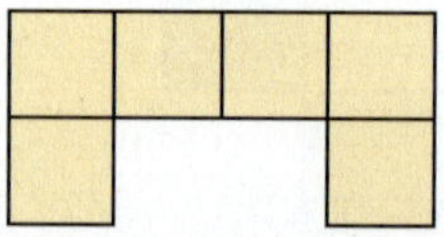

(3)

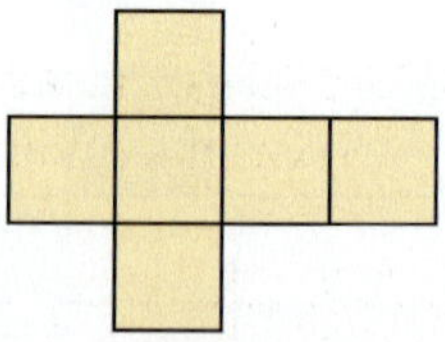

(4)

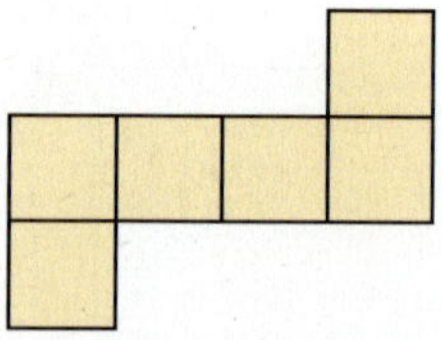

a) In welchen Fällen liegt ein Würfelnetz vor?
b) Wähle ein Würfelnetz aus, zeichne es in dein Heft. Denke es dir zu einem Würfel gefaltet. Färbe mit gleicher Farbe die Flächen, die dann einander gegenüberliegen.
c) Wähle ein Würfelnetz aus. Färbe mit der gleichen Farbe die Kanten, die beim Falten zu einem Würfel aneinander stoßen.

8. Findet möglichst viele verschiedene Netze für einen Würfel mit der Kantenlänge 1 cm. Findet ihr alle?

9. Die vier „Würfelnetze" rechts sind unvollständig. Zeichne sie auf Karopapier und ergänze sie zu einem vollständigen Würfelnetz. *Hinweis:* Es gibt zum Teil mehrere Lösungen.

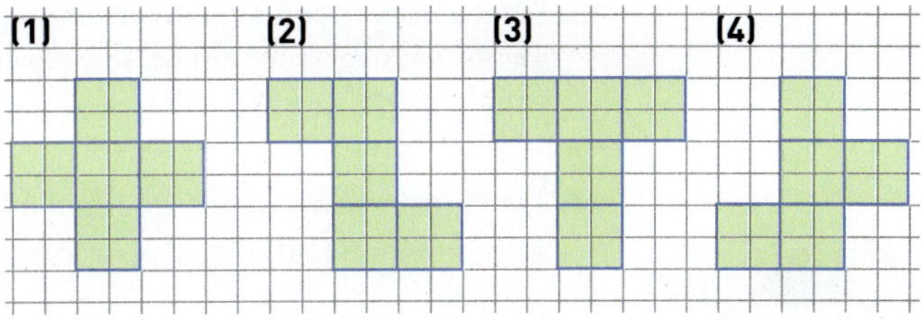

10. a) In welchen Fällen liegt ein Quadernetz vor?

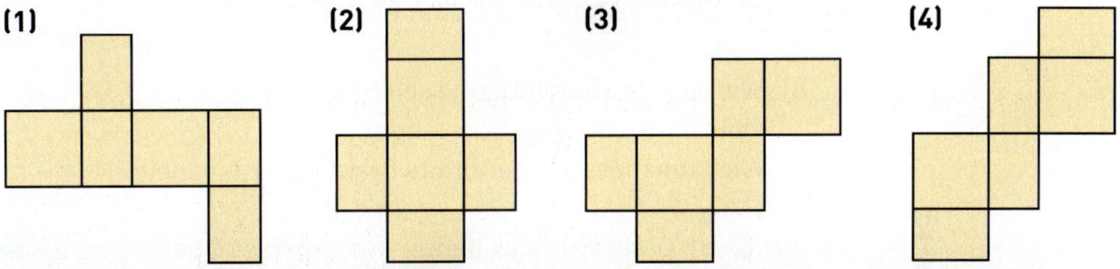

b) Wähle ein Quadernetz aus und zeichne es ab. Denke es dir zu einem Quader gefaltet.
(1) Färbe im Netz die Flächen mit derselben Farbe, die beim Quader gegenüberliegen.
(2) Färbe im Netz die Kanten mit derselben Farbe, die beim Falten aneinander stoßen.

11. a) Übertrage die Netze auf ein Blatt Papier. Stelle dir vor, ein Quader würde daraus hergestellt. Kennzeichne aufeinander fallende Kanten im Netz mit der gleichen Farbe.

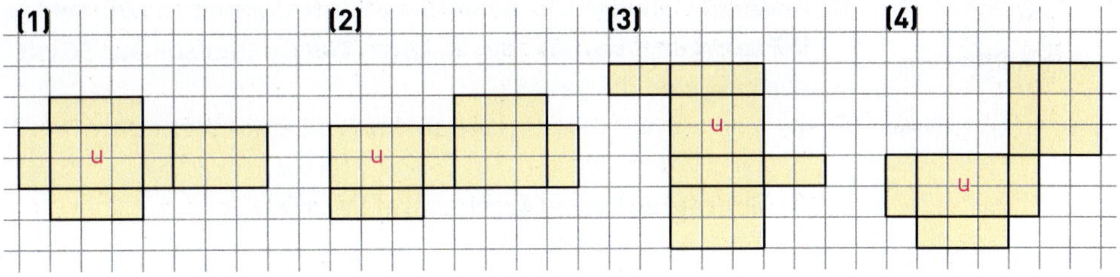

b) Der Buchstabe u in den Netzen von Teilaufgabe a) bedeutet: Die Fläche ist unten, z. B. auf der Tischplatte.
Welche Fläche ist rechts (r), links (l), oben (o), vorn (v), hinten (h)?
Schreibe die Buchstaben in die zugehörigen Flächen.

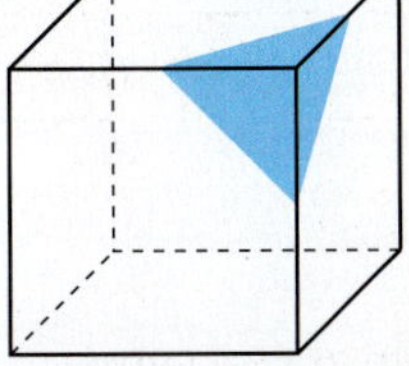

12. Eine Ecke eines Würfels ist blau gefärbt. Übertrage die gezeichneten Netze in dein Heft. Markiere dann alle Quadratecken, die beim Zusammenfalten die blaue Ecke ergeben.

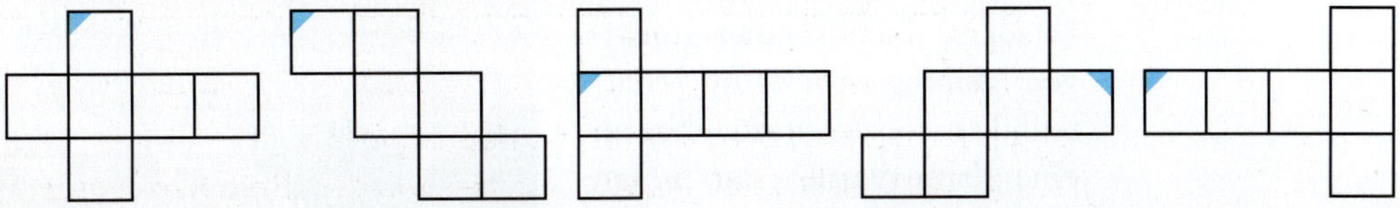

Das kann ich noch!

A) Berechne. Überlege dir dann jeweils eine Situation, die zur Rechnung passt.

1) 5,65 m + 25 cm
2) 12 kg : 500 g
3) 45 min · 6
4) 86,4 km : 4
5) 12 t – 3 500 kg
6) 210 mm · 200

13. Ein Kantenmodell eines Würfels soll aus Draht gebaut werden.
- **a)** Eine Kante soll 7 cm [4,5 cm] lang werden. Wie viel Draht benötigt man?
- **b)** Ein Draht ist 72 cm [960 mm] lang. Welche Kantenlänge hat der Würfel?

14. Ein Kantenmodell eines Quaders mit den angegebenen Maßen soll aus Draht gebaut werden.

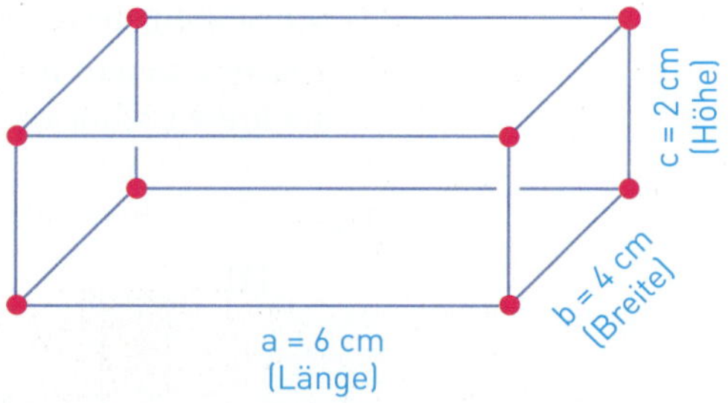

- **a)** Wie viele Drahtstücke müssen hergestellt werden? Gibt es Ecken, an denen gleich lange Kanten zusammenstoßen? Erkläre.
- **b)** Wie viele Drahtstücke müssen 6 cm, wie viele 4 cm, wie viele 2 cm lang sein?
- **c)** Wie lang muss der benötigte Draht insgesamt sein?

15. Aus 60 cm Draht wird das Kantenmodell eines Quaders hergestellt.
- **a)** Der Quader ist 7 cm lang und 3 cm breit. Wie hoch ist er?
- **b)** Der Quader ist 8 cm lang und 5 cm hoch. Wie breit ist er?
- **c)** Der Quader ist 4 cm breit und 2 cm hoch. Wie lang ist er?

16. Aus 32 cm [52 cm] Draht soll das Kantenmodell eines Quaders hergestellt werden. Gib fünf verschiedene Möglichkeiten an.

17. Bei einem Quader soll die mittlere Kante doppelt so lang sein wie die kurze und die lange Kante dreimal so lang wie die kurze. Der Quader soll aus 96 cm Draht hergestellt werden. Wie lang sind die Seiten?

3.4.2 Schrägbild von Quader und Würfel

Einstieg

Fabian hält ein Kantenmodell eines Quaders in der Hand und beobachtet dessen Schatten an der Wand. Je nachdem, wie er das Modell in das Sonnenlicht hält, bekommt er einen mehr oder weniger guten Eindruck von der räumlichen Gestalt des Quaders. Auch in einer günstigen Stellung ist aber im Schattenbild nicht zu entscheiden, ob eine Kante vorne oder hinten liegt.

Anzahl von Ecken, Flächen und Kanten erforschen

1. a) Bastelt einen Würfel, indem ihr zuerst ein Netz aufzeichnet. Berücksichtigt – wie in den Beispielen rechts – die Falze, die zum Zusammenkleben nötig sind. Findet ihr noch mehr Möglichkeiten?

b) Vergleicht innerhalb der Klasse eure Netze und die Anzahl der nötigen Klebefalze. Überlegt, warum man beim Würfel immer 7 Falze benötigt.

2. Zeichne für die Pyramide rechts verschiedene Netze mit Klebefalzen. Wie viele Falze benötigt man jeweils?

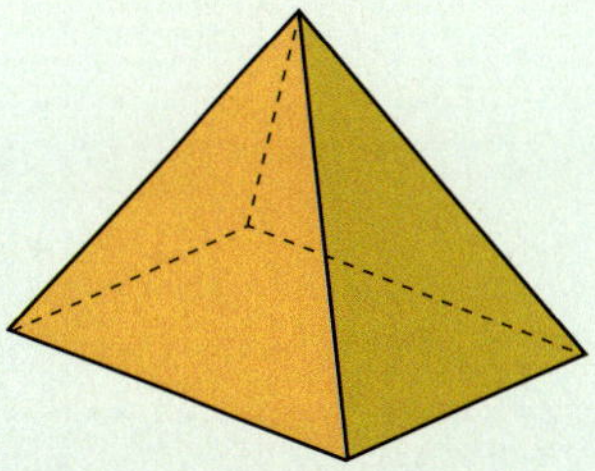

3. Um einen Zusammenhang zwischen der Anzahl der Ecken, Flächen, Kanten und Falze herauszufinden, ist es sinnvoll, eine Tabelle anzufertigen. Vervollständige die unten stehende Tabelle im Heft.

Körper	Zahl der Ecken e	Zahl der Flächen f	Zahl der Kanten k	Zahl der Falze z
Würfel, Quader	8	6	12	7
Vierseitige Pyramide	5	5	8	4
Dreiseitige Pyramide				
Prisma mit sechseckiger Grundfläche				

4. Sicherlich ist dir aufgefallen, dass die Anzahl der Falze immer um 1 kleiner ist als die Anzahl der Ecken: $z = e - 1$
Versuche dies zu begründen. Nimm hierzu einen Körper (z. B. eine Schachtel) und schneide den Körper längs seiner Kanten so auf, dass du ein Netz erhältst. Der erste Schnitt verbindet 2 Ecken des Körpers längs einer Kante, beim zweiten Schnitt erreichst du drei Ecken mit 2 Kanten. Führe diese Überlegungen weiter. Wie viele Schnitte benötigt man, bis jede Ecke einmal erreicht ist? Begründe, dass die Anzahl der Schnitte gleich der Anzahl der Falze ist.

5. Wir wollen jetzt den Zusammenhang zwischen Ecken, Flächen und Kanten eines Körpers mit geradlinigen Kanten untersuchen. Übertrage das Netz des abgebildeten Quaders in dein Heft und kennzeichne die Kanten, an denen der Körper aufgeschnitten wurde, und diejenigen Kanten, die im Netz zusammenhängen.

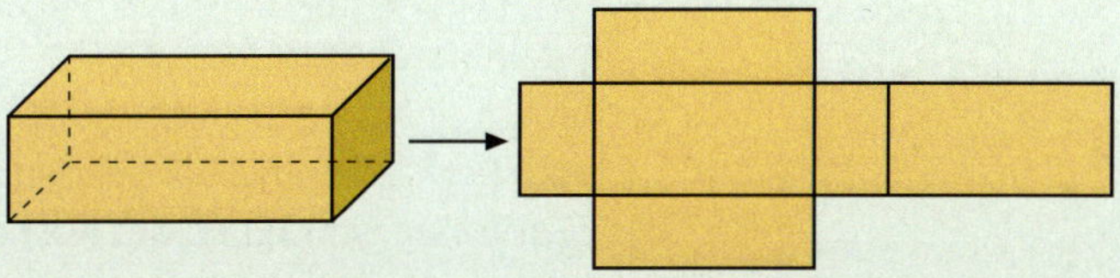

6. Betrachte deine Zeichnung aus Aufgabe 5.
Wir wissen, dass die Anzahl der Kanten, an denen aufgeschnitten wurde, $e - 1$ beträgt. Wie viele Kanten gibt es, an denen der Körper zusammenhängt? Begründe, dass die Anzahl dieser Kanten um 1 kleiner sein muss als die Anzahl der Flächen des Körpers.
Erläutere, dass sich damit folgender Satz ergibt:

Euler'scher Polyedersatz
Für viele Körper mit geradlinigen Kanten ist die Anzahl der Kanten um 2 kleiner als die Summe aus der Anzahl der Ecken und der Anzahl der Flächen:
$\mathbf{k = e + f - 2}$

7. Vervollständige die Tabelle im Heft mithilfe des Euler'schen Polyedersatzes.

Körper	Ecken	Flächen	Kanten
	8		12

	5	5	
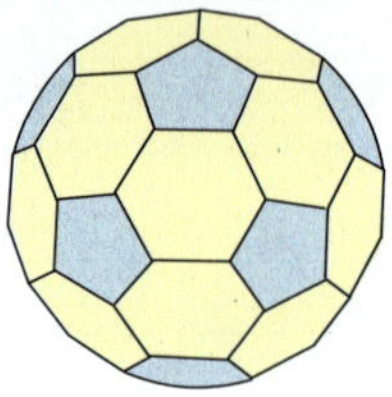	60	12 Fünfecke, 20 Sechsecke	
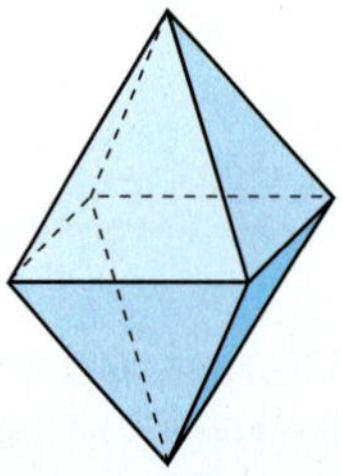			

8. Betrachte den Körper rechts.

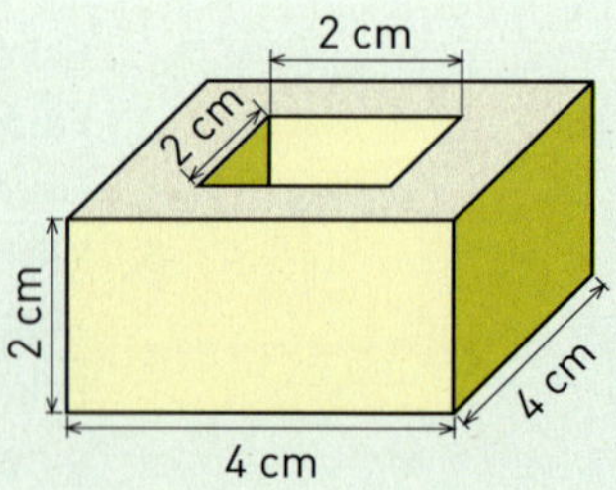

a) Überlege, ob man diesen Körper aus einem zusammenhängenden Netz bauen kann.
b) Vergleiche die Anzahl der Ecken, Flächen und Kanten miteinander.
c) Ändere eine Längenangabe so ab, dass der Körper doch aus einem zusammenhängenden Netz zu bauen ist.
d) Zeichne ein Schrägbild des Körpers mit den oben angegebenen Maßen.

3.5 Aufgaben zur Vertiefung

1. a) Zeichne ein Quadrat mit der Seitenlänge 9 cm und markiere einen beliebigen Punkt im Inneren des Quadrates. Verbinde dann diesen Punkt mit allen vier Eckpunkten des Quadrates.
   b) Halbiere diese vier Verbindungsstrecken und verbinde die gezeichneten Mittelpunkte miteinander. Was für ein Viereck entsteht?
   c) Wiederhole Teilaufgabe b) für das neu entstandene Viereck.
   d) Wiederhole Teilaufgabe b) für das in Teilaufgabe c) neu entstandene Viereck.
   e) Zeichne die Vierecke etwas dicker nach. Welchen Eindruck erweckt das fertige Bild?

2. a) Zeichne ein Quadrat ABCD mit der Seitenlänge 6 cm.
   b) Bestimme auf den Seiten des Quadrates die vier Punkte, die 1 cm von den Eckpunkten A und C entfernt sind. Verbinde diese. Was für ein Viereck entsteht?
   c) Wiederhole b) andersfarbig mit einer Entfernung von 2 cm statt 1 cm.
   d) Vergleiche die Umfänge der in den Teilaufgaben b) und c) entstandenen Vierecke. Versuche das Ergebnis zu erklären.

3. a) Das Verlängern einer Strecke ist über beide Endpunkte hinaus möglich. Wir vereinbaren für diese Aufgabe, dass das Verlängern einer Strecke $\overline{XY}$ immer über den zuletzt genannten Endpunkt (hier also Y) hinaus erfolgen soll.
   Zeichne ein Quadrat ABCD mit der Seitenlänge 3 cm und verlängere die Seiten $\overline{AB}$, $\overline{BC}$, $\overline{CD}$ und $\overline{DA}$ in der vereinbarten Weise um 1 cm.
   b) Verbinde nun die Endpunkte der Verlängerungen miteinander. Was für ein Viereck entsteht? Wie lang sind seine Seiten?
   c) Führe dieses Verfahren noch dreimal durch und betrachte das fertige Bild. Welchen Eindruck erweckt es?

4. Zeichne drei Punkte, die nicht alle drei auf einer Geraden liegen.
   a) Zeichne einen vierten Punkt so, dass ein Parallelogramm entsteht.
   b) Zeichne die drei Punkte so, dass mit einem vierten Punkt ein Rechteck [ein Quadrat; eine Raute] entsteht.

5. Übertrage das Bild in dein Heft und zeichne auf der Geraden g von S aus fünf Punkte P_1 bis P_5 mit jeweils gleichem Abstand. Verbinde die Punkte P_5 und Q_5 durch eine Gerade. Zeichne zu dieser Geraden P_5Q_5 jeweils eine Parallele durch P_1 bis P_4. Diese Geraden schneiden die Gerade h in den Punkten Q_1 bis Q_4.
   Was stellst du fest?

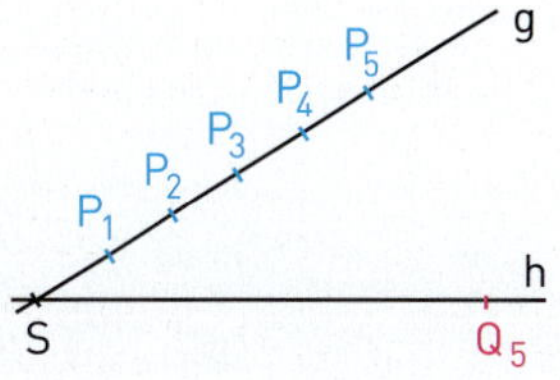

6. Prüfe Fabians Behauptung:
   a) Jedes Parallelogramm mit 4 gleich langen Seiten ist ein Quadrat.
   b) Alle Vierecke, deren Diagonalen orthogonal zueinander sind, sind Quadrate.
   c) Es gibt Rechtecke, bei denen beide Diagonalen gleich lang sind.
   d) Bei jeder Raute sind die beiden Diagonalen gleich lang.
   e) Es gibt Rechtecke, bei denen alle Seiten gleich lang sind.
   f) Es gibt Trapeze, bei denen alle Seiten verschieden lang sind.

Präsentieren auf Plakaten

1. a) Zwei Gruppen von Schülerinnen und Schülern haben jeweils ein Plakat zu geometrischen Themen hergestellt. Vergleicht die Gestaltung der beiden Plakate miteinander. Was ist besonders gut gelungen? Wo kann man noch Verbesserungen vornehmen?

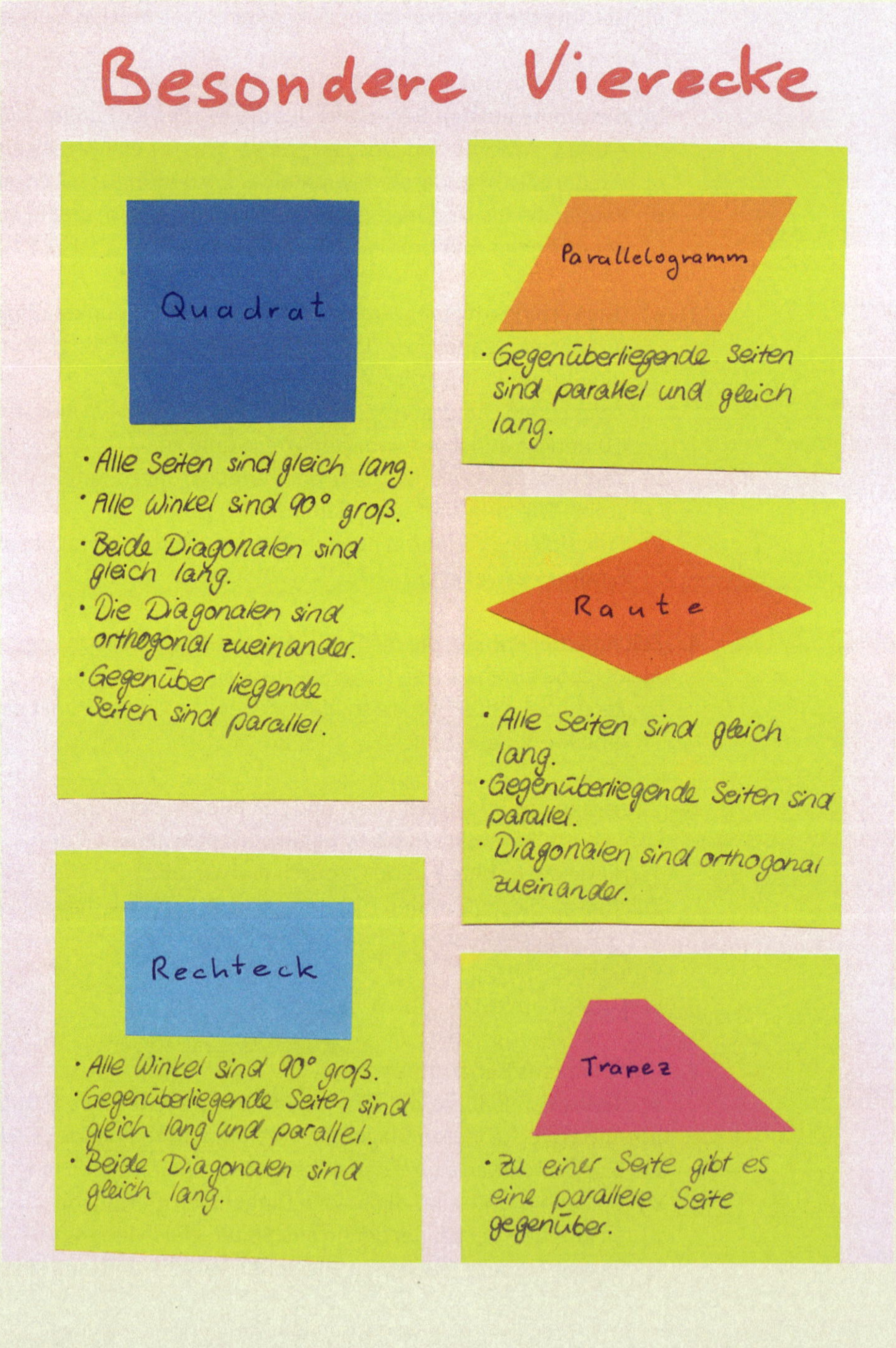

b) Vergleicht eure Vorschläge mit den folgenden Tipps.

Präsentieren von Ergebnissen auf einem Plakat:
So werden Plakate richtig ansprechend!
- Achte auf eine kurze Überschrift.
- Schreibe groß und deutlich, am besten in Druckschrift oder mit dem Computer.
- Formuliere knapp; häufig sind Stichworte besser als ganze Sätze.
- Lockere das Plakat durch Bilder und Grafiken auf. Fotos wirken häufig gut; du kannst sie bequem mit einer Digitalkamera herstellen.

2. Erstellt ein Plakat zu folgendem Thema und hängt es im Klassenraum aus.

a) Wo kommen Vielecke in der Umwelt vor?

b) Wo kommen symmetrische Figuren im Alltag vor?

Das Wichtigste auf einen Blick

Körper

Geometrische Körper werden von **Flächen** begrenzt. Flächen stoßen in **Kanten** aufeinander. **Ecken** werden durch aufeinander treffende Kanten gebildet.

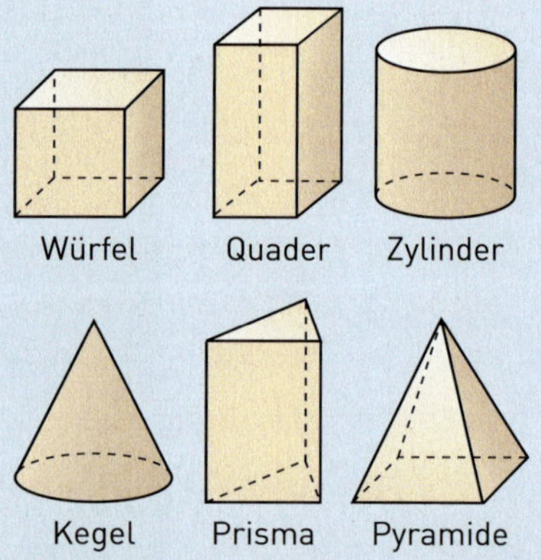

Koordinatensystem

Ein **Koordinatensystem** besteht aus einem nach rechts gerichteten Zahlenstrahl, der **Rechtsachse**, und einem nach oben gerichteten Zahlenstrahl, der **Hochachse**.
Der Punkt O heißt Ursprung des Koordinatensystems.
Punkte haben eine **1. Koordinate** (x-Koordinate) und eine **2. Koordinate** (y-Koordinate). Z. B. hat P(4|3) die 1. Koordinate 4 und die 2. Koordinate 3.

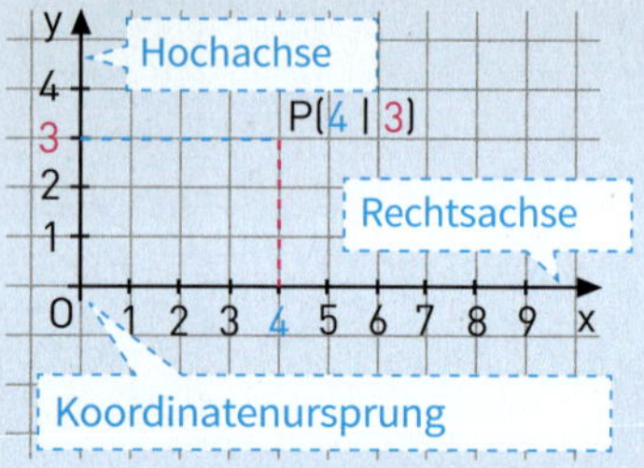

Strecke

Eine geradlinige Verbindung zweier Punkte A und B wird als **Strecke** bezeichnet. A und B sind die Endpunkte dieser Strecke. Man schreibt kurz: $\overline{AB}$ oder $\overline{BA}$.
Für die **Länge** der Strecke $\overline{AB}$ schreibt man $|AB|$.

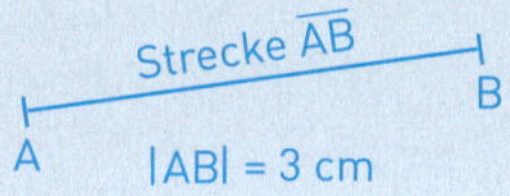

Vielecke

Eine Fläche, die von Strecken begrenzt wird, heißt **Vieleck**. *Dreiecke* (drei Eckpunkte), *Vierecke* (vier Eckpunkte) und *Fünfecke* (fünf Eckpunkte) sind Beispiele für Vielecke.
Unter dem **Umfang** eines Vielecks versteht man die Summe aller seiner Seitenlängen. Eine **Diagonale** verbindet nicht nebeneinander liegende Eckpunkte eines Vielecks.

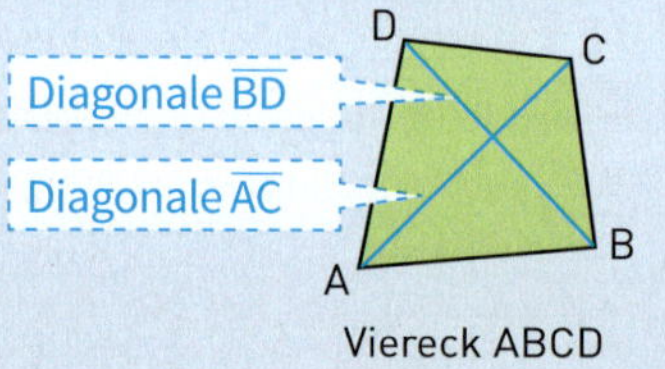

Geraden

Eine **Gerade** ist eine gerade Linie ohne Anfangs- und Endpunkt. Die Gerade durch die Punkte A und B wird mit AB bzw. BA oder einem Kleinbuchstaben (hier h) bezeichnet. Zwei sich *schneidende* Geraden haben einen Punkt, den **Schnittpunkt** S gemeinsam. Schneiden sich die Geraden g und h **orthogonal**, so liegen sie wie Mittellinie und Zeichenkante eines Goedreiecks. Man schreibt $g \perp h$.

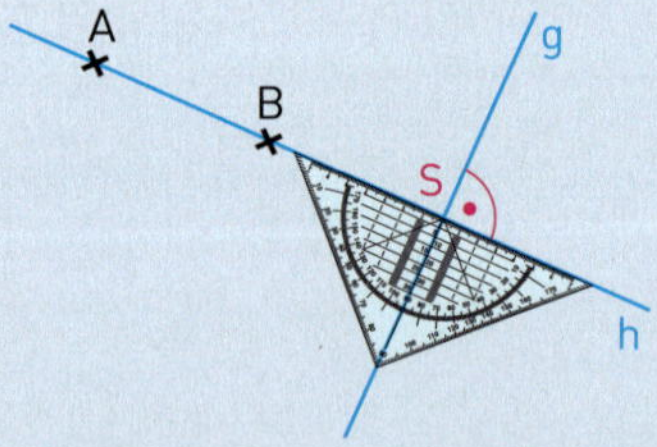

Abstand

Die kürzeste Verbindung des Punktes P zu einem Punkt der Geraden g nennt man den **Abstand** des Punktes von der Geraden. Die Gerade, die durch den Punkt P und orthogonal zur Geraden g verläuft, nennt man die *Orthogonale der Gerade g durch den Punkt P.*
Zwei Geraden g und h, die überall denselben Abstand haben, nennt man **parallel** zueinander. Man schreibt $g \parallel h$.

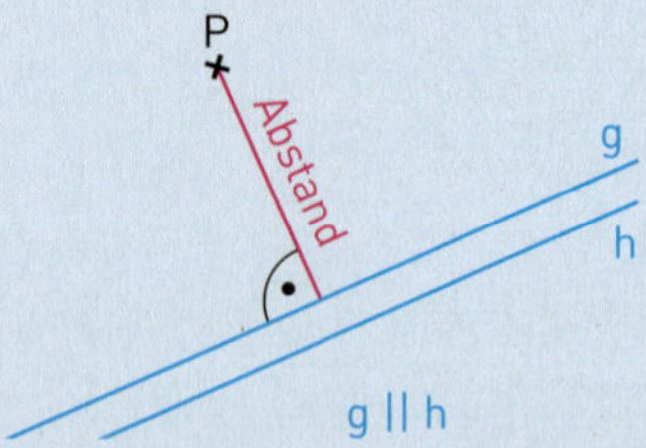

Besondere Vierecke

Parallelogramm: Gegenüberliegende Seiten sind jeweils parallel zueinander.
Rechteck: Benachbarte Seiten sind jeweils orthogonal zueinander.
Quadrat: Rechteck mit vier gleich langen Seiten
Raute: Parallelogramm mit vier gleich langen Seiten
Trapez: Wenigstens zwei gegenüberliegende Seiten sind parallel zueinander.

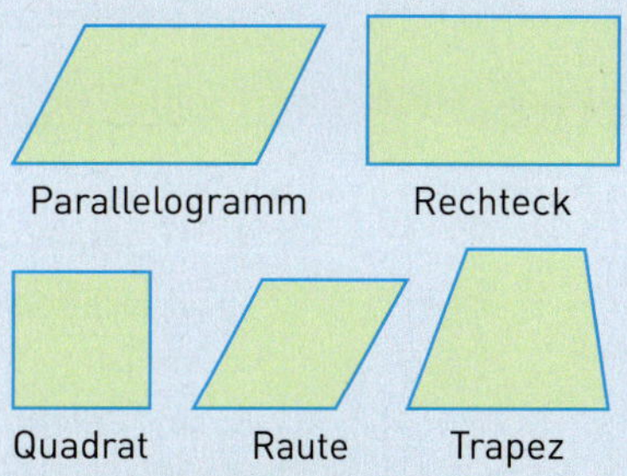

Quader und Würfel

Ein Quader wird von 6 Rechtecken begrenzt. Ein Würfel ist ein besonderer Quader, der von 6 Quadraten begrenzt wird. Quader kann man im Schrägbild darstellen und aus einem Netz herstellen.

Schrägbild

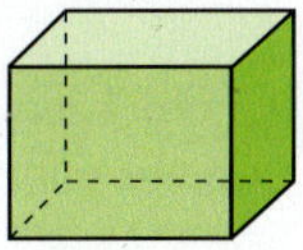

Netz

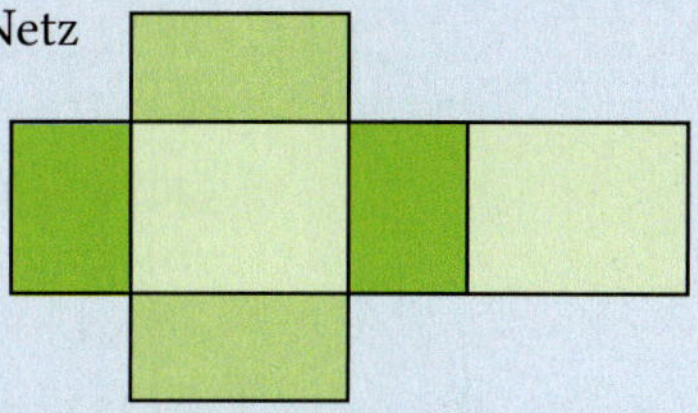

Bist du fit?

1. a) Zeichne die Punkte A (1 | 1), B (5 | 1), C (7 | 3), D (4 | 3), E (1 | 5) in ein Koordinatensystem mit der Einheit 1 cm und verbinde sie zum Fünfeck ABCDE.
   b) Bestimme den Umfang des Fünfecks ABCDE.
   c) Zeichne alle Diagonalen ein.

2. Zeichne die Punkte P (1 | 5), Q (1 | 3), R (1 | 1), S (3 | 5), T (5 | 3), U (6 | 5), V (7 | 1) in ein Koordinatensystem. Zeichne dann die Geraden PT, QV, RS und TU.
   Untersuche, welche dieser Geraden parallel, welche orthogonal zueinander sind. Schreibe das Ergebnis mit den Zeichen ⊥ und ∥.

3. Welche Himmelsrichtungen sind zueinander orthogonal?
   Notiere so: N ⊥ O

4. Zeichne die Gerade g durch die Punkte A (3 | 0) und B (7 | 4) sowie den Punkt P (3 | 6) in ein Koordinatensystem mit der Einheit 1 cm.
   a) Zeichne eine Gerade a durch P, die zu g orthogonal ist.
   b) Zeichne eine Gerade b durch P, die zu g parallel ist.
   c) Bestimme den Abstand des Punktes P von der Geraden g.

5. Zeichne die Punkte A (1 | 1), B (6 | 1), C (4 | 7) und P (4 | 3) in ein Koordinatensystem mit der Einheit 1 cm.
   Von welcher der Geraden AB, BC und AC hat der Punkt P den kleinsten Abstand?

6. Zeichne zwei zueinander parallele Geraden a und b mit dem Abstand 5 cm.
Zeichne nun eine dritte Gerade c. Sie soll zu a und zu b parallel sein. Außerdem soll die Gerade c von der Geraden a den Abstand 2 cm [8 cm] und von der Geraden b den Abstand 3 cm haben.

7. Markiere in einem Koordinatensystem die Punkte P (3 | 3) und Q (4 | 6). Zeichne ein Quadrat, das die Strecke $\overline{PQ}$ als Seite hat.

8. a) Zeichne ein Rechteck mit den Seitenlängen 3 cm und 5 cm.
b) Zeichne eine Diagonale ein.
c) Zeichne zu dieser Diagonalen eine Parallele, die durch einen Eckpunkt des Rechtecks geht.

9. a) Zeichne ein Rechteck mit dem Umfang 18 cm; eine Seite soll 6 cm lang sein.
b) Zeichne ein Quadrat mit dem Umfang 18 cm.

10. a) Zeichne Netz und Schrägbild eines Quaders mit den Seitenlängen 6 cm, 8 cm und 5 cm.
b) Welche besonderen Vierecke zeigt das Schrägbild?

11. Zeichne ein Netz des links abgebildeten Würfels, in das du die angegebene Färbung überträgst.

12. Ein Quader wird von Rechtecken begrenzt.
Zeichne das Rechteck, das du
a) von rechts siehst *(eine Seitenansicht)*;
b) von oben siehst *(Draufsicht)*;
c) von vorne siehst *(Vorderansicht)*.

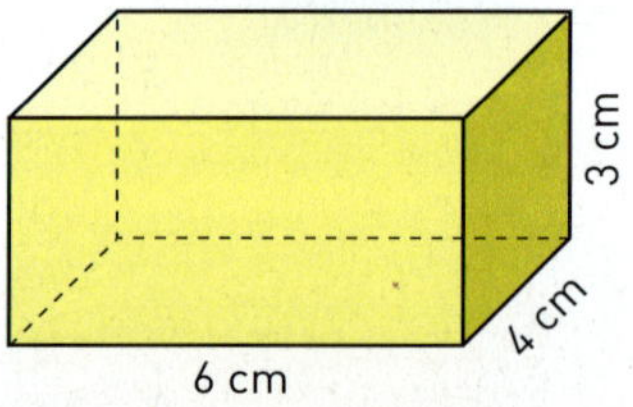

13. Eine Streichholzschachtel hat die Kantenlängen 5 cm, 3 cm und 1 cm.
Zeichne Schrägbilder von ihr, wähle drei verschiedene Flächen als Standflächen aus.

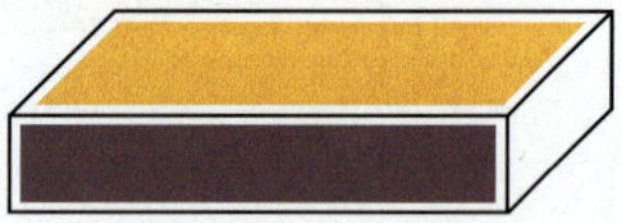

14. Untersuche, wie viele Ecken, Kanten und Flächen eine Pyramide mit einem Dreieck, Viereck und Fünfeck, … als Grundfläche hat. Stelle deine Ergebnisse in einer Tabelle zusammen.
Formuliere Regelmäßigkeiten und versuche, diese zu begründen.

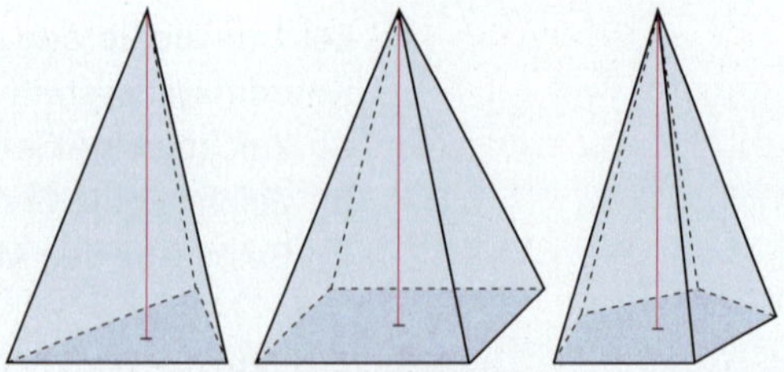

4. Flächen- und Rauminhalte

Beim Planen, Bauen und Renovieren benötigt man oft Größen von z. B. Terrassen, Zimmern und Gebäuden.

Familie Wieblitz möchte ihre Terrasse neu mit Fliesen auslegen. Die Terrasse ist 4 m lang und 3 m breit.

- Wie viele der rechteckigen Fliesen benötigt die Familie mindestens, wenn die ganze Terrasse damit gefliest werden soll?
- Wie viele der quadratischen Fliesen benötigt die Familie mindestens, wenn die ganze Terrasse damit gefliest werden soll?
- Man könnte auch rechteckige und quadratische Fliesen kombinieren. Finde dafür eine Möglichkeit.

In diesem Kapitel …
lernst du, wie man die Größe von Flächen misst und berechnet.
Auch das Messen und Berechnen des Rauminhalts von Körpern lernst du.

Lernfeld: Wie groß ist ...?

Desjatine, altes russisches Maß für Flächen Ein Quadrat mit der Seitenlänge 104,5 m ist 1 Desjatine groß.

Wie umläuft man eine möglichst große Fläche?

In der Erzählung „Wie viel Erde braucht der Mensch?“ des russischen Schriftstellers Leo Tolstoi erhält der Bauer Pachom für 1000 Rubel so viel Land, wie er von Sonnenaufgang bis Sonnenuntergang umlaufen kann.

»Nun, ich habe nichts dagegen. Nimm dir Land, wo du willst; wir haben genug.« [...]
»Und welchen Preis verlangt ihr dafür?« fragte Pachom.
»Wir haben nur einen Preis: tausend Rubel für den Tag.«
Pachom verstand es nicht.
»Was ist denn der Tag für ein Maß? Wieviel Desjatinen sind es?«
»Wir verstehen so nicht zu rechnen«, erwiderte der Älteste.
»Wir verkaufen so: Wieviel Land du an einem Tage umgehen kannst, soviel gehört dir. Und ein Tag kostet tausend Rubel.«
Pachom wunderte sich.
»In einem Tage«, sagte er, »kann man ja ein sehr großes Stück Land umgehen.«
Der Älteste lachte: »Ja, und alles das soll dir gehören!
Wir machen aber noch eine Bedingung aus: Wenn du am gleichen Tage nicht an die Stelle zurückkommst, von der du ausgegangen bist, ist dein Geld verfallen.« [...]
Pachom geht also auf den Hügel zu, und das Gehen fällt ihm immer schwerer: er schwitzt, die bloßen Füße sind zerschunden und wollen ihm nicht mehr gehorchen. Er will gern ein wenig ausruhen, darf es aber nicht mehr, sonst kann er vor Sonnenuntergang nicht zurück sein. Die Sonne wartet nicht und sinkt immer tiefer.
»Habe ich nicht doch einen Fehler gemacht und mir zuviel Land vorgenommen? Wenn ich nur nicht zu spät komme!«
Er blickt bald auf den Hügel, bald auf die Sonne: bis zum Ziel ist es noch weit, die Sonne steht aber schon dicht über dem Steppenrand. Pachom geht mit großer Mühe und beschleunigt dennoch seine Schritte immer mehr. Er geht und geht, die Entfernung bleibt aber immer die gleiche; nun fängt er an zu laufen [...]

→ Nehmen wir einmal an, du könntest am Tag 24 km gehen. Zeichne in verkleinertem Maßstab auf kariertem Papier verschiedene Wege so auf, dass ein rechteckiges Feld umlaufen wird. Wie kannst du die Größe der Felder vergleichen? Welches Feld ist das größte?

→ Suche zu Hause oder in einer Bücherei oder im Internet nach der Erzählung von Tolstoi und lies, wie die Geschichte ausgeht.

Größenvergleich mit dem Geobrett

Ein Geobrett kann man relativ leicht herstellen. Man braucht z. B. weiches Sperrholz (20 cm × 20 cm; 0,8 cm dick) und Nägel oder Holzschrauben (20 mm lang; 3 mm dick, mit Halbrundkopf). Mit Gummiringen (vielleicht sogar verschiedenfarbige) können dann verschiedene Figuren umspannt werden.

- Vergleiche die Größe der beiden nebenstehenden Figuren.
- Lege verschiedene Figuren und vergleiche ihre Größe. Du kannst die Beispiele auch abzeichnen und anderen Gruppen als Aufgabe stellen.

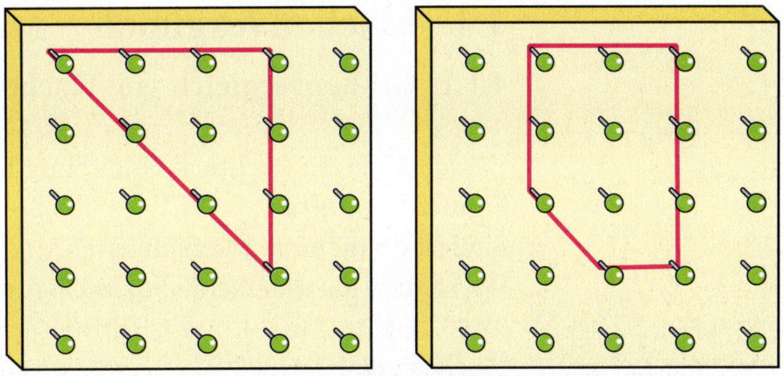

- Umspanne verschieden aussehende Figuren, die aber die gleiche Größe haben sollen.

Somawürfel

Konstantin hat von einer Holzstange Würfel der Kantenlänge 2 cm abgesägt. Obwohl es nicht so aussieht, passen alle Würfel lückenlos in die würfelförmige Schachtel der Kantenlänge 6 cm.

- Wie viele Würfel sind es?

In der Abbildung rechts siehst du, wie Konstantin die Würfel zu größeren Teilen zusammengeklebt hat. Beim Zusammenkleben hat er sorgfältig darauf geachtet, dass die quadratischen Klebeflächen genau aufeinander passen.
Konstantin behauptet, dass er alle möglichen verschiedenen Körper hergestellt hat, die man auf diese Weise aus höchstens 4 Würfeln zusammenfügen kann.

- Wie viele Würfel hat er insgesamt verarbeitet?
- Stimmt Konstantins Aussage oder gibt es weitere Möglichkeiten, die Würfel zusammenzukleben?
- Sortiere die Körper nach gemeinsamen Merkmalen.

Du kannst dir auch die oben abgebildeten 7 Körper aus höchstens vier Würfeln basteln. Sie lassen sich mit etwas Geduld zu einem großen Würfel, dem *Somawürfel,* zusammensetzen.
Es gibt viele verschiedene Möglichkeiten, aus den Einzelstücken einen großen Würfel zu bauen. Finde möglichst viele Möglichkeiten heraus.

- Du kannst auch andere, nicht würfelförmige Körper zusammensetzen.
  Probiere es aus.

4.1 Flächenvergleich – Messen von Flächeninhalten

4.1.1 Größenvergleich von Flächen – Begriff des Flächeninhalts

Einstieg

Zerschneide ein Rechteck längs einer Diagonalen in zwei Teile. Lege diese Teile zu einer neuen Figur zusammen.
Findest du mehrere Möglichkeiten?
Was haben die unterschiedlichen Figuren gemeinsam, worin unterscheiden sie sich?

Aufgabe 1

Flächeninhalt

Auf dem Teppichboden ist ein großer Fleck entstanden. Tanja und ihr Vater wollen den Teppichboden ausbessern. Es ist noch ein Reststück vorhanden, das beim Verlegen übrig geblieben ist. Der Fleck ist jedoch zu breit.
Wie können sie sich helfen?

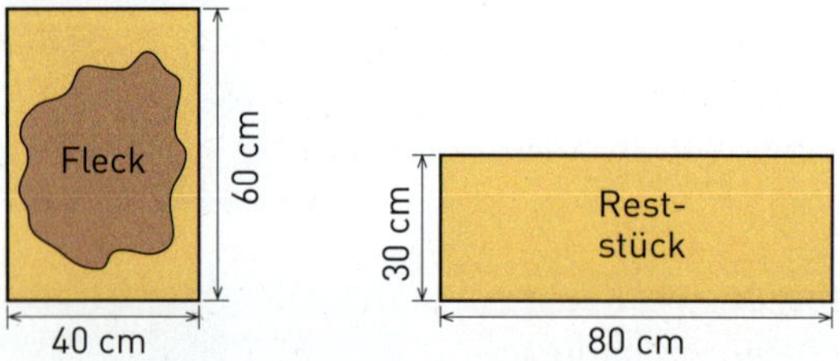

Lösung

Tanja und ihr Vater schneiden aus dem Teppichboden ein Rechteck mit den Seitenlängen 40 cm und 60 cm heraus. Wenn das Reststück in der Mitte zerschnitten wird, passt es genau in die Lücke.

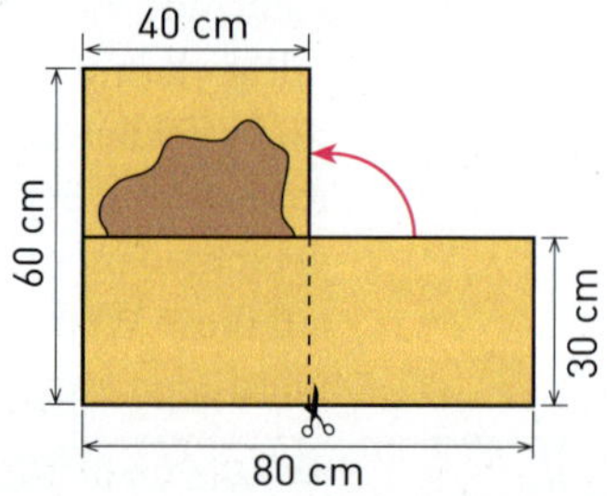

Information

Flächeninhalt

Reststück und Lücke aus Aufgabe 1 sind Rechtecke. Sie haben zwar verschiedene Maße, sie haben aber dennoch dieselbe Größe. In der Mathematik sagt man: Sie haben denselben *Flächeninhalt*.

Flächen, die man so zerlegen kann, dass sie in ihren Teilflächen übereinstimmen, haben denselben **Flächeninhalt**.

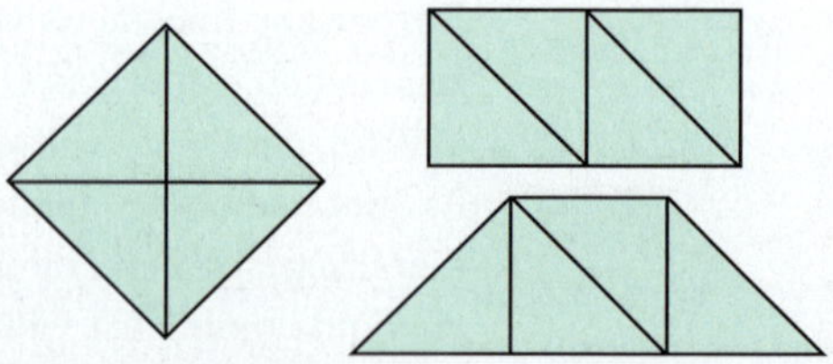

Weiterführende Aufgabe

Unterscheidung von Flächeninhalt und Umfang

2. Das Rechteck und die Teppichlücke von Aufgabe 1 haben denselben Flächeninhalt. Bestimme und vergleiche ihre Umfänge.

Information

Unterscheidung von Flächeninhalt und Umfang
Du musst den Flächeninhalt einer Fläche von ihrem Umfang unterscheiden.
Der Umfang ist eine Länge und wird z. B. in cm gemessen.
Der Flächeninhalt ist eine *neue* Größe.

Flächen mit demselben Flächeninhalt können unterschiedlichen Umfang haben.

Übungsaufgaben

3. Haben die beiden Flächen denselben Flächeninhalt? Wenn nein, welcher Flächeninhalt ist größer?

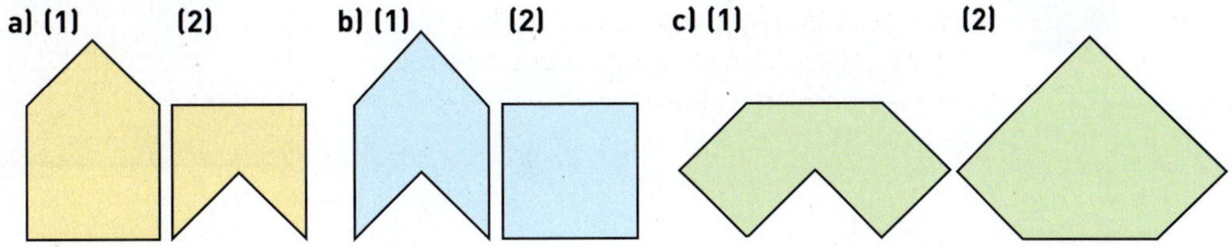

4. a) Warum haben die beiden gelben Quadrate zusammen denselben Flächeninhalt wie das grüne Quadrat?

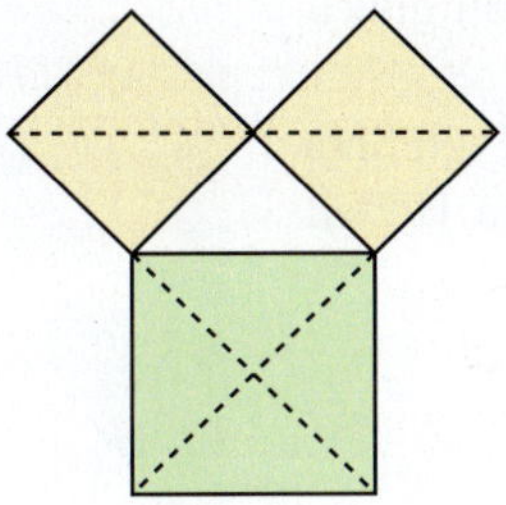

b) Entscheide, ob die blauen Flächen L und M den gleichen Flächeninhalt haben. (Zeichne ab, schneide aus und zerlege.)

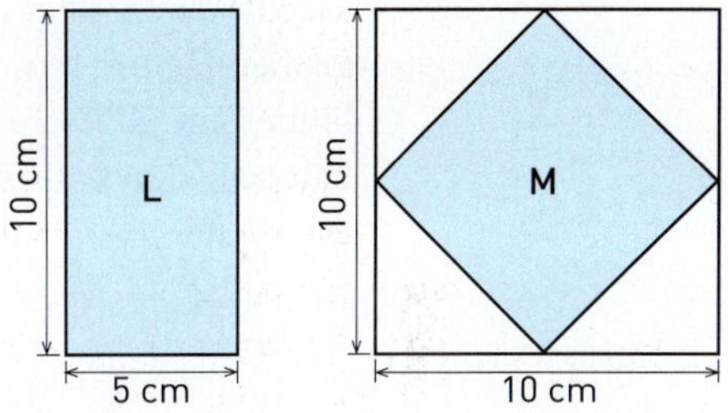

5. Ein Balkon soll gefliest werden. Es stehen zwei verschiedene Fliesensorten zur Auswahl.
Welche Fliese ist größer? Zeichne, schneide aus und versuche aufeinander zu legen.

6. a) Verschiedene Rasenstücke in einem Park sollen neu eingesät werden. Vergleiche die Rasenstücke. Benötigt man für eines mehr Rasensamen als für ein anderes?

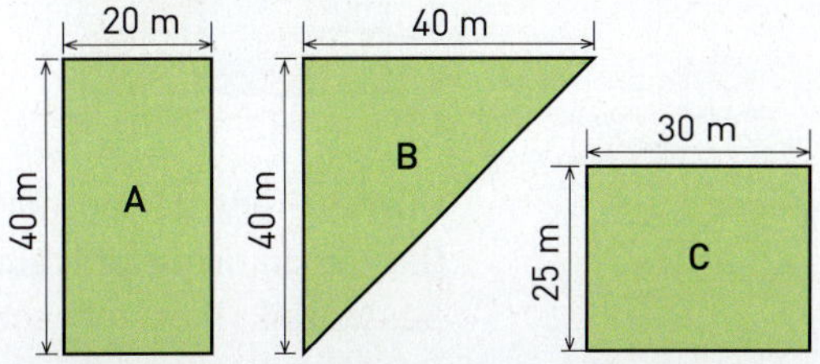

b) Die Rasenfläche soll mit Randsteinen von 1 m Länge umgeben werden.
Lukas sagt: „Für die Begrenzung des Rasenstücks B braucht man mehr Randsteine als für die Begrenzung des Rasenstücks A. Also ist das Rasenstück B größer als das Rasenstück A.“ Stimmt die Überlegung von Lukas? Begründe.

Spiel

7. *Tangram*
Das Tangramspiel ist ein altes chinesisches Legepuzzle, das aus 7 einfachen Teilen besteht (siehe Zeichnung rechts). In China wird es auch Ch'i Ch'a pan (d. h. Siebenschlau) genannt. Obwohl es nur aus wenigen Figuren besteht, lassen sich mit ihm eine Vielzahl von Bildern legen.
Übertragt das Tangram auf Karopapier und schneidet es aus.
Legt mit den Teilen schöne Figuren.
Vergleicht deren Flächeninhalt.

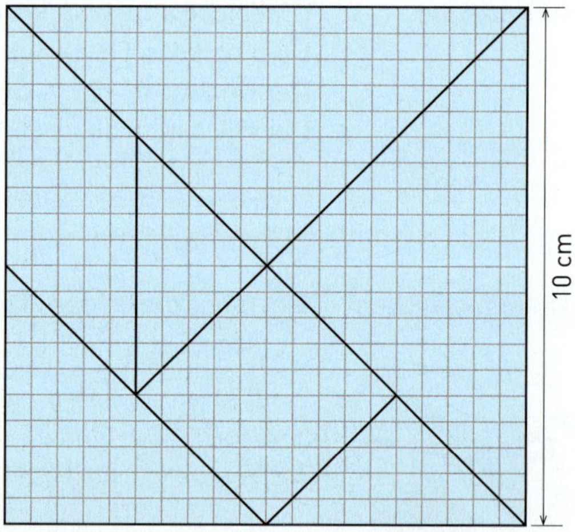

4.1.2 Angabe eines Flächeninhalts durch Maßzahl und Einheit – Die Einheit 1 cm^2

Einstieg

Bestimmt näherungsweise in der Einheit H (Heftgröße) den Flächeninhalt (die Größe) von Tischflächen. Legt dazu die Flächen mit gleich großen Heften aus.
Findet im Klassenraum kleinere und größere Flächen, deren Größe ihr mithilfe von Heften ermittelt.

Aufgabe 1

Tim will drei Mosaike aus quadratischen Steinchen herstellen. Er hat dazu geometrische Muster entworfen (siehe unten). Mit seinem Freund Sebastian diskutiert er darüber, welches Mosaik am größten und welches am kleinsten ist.
Wie kann man die Größe der Mosaike vergleichen? Welche Einheit bietet sich dazu an?

(1)

(2)

(3)

Lösung

Um die Größe der Mosaike zu bestimmen, kann man jeweils die Anzahl der Steine bestimmen.
Das Mosaik (1) besteht aus 4 Reihen zu je 5 Steinen.
Das Mosaik (1) besteht somit aus $5 \cdot 4$, also 20 Steinen.
Das Mosaik (2) besteht aus $2 \cdot 11$, also 22 Steinen und
das Mosaik (3) aus $3 \cdot 7$, also 21 Steinen.
Das Mosaik (2) ist am größten, das Mosaik (1) am kleinsten.
Als Maßeinheit wurde die Größe eines Steins verwandt.

Information

(1) Bestimmen des Flächeninhalts durch Auslegen der Flächen

Das Mosaik (1) aus Aufgabe 1 besteht aus 20 Steinchen. Man kann daher sagen:
Der Flächeninhalt des Mosaiks (1) beträgt 20 Steinchengrößen, kurz: 20 S.
Entsprechend gilt für den Flächeninhalt des Mosaiks (2) dann 22 S und für den Flächeninhalt des Mosaiks (3) schließlich 21 S.

S (= Steinchengröße) ist die Einheit, in der der Flächeninhalt des Mosaiks gemessen wird. Sie ist eine frei gewählte Einheit, die hier praktisch ist.

Die Größe von Terrassen oder von Gartenwegen kann man in der Einheit *Plattengröße* angeben. Bei gefliesten Flächen, z. B. im Bad, bietet sich die Einheit *Fliesengröße* an. Journalisten geben große Flächen gelegentlich in der Einheit *Fußballfeld* an.

(2) Messen des Flächeninhalts in der Einheit 1 cm²

Die frei gewählten Einheiten für den Flächeninhalt (z. B. Flächeninhalt einer Fliese oder einer Kachel) können unterschiedlich groß sein. Eine Angabe wie „10 Fliesen groß" kann Flächen unterschiedlicher Größe beschreiben und ist deshalb für den Alltag unpraktisch. Man hat sich daher auf Einheiten für den Flächeninhalt geeinigt, die auf der ganzen Welt verwendet werden. Dabei greift man zurück auf Flächeninhalte von Quadraten, deren Seitenlängen die Längeneinheiten mm, cm, dm, m, km haben. Wir betrachten zunächst die Einheit 1 cm² (gelesen: *1 Quadratzentimeter*).

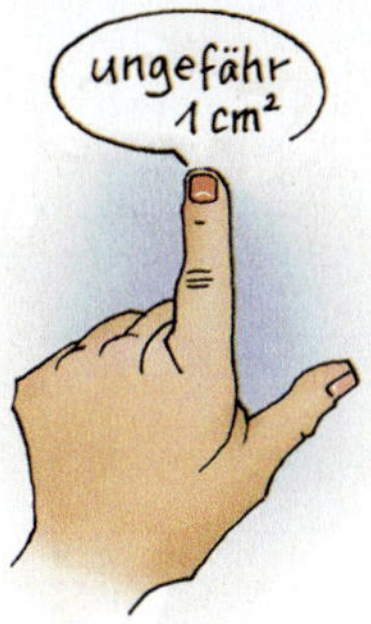

(1) Ein Quadrat mit der Seitenlänge 1 cm hat den Flächeninhalt **1 cm²** (gelesen: *1 Quadratzentimeter*).
Alle anderen Figuren, die man durch Zerschneiden und erneutes Zusammensetzen eines Quadrats mit 1 cm Seitenlänge erhält, haben auch den Flächeninhalt 1 cm².

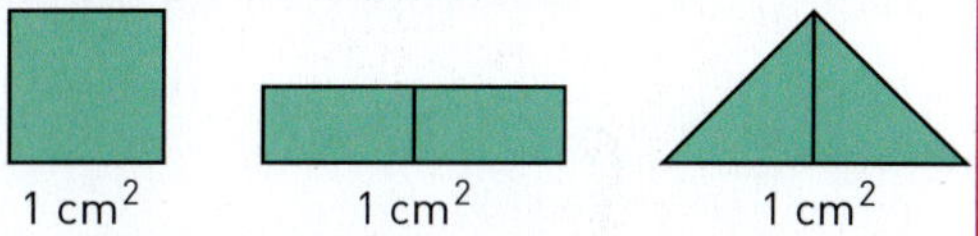

(2) In die Fläche rechts passen 4 Quadrate von 1 cm Seitenlänge.
Die Fläche hat den Flächeninhalt $A = 4\,cm^2$.
Der Flächeninhalt einer Fläche wird meist mit A bezeichnet.

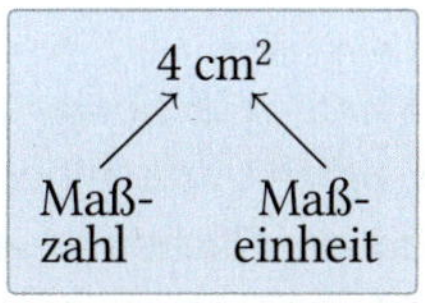

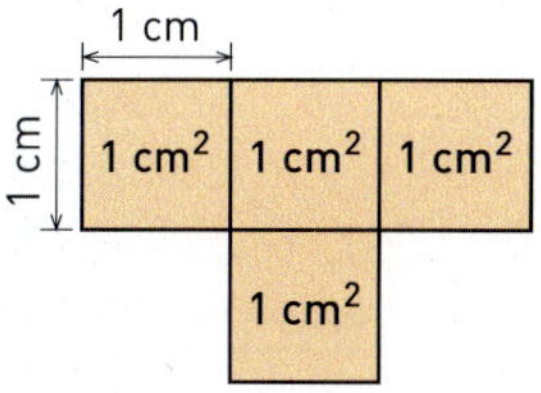

area (lat./engl.) Fläche

(3) Unterscheidung von Flächeninhalt und Umfang

Der Umfang ist eine Länge. Flächen mit demselben Flächeninhalt können verschieden große Umfänge haben:

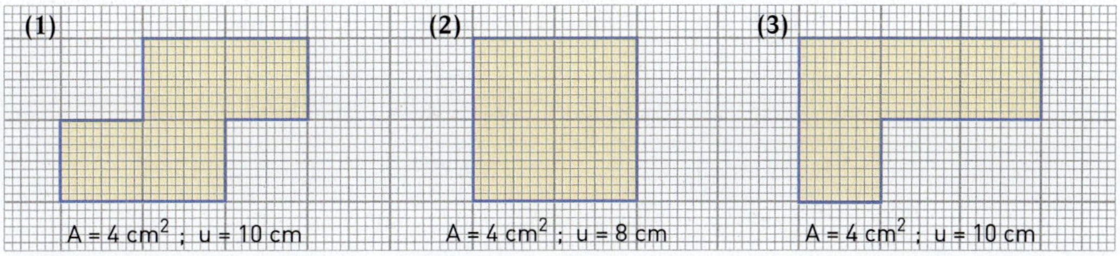

Abkürzungen:
A: Flächeninhalt
u: Umfang

Übungsaufgaben

2. In einer Zeitschrift findet man verschiedene Vorschläge für eine Terrassengestaltung. Gib den Flächeninhalt der Terrassen in der Einheit P (= Plattengröße) an. Welche Flächen haben gleichen Flächeninhalt?

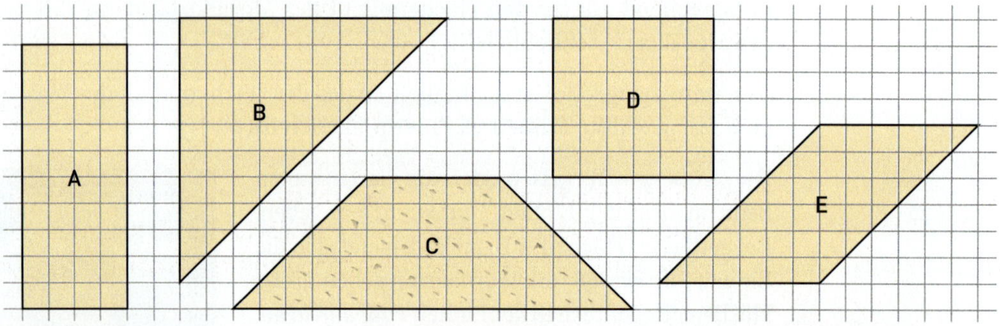

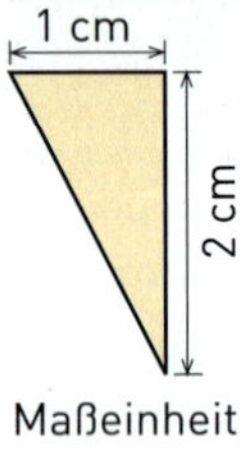

3. Der Flächeninhalt der Fläche soll bestimmt werden. Als Maßeinheit soll der Flächeninhalt des Dreiecks links verwendet werden. Du kannst zeichnen und ausschneiden.

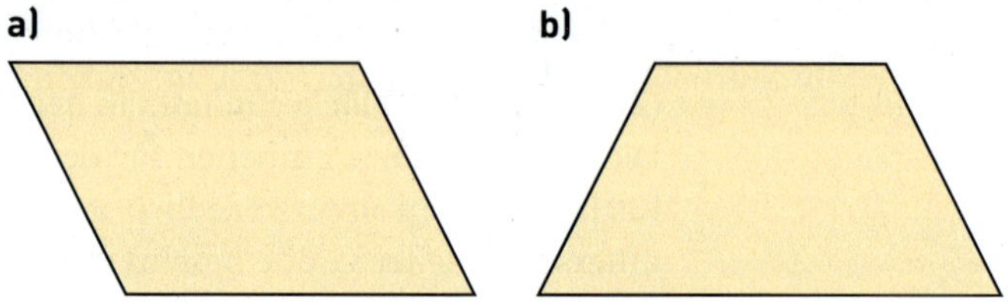

4.

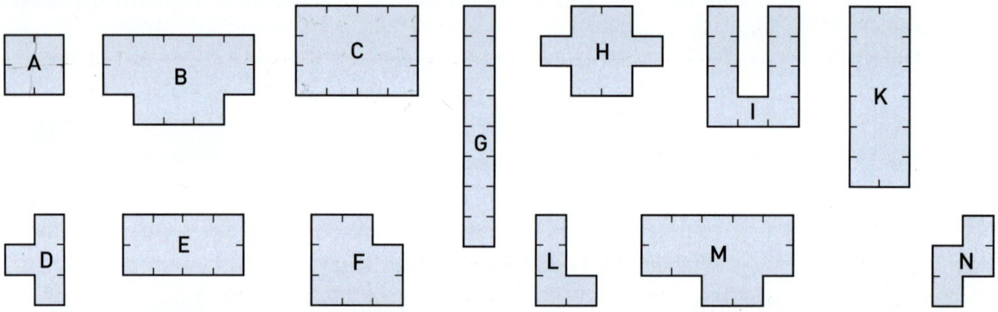

a) Gib den Flächeninhalt der Flächen in der Einheit *Kästchengröße* (KG) an.
b) Gib den Umfang der Flächen in der Einheit *Kästchenlänge* (KL) an.
c) Gib die Flächen an, die denselben Umfang, aber verschiedene Flächeninhalte haben.
d) Gib die Flächen an, die verschiedene Umfänge, aber denselben Flächeninhalt haben.

Das kann ich noch!

A) Verwende jede der Ziffern 4, 5, 6, 7, 8 und 9 einmal.
1) Bilde die kleinste Zahl aus den Ziffern und lies sie vor.
2) Bilde die größte Zahl aus den Ziffern und lies sie vor.
3) Bilde aus den Ziffern die Zahl, die einer halben Million am nächsten ist.
4) Bilde aus den Ziffern die Zahl, die 900 000 am nächsten ist.

B) Runde die folgenden Zahlen jeweils auf Millionen (Mio), Tausender (T), Hunderter (H) und Zehner (Z).
1) 1 234 567 2) 9 876 789 3) 999 999 4) 9 090 909

5. a) Bestimme den Flächeninhalt in cm^2.

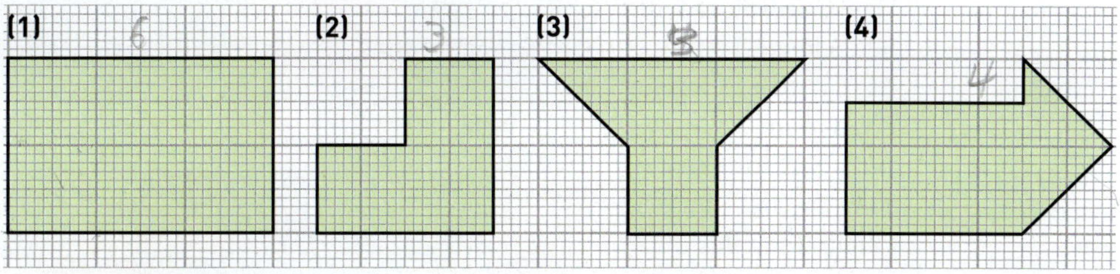

b) Zeichne die Fläche (1) von Teilaufgabe a) und schneide sie aus. Lege sie nun neu zu einer anderen Fläche zusammen. Welchen Flächeninhalt hat die neue Fläche?
Miss den Umfang auf Millimeter genau und vergleiche mit dem Umfang von Fläche (1).

6. Lest die Zeitungsnotiz rechts.
Um eine Vorstellung von der Größe des Hautstücks zu bekommen, zeichnet auf Karopapier mehrere Flächen (nicht nur Rechtecke) mit dem Flächeninhalt $A = 5\,cm^2$.
Bestimmt auch den Umfang u der Flächen.

> Bei Verbrennungen 3. Grades wird meistens eine Hauttransplantation durchgeführt. Dazu züchtet man aus einem Hautstück ein größeres Stück. Das ist sehr teuer: $5\,cm^2$ der gezüchteten Haut kosten 75 €.

7. Zeichne drei Flächen mit dem folgenden Flächeninhalt. Gib auch den Umfang an.
a) $7\,cm^2$ b) $80\,cm^2$ c) $10\,cm^2$ d) $100\,cm^2$ e) $120\,cm^2$ f) $160\,cm^2$

8. Zeichne eine Fläche mit dem Flächeninhalt A und dem Umfang u.
a) $A = 16\,cm^2$ und $u = 16\,cm$ b) $A = 16\,cm^2$ und $u = 20\,cm$ c) $u = 12\,cm$ und $A = 9\,cm^2$

4.1.3 Weitere Einheiten für Flächeninhalte – Zusammenhänge

Einstieg

Im letzten Abschnitt hast du die Flächeneinheit $1\,cm^2$ kennengelernt. Bei sehr großen oder sehr kleinen Flächen verwendet man andere Flächeneinheiten, z. B. $1\,m^2$, $1\,dm^2$ oder $1\,mm^2$.

a) Das Glückskleeblatt rechts soll vergoldet werden. Der Preis dafür richtet sich nach der Größe. Wie groß ist das Kleeblatt?
b) Zeichne auf Millimeterpapier Quadrate mit der Seitenlänge 1 mm, 1 cm, 1 dm und vergleiche deren Flächeninhalte.

Einführung

(1) Die Einheit $1\,mm^2$

Das Quadrat rechts hat den Flächeninhalt $1\,cm^2$. Es ist unterteilt in kleine Quadrate mit der Seitenlänge 1 mm. Jedes dieser Quadrate ist $1\,mm^2$ groß. Wie viele $1\,mm^2$ große Quadrate sind in einem $1\,cm^2$ großen Quadrat enthalten?

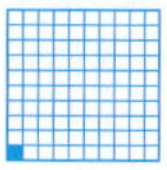

Um ein Quadrat der Seitenlänge 1 cm zu erhalten, muss man 10 Quadrate der Seitenlänge 1 mm nebeneinander legen und 10 von diesen Reihen übereinander. Man benötigt folglich $10 \cdot 10$, also 100, kleine Quadrate.

Es gilt somit: $1\,cm^2 = 100\,mm^2$

(2) Die Einheit $1\,dm^2$

Das Quadrat hat die Seitenlänge 1 dm.
Es hat den Flächeninhalt $1\,dm^2$.

Ist deine Handfläche $1\,dm^2$ groß? Prüfe durch Auflegen auf das Quadrat.

Im Kunstunterricht soll es mit bunten Quadraten des Flächeninhalts $1\,cm^2$ beklebt werden, sodass ein schönes Mosaik entsteht.
Wie viele kleine Quadrate benötigt man?
Um ein Quadrat der Seitenlänge 1 dm zu erhalten, muss man 10 Quadrate der Seitenlänge 1 cm nebeneinander legen und 10 von diesen Reihen übereinander.
Man benötigt folglich $10 \cdot 10$, also 100 kleine Quadrate.

Es gilt also für den Zusammenhang zwischen den Einheiten dm^2 und cm^2: $1\,dm^2 = 100\,cm^2$

(3) Die Einheit $1\,m^2$

Die Tafelfläche links im Bild ist ein Quadrat mit 1 m Seitenlänge. Der Flächeninhalt des Quadrats ist $1\,m^2$.

m^2 und m sind Einheiten für verschiedene Größen !

Auf die Wandtafel ist ein Gitternetz gezeichnet.
Wie viele kleine Quadrate mit 1 dm Seitenlänge entstehen?
Es entstehen $10 \cdot 10$, also 100 solcher Quadrate mit dem Flächeninhalt $1\,dm^2$.

Es gilt somit für den Zusammenhang zwischen den Einheiten m^2 und dm^2: $1\,m^2 = 100\,dm^2$

Information

Überblick über alle Einheiten des Flächeninhalts

Weitere Maßeinheiten für den Flächeninhalt sind: 1 a (Ar), 1 ha (Hektar), 1 km^2.
Die folgende Tabelle gibt einen Überblick über alle Flächeninhaltseinheiten.

Quadrat mit der Seitenlänge	Flächeninhalt des Quadrats	gelesen
1 mm	1 mm^2	1 Quadratmillimeter
1 cm	1 cm^2	1 Quadratzentimeter
1 dm	1 dm^2	1 Quadratdezimeter
1 m	1 m^2	1 Quadratmeter
10 m	1 a	1 Ar
100 m	1 ha	1 Hektar
1 km	1 km^2	1 Quadratkilometer

Beispiele:

Judomatte: 1 a

Fußballfeld: 1 ha

Fläche eines Dorfes: 1 km^2

Weiterführende Aufgaben

Zusammenhang zwischen m^2, a, ha und km^2

1. a) Legt auf dem Schulhof mit einem Seil ein Quadrat mit der Seitenlänge 10 m fest. Dieses Quadrat hat den Flächeninhalt 1 a. Wie viele Quadrate mit der Seitenlänge 1 m braucht man, um ein Quadrat mit dem Flächeninhalt 1 a auszulegen?
Füllt im Heft aus: 1 a = ▢ m^2

b) Erklärt, weshalb gilt
(1) 1 ha = 100 a;
(2) 1 km^2 = 100 ha?
Das Quadrat auf Seite 188 kann euch helfen.

Messen des Flächeninhalts in geeigneten Einheiten

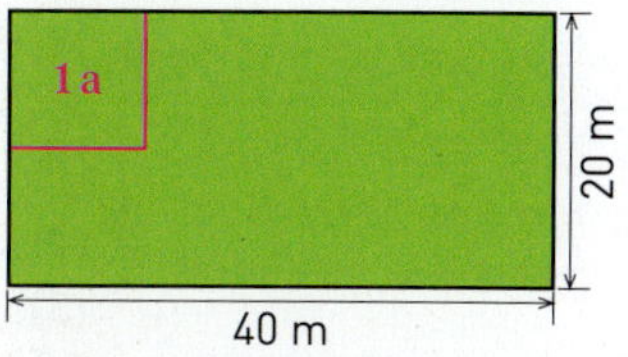

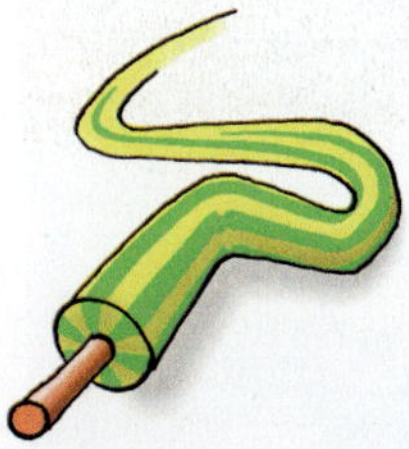

2. Ähnlich wie man kleine Flächen in der Flächeninhaltseinheit cm^2 angibt, kann man große Flächen wie Zimmerflächen, Ackerflächen usw. in größeren Einheiten angeben.

a) Wie groß ist die nebenstehende Grundstücksfläche? Gib das Ergebnis in verschiedenen Einheiten an.

b) In welchen Einheiten misst man sinnvoll folgende Flächen:
Zimmerdecke, Segel, Querschnittsfläche eines Drahtes, Brett, Äcker, Baugrundstücke, Gärten, Bauernhöfe, Staaten (Länder), große Seen, Inseln, Erdteile?

Information

$1\,km^2 \underset{\cdot 100}{\overset{:100}{\rightleftarrows}} 1\,ha \underset{\cdot 100}{\overset{:100}{\rightleftarrows}} 1\,a \underset{\cdot 100}{\overset{:100}{\rightleftarrows}} 1\,m^2 \underset{\cdot 100}{\overset{:100}{\rightleftarrows}} 1\,dm^2 \underset{\cdot 100}{\overset{:100}{\rightleftarrows}} 1\,cm^2 \underset{\cdot 100}{\overset{:100}{\rightleftarrows}} 1\,mm^2$

$1\,km^2 = 100\,ha$

$1\,ha = 100\,a$

$1\,a = 100\,m^2$

$1\,m^2 = 100\,dm^2$

$1\,dm^2 = 100\,cm^2$

$1\,cm^2 = 100\,mm^2$

Beim Flächeninhalt: Umwandlungszahl 100

Übungsaufgaben

3. Bestimmt den Flächeninhalt eines DIN-A4-Blattes folgendermaßen:
Stellt euch mehrere Quadrate mit dem Flächeninhalt $1\,dm^2$ her und legt damit ein DIN-A4-Blatt (großes Schulheft) aus.

4. a) Gib die Größe der rechts abgebildeten Kellerfläche in m^2 an.
b) Zeichne ebenso verkleinert Zimmerflächen mit dem Flächeninhalt $30\,m^2$ [dem Flächeninhalt $17\,m^2$].

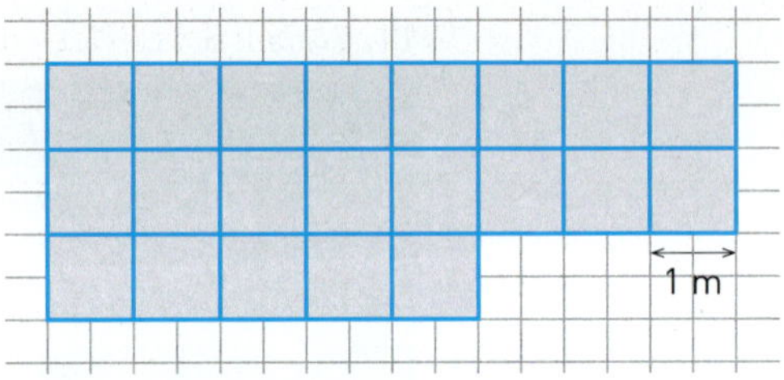

5. a) Gib die Größe der Wiese an.
b) Gib die Größe des Ackers an.
c) Wie lang wäre ein Zaun um die Wiese, wie lang um den Acker?
d) Zeichne ähnlich einen 9 a großen Bolzplatz.
e) Zeichne verkleinert eine 6 ha große Waldfläche und einen $6\,km^2$ großen Park.

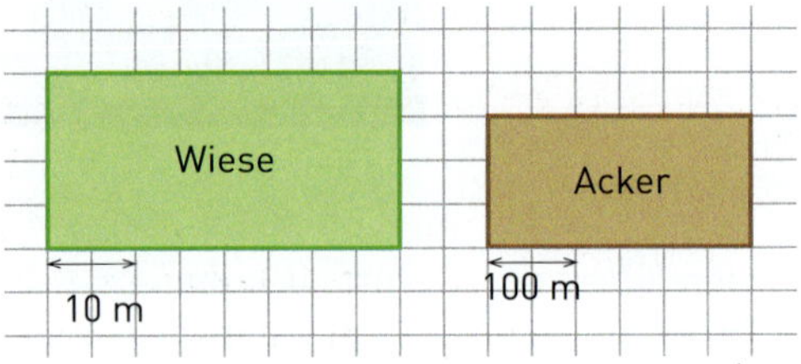

6. Gib den Flächeninhalt und den Umfang an.

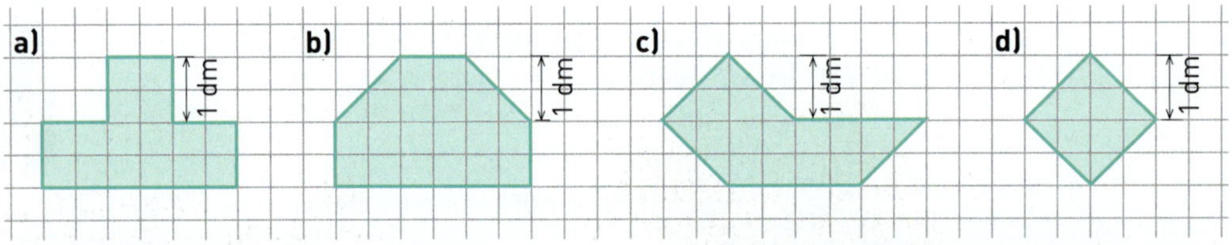

7. Schlage in einem Lexikon oder im Internet die Größe folgender Seen nach:
(1) Chiemsee
(2) Bodensee
(3) Laacher See
(4) Viktoriasee
Wie viele 1 ha große Fußballfelder würden hineinpassen?
Ordne die Seen der Größe nach.

Laacher See

8. Verwandle in die in Klammern angegebene Einheit.

a) $8\,dm^2$ (cm^2) $15\,dm^2$ (cm^2)
b) $5\,m^2$ (dm^2) $27\,m^2$ (dm^2)
c) $8\,a$ (m^2) $75\,a$ (m^2)
d) $8\,cm^2$ (mm^2) $18\,cm^2$ (mm^2)
e) $2\,ha$ (a) $31\,ha$ (a)
f) $3\,km^2$ (ha) $43\,km^2$ (m^2)

$1\,cm^2 = 100\,mm^2$
$57\,cm^2 = 5\,700\,mm^2$

9. Drücke in der in Klammern angegebenen Einheit aus.

a) $3\,800\,cm^2$ (dm^2) $4\,000\,cm^2$ (dm^2)
b) $5\,900\,dm^2$ (m^2) $8\,000\,dm^2$ (m^2)
c) $400\,m^2$ (a) $1\,400\,m^2$ (a)
d) $3\,000\,a$ (ha) $1\,700\,a$ (ha)
e) $8\,000\,ha$ (km^2) $400\,ha$ (km^2)
f) $300\,mm^2$ (cm^2) $16\,000\,mm^2$ (cm^2)
g) $470\,000\,cm^2$ (m^2) $520\,000\,cm^2$ (m^2)
h) $230\,000\,m^2$ (ha) $100\,000\,m^2$ (ha)

10. Gib die Größe des Industriegebietes auch in m^2 und ha an.

11. Fülle die Lücken in deinem Heft aus.

a) $400\,dm^2 = ■\,cm^2$
b) $200\,m^2 = ■\,dm^2$
c) $100\,km^2 = ■\,a$
d) $300\,dm^2 = ■\,m^2$
e) $500\,mm^2 = ■\,cm^2$
f) $700\,ha = ■\,km^2$
g) $1\,000\,a = ■\,ha$
h) $817\,m^2 = ■\,dm^2$
i) $655\,cm^2 = ■\,mm^2$
j) $1\,900\,cm^2 = ■\,dm^2$
k) $7\,ha = ■\,m^2$
l) $3\,m^2 = ■\,cm^2$

12. Welcher Flächeninhalt gehört zu welchem Gegenstand?

$4\,m^2$ | $4\,a$ | $150\,m^2$ | $10\,cm^2$ | $10\,ha$ | $2\,cm^2$ | $150\,km^2$ | $7\,dm^2$ | $600\,m^2$ | $208\,mm^2$

4.1.4 Umwandeln in andere Einheiten

Einstieg

Gib den Flächeninhalt der Briefmarke auf verschiedene Weisen an.

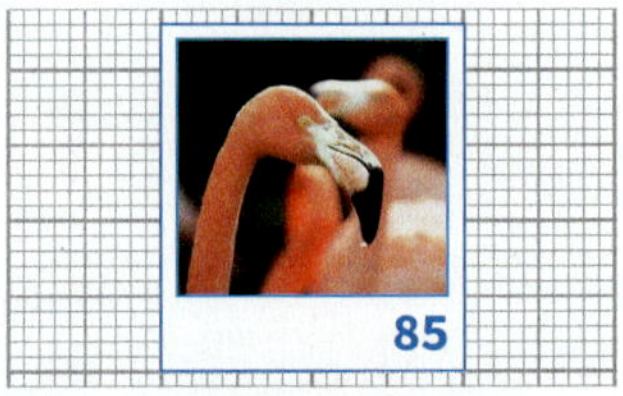

Aufgabe 1

Ein Grundbuch ist ein öffentliches Verzeichnis der Grundstücke eines bestimmten Gebietes, z.B. einer Gemeinde. Es wird beim Amtsgericht geführt.
In ihm sind unter anderem der Eigentümer des Grundstücks sowie Wirtschaftsart, Lage und Größe des Grundstücks eingetragen. Hier siehst du einen Auszug aus einem Grundbuch.

Nr. der Grundstücke	Eigentümer	Karte		Wirtschaftsart und Lage	Größe		
		Flur	Flurstück		ha	a	m^2
1	Müller, Hans	2	16/1	Wiese; Helmeweg		3	47
2	Müller, Anne	2	16/2	Acker; Am Morgenhang	37	05	

In Grundbüchern wird die Größe eines Grundstücks mit gemischten Einheiten angegeben.
Wandle auch die Größenangaben der anderen Grundstücke in m^2 um.

Lösung

Um $3\,a\ 47\,m^2$ insgesamt in m^2 anzugeben, müssen wir $3\,a$ in m^2 umwandeln.
$1\,a$ ist genauso groß wie $100\,m^2$, $3\,a$ so groß wie $300\,m^2$.
Damit ist das Grundstück insgesamt $347\,m^2$ groß:
$3\,a\ 47\,m^2 = 347\,m^2$
Entsprechend findest du:
$37\,ha\ 05\,a = 3\,705\,a = 370\,500\,m^2$

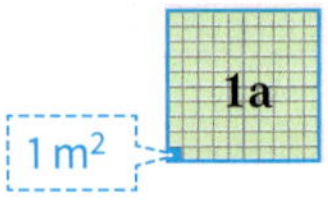

Information

(1) Kommaschreibweise

Die Größe von Grundstück Nr. 2 des Grundbuches ist in einer Einheitentabelle angegeben: $3\,a\ 47\,m^2$.
Diese Angabe schreibt man auch mit Komma:
$3{,}47\,a = 3\,a\ 47\,m^2$
Die Kommaschreibweise ist also nur eine Abkürzung für eine Schreibweise mit gemischten Einheiten.
Wegen der Umwandlungszahl 100 hat jede Einheit zwei Stellen.

Vor dem Komma		Nach dem Komma	
a		m^2	
Z	E	Z	E
	3	4	7

Wenn man von der Kommaschreibweise in eine Schreibweise mit gemischten Einheiten umwandeln will, ist es günstig, die Einheitentabelle mit den benachbarten Einheiten zu skizzieren.

Beispiele: Schreibe mit gemischten Einheiten: $8{,}49\,km^2$; $37{,}05\,ha$; $2{,}4\,m^2$

km^2 ha ↘ ↙
$8{,}49\,km^2 = 8\,km^2\ 49\,ha$

ha a ↘ ↙
$37{,}05\,ha = 37\,ha\ 5\,a$

m^2 dm^2 ↘ ↙
$2{,}4\,m^2 = 2\,m^2\ 40\,dm^2$

4.3 Rechnen mit Flächeninhalten

Einstieg

Am Waldrand soll ein Schülercamp mit 5 Blockhütten und einem Kletterpark errichtet werden. Für jede Blockhütte ist eine Grundstücksfläche von etwa 420 m² vorgesehen. Das Wirtschaftsgebäude mit Information und Küche soll eine Grundfläche von mindestens 60 m² haben. Für den Kletterpark sollen rund 2 500 m² zur Verfügung stehen.
Reicht das rechts abgebildete Grundstück aus?
Vergleicht eure Rechenwege.

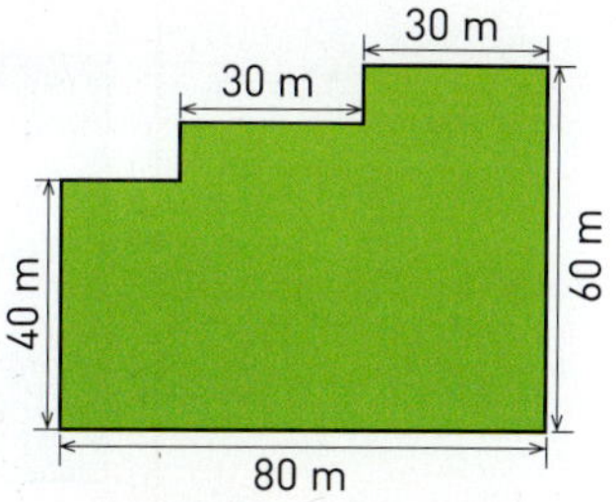

Aufgabe 1

Addieren und Subtrahieren von Flächeninhalten
Das Wohnzimmer rechts soll einen neuen Parkettboden erhalten.
Wie viel Parkett muss bestellt werden?
Finde verschiedene Rechenwege und erkläre sie.

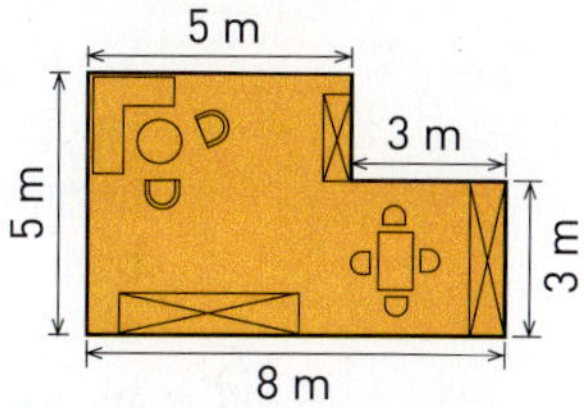

Lösung

Du kannst auf verschiedene Weise vorgehen:

(1) Du kannst den Essplatz abtrennen.
Der linke Teil des Wohnzimmers ist ein Rechteck mit dem Flächeninhalt:
$A_l = 5\,m \cdot 5\,m = 25\,m^2$
Der rechte Teil (Essplatz) hat den Flächeninhalt:
$A_r = 3\,m \cdot 3\,m = 9\,m^2$
Der Flächeninhalt A des gesamten Wohnzimmers ist dann die Summe dieser beiden Flächeninhalte:
$A = A_l + A_r = 25\,m^2 + 9\,m^2 = 34\,m^2$

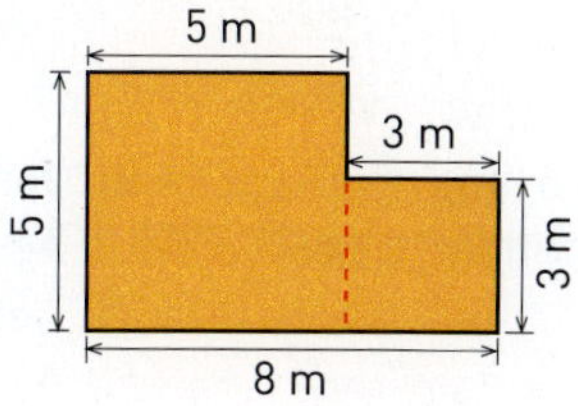

(2) Du kannst das Wohnzimmer auch in zwei andere Rechtecke zerlegen. Für das obere Rechteck gilt:
$A_o = 5\,m \cdot 2\,m = 10\,m^2$
Für das untere Rechteck gilt:
$A_u = 8\,m \cdot 3\,m = 24\,m^2$
Auch hier ist der Flächeninhalt A des gesamten Wohnzimmers die Summe der beiden Flächeninhalte:
$A = A_o + A_u = 10\,m^2 + 24\,m^2 = 34\,m^2$

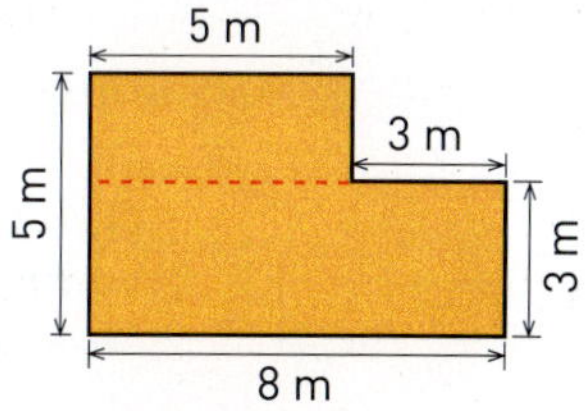

(3) Du kannst die Fläche des Wohnzimmers zu einem großen Rechteck ergänzen. Dieses hat den Flächeninhalt:
$A_g = 8\,m \cdot 5\,m = 40\,m^2$
Ergänzt wurde dabei ein Rechteck mit dem Flächeninhalt:
$A_e = 2\,m \cdot 3\,m = 6\,m^2$
Dieser Flächeninhalt wurde zu viel berechnet, muss also subtrahiert werden. Der Flächeninhalt A des gesamten Wohnzimmers ist die Differenz der beiden Flächeninhalte:
$A = A_g - A_e = 40\,m^2 - 6\,m^2 = 34\,m^2$

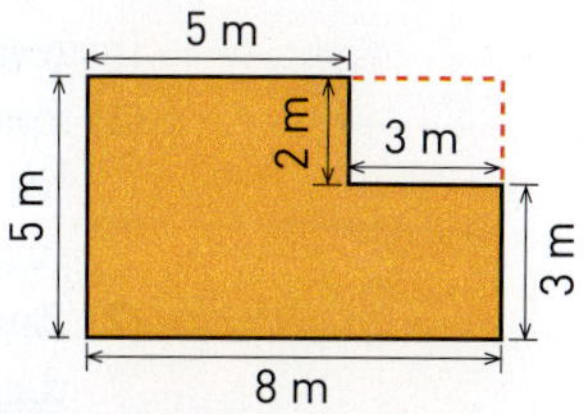

Auf allen drei Wegen erhältst du, dass 34 m² Parkettboden bestellt werden müssen.

Information

Strategien zum Berechnen des Flächeninhalts zusammengesetzter Flächen

1. Strategie: Zerlegen

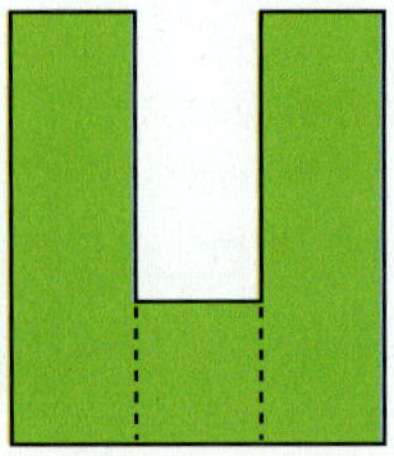

Man zerlegt die Figur in geeignete Teilflächen, berechnet deren Flächeninhalte und addiert diese.

2. Strategie: Ergänzen

Man ergänzt die Figur geeignet. Dann berechnet man den Flächeninhalt der gesamten Figur und subtrahiert davon den Flächeninhalt der ergänzten Fläche.

Aufgabe 2

Vervielfachen und Dividieren von Flächeninhalten

Ein Gartenverein erhält von der Gemeinde 5 nebeneinander liegende Grundstücke. Jedes Grundstück ist 30 m lang und 15 m breit.

a) Wie groß ist die neue Fläche insgesamt?

b) Es ist geplant, dass die neue Fläche in 250 m² große Gärten aufgeteilt wird. Wie viele Gärten erhält man?

c) Da sich jedoch nur 6 Familien für einen neuen Garten angemeldet haben, wird das Grundstück gleichmäßig an sie verteilt. Wie groß wird dann jeder Garten?

Lösung

a) Jedes der 30 m langen und 15 m breiten Grundstücke hat den Flächeninhalt:
$A_G = 30\,m \cdot 15\,m = 450\,m^2$
Den Flächeninhalt der neuen Fläche erhält man durch Multiplizieren mit 5:
$A = 5 \cdot 450\,m^2 = 2\,250\,m^2$
Ergebnis: Die neue Fläche ist $2\,250\,m^2$ groß.

b) Da die neue Fläche in gleich große Flächen zu je $250\,m^2$ zerlegt wird, dividieren wir die Gesamtfläche durch $250\,m^2$:
$A = 2\,250\,m^2 : 250\,m^2 = 9$
Ergebnis: Man erhält 9 Gärten.

Zerlegen in gleich große Flächen mit vorgegebenem Flächeninhalt, also durch den Flächeninhalt dividieren.

c) Da die neue Fläche in 6 gleich große Teile zerlegt werden soll, dividieren wir die Gesamtfläche durch 6:
$2\,250\,m^2 : 6 = 375\,m^2$
Ergebnis: Jeder Garten ist $375\,m^2$ groß.

Zerlegen einer Fläche in eine bestimmte Anzahl gleich großer Flächen, also Flächeninhalt durch Zahl dividieren.

Information

Dividieren von Flächeninhalten

Insgesamt kennst du jetzt drei Fälle zum Dividieren bei Flächeninhalten:

(1) Zum Zerlegen einer Fläche in gleich große Flächen mit vorgegebenem Flächeninhalt dividiert man den Gesamtflächeninhalt durch den vorgegebenen Flächeninhalt. Man erhält als Ergebnis eine Zahl. *Beispiel:* $600\,m^2 : 50\,m^2 = 12$

(2) Zum Zerlegen einer Fläche in eine vorgegebene Anzahl von gleich großen Teilflächen dividiert man den Gesamtflächeninhalt durch die Anzahl der Teilflächen. Man erhält als Ergebnis einen Flächeninhalt. *Beispiel:* $480\,m^2 : 20 = 24\,m^2$

(3) Von einem Rechteck sind der Flächeninhalt und eine Seitenlänge bekannt. Zum Bestimmen der anderen Seitenlänge dividiert man den Flächeninhalt durch die bekannte Seitenlänge. Man erhält als Ergebnis eine Seitenlänge. *Beispiel:* $96\,m^2 : 24\,m = 4\,m$

Übungsaufgaben

3. Rechts siehst du den Grundriss eines Wohnzimmers.
Berechne den Flächeninhalt auf drei verschiedene Weisen.

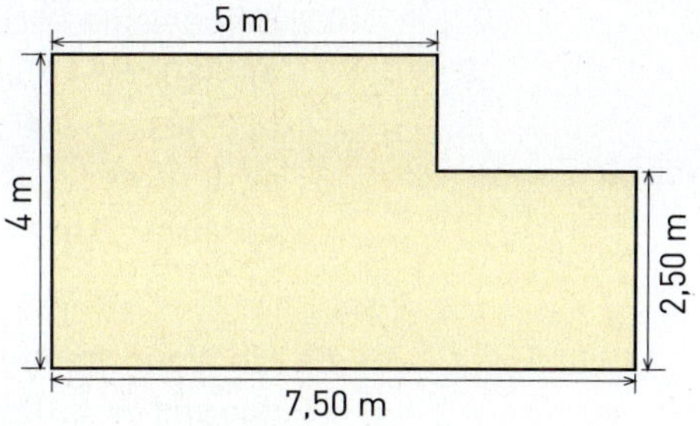

4. Einer Gemeinde gehört eine Fläche von 2 735 ha. Davon sind 681 ha Weideland, 810 ha Ackerland, 618 ha Wald und 22 ha Wohngebiete. 12 ha entfallen auf Straßen und Wege. Der Rest ist Ödland. Wie groß ist dieses?

5. An einer Straße sollen 18 Garagen gebaut werden. Jede soll 17 m^2 groß sein. Wie groß muss das Grundstück mindestens sein, auf dem die Garagen gebaut werden sollen?

6. An einem Straßenrand stehen 126 m^2 für 9 Parkplätze zur Verfügung.

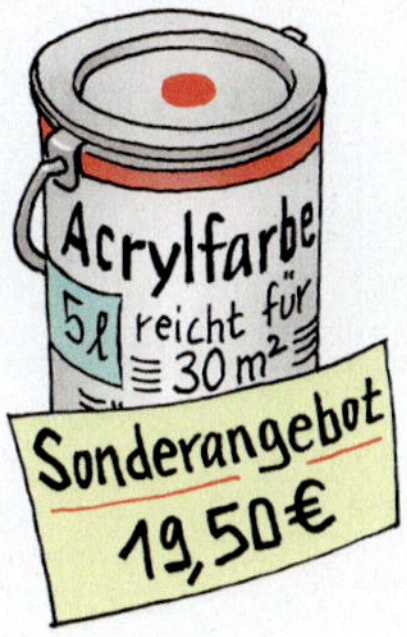

7. Herr Kerner will den Fußboden in seinem Keller mit einer Acryl-Farbe streichen.
Er misst: Heizungskeller $3\,m \times 3\,m$; Vorratskeller $3\,m \times 5\,m$; Hobbyraum $6\,m \times 8\,m$; Vorratsraum $3\,m \times 4\,m$.
Wie viele Eimer muss er kaufen? Wie teuer ist die Farbe?

8. Frau Reichle verkauft Bauplätze. Der erste Bauplatz ist 750 m^2, der zweite 675 m^2, der dritte 775 m^2 und der vierte 650 m^2 groß. Ein Quadratmeter kostet 210 €.
Stelle geeignete Fragen und beantworte sie.

9. Frau Sorp kauft den Rasendünger im Bild rechts. Die Rasenfläche ist 8 m lang und 3 m breit. Stelle geeignete Fragen und beantworte sie.

10. Die Cheopspyramide in Ägypten hat ein Quadrat mit der Seitenlänge 230 m als Grundfläche.
Wie viele Fußballfelder der Größe $105\,m \times 80\,m$ passen mindestens in diese Grundfläche? Schätze zuerst.

11. a) Berechne Flächeninhalt und Umfang eines DIN-A4-Blatts.

b) Clara behauptet: „Ein DIN-A3-Blatt ist doppelt so groß wie ein DIN-A4-Blatt. Flächeninhalt und Umfang eines DIN-A3-Blatts sind also doppelt so groß wie beim DIN-A4-Blatt." Was meinst du dazu?

c) Eine Packung Druckerpapier enthält 500 DIN-A4-Blätter. Frank meint, dass eine solche Packung genügt, um mit den Blättern den Schulhof auszulegen.
Überprüfe Franks Behauptung.

12. Erfinde eine Rechengeschichte.

a) $380\,cm^2 + 750\,cm^2$
b) $240\,cm^2 - 48\,cm^2$
c) $6 \cdot 18\,m^2$
d) $40\,m^2 : 5\,m$
e) $720\,m^2 : 12\,m^2$
f) $135\,m^2 : 15$
g) $120\,m^2 + 30\,m^2$
h) $5\,ha - 2\,a$

Aufgabe: $1420\,m^2 - 350\,m^2$
Rechengeschichte: Frau Blum besitzt eine $1420\,m^2$ große Wiese. Sie verkauft davon einen $350\,m^2$ großen Teil. Wie groß ist ihre Wiese noch?

13. Ein Wohnzimmer mit Essplatz soll mit Parkettboden ausgelegt werden.
Wie viel m^2 müssen bestellt werden? Du kannst unterschiedlich rechnen.

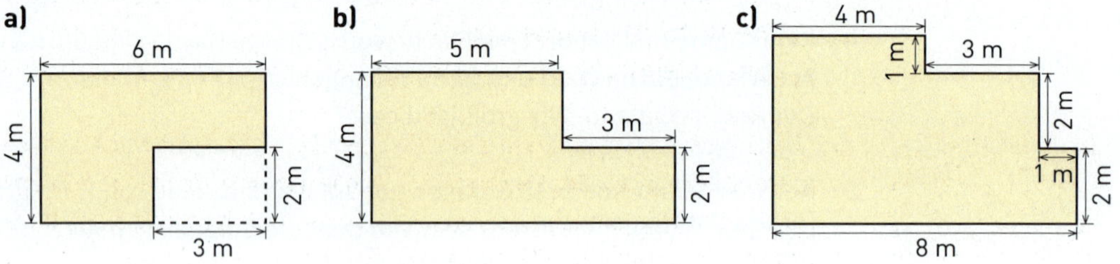

14. Berechne das Gewicht der abgebildeten Blechplatten (Maße in cm). $1\,cm^2$ Blech wiegt 3 g.

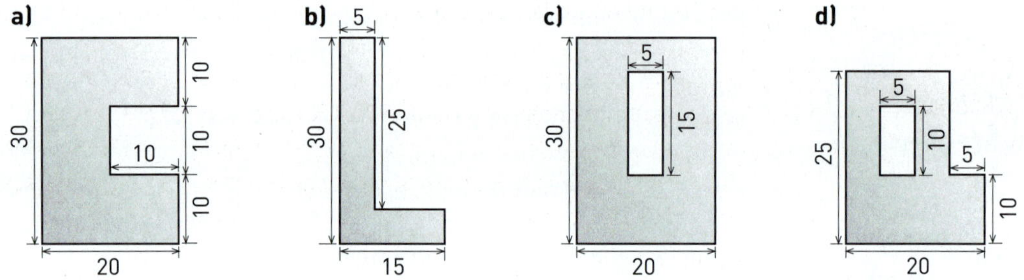

Vermischte Übungen

15. Stellt euch gegenseitig Fragen und beantwortet sie.

Verteilung der Landmassen auf die sechs Kontinente

Europa .... 10 010 000 km²
Amerika .... 41 850 000 km²
Asien .... 44 130 000 km²
Australien .... 8 900 000 km²
Afrika .... 29 830 000 km²
Antarktis .... 14 170 000 km²
Gesamtfläche der Erde .. 509 890 000 km²

16. Peter sagt: „Beim Format 10×15 bekommt man bei diesem Angebot am meisten Foto für sein Geld!“

MeisterFOTO

Format	Preis für 10 Stück
10 × 15	0,60 €
20 × 30	5,00 €
30 × 45	29,90 €
40 × 60	59,50 €

17. Ein 30 cm × 20 cm großes Bild soll aufgehängt werden. Dazu wird es auf eine weiße Pappe mit den Seitenlängen 50 cm und 40 cm geklebt. Vergleiche die Bildfläche mit der weißen Fläche.

18. Eine Wohnung besteht aus folgenden Räumen: Küche (12 m²), Wohnzimmer (24 m²), Schlafzimmer (20 m²), Kinderzimmer (16 m²), Bad (6 m²) und Flur (7 m²).

a) Die Miete beträgt 6 € pro m². Wie hoch ist die monatliche Miete für die ganze Wohnung? Wie viel Miete ist es in einem Jahr?

b) Eine andere Wohnung ist 108 m² groß. Sie ist auch für 6 € pro m² vermietet.

19. Eine Tageszeitung erscheint an allen Wochentagen in einer Auflage von 200 000 Exemplaren. Die Anzahl der Seiten ist an den einzelnen Wochentagen unterschiedlich. Durchschnittlich erscheinen wöchentlich 400 Seiten, das sind 100 Blätter in jeder Woche. Damit kann man eine Fläche von ungefähr 30 m² bedecken.
Stelle dir vor, man würde alle Exemplare dieser Tageszeitung ausbreiten. Welche Fläche wäre dann bedeckt? Gib die Fläche auch an für eine Woche, für ein Jahr, für 10 Jahre.
Die Bundesrepublik Deutschland ist ungefähr 360 000 km² groß. Vergleiche.

20. Für das Titelbild des Jahresberichts einer Schule soll ein Foto mit allen Schülerinnen und Schülern darauf aufgenommen werden. Der Fotograf hat auf dem Schulhof eine rechteckige Fläche mit 15 m und 20 m Seitenlänge gekennzeichnet, in das sich alle Schülerinnen und Schüler stellen sollen, damit er sie vom Schuldach aus fotografieren kann. Passen alle Schülerinnen und Schüler in das Rechteck?

21. Rechts siehst du einen Zeitungsartikel zur Frankfurter Buchmesse. Die Größe der Ausstellungsfläche kannst du dir nur schwer vorstellen. Gib die Seitenlängen eines Rechtecks an, das ungefähr denselben Flächeninhalt hat.

Frankfurter Buchmesse

Die Frankfurter Buchmesse ist die weltweit größte Messe im Buch- und Medienbereich. Ihre Anfänge reichen bis in das 16. Jahrhundert zurück. Damals fand die Messe in der Buchgasse statt.
Vom 1. bis zum 8. Oktober 2009 zeigten 7 314 Aussteller aus 100 Ländern auf einer Ausstellungsfläche von 171 791 Quadratmetern 401 932 Publikationen, davon circa 123 823 Neuerscheinungen. Die Anzahl der Besucher betrug 290 469.
Im Rahmen der Buchmesse wird in der Frankfurter Paulskirche der Friedenspreis des deutschen Buchhandels verliehen.

22. Ein Hof von 12 m Länge und 5 m Breite soll mit Platten belegt werden. Jede Platte ist 75 cm lang und 50 cm breit.

a) Wie viele Platten werden benötigt?

b) Der Hof soll eingezäunt werden (2 m breites Tor). Wie lang ist der Zaun?

23. Die vordere Fassade der Fabrik rechts soll gestrichen werden.
Mit welchen Kosten muss man rechnen?

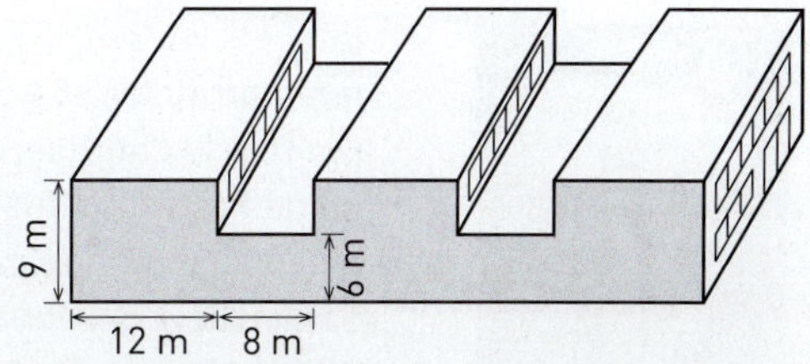

24. Eine 5 m lange und 3,5 m breite Terrasse soll mit Platten belegt werden. Die Platten sind 0,5 m mal 0,5 m groß.
Wie viele Platten sind zu bestellen?

25. Die abgebildete vordere grüne Hauswand soll verklinkert werden.
Für 1 m² benötigt man 40 Steine.
Eine Palette enthält 100 Steine.
Stellt einander geeignete Fragen und beantwortet sie.

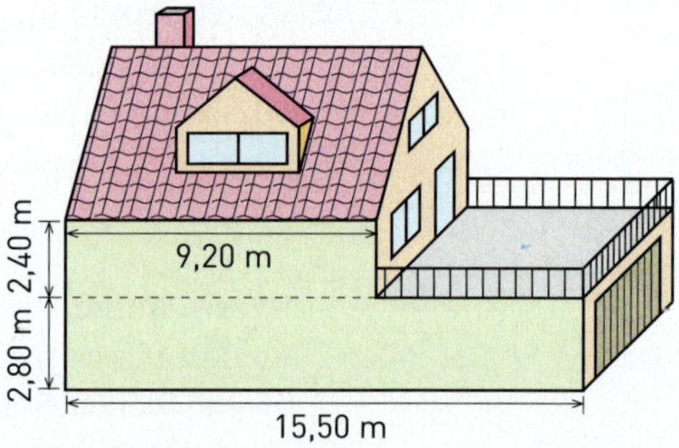

26. In einem Neubaugebiet beträgt der Grundstückspreis 110 € pro m². Berechne die Preise für die Grundstücke rechts.

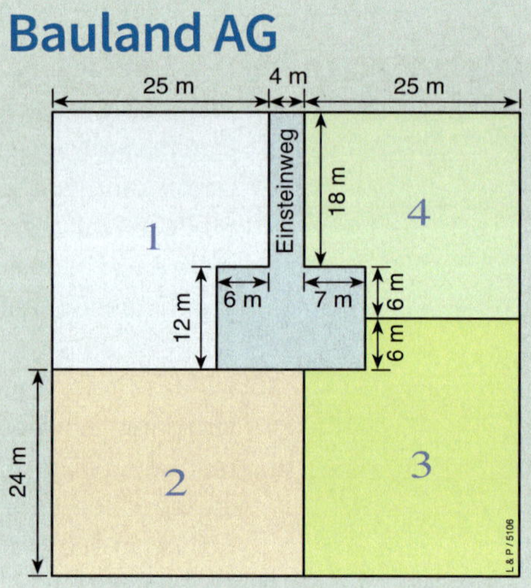

Neubaugebiet am Einsteinweg

27. Eine Weide der Größe $240\,\text{m} \times 720\,\text{m}$ soll durch einen Elektrozaun in 8 gleich große Rechtecke geteilt werden, in die dann nacheinander das Vieh getrieben wird.
Wie groß ist jeder Teil?
Gib verschiedene Möglichkeiten für Länge und Breite der Rechtecke an.

28. a) Eine Seite eines Rechtecks wird um 1 m verlängert. Wie musst du die andere Seitenlänge verändern, damit der Umfang sich nicht ändert?
Formuliere eine allgemeine Regel.

b) Die Länge einer Seite eines Rechtecks wird verdoppelt [verdreifacht, vervierfacht]. Wie musst du die andere Seitenlänge ändern, damit der Flächeninhalt sich nicht ändert?

29. Zu einem Rechteck mit den Seitenlängen 2,5 cm und 22,5 cm sollen Rechtecke mit gleichem Flächeninhalt bestimmt werden. Gibt es unter diesen Rechtecken eines mit möglichst kleinem Umfang?

30. Herr Baier hat 150 quadratische Teppichfliesen der Seitenlänge 40 cm für insgesamt 161,25 € gekauft. Danach entdeckt er in einem Sonderangebot quadratische Teppichfliesen der Seitenlänge 50 cm, die 1,70 € pro Stück kosten.
Ist es günstiger, diese Fliesen zu verwenden?

31. Ein Beet ist $3\,\text{m} \times 5\,\text{m}$ groß. Darauf sollen Erbsen angebaut werden. Pro Quadratmeter rechnet man 20 bis 25 g Saatgut. Dieses wird in 125-g-Tüten zu 1,45 € angeboten.
Die Durchschnittsernte liegt zwischen 500 g und 800 g grünen Hülsen pro m². Auf dem Markt kostet 1 kg frische Erbsen 2,95 € in Hülsen. Für 1 Kilogramm Erbsen braucht man etwa eine halbe Stunde zum Auslösen der Erbsen aus den Hülsen. Die Ausbeute an frischen Samen liegt bei etwa 400 g.
Wie viel kostet das Saatgut für das Beet? Mit welchem Ernteertrag kann man rechnen? Welchen Gewinn kann der Erbsenanbau einbringen?

Flächeninhalt nicht rechteckiger Figuren

„Deutschland hat eine Fläche von 356 974 km²“, lesen Ronja und Kevin in ihrem Erdkundebuch. Kevin überlegt: „Den Flächeninhalt von Rechtecken kann man leicht bestimmen. Aber wie geht man bei einer krummlinig begrenzten Figur vor?“
„Wir könnten ja die Größe zunächst ungefähr bestimmen“, meint Ronja.

Ronja zeichnet ein Rechteck, das auf jeden Fall größer als Deutschland ist: „Wie groß die Fläche Deutschlands höchstens ist, können wir aus der Fläche des Rechtecks in der Zeichnung berechnen.“

„Das Rechteck ist aber viel zu groß. An den Ecken des Rechtecks können wir noch kleinere Rechtecke einzeichnen. Dann erhalten wir eine Figur, die fast wie die Umrisse von Deutschland aussieht...“, schlägt Kevin vor.

1. **a)** Übertrage die Zeichnung auf Papier. Zeichne Rechtecke in den Ecken des großen Rechtecks so ein, dass du nicht über die Umrisse von Deutschland hinausgehst.
Berechne den Flächeninhalt dieser Figur. Vergleiche dein Ergebnis mit deinem Nachbarn.

b) Rechne aus, wie groß Deutschland höchstens ist. Beachte dabei, dass 1 cm auf deiner Zeichnung 60 km in der Natur entsprechen.

„Jetzt wissen wir, wie groß Deutschland höchstens ist. Können wir genau so leicht feststellen, wie groß Deutschland mindestens ist?“, möchte Kevin noch wissen.

Ronja überlegt kurz, dann schlägt sie vor: „Zeichnen wir doch Rechtecke, die ganz in den Umrissen von Deutschland liegen. Mit einem Rechteck kommen wir dabei sicherlich nicht aus. Aber wenn wir mehrere nehmen und sie aneinander legen, können wir die Zeichnung fast abdecken. Wir müssen aber darauf achten, dass wir in den Umrissen Deutschlands bleiben. Mit ihrem Flächeninhalt zu-sammen bekommen wir dann eine Angabe über die Mindestfläche Deutschlands."

2. Zeichne Rechtecke so, wie Ronja es vorschlägt.
Was kannst du jetzt über den Flächeninhalt von Deutschland aussagen?

Als Ronja und Kevin gerade die letzten Rechtecke einzeichnen, kommt ihr Freund Felix dazu. „Das ist mir zu umständlich und zu ungenau. Warum zeichnet ihr die Karte denn nicht auf kariertes Papier. Dann braucht ihr doch nur Karos zu zählen."

3. **a)** Bestimme zunächst, welchen Flächeninhalt das zu einem Karo in der Wirklichkeit gehörende Quadrat hat.
b) Ermittle dann einen Wert für die Größe von Deutschland, der zu groß ist.
c) Ermittle auch einen zu kleinen Wert für die Größe von Deutschland.

4. Bestimme einen noch genaueren Wert für die Größe von Deutschland, indem du angeschnittene Karos geeignet berücksichtigst.

5. Mithilfe von Millimeterpapier kannst du den Wert für die Größe von Deutschland noch weiter verbessern. Wie nahe kommst du dem Wert aus dem Erdkundebuch?

Auf die hier beschriebene Art kannst du den Flächeninhalt jeder Figur angenähert bestimmen. Du musst dazu Quadrate so nebeneinander legen, dass sie die Figur ganz überdecken. Dann weißt du, wie groß der Flächeninhalt höchstens ist. Durch Auslegen mit Quadraten kannst du dann andererseits auch berechnen, wie groß die Fläche mindestens ist. Dabei werden deine Ergebnisse immer genauer, je kleiner die Seiten der Quadrate sind, mit denen du die Figur überdeckst bzw. ausfüllst.

4.4 Volumenvergleich von Körpern – Messen von Volumina

4.4.1 Größenvergleich von Körpern – Begriff des Volumens

Einstieg

Die Fotos zeigen zwei Versuche. Beschreibt sie. Welche Folgerung könnt ihr daraus entnehmen?

(1)

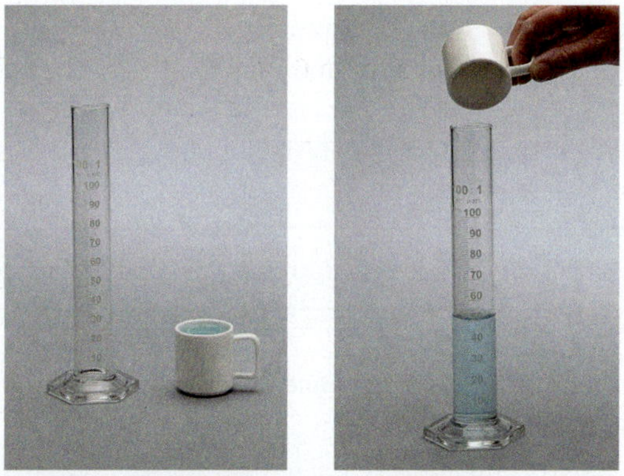

(2)

Aufgabe 1

Volumen und Fassungsvermögen

Zwei Flaschen werden verglichen.

(1) Der Inhalt einer gefüllten Flasche wird in die andere leere Flasche gegossen.

(2) Beide leeren Flaschen werden in einen Zylinder mit Wasser getaucht.

Betrachte die Fotos. Welche Aussage kannst du über die Flaschen machen?

Lösung

(1) Füllt man den Inhalt der rechten Flasche in die linke, so wird diese randvoll gefüllt und es bleibt nichts in der rechten Flasche zurück. In beide Flaschen passt gleich viel Flüssigkeit. Beide Flaschen haben somit dasselbe Fassungsvermögen.

(2) Beim Eintauchen der rechten Flasche in den Standzylinder mit Wasser steigt der Flüssigkeitsstand stärker an als beim Eintauchen der linken Flasche. Die rechte Flasche verdrängt mehr Wasser als die linke. Sie nimmt also einen größeren Raum ein.

Trotz gleichen Fassungsvermögens nehmen die leeren Flaschen unterschiedlichen Raum ein. Die rechte Flasche hat eine dickere Glaswand.

Information

(1) Ausfüllen des Innenraumes eines Gefäßes

Flüssigkeiten füllen den Innenraum von Gefäßen (Flaschen, Töpfen, Eimern, Kästen, Fässern usw.) aus. Durch Umfüllen kann man feststellen, ob der Innenraum von Gefäßen gleich groß ist. Die Größe des ausgefüllten Raumes heißt **Volumen** (oder *Rauminhalt*).

(2) Raumausfüllung von Körpern

Taucht man Körper ins Wasser, so steigt der Wasserspiegel.
Zwei Körper haben das gleiche Volumen, wenn der Wasserspiegel im gleichen Gefäß um den gleichen Betrag steigt.
Das Volumen des eingetauchten Körpers ist gleich dem Volumen des Wassers über dem alten Wasserstand.

Das **Volumen** eines Körpers ist die Größe des Raumes, den der Körper ausfüllt.

Weiterführende Aufgaben

Volumenvergleich durch Zerlegen und Zusammensetzen von Körpern

2. Rechts siehst du zwei Quader. Vergleiche deren Volumen. Denke dir einen der beiden Quader zerschnitten und neu zusammengesetzt.

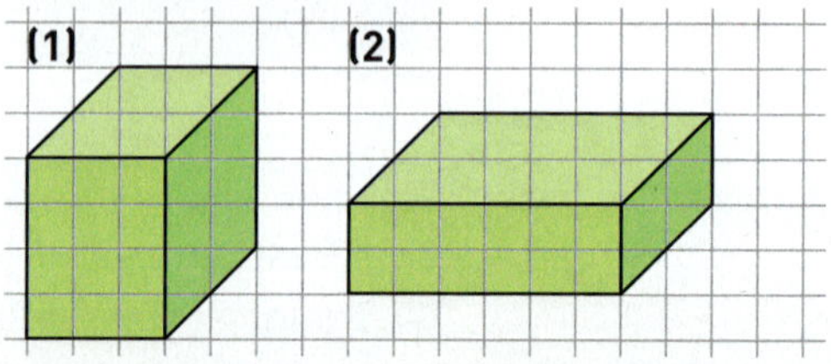

Körper, die man in dieselben Teilkörper zerlegen kann, haben dasselbe **Volumen** (denselben *Rauminhalt*).

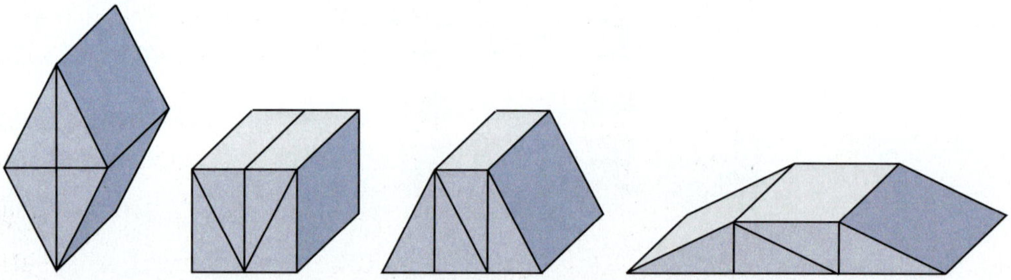

Unterscheidung von Volumen und Gewicht (Masse)

3. Das Volumen und das Gewicht (die Masse) darf man nicht verwechseln. Erinnere dich, wie man das Volumen zweier Körper vergleichen kann und wie man ihr Gewicht vergleichen kann.
Zwei der Körper rechts haben gleiches Volumen, aber unterschiedliches Gewicht.
Zwei der Körper haben gleiches Gewicht, aber unterschiedliches Volumen.

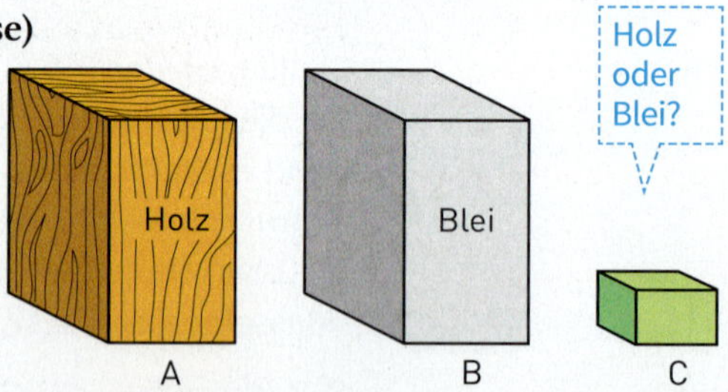

a) Welche Körper haben gleiches Volumen? Welche Körper haben gleiches Gewicht?
b) Besteht der lackierte Körper C aus Holz oder aus Blei? Entscheide und begründe.

Übungsaufgaben

4. Haben die beiden Körper dasselbe Volumen? Begründe.

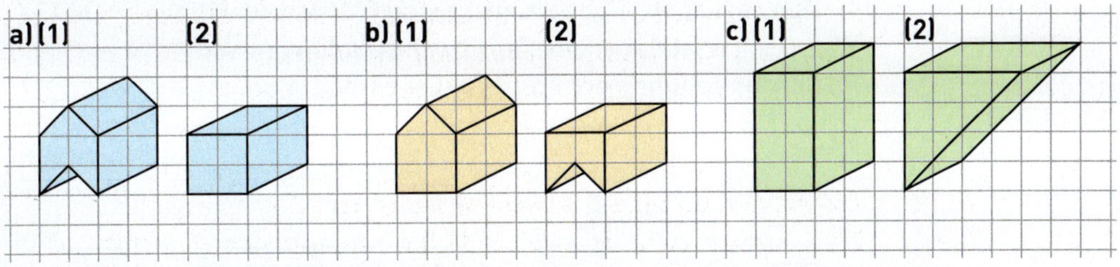

5. Vergleiche die Körper. Welche der Körper füllen einen gleich großen Raum aus?

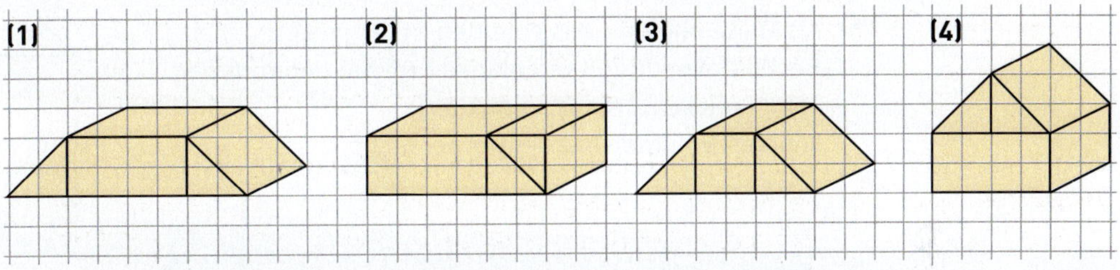

6. Skizziere Körper, die dasselbe Volumen wie der abgebildete Körper haben.

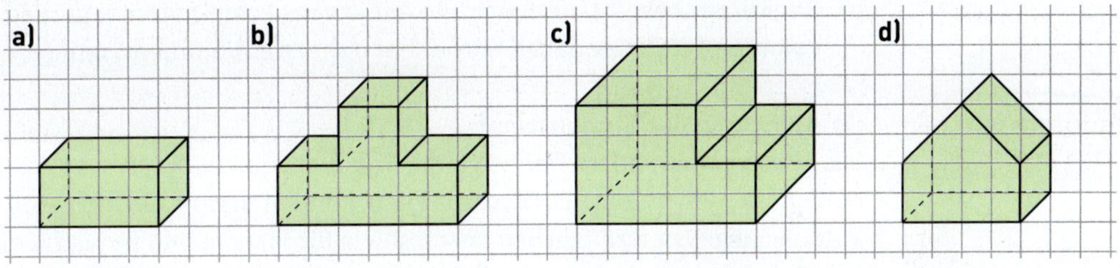

7. a) Nennt zwei Körper, die gleiches Volumen, aber verschiedenes Gewicht haben.
b) Nennt zwei Körper, die gleiches Gewicht, aber unterschiedliches Volumen haben.

4.4.2 Angabe eines Volumens – Volumeneinheiten

Einstieg

Für die Größenangabe des Stauraums eines Containerschiffes kann man als frei gewählte Volumeneinheit 1 C (C = Containervolumen) verwenden.
An Deck passen immer 8 Container nebeneinander, 4 hintereinander und 3 übereinander. Unter Deck sind die Container in 4 Schichten gestapelt. Es stehen 5 nebeneinander und 4 hintereinander.
Wie groß ist der gesamte Stauraum des Schiffes (in der Volumeneinheit C)?

Aufgabe 1

a) Der Körper rechts besteht aus 12 gleich großen Würfeln. Man sagt auch: Sein Volumen beträgt 12 W (W = Würfelgröße). W ist dabei eine frei gewählte Volumeneinheit. Gib das Volumen der Körper in der Einheit W an.

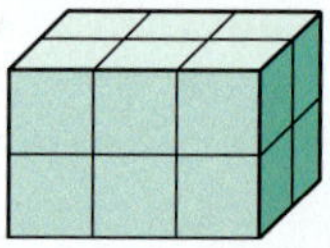

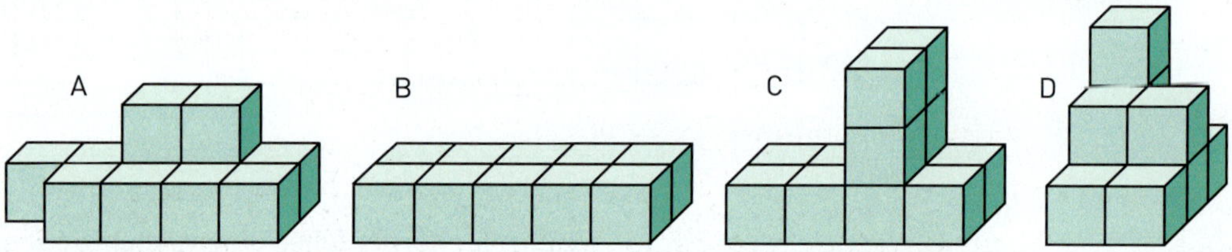

b) Als Maßeinheit für das Volumen ist festgelegt: Ein Würfel mit der Kantenlänge 1 cm hat das Volumen 1 cm^3 (gelesen: *1 Kubikzentimeter*). Welches Volumen hat der Körper rechts?

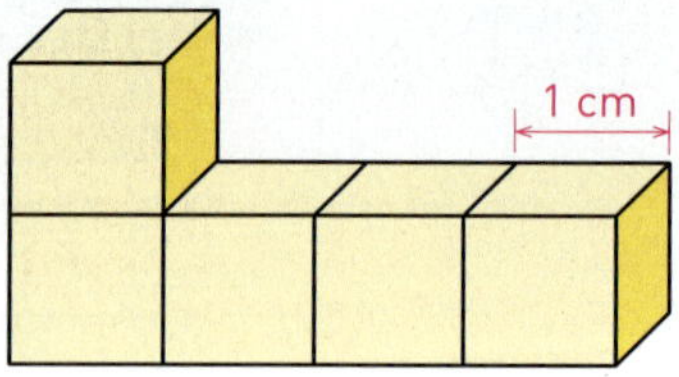

Lösung

a)

Körper	A	B	C	D
Volumen	11 W	10 W	12 W	10 W

b) Der Körper besteht aus 5 Würfeln mit jeweils 1 cm Kantenlänge. Jeder Würfel hat das Volumen 1 cm^3. Der ganze Körper hat daher das Volumen 5 cm^3.

Information

(1) Messen in der Einheit 1 cm^3

Die Würfel oder andere frei gewählte Volumeneinheiten, wie z.B. das Fassungsvermögen eines Löffels oder einer Tasse bei Backrezepten, können unterschiedlich groß sein. Sie sind für genaue Volumenangaben im täglichen Leben sowie für Handel und Industrie nicht geeignet.
Man hat daher die Volumeneinheiten gesetzlich festgesetzt. Eine dieser Einheiten ist 1 cm^3.

(1) Ein Würfel mit der Kantenlänge 1 cm hat das Volumen 1 cm^3 (gelesen: *1 Kubikzentimeter*). Alle anderen Körper, die man durch Zerlegen und erneutes Zusammensetzen eines Würfels mit 1 cm Kantenlänge erhält, haben auch das Volumen 1 cm^3.

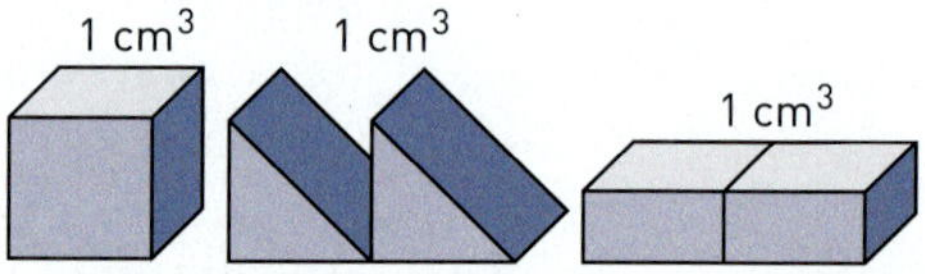

(2) In den Körper links passen 5 Würfel mit 1 cm Kantenlänge. Der Körper hat das Volumen 5 cm^3. Die beiden anderen Körper haben dasselbe Volumen, nämlich 5 cm^3.

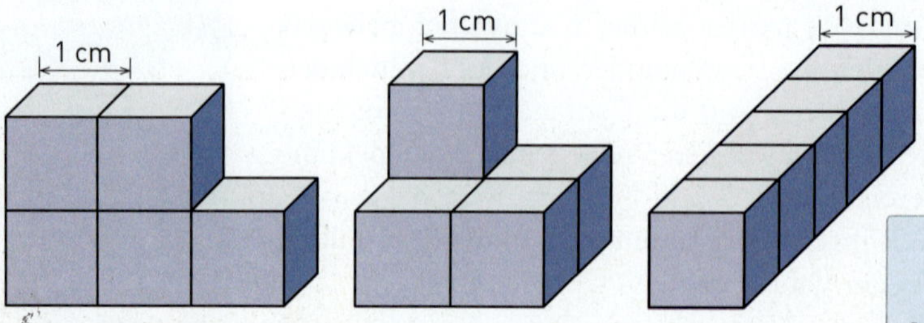

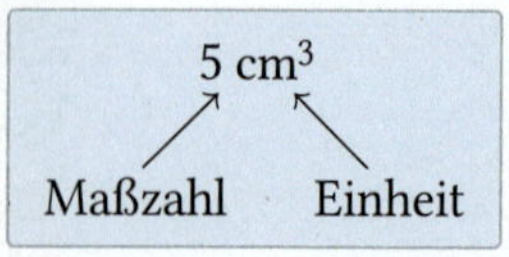

(2) Übersicht über die Volumeneinheiten

Weitere Einheiten für das Volumen sind: **$1\,mm^3$; $1\,cm^3$; $1\,dm^3$; $1\,m^3$.**
Die folgende Tabelle gibt einen Überblick über die Volumeneinheiten.

Kantenlänge des Würfels	Volumen des Würfels	gelesen
1 mm	$1\,mm^3$	1 Kubikmillimeter
1 cm	$1\,cm^3$	1 Kubikzentimeter
1 dm	$1\,dm^3$	1 Kubikdezimeter
1 m	$1\,m^3$	1 Kubikmeter

Salzkorn
Volumen $1\,mm^3$

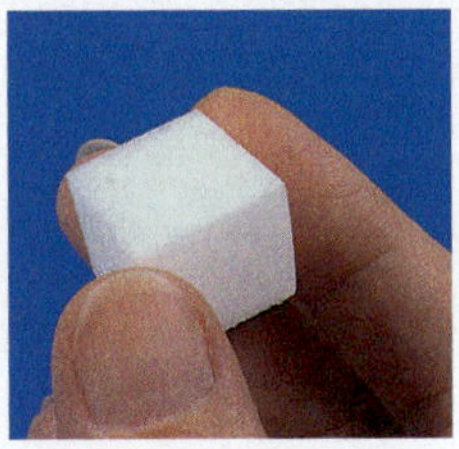
Würfelzucker
Volumen $1\,cm^3$

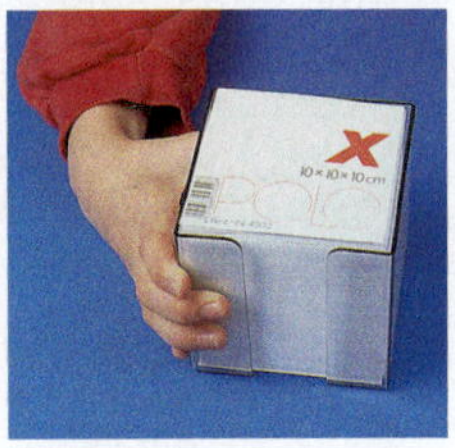
Zettelblock
Volumen $1\,dm^3$

Würfel mit 1 m Kantenlänge;
Volumen $1\,m^3$

(3) Die Einheiten 1 Liter (ℓ), 1 Milliliter ($m\ell$) und 1 Hektoliter ($h\ell$)

(a) Zum Messen des Volumens von Gefäßen wie Töpfen, Eimern, Kannen, Fässern verwendet man auch die Einheit Liter (ℓ). Es gilt:

$1\,\ell = 1\,dm^3$

(b) Das Volumen der Flüssigkeit in Flaschen (z. B. in Arzneimittelflaschen, Mineralwasserflaschen) wird oft in der Einheit Milliliter ($m\ell$) angegeben. Es gilt:

$1\,m\ell = 1\,cm^3$

(c) Außerdem gibt es noch die Einheit Hektoliter ($h\ell$). Man verwendet sie für das Volumen großer Fässer und Tanks. Es gilt:

$1\,h\ell = 100\,\ell$

Zusammengefasst ergibt sich:

$1\,m\ell = 1\,cm^3$ $\quad$ $1\,\ell = 1\,dm^3$ $\quad$ $1\,h\ell = 100\,\ell = 100\,dm^3$

Filzstiftkappe $1\,m\ell$

Messbecher $1\,\ell$

Weinfass $100\,\ell = 1\,h\ell$

(4) Weitere gegenwärtig verwandte Volumeneinheiten sowie alte Volumeneinheiten
In der Erdölindustrie wird heute weltweit das Volumen von Erdöl in der Einheit Barrel angegeben. Es gilt ziemlich genau:
1 Barrel = 159 ℓ.
In den USA und in Großbritannien wird Benzin an den Tankstellen nicht in Liter, sondern in der Einheit *Gallone* verkauft.
Es gilt in Großbritannien: 1 Gallone = $4\frac{1}{2}$ ℓ;
in den USA: 1 Gallone = $3\frac{3}{4}$ ℓ.
Eine alte Volumeneinheit für trockenes Schüttgut, wie z. B. Getreide, war der *Scheffel*. In Preußen galt im 19. Jahrhundert: 1 Scheffel = 50 ℓ.

Übungsaufgaben

2. **a)** Gib das Volumen an.

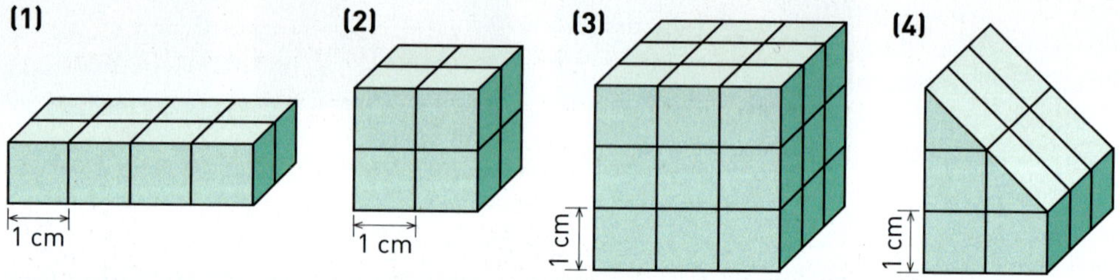

b) Nimm an, die Kantenlänge der einzelnen Würfel ist nicht 1 cm, sondern 1 dm [1 m]. Wie groß ist jetzt das Volumen des Körpers?

3. Bestimme das Volumen des Körpers.

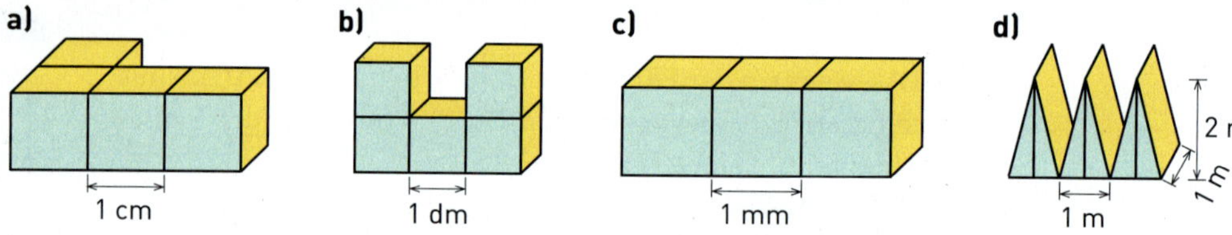

4. Erkundet, in welchen Einheiten das Volumen von Gefäßen in eurem Haushalt gemessen wird.

5. Jeder einzelne Würfel hat die Kantenlänge 1 dm.
a) Bestimme das Volumen der Körper.
b) Der Körper soll (mit möglichst wenig Würfeln) zu einem Quader ergänzt werden. Welches Volumen hat der Ergänzungskörper und welches Volumen hat der Quader?

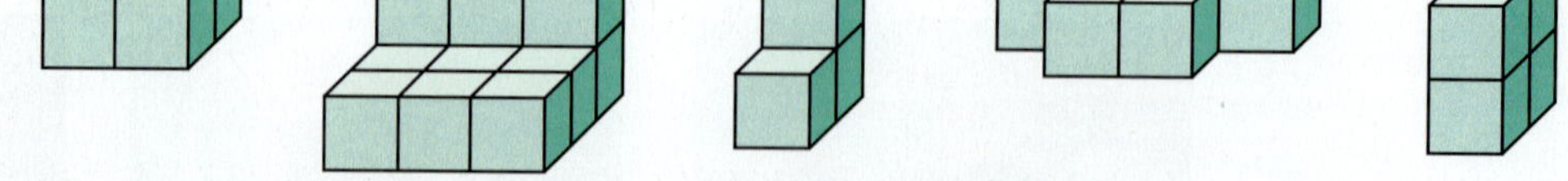

6. Zeichne ein Schrägbild eines Quaders mit folgendem Volumen. Trage die Maße ein.
a) 18 cm^3 **b)** 3 cm^3 **c)** 49 cm^3

7. In welcher Volumeneinheit würdest du messen?
(1) Erdaushub bei einer Baugrube
(2) Inhalt einer Mineralwasserflasche
(3) Inhalt eines Fläschchens mit Medizin
(4) Nutzinhalt eines Kühlschranks
(5) Sack Blumenerde
(6) Eis in einer Packung
(7) anzulieferndes Heizöl
(8) Farbe in einem Eimer

8. Auf kleinen Gläsern findet man auch Volumenangaben in cℓ (gelesen: *Zentiliter*): 1 cℓ = 10 mℓ
Gib folgende Volumina in cm^3 an: a) 1 cℓ b) 2 cℓ c) 30 cℓ

4.4.3 Zusammenhang zwischen den Volumeneinheiten

Einstieg

Wie viele Zentimeterwürfel (Kantenlänge 1 cm) passen in einen Meterwürfel?

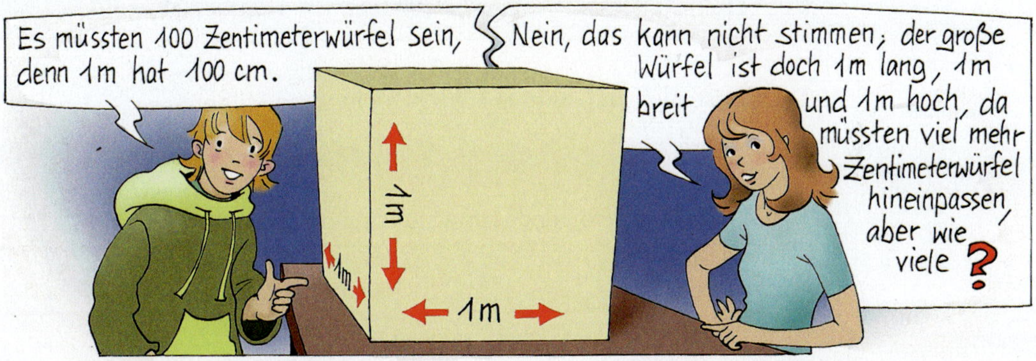

Aufgabe 1

Zusammenhang zwischen dm^3 und cm^3

a) Der große Würfel mit der Kantenlänge 1 dm wird mit kleinen Würfeln mit der Kantenlänge 1 cm ausgelegt.
Wie viele kleine Würfel werden insgesamt benötigt? Welches Volumen hat der Würfel mit der Kantenlänge 1 dm?

b) Drücke das Volumen 37 dm^3 in cm^3 aus.

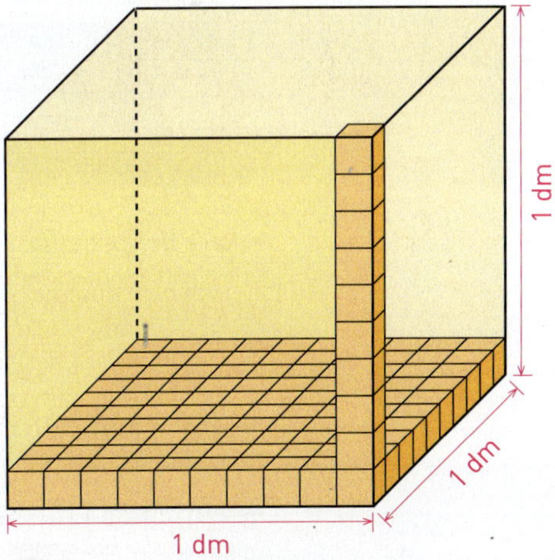

Lösung

a) In einer Reihe sind 10 kleine Würfel.
Eine Schicht besteht aus 10 Reihen. Eine Schicht hat $10 \cdot 10$, also 100 kleine Würfel.
Es werden 10 Schichten benötigt, also $10 \cdot 100$ und somit 1 000 kleine Würfel.
Da der große Würfel ausgefüllt werden kann mit 1 000 Würfeln mit jeweils 1 cm^3 Volumen, hat er auch das Volumen 1 000 cm^3.

Es gilt: $1\ dm^3 = 1\ 000\ cm^3$

b) 37 Würfel mit der Kantenlänge 1 dm haben zusammen das Volumen 37 dm^3. Jeder Würfel mit der Kantenlänge 1 dm besteht aus 1 000 Würfeln mit der Kantenlänge 1 cm. Das sind zusammen 37 000 Würfel mit der Kantenlänge 1 cm.

Es gilt: $37\ dm^3 = 37\ 000\ cm^3$

Information

(1) Zusammenhang zwischen den Volumeneinheiten

Entsprechend wie oben kann ein Würfel mit der Kantenlänge 1 m mit 1000 Würfeln mit der Kantenlänge 1 dm ausgefüllt werden.

Es gilt daher: $1\,m^3 = 1\,000\,dm^3$

Ein Würfel mit der Kantenlänge 1 cm kann mit 1000 Würfeln mit der Kantenlänge 1 mm ausgefüllt werden.

Es gilt: $1\,cm^3 = 1\,000\,mm^3$

Die folgende Tabelle gibt einen Überblick über diese Volumeneinheiten.

$$1\,m^3 \underset{\cdot 1000}{\overset{:1000}{\rightleftarrows}} 1\,dm^3 \underset{\cdot 1000}{\overset{:1000}{\rightleftarrows}} 1\,cm^3 \underset{\cdot 1000}{\overset{:1000}{\rightleftarrows}} 1\,mm^3$$

$1\,m^3 = 1000\,dm^3$ $1\,dm^3 = 1000\,cm^3$ $1\,cm^3 = 1000\,mm^3$

Beim Volumen: Umwandlungszahl 1 000

Milli (lat.) ein Tausendstel einer Einheit

Du kennst auch die Volumeneinheiten Liter und Milliliter.

Du weißt: $1\,dm^3 = 1\,\ell$ und $1\,cm^3 = 1\,m\ell$

Daher gelten auch folgende Umwandlungen:

$1\,m^3 = 1\,000\,\ell$ $1\,dm^3 = 1\,000\,m\ell$ $1\,\ell = 1\,000\,m\ell$

(2) Kommaschreibweise – Einheitentabelle

Die Kommaschreibweise für Volumina kommt z. B. bei der Gasuhr vor. Sie ist eine Abkürzung für eine Schreibweise mit zwei Einheiten.

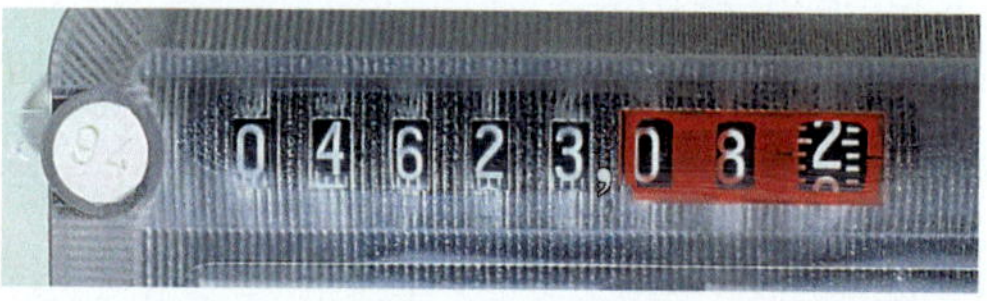

Vor dem Komma m^3				Nach dem Komma dm^3		
4	6	2	3	0	8	2

$4623{,}082\,m^3 = 4623\,m^3\;82\,dm^3$

Weitere Beispiele für die Kommaschreibweise bei Volumina

Vor dem Komma dm^3			Nach dem Komma cm^3		
		3	0	7	

$3{,}07\,dm^3 = 3\,dm^3\;70\,cm^3$

Vor dem Komma cm^3			Nach dem Komma mm^3		
	3	4	4		

$34{,}4\,cm^3 = 34\,cm^3\;400\,mm^3$

Die einzelnen Einheitentabellen lassen sich zu einer großen Tabelle zusammenfassen:

m^3			dm^3 (= ℓ)			cm^3 (= ml)			mm^3			Schreibweisen
		5			8							$5\,m^3\;8\,dm^3 = 5{,}008\,m^3 = 5\,008\,dm^3$
				3	2		4	3				$32\,dm^3\;43\,cm^3 = 32{,}043\,dm^3 = 32\,043\,cm^3$
				3	7		2					$37\,\ell\;20\,m\ell = 37{,}02\,\ell = 37\,020\,m\ell$
								0	4			$0\,cm^3\;400\,mm^3 = 0{,}4\,cm^3 = 400\,mm^3$
		0		7								$0\,m^3\;70\,dm^3 = 0{,}07\,m^3 = 70\,dm^3$

Übungsaufgaben

2. a) Ein Körper hat das Volumen (1) 1 dm^3; (2) 8 dm^3.
Er ist aus Würfeln mit der Kantenlänge 1 cm zusammengesetzt. Wie viele sind das?

b) Ein Körper hat das Volumen (1) 1 m^3; (2) 12 m^3.
Er ist aus Würfeln mit der Kantenlänge 1 dm zusammengesetzt. Wie viele sind das?

3. Drücke in der in Klammern angegebenen Volumeneinheit aus. Stelle dir dabei einen Körper mit dem angegebenen Volumen vor.

a) 3 dm^3 (cm^3); 18 dm^3 (cm^3)
b) 5 m^3 (dm^3); 413 m^3 (dm^3)
c) 3 cm^3 (mm^3); 68 cm^3 (mm^3)
d) 8 ℓ (mℓ); 37 ℓ (mℓ)
e) 15 m^3 (ℓ); 4 m^3 (ℓ)

4. Schreibe in der in Klammern angegebenen Volumeneinheit.

1 000 cm^3 = 1 dm^3
4 000 cm^3 = 4 dm^3

a) 2 000 cm^3 (dm^3); 41 000 cm^3 (dm^3); 200 000 cm^3 (dm^3)
b) 180 000 dm^3 (m^3); 52 000 dm^3 (m^3); 4 000 000 dm^3 (m^3)
c) 40 000 mℓ (ℓ); 73 000 ℓ (m^3); 10 000 ℓ (m^3)

5. Fülle die Lücken in deinem Heft aus.

a) 7 dm^3 = ■ cm^3
b) 8 m^3 = ■ dm^3
c) 7 cm^3 = ■ mm^3
d) 9 ℓ = ■ mℓ
e) 2 m^3 = ■ cm^3
f) 42 m^3 = ■ cm^3
g) 9 ℓ = ■ cm^3
h) 30 ℓ = ■ cm^3
i) 5 m^3 = ■ mℓ
j) 24 dm^3 = ■ mm^3
k) 23 m^3 = ■ ℓ
l) 18 ℓ = ■ cm^3

6. Schätze, wie viel Liter Wasser du täglich benötigst. 1 m^3 Trinkwasser kostet 2,00 €. Zusätzlich sind an Abwassergebühren pro Kubikmeter 3,50 € zu zahlen. Überschlage, wie viel dein Trinkwasserverbrauch monatlich kostet.

7. Schreibe in gemischten Einheiten.

3 578 dm^3 = 3 m^3 578 dm^3
2019 cm^3 = 2 dm^3 19 cm^3

a) 3 742 dm^3; 48 046 cm^3
b) 2 759 dm^3; 54 928 ℓ
c) 68 549 dm^3; 8 039 dm^3
d) 38 537 mℓ; 4 045 mℓ
e) 1 047 cm^3; 32 008 cm^3
f) 8 249 cm^3; 62 049 cm^3
g) 49 307 dm^3; 3 018 dm^3
h) 2 031 dm^3; 87 906 dm^3

8. Drücke in der kleineren Einheit aus.

4 m^3 275 dm^3 = 4 275 dm^3

a) 2 m^3 150 dm^3; 4 m^3 14 dm^3; 63 m^3 2 dm^3; 10 m^3 325 dm^3
b) 18 dm^3 280 cm^3; 41 dm^3 50 cm^3; 4 dm^3 5 cm^3; 20 dm^3 10 cm^3
c) 28 cm^3 750 mm^3; 19 cm^3 4 mm^3; 99 cm^3 904 mm^3
d) 19 ℓ 30 mℓ; 9 ℓ 4 mℓ; 10 ℓ 250 mℓ

9. Gib in gemischten Einheiten an.
Als Hilfe kannst du die Einheitentabelle verwenden.

2,5 ℓ = 2 ℓ 500 mℓ
4,7 m^3 = 4 m^3 700 dm^3

a) 3,754 m^3; 24,259 m^3; 27,485 m^3; 0,4 m^3
b) 12,456 ℓ; 3,55 ℓ; 8,256 ℓ; 9,24 dm^3
c) 2,55 m^3; 43,7 m^3; 42,043 dm^3; 8,07 ℓ
d) 18,4 ℓ; 9,2 ℓ; 0,075 m^3; 5,098 dm^3
e) 9,708 dm^3; 23,011 m^3
f) 0,703 dm^3; 4,02 cm^3

10. Schreibe wie im Beispiel.

3 dm^3 70 cm^3 = 3,070 dm^3

a) 4 m^3 725 dm^3; 3 dm^3 400 cm^3; 4 dm^3 50 cm^3
b) 14 cm^3 50 mm^3; 10 cm^3 230 mm^3; 28 ℓ 63 mℓ
c) 7 ℓ 4 mℓ; 0 ℓ 6 mℓ; 23 dm^3 2 cm^3
d) 0 m^3 800 dm^3; 0 dm^3 50 cm^3

11. Schreibe mit Komma.

$4739\,dm^3 = 4{,}739\,m^3$	
$3500\,m\ell = 3{,}5\,\ell$	

a) $2431\,dm^3$; $7419\,dm^3$
c) $5732\,dm^3$; $48\,400\,dm^3$
e) $1245\,m\ell$; $2500\,m\ell$
g) $2000\,m\ell$; $200\,m\ell$
b) $44\,873\,\ell$; $8240\,dm^3$
d) $8470\,dm^3$; $19\,400\,m\ell$
f) $7039\,\ell$; $71\,506\,dm^3$
h) $418\,m\ell$; $500\,dm^3$
i) $3027\,m\ell$; $709\,\ell$
j) $702\,m\ell$; $35\,dm^3$

12. Prüfe Tinas Hausaufgaben. Wo steckt der Fehler? Erkläre.

a) $8\,m^3 = 800\,cm^3$
b) $700\,dm^3 = 7\,cm^3$
c) $5\,m\ell = 5\,dm^3$
d) $2\,m^3\;3\,dm^3 = 203\,dm^3$
e) $900\,m\ell = 9\,\ell$
f) $700\,m = 7\,km$
g) $6000\,mm^2 = 60\,cm^2$
h) $2\,km^3 = 2000\,m^3$
i) $8\,h\ell = 8000\,\ell$

13. Auch Volumina kann man runden.
a) Runde auf volle m^3: $8513\,dm^3$; $12\,147\,dm^3$; $7619\,\ell$; $12{,}456\,m^3$; $54{,}98\,m^3$; $46\,501\,\ell$; $874\,\ell$
b) Runde auf volle ℓ: $19\,349\,m\ell$; $3604\,m\ell$; $24{,}491\,\ell$; $12{,}50\,\ell$; $874{,}3\,m\ell$; $990\,cm^3$
c) Nenne jeweils 5 Volumina, die gerundet $4\,dm^3$; $6{,}81\,cm^3$; $7{,}3\,m^3$ ergeben.

14. a) Das Fassungsvermögen eines Benzintanks wird mit $80\,\ell$ angegeben. Die Angabe ist auf volle Liter gerundet. Wie viel Benzin kann der Tank tatsächlich fassen?
b) Der „umbaute Raum“ eines Hauses ist das Volumen des Hauses. Der umbaute Raum eines Hauses wird vom Architekten mit $985\,m^3$ angegeben. Die Angabe ist auf volle m^3 gerundet.
Wie groß kann der umbaute Raum tatsächlich sein?

15. Lies die Zeitungsanzeigen.
Was bedeutet die Volumenangabe ccm?
Suche selbst ähnliche Anzeigen.

16. a) $1\,cm^3$ Styropor wiegt 30 mg, $1\,cm^3$ Kork ist 250 mg schwer. Kannst du $1\,m^3$ Styropor tragen? Ist das auch bei $1\,m^3$ Kork möglich?
b) $1\,cm^3$ Gold wiegt 19,3 g. Kann man $1\,m^3$ Gold mit einem Pkw mit der Nutzlast 505 kg transportieren?

17. a) Anne und ihre Eltern sind im Urlaub in den USA. Sie haben ein Auto gemietet. Dessen Tank fasst 20 Gallonen. Wie viel Liter sind das?
b) Gib in der Einheit ℓ an:
(1) 10 (engl.) Gallonen (2) 12 (US) Gallonen (3) 235 Barrel

Das kann ich noch!

A) Wie viele verschiedene Menüs können aus drei Vorspeisen, fünf Hauptgerichten und vier Nachtischen zusammengestellt werden?
B) Wie viele unterschiedliche vierstellige Geheimnummern (PIN) sind möglich, wenn keine Ziffer doppelt vorkommen soll?
C) Wie viele Möglichkeiten gibt es, mit zwei roten und drei grünen Bausteinen einen vier Steine hohen Turm zu bauen?

4.5 Formeln für Volumen und Oberflächeninhalt eines Quaders

Einstieg

In einen quaderförmigen Karton mit den Innenmaßen a = 4 dm, b = 3 dm und c = 2 dm sollen Zettelblocks verpackt werden. Die Zettelblocks sind würfelförmig und haben die Kantenlänge 1 dm.
Wie viele Zettelblocks passen in den Karton?
Wie groß ist das Volumen (Fassungsvermögen) des Kartons?

Aufgabe 1

Volumen eines Quaders
Bestimme das Volumen eines Quaders mit den Kantenlängen a = 5 cm, b = 4 cm und c = 3 cm.

Lösung

Wir füllen den Quader mit 1 cm^3 großen Würfeln.
An die 5 cm lange Kante (vorne, unten) passen 5 solche Würfel nebeneinander. 4 solche Stangen passen hintereinander, denn die nach hinten verlaufende Kante ist 4 cm lang.
Wir erhalten damit eine Platte mit 4 · 5 Würfeln.
3 solche Platten passen aufeinander, denn die dritte Kante ist 3 cm lang.
Insgesamt kann man somit den Quader mit 3 · 4 · 5 Würfeln der Größe 1 cm^3 ausfüllen.
Also: $V = (3 \cdot 4 \cdot 5)\,cm^3$

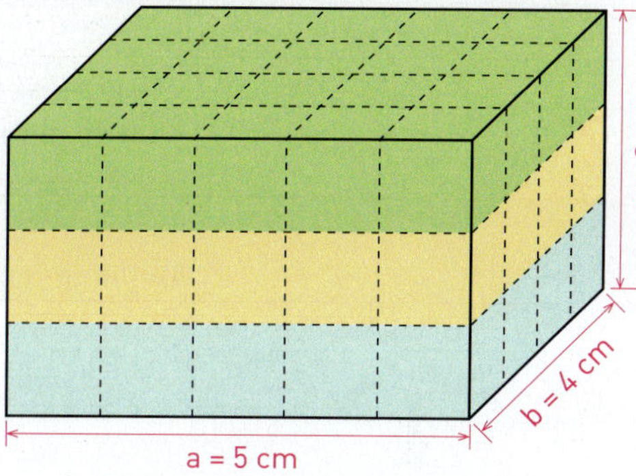

Information

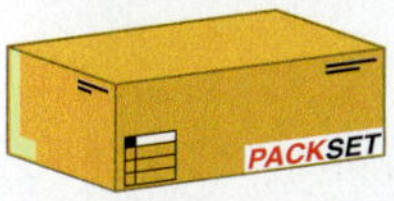

Formel für das Volumen eines Quaders
Die Größe eines quaderförmigen Pakets gibt man üblicherweise durch das Produkt der Kanten-län-gen an, z. B. bei der Post 35 × 25 × 12 cm für 35 cm × 25 cm × 12 cm.
Auch bei einem Quader mit den Kantenlängen 4 cm, 2 cm und 3 cm wollen wir für das Volumen V schreiben:
$V = 4\,cm \cdot 2\,cm \cdot 3\,cm$
Wie man dieses Volumen berechnet, hast du oben erfahren. Die Produktschreibweise ermöglicht uns, für das Volumen des Quaders eine einfache Formel zu notieren:

Für das **Volumen V eines Quaders** mit den Kantenlängen a, b und c gilt:
$\mathbf{V = a \cdot b \cdot c}$

Beispiel: a = 4 cm; b = 3 cm; c = 2 cm
$V = 4\,cm \cdot 3\,cm \cdot 2\,cm$
$= (4 \cdot 3 \cdot 2)\,cm^3$
$= 24\,cm^3$

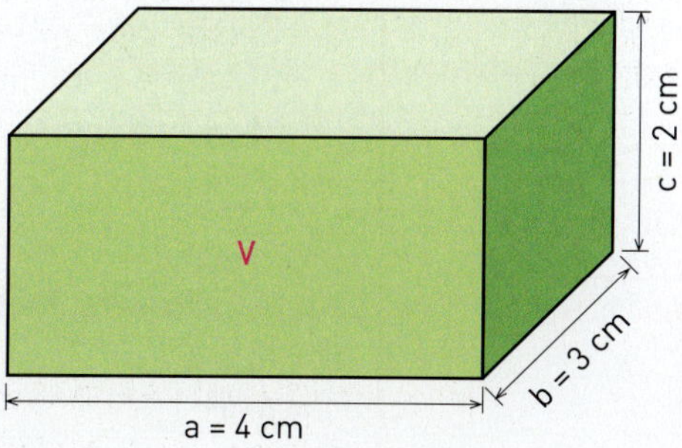

Weiterführende Aufgaben

Formel für das Volumen eines Würfels

2. a) Ein Würfel hat die Kantenlänge 3 cm. Berechne das Volumen.

b) Ein Würfel hat die Kantenlänge a. Gib eine Formel für das Volumen V des Würfels an.

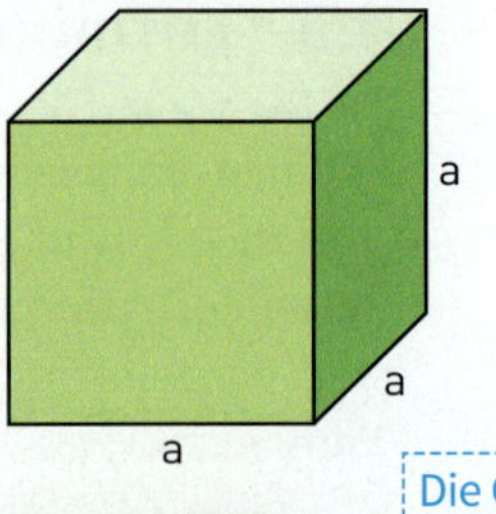

Oberflächeninhalt eines Quaders

3. a) Laura hat Ohrschmuck als Geburtstagsgeschenk für ihre Freundin gebastelt. Sie will diesen schön verpacken. Dazu will sie eine Schachtel verwenden, in der sich vorher ein Medikament befand (siehe rechts). Sie plant, die Schachtel mit Silberpapier zu bekleben.
Wie viel cm^2 Papier benötigt sie?

b) Ein Quader hat die Kantenlängen a, b, c. Stelle eine Formel für den Oberflächeninhalt O auf.

c) **(1)** Wie groß ist die Oberfläche eines Würfels mit der Kantenlänge 3 cm?
(2) Erstelle eine Formel für den Oberflächeninhalt eines Würfels mit der Kantenlänge a.

Die Größe der Oberfläche ist ein Flächeninhalt.

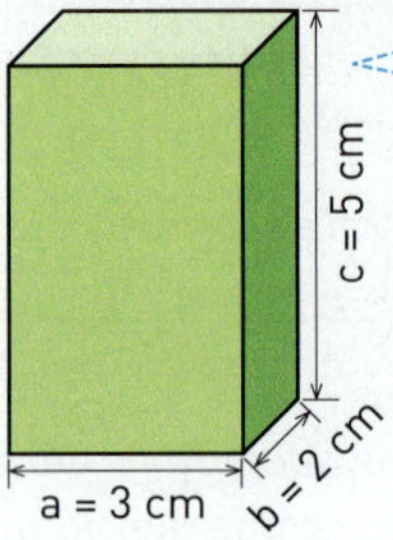

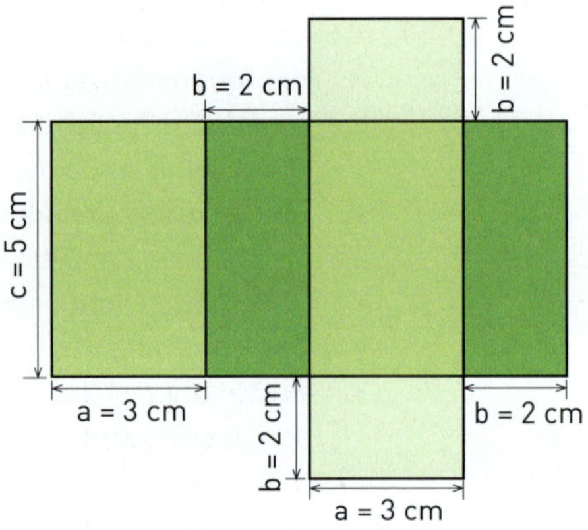

Information

Oberflächeninhalt eines Quaders

Alle sechs Flächen, die zum Netz eines Quaders gehören, bilden zusammen die Oberfläche des Quaders.
Für den **Oberflächeninhalt O eines Quaders** mit den Kantenlängen a, b und c gilt:
$\mathbf{O = 2 \cdot a \cdot b + 2 \cdot a \cdot c + 2 \cdot b \cdot c}$

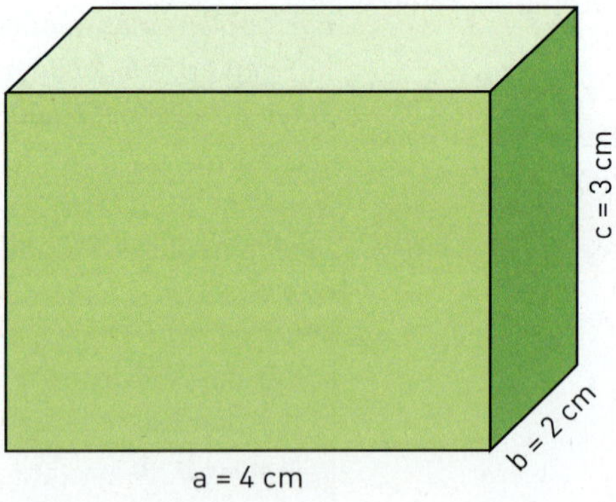

Beispiel: a = 4 cm, b = 2 cm, c = 3 cm
$O = 2 \cdot 4\,cm \cdot 2\,cm + 2 \cdot 4\,cm \cdot 3\,cm + 2 \cdot 2\,cm \cdot 3\,cm$
$= 2 \cdot 8\,cm^2 + 2 \cdot 12\,cm^2 + 2 \cdot 6\,cm^2$
$= 16\,cm^2 + 24\,cm^2 + 12\,cm^2$
$= 52\,cm^2$

Sonderfall:
Für den **Oberflächeninhalt eines Würfels** mit der Kantenlänge a gilt:
$\mathbf{O = 6 \cdot a \cdot a}$
$\mathbf{= 6 \cdot a^2}$

Berechnen einer Seitenlänge bzw. eines Flächeninhalts aus dem Volumen

4. **a)** Ein $24\,cm^3$ großer Quader ist 3 cm breit und 2 cm hoch. Wie lang ist er?
b) Ein $48\,cm^3$ großer Quader ist 3 cm hoch. Was kannst du über die Abmessungen sagen?

Dividieren von Volumina durch Seitenlängen und Flächeninhalt

(1) Dividiert man ein Volumen durch einen Flächeninhalt, so erhält man eine Seitenlänge.

Gegeben: $V = 12\,cm^3$; $a = 2\,cm$; $b = 3\,cm$

$$2\,cm \cdot 3\,cm \cdot c = 12\,cm^3$$
$$6\,cm^2 \cdot c = 12\,cm^3$$
$$c = 12\,cm^3 : 6\,cm^2$$
$$c = 2\,cm$$

(2) Dividiert man ein Volumen durch eine Seitenlänge, so erhält man einen Flächeninhalt.

Gegeben: $V = 18\,cm^3$; $c = 3\,cm$

$$a \cdot b \cdot 3\,cm = 18\,cm^3$$
$$A \cdot 3\,cm = 18\,cm^3$$
$$A = 18\,cm^3 : 3\,cm$$
$$A = 6\,cm^2$$

Grundfläche $A = a \cdot b$

Übungsaufgaben

5. Berechne das Volumen V des Quaders.
a) a = 7 cm, b = 6 cm, c = 2 cm
b) a = 5 cm, b = 5 cm, c = 5 cm
c) a = 3 m, b = 3 m, c = 4 m
d) a = 65 mm, b = 48 mm, c = 35 mm

6. Berechne das Volumen V des Quaders. Verwandle erst in die kleinere Einheit.
a) a = 7 cm; b = 3 cm 5 mm; c = 92 mm
b) a = 44 mm; b = 1 dm 2 cm; c = 8 dm
c) a = 4 cm; b = 5 dm; c = 85 cm
d) a = 15 cm; b = 1,5 cm; c = 1,2 cm

7. Ein Aquarium ist 50 cm lang und 40 cm breit. Es ist 40 cm hoch mit Wasser gefüllt. Das Aquarium wiegt leer 12 kg. Wie viel wiegt das gefüllte Aquarium?

1 ℓ Wasser wiegt 1 kg.

8. Tims Mutter hat für ihren Garten einen Behälter anfertigen lassen, in welchem sie Regenwasser sammelt. Der Behälter ist 240 cm lang, 180 cm breit und 90 cm hoch. 1 Eimer Wasser fasst 10 ℓ. Wie viele Eimer Wasser befinden sich in dem Behälter?

9. Frau Müller will einen Flachdachbungalow bauen. Der Architekt geht von 280 € pro Kubikmeter umbautem Raum aus.
Das Haus ist 18 m lang, 12 m breit und 4 m hoch. Wie teuer wird das Haus?

10. Es sollen Abwasserrohre gelegt werden. Dazu wird ein Graben ausgehoben. Dieser ist 1 km lang, 2 m breit und 4 m tief.
Wie viel Kubikmeter Erde müssen bewegt werden?

11. Berechne den Oberflächeninhalt O des Quaders.
a) a = 5 cm, b = 4 cm, c = 2 cm
b) a = 6 cm, b = 6 cm, c = 6 cm
c) a = 3 m, b = 2 m, c = 1 m
d) a = 55 mm, b = 32 mm, c = 24 mm

12. Felix hat den Oberflächeninhalt der Quader berechnet. Hat er richtig gerechnet?

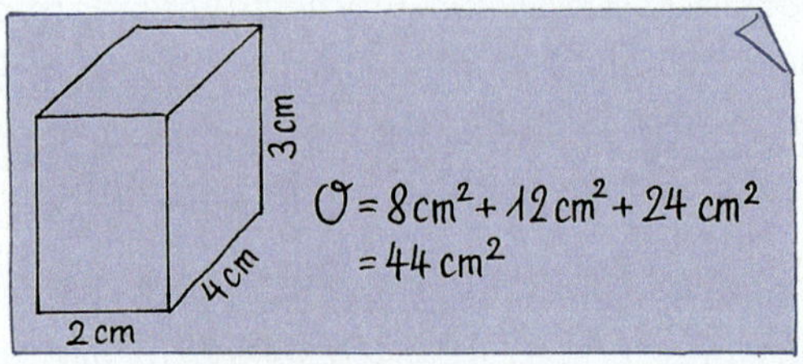

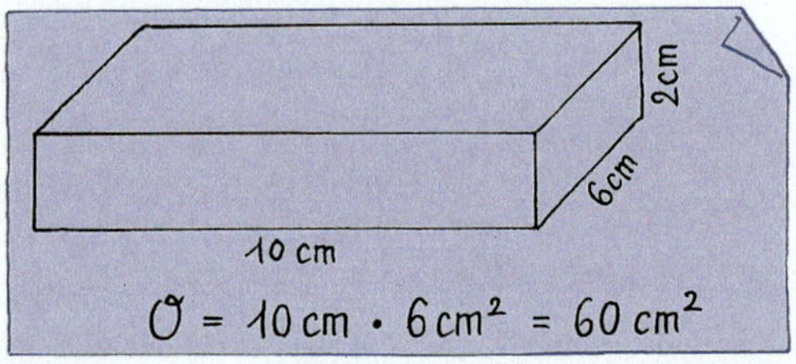

13. Wie viel Geschenkpapier benötigt man mindestens?

a)

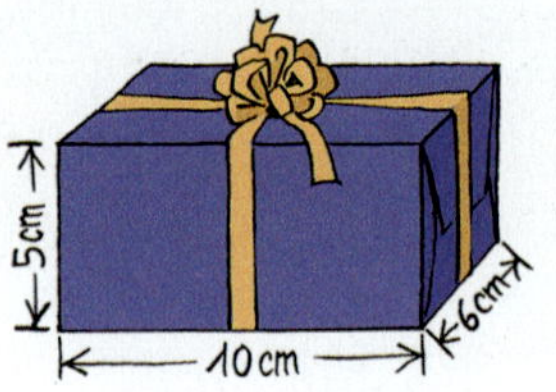

b)

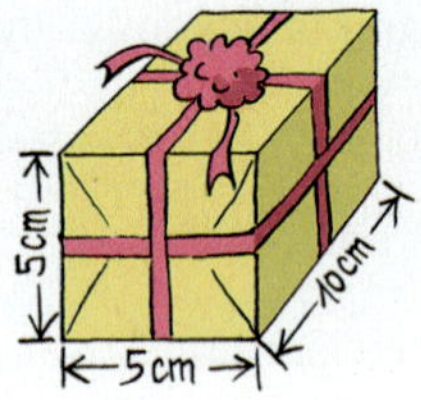

c)

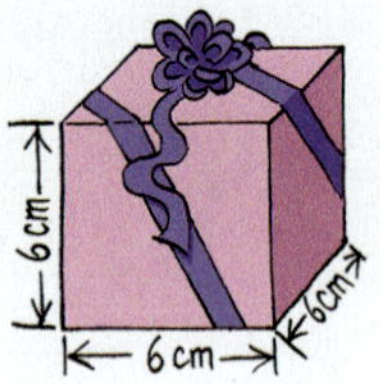

14. Ein Quader hat das Volumen 96 m³. Er ist 6 m lang und 8 m hoch. Wie breit ist er?

15. Berechne die fehlende Kantenlänge und den Oberflächeninhalt des Quaders.

	a)	b)	c)	d)	e)
Kantenlängen	5 cm; 6 cm	3 m; 2 m	14 cm; 3 cm	9 dm; 9 dm	30 dm; 150 dm
Volumen	120 cm³	24 m³	84 cm³	729 dm³	135 m³

16. a) Eine Kiste hat ein Volumen von 64 m³. Gebt mehrere Möglichkeiten für die Kantenlängen an und berechnet jeweils den zugehörigen Oberflächeninhalt. Erläutert euer Vorgehen.

b) Eine Kiste hat ein Volumen von 64 m³. Findet ihr einen Quader mit diesem Volumen, der den kleinstmöglichen Oberflächeninhalt hat? Beschreibt ihn.

17. a) Berechne Volumen und Oberflächeninhalt der beiden Quader A und B. Vergleiche.

(1) Quader A: 3 cm; 4 cm; 2 cm
Quader B: 2 cm; 6 cm; 2 cm

(2) Quader A: 1 m; 3 m; 3 m
Quader B: 7 m; 1 m; 1 m

b) Gib Quader mit gleichem Volumen, aber verschiedenem Oberflächeninhalt an.
Gib Quader mit gleichem Oberflächeninhalt, aber verschiedenem Volumen an.

18. Bestimmt das Volumen eures Klassenraums. Welches Volumen steht jedem Schüler im Durchschnitt zur Verfügung?

19. Berechne Oberflächeninhalt und Volumen. Vergleiche das Volumen mit der Angabe auf der Verpackung. Julia sagt: „Man könnte an der Verpackung sparen." Hat sie Recht?

a)

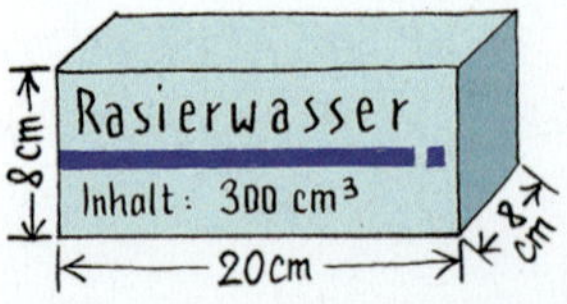

b)

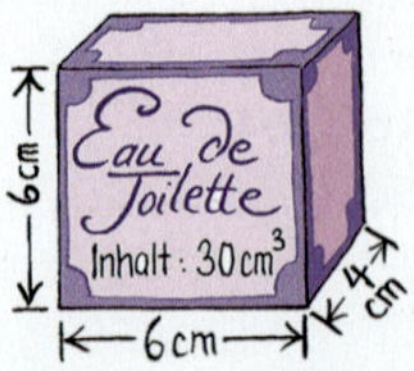

c)

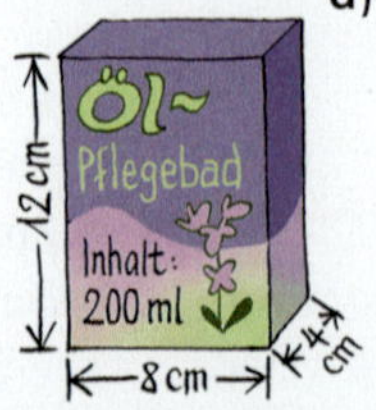

d)

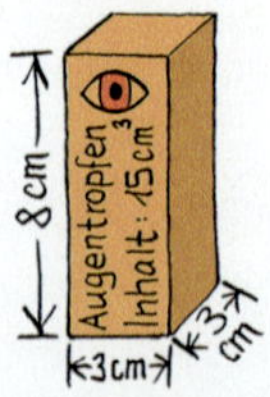

20. 500 g Kaffee wird oft in Doppelpackungen abgefüllt, damit beim Verbrauch längere Frische gewährleistet wird. Maria betrachtet die Packung und meint: „Wenn man die beiden Pakete anders anordnet, kann man Papier zum Verpacken sparen.“
Vernachlässige Stellen, an denen das Papier doppelt liegt, und bestimme, wie viel Papier bei der verkauften Anordnung benötigt wird.
Kontrolliere dann, ob Maria Recht hat und wie viel Papier man ggf. sparen könnte.

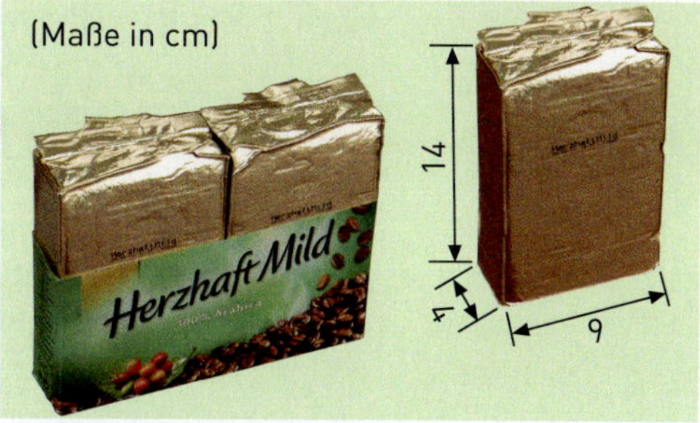

21. 30 Papiertaschentuch-Pakete der Größe 10,5 cm · 5,3 cm · 2,2 cm sollen in eine Plastikfolie eingeschweißt werden. Überlege, welche Anordnung am günstigsten ist, damit möglichst wenig Plastikfolie benötigt wird. Berechne, wie viel Plastikfolie benötigt wird.

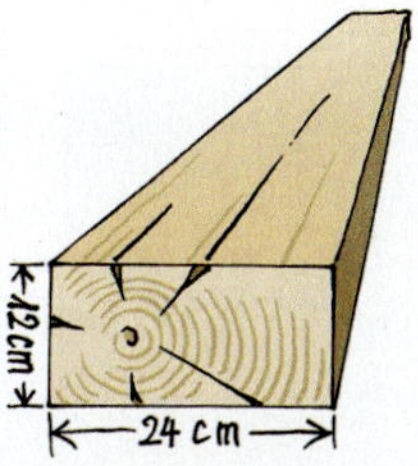

22. Das Bild links zeigt einen 12 m langen Balken.
a) 1 cm^3 Holz wiegt 700 mg. Wie viel wiegt der Balken?
b) Die Oberfläche des Balkens soll durch Hobeln geglättet werden. Wie groß ist diese?

23. Ein Aquarium ist 80 cm lang und 50 cm breit. Wie hoch steht das Wasser, wenn man 50 ℓ hineingießt?

24. Ein Heimwerkermarkt bietet Paneele aus Fichtenholz an. In einem Paket befinden sich 6 Paneele; jedes Paneel ist 265 cm lang, 12 cm breit und 13 mm dick.
1 cm^3 Fichtenholz wiegt 0,5 g. Wie schwer ist das Paket?

25. Lies den Zeitungsausschnitt rechts.
Den 30 000 m^3 großen Eisblock kannst du dir sicher nur schwer vorstellen.
Gib daher die Kantenlängen eines Quaders an, dessen Volumen 30 000 m^3 beträgt.

Großer Gletscher in der Schweiz abgestürzt

GRINDELWALD Bei einem großen Gletscherabsturz im Berner Oberland sind mehr als 30 000 Kubikmeter Eis talwärts gedonnert. Das beeindruckende Naturschauspiel am Wetterhorn oberhalb des Schweizer Skiortes Grindelwald fand am frühen Morgen fast unter Ausschluss der Öffentlichkeit statt, obwohl Kamerateams und Schaulustige den Berg seit Tagen belagert hatten.
Die Natur schlug den Neugierigen jedoch ein Schnippchen und ließ die Eismassen gegen 2:15 Uhr im tiefen Dunkel der Nacht vom Gutzgletscher auf die 1 500 m tiefer gelegene Alp Lauchbühl stürzen. Die Eisbrocken drangen fast bis zu einer vorsorglich gesperrten Bergstraße vor. Zu Schaden kam niemand.

26. Für ein Pferd sind 40 m^3 Luftraum vorgeschrieben.
a) Ein Stall ist 24 m lang, 8 m breit und 4 m hoch. Wie viele Pferde dürfen in diesem Stall untergebracht werden?
b) Ein anderer Stall ist 35 m lang, 8 m breit und 3 m hoch. Es sind 20 Pferde untergebracht. Ist das gestattet?

Das kann ich noch!

A) Berechne und beachte dabei Rechenvorteile.
1) $2 \cdot 9 \cdot 5 \cdot 9$
2) $25 \cdot 337 \cdot 40$
3) $126 : 7 - 56 : 7$
4) $66 + 222 + 34 + 278$
5) $34 \cdot 77 + 66 \cdot 77$
6) $7\,676 - 2\,324 + 5\,454 + 4\,545$

B) Berechne schriftlich.
1) $8\,353 - 6\,587$
2) $14\,882 + 8\,574$
3) $17\,034 : 3$
4) $12 \cdot 571$
5) $888 + 1\,233$
6) $8\,225 - 2\,547$

4.6 Rechnen mit Volumina

Ziel

Im Alltag gibt es viele Gegenstände, die nicht quaderförmig sind. Hier lernst du, wie man das Volu-men von Gegenständen bestimmt, die aus Quadern zusammengesetzt sind.

Zum Erarbeiten

Addieren und Subtrahieren von Volumina

Berechne das Volumen des Winkelbungalows rechts.

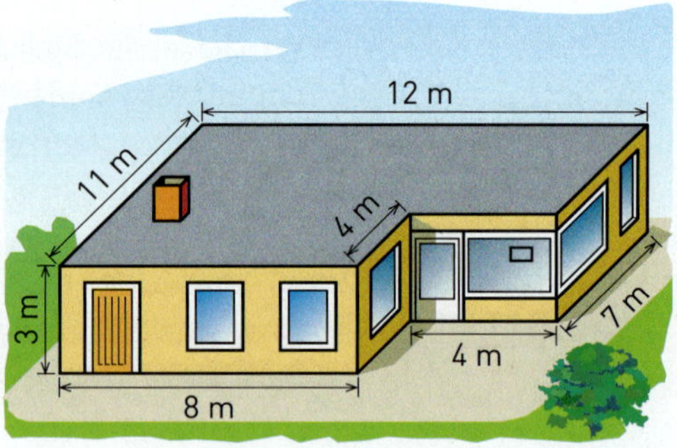

→ *1. Möglichkeit:*

Denke dir den Körper aus zwei Quadern zusammengesetzt. Addiere deren Volumina.

Der linke Quader hat ein Volumen von:

$V_1 = 8\,m \cdot 11\,m \cdot 3\,m = 264\,m^3$

Der rechte Quader hat ein Volumen von:

$V_2 = 4\,m \cdot 7\,m \cdot 3\,m = 84\,m^3$

Das Volumen des Bungalows beträgt also:

$V = V_1 + V_2 = 264\,m^3 + 84\,m^3 = 348\,m^3$

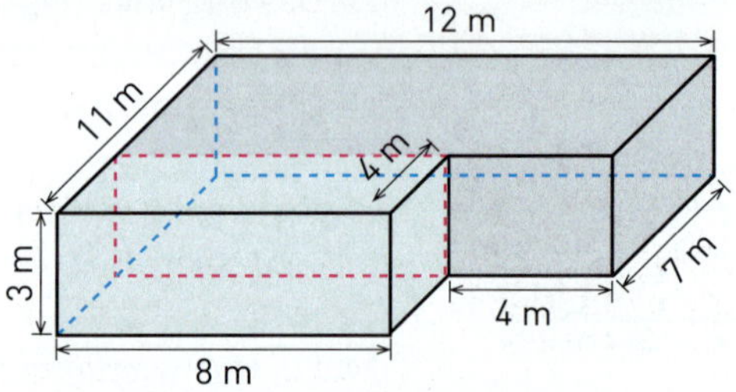

→ *2. Möglichkeit:*

Denke dir den Körper zu einem Quader ergänzt. Berechne dessen Volumen und subtrahiere davon das Volumen des ergänzten Quaders.

Gesamtvolumen:

$V_G = 12\,m \cdot 11\,m \cdot 3\,m = 396\,m^3$

Ergänztes Volumen:

$V_E = 4\,m \cdot 4\,m \cdot 3\,m = 48\,m^3$

Das Volumen des Bungalows beträgt also:

$V = V_G - V_E = 396\,m^3 - 48\,m^3 = 348\,m^3$

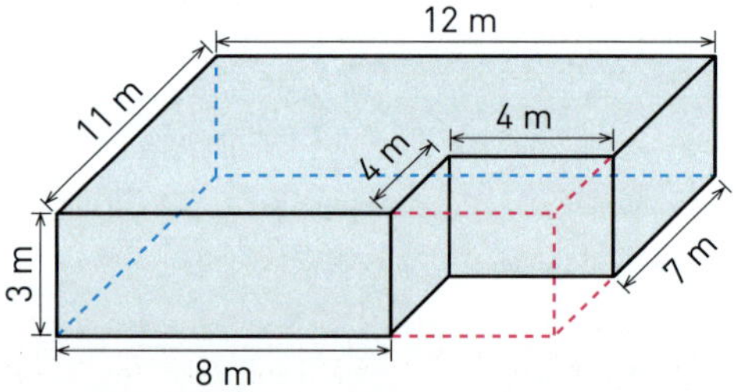

Information

Strategien zum Berechnen des Volumens zusammengesetzter Körper

1. Strategie: Zerlegen

Man zerlegt den Körper in geeignete Teilkörper. Dann berechnet man deren Volumina und addiert diese.

2. Strategie: Ergänzen

Man ergänzt den Körper geeignet. Dann berechnet man das Volumen des Gesamtkörpers und subtrahiert davon das Volumen des ergänzten Körpers.

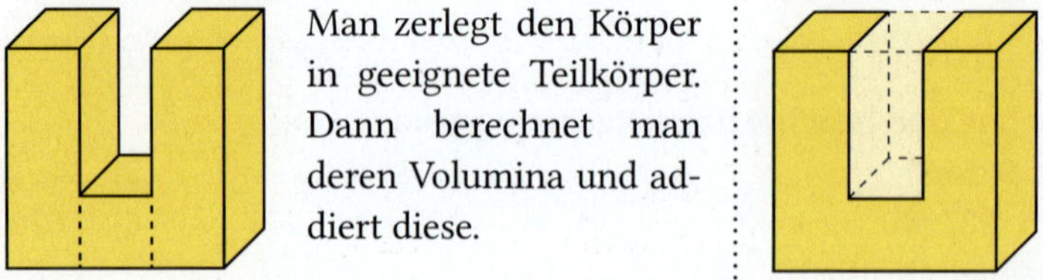

Zum Erarbeiten

Zerlegen eines Körpers in eine vorgegebene Anzahl gleich großer Teile

Für eine Reihenhauskette aus 6 Häusern ist ein umbauter Raum von insgesamt 2 700 m^3 angegeben.
Wie groß ist jedes einzelne Haus?

→ Das Gesamtvolumen V muss durch 6 dividiert werden, um das Volumen V_R eines einzelnen Reihenhauses zu erhalten:

Volumen eines Reihenhauses: $V_R = V : 6$
$= 2\,700\,m^3 : 6$
$= 450\,m^3$

Ein Körper wird in gleich große Teile zerlegt, also: Volumen durch Zahl dividieren

Ergebnis: Jedes Haus ist $450\,m^3$ groß.

Zerlegen eines Körpers in gleich große Teile vorgegebener Größe

Eine andere Reihenhauskette soll wegen behördlicher Bestimmungen ein Gesamtvolumen von höchstens 4 400 m^3 aufweisen. Für ein Reihenhaus des geplanten Typs ist ein umbauter Raum von 550 m^3 angegeben.
Wie viele Reihenhauser können gebaut werden?

→ Wir dividieren das Gesamtvolumen V durch das Volumen V_R eines Reihenhauses, um die Anzahl der Reihenhäuser zu erhalten:

Anzahl der Häuser: $V : V_R$
$= 4\,400\,m^3 : 550\,m^3$
$= 8$

Ein Körper wird in Teilkörper mit vorgegebenem Volumen zerlegt, also: Gesamtvolumen durch dieses Volumen dividieren

Ergebnis: Es können 8 Häuser gebaut werden.

Information

Dividieren von Volumina

(1) Zum Zerlegen eines Körpers in gleich große Körper mit vorgegebenem Volumen dividiert man das Gesamtvolumen durch das vorgegebene Volumen. Man erhält als Ergebnis eine Zahl.
Beispiel: $400\,cm^3 : 50\,cm^3 = 8$

(2) Zum Zerlegen eines Körpers in eine vorgegebene Anzahl von gleich großen Teilkörpern dividiert man das Gesamtvolumen durch die vorgegebene Anzahl der Teilkörper. Man erhält als Ergebnis ein Volumen.
Beispiel: $320\,cm^3 : 8 = 40\,cm^3$

(3) Von einem Quader sind Volumen und zwei Seitenlängen bekannt. Zum Bestimmen der dritten Seitenlänge dividiert man das Volumen durch das Produkt der beiden Seitenlängen. Man erhält als Ergebnis eine Seitenlänge.
Beispiel: $400\,cm^3 : (8\,cm \cdot 5\,cm) = 400\,cm^3 : 40\,cm^2 = 10\,cm$

(4) Von einem Quader sind Volumen und eine Seitenlänge bekannt. Zum Bestimmen des Flächeninhalts der Grundfläche, die orthogonal zu der gegebenen Seite ist, dividiert man das Volumen durch die Seitenlänge. Man erhält als Ergebnis einen Flächeninhalt.
Beispiel: $480\,cm^3 : 12\,cm = 30\,cm^2$

Zum Üben

1. Das Volumen des abgebildeten Körpers kann man auf verschiedene Weisen bestimmen.

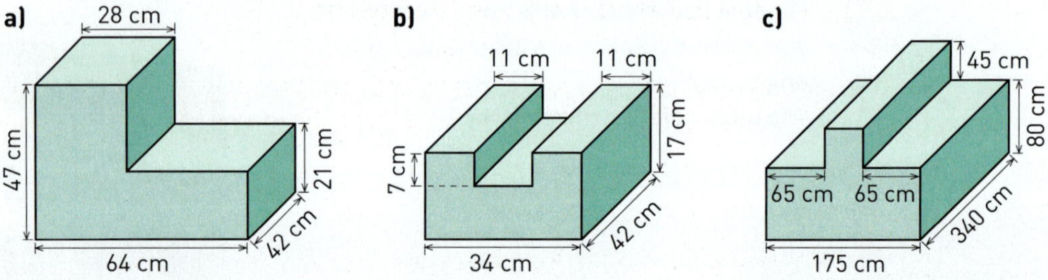

2. Das leichte Vordach ist an einem großen u-förmigen Betonträger befestigt. 1 cm³ Beton wiegt 2,4 g. Ermittle einen Schätzwert für sein Gewicht.

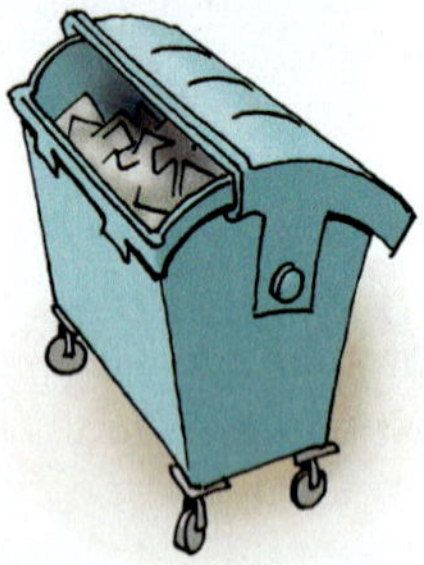

3. a) Eine Mülltonne fasst 80 ℓ. In einem Ortsteil werden an einem Tag 315 Mülltonnen geleert. Wie viel Müll ist das?

b) Ein Müllwagen fasst 16 m³ Müll. Wie viele Mülltonnen mit einem Fassungsvermögen von 80 ℓ [110 ℓ] können in einen Müllwagen geleert werden?

c) Ein Müllgroßbehälter fasst 4 400 ℓ Müll. In einer Stadt werden an einem Tag 45 volle Großbehälter geleert. Ein Müllwagen fasst 22 m³ Müll. Wie viele Fahrten des Müllwagens sind erforderlich?

d) Ein Müllbunker enthält 483 m³ Müll. Er soll mit einem Müllwagen, der 23 m³ fassen kann, entleert werden. Wie viele Fahrten sind erforderlich?

e) Der Inhalt eines 504 m³ großen Müllbunkers soll mit 24 Müllwagen abtransportiert werden. Wie viel m³ muss jeder Wagen bei gleichmäßiger Verteilung aufnehmen?

4. Erfinde zu dem Term eine Rechengeschichte.

a) $48\,m^3 + 53\,m^3$
b) 2 170 ℓ – 827 ℓ
c) $3 \cdot 40\,m^3$
d) $4\,800\,m^3 : 12$
e) $120\,m^3 : 4\,m^3$
f) 225 ℓ : 25 ℓ

> *Term:* $3 \cdot 4\,m^3$
> *Rechengeschichte:* Ein Lastwagen fasst 4 m³ Erde. Er fährt 3-mal. Wie viel m³ Erde hat er fortgeschafft?

5. Ein Architekt plant einen Winkelbungalow. Rechts siehst du den Grundriss.

a) Der Bungalow soll 2,7 m hoch werden. Für jeden Kubikmeter umbauten Raum rechnet man 290 € Baukosten. Wie teuer wird das Haus voraussichtlich?

b) Es soll eine 1,9 m tiefe Baugrube ausgehoben werden. Sie ist auf jeder Seite des Hauses 1 m länger bzw. breiter als der Grundriss angibt. Ein Lkw kann pro Fahrt 4 m³ Erde abtransportieren. Wie viele Fahrten sind erforderlich?

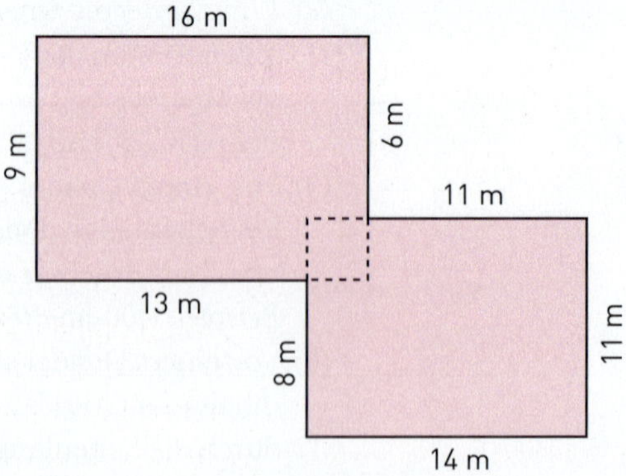

6. Die Skizze zeigt eine Weitsprunganlage.
Stelle geeignete Fragen und beantworte sie.

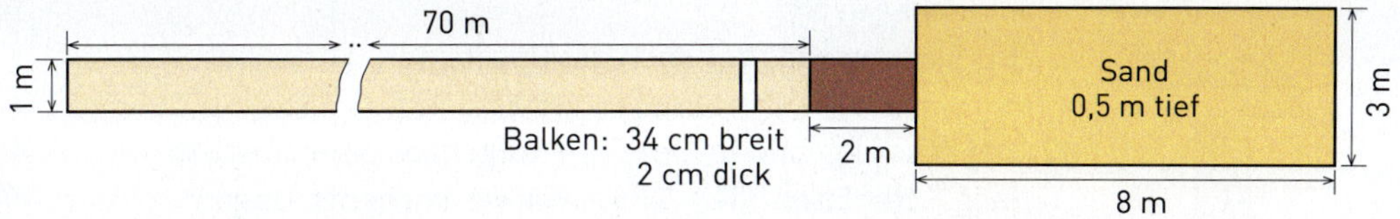

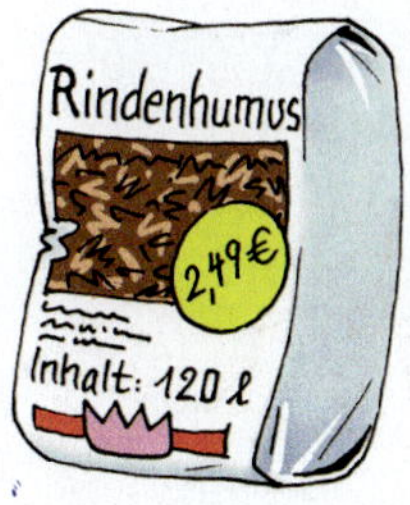

7. Das Bedecken des Gartenbodens mit Rindenhumus bezeichnet man als Mulchen. Es sorgt dafür, dass Unkrautbewuchs und Austrocknung gehemmt werden.
Das abgebildete Gartenbeet soll gleichmäßig mit einer Rindenhumusschicht von 5 cm Dicke gemulcht werden.
Mit welchen Kosten muss man rechnen?

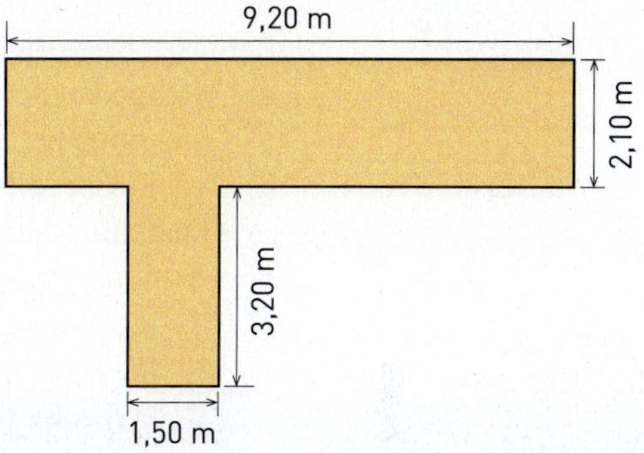

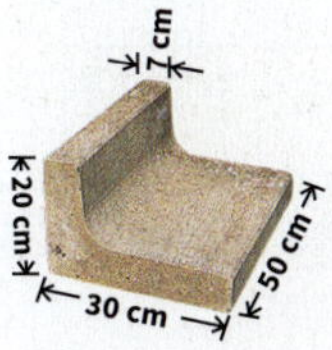

8. Winkelbausteine werden zum Abstützen von Erde verwendet.
a) 1 dm^3 Beton wiegt 1,9 kg. Wie viel wiegt der Winkelbetonstein links?
b) Der Stein soll mit einem Schutzanstrich versehen werden. 1 kg Farbe reicht für 5 m^2.
Wie viel Farbe ist für 20 Steine erforderlich?

9. An einem regnerischen Tag fallen 3 ℓ Regen pro Quadratmeter.
Familie Griep hat ein Haus mit Flachdach. Sie überlegt, in Zukunft das Regenwasser zum Bewässern des Gartens in einer Tonne aufzufangen. Wie viel ℓ Regenwasser hätte Familie Griep an diesem Tag gewinnen können? Vernachlässige die Verdunstung des Wassers.

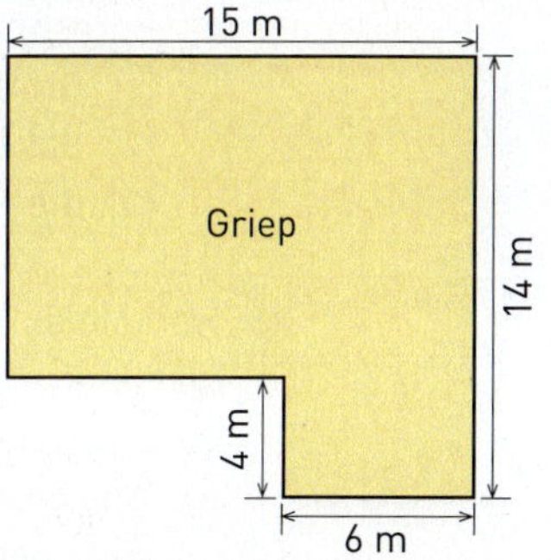

10. Ein 8 m langes Stützfundament soll gemauert werden. Für 1 m^3 benötigt man 400 Steine.
a) Man rechnet damit, dass jeder 50. Stein beschädigt ist oder verloren geht. Daher müssen mehr Steine zusätzlich bestellt werden. Wie viele sind das?
b) Das Fundament soll durch einen Bitumenanstrich gegen Feuchtigkeit geschützt werden. Gestrichen werden sollen alle Außenflächen außer der Deck- und der Bodenfläche.
Wie viel m^2 sind zu streichen?

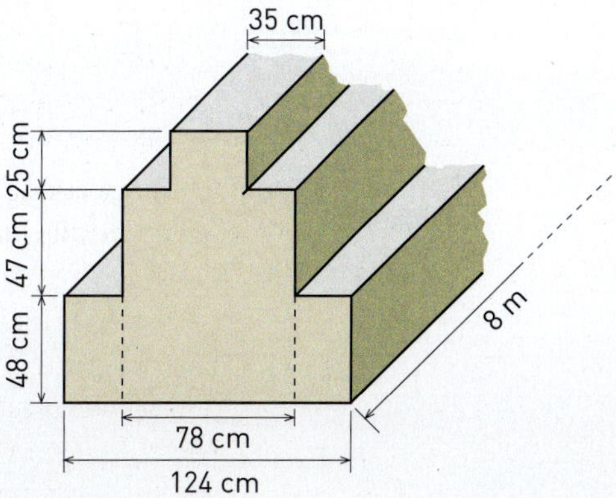

11. Der Holzbaustein rechts soll lackiert werden.
  a) Berechne den Oberflächeninhalt des Holzbausteins (Maße in cm).
  b) Berechne das Volumen des Bausteins.

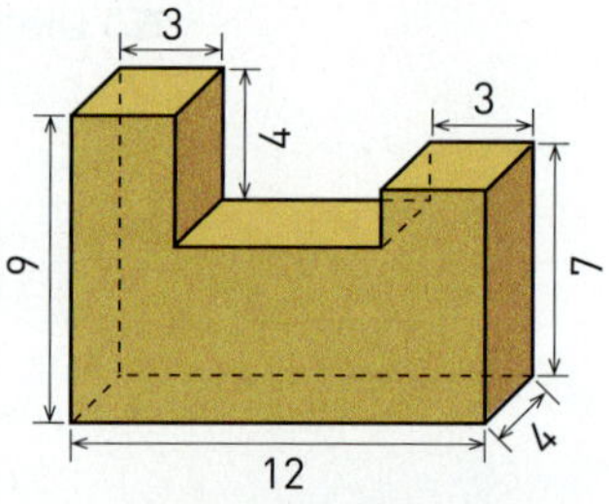

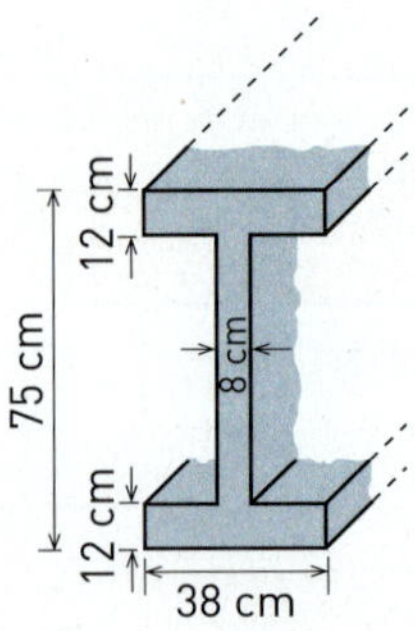

12. Der links abgebildete Doppel-T-Träger aus Eisen ist 2,5 m lang. 1 cm^3 Eisen wiegt 7,85 g. Wie viel wiegt der Träger?

13. Betrachte den Winkelbungalow rechts. Berücksichtige die Türen und Fenster nicht.
  a) Zeichne ein Schrägbild. Wähle als Maßstab 1 cm in der Zeichnung für 2 m in der Wirklichkeit.
  b) Zeichne im selben Maßstab ein Netz, aus dem ein Flächenmodell hergestellt werden kann.
  c) Berechne für den Winkelbungalow
    (1) den Flächeninhalt der Standfläche („Grundfläche“);
    (2) das Volumen („umbauter Raum“);
    (3) die Größe der Oberfläche dieses Körpers. (Dazu gehört auch die Standfläche.)

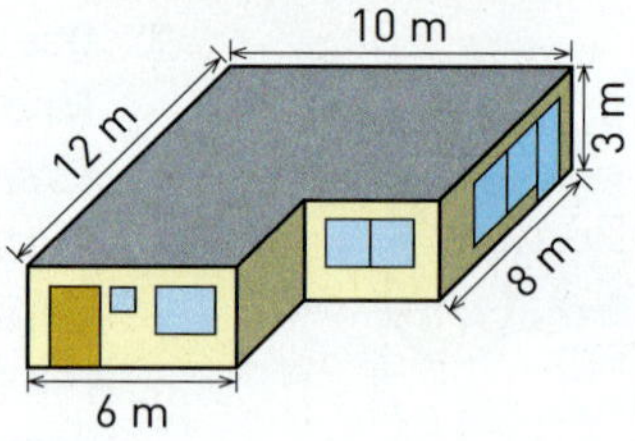

14. Ein Flachdachhaus mit Garage hat den nebenstehenden Grundriss. Das Wohnhaus hat eine Höhe von 3 m, die Garage von 2,40 m. Wähle in den Zeichnungen 1 cm für 2 m in der Wirklichkeit.
  a) Zeichne ein Schrägbild.
  b) Zeichne ein Netz.
  c) Berechne
    (1) Größe der gesamten Standfläche;
    (2) das Volumen des Körpers („umbauter Raum“);
    (3) die Größe der Oberfläche des Körpers.

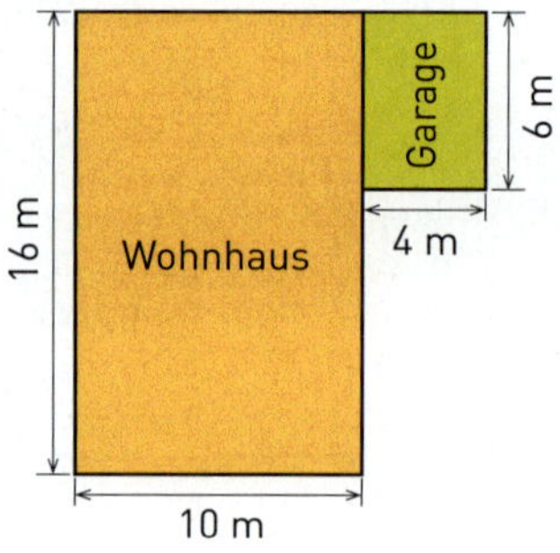

15. Herr Meier hat aus Beton einen Blumenkübel gegossen, den er nun innen und außen mit einer Spezialfarbe streichenn möchte.
  a) Wie viel m^2 Betonfläche muss Herr Meier streichen?
  b) 1 cm^3 Beton wiegt 2,4 g. Wie schwer ist der Blumenkübel?

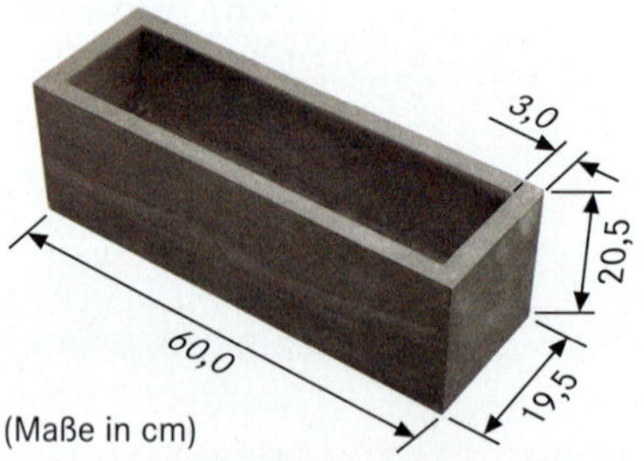

(Maße in cm)

16. Der Sessel ist rundum mit Stoff bezogen. Wie viel m^2 Stoff waren dazu nötig?

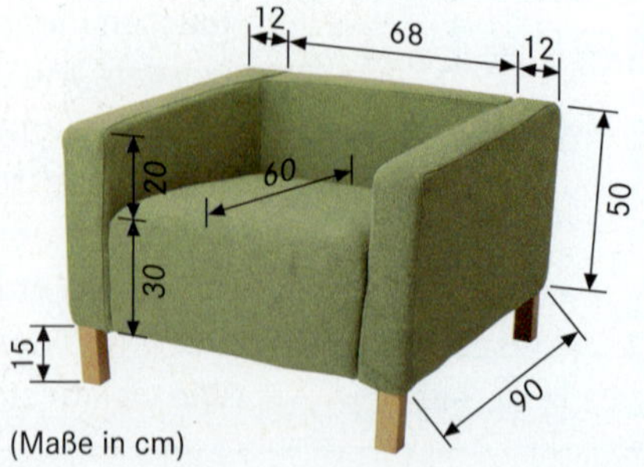

(Maße in cm)

Modellieren mit Flächen und Körpern

1. a) Aus einem Wetterbericht im Radio: „Während der letzten 24 Stunden fielen 4 mm Niederschlag." In der Zeitung steht: „4 ℓ pro m^2 Regen in den letzten 24 Stunden!"

(1) Vergleiche; was meinst du dazu?

(2) Familie Stein hat ein Haus mit Satteldach. Sie überlegt, in Zukunft das Regenwasser zum Bewässern des Gartens in einer Tonne aufzufangen. Sie wollen ausrechnen, wie viel gesammeltes Regenwasser dabei zusammenkommt. Dazu muss Familie Stein verschiedene Vereinfachungen machen um eine Berechnung beginnen zu können. Welche könnten das sein? Betrachte die Abbildungen und überlege weitere mögliche Situationen, die die Lösung beeinflussen können.

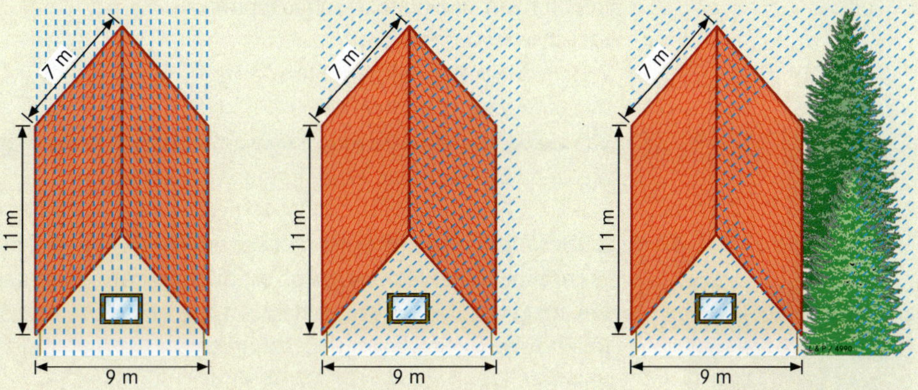

b) Vergleiche dein Vorgehen mit dem folgenden.

1. Suche die wesentlichen Informationen zum Problem.
2. Erstelle einen Ansatz zur Lösung.
   - Welche Annahmen oder Vereinfachungen musst du machen?
   - Gibt es Einschränkungen, die die Lösung beeinflussen?
3. Suche zu deinen Annahmen einen Lösungsweg und führe ihn aus.
   - Kannst du aus einer Skizze oder Tabelle Beziehungen erkennen?
   - Welche Kenntnisse (Formeln) benötigst du zur Lösung?
   - Kannst du die Rechnung kontrollieren (z.B. durch einen Überschlag)?
4. Prüfe das Ergebnis und beantworte die gestellte Aufgabe mit einem Satz.
   - Passt dein Ergebnis zum Sachverhalt?
   - Waren die Annahmen und Vereinfachungen sachgerecht?

2. Im Kinderzimmer von Erik soll neuer Teppichboden verlegt werden. Das Zimmer hat eine Fläche von 3,5 m · 4,5 m. Sie haben sich schon einen Belag für 13,99 € pro m^2 ausgesucht. Es gibt den Belag in einer Breite von 4 m oder 5 m zu kaufen.

a) Wie viel kostet der Belag, wenn sie in der Länge und der Breite wenigstens 10 cm für den Verschnitt dazu rechnen?

b) Beim Spar-Tipp hat der Teppichboden eine feste Größe von 4 m × 5 m. Diskutiere, unter welchen Bedingungen sich der Spar-Tipp lohnt. Wie viel würde man sparen?

3. Familie Unger baut ein Haus. Der Keller ist bereits fertiggestellt. Die Überraschung ist groß, als Familie Unger nach einem kräftigen Gewitter auf die Baustelle kommt und im Keller das Wasser 10 cm hoch steht. Familie Unger beschließt, nun das Wasser mit 10-Liter-Eimern aus dem Keller zu tragen.

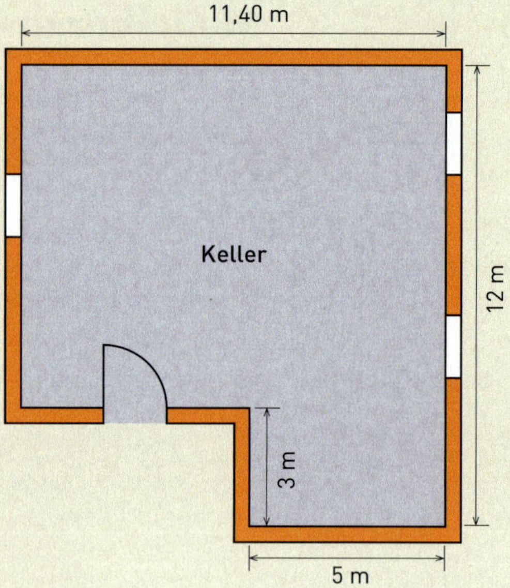

a) Nachdem sie hundert Eimer aus dem Keller getragen haben, sind alle schon ziemlich erschöpft und sie stellen fest, dass das Wasser kaum weniger geworden ist.
Rechne aus, wie hoch das Wasser im Keller jetzt noch steht.

b) Welche Modellannahmen hast du bei der Berechnung gemacht?

c) Wie viele Eimer müsste man insgesamt aus dem Keller tragen, damit er wieder trocken ist? Musst du hierbei deine Modellannahmen anpassen?

4. a) Sarahs und Lisas Hobby ist das Reiten. Sie trainieren jede Woche auf einem kleinen Pferdehof. In den Ferien helfen sie auch beim Füttern der Pferde.
Ein ausgewachsenes Pferd frisst am Tag 3 kg Hafer und 5 kg Heu. Außerdem müssen jeden Tag 5 kg Stroh pro Pferd eingestreut werden. Der Hafer wird in 50-kg-Säcken geliefert. Das Heu und das Stroh sind in quaderförmige Ballen der Größe 2 m × 1 m × 0,5 m gepresst. Jeder Ballen wiegt ungefähr 300 kg.

(1) Wie viel Säcke Hafer werden für die 20 Pferde auf dem Pferdehof in einer Woche benötigt?

(2) Wie lange reichen 2 Ballen Stroh?

(3) Berechne die Gesamtkosten für Futter und Stroh für eine Woche.

(4) Reichen 2 Ballen Heu für eine Woche, wenn am Wochenende 5 Pferde für 2 Tage fehlen, weil sie an einem Turnier teilnehmen? Begründe deine Antwort.

b) Sarah bereitet sich schon auf ihr erstes Turnier vor. Im Freigelände ist ein Parcours aufgebaut (siehe Abbildung). Sarah reitet 4-mal den abgesteckten Parcours.
Berechne die ungefähre Länge einer Parcoursrunde und bestimme damit den Auslauf von Sarahs Pferd.

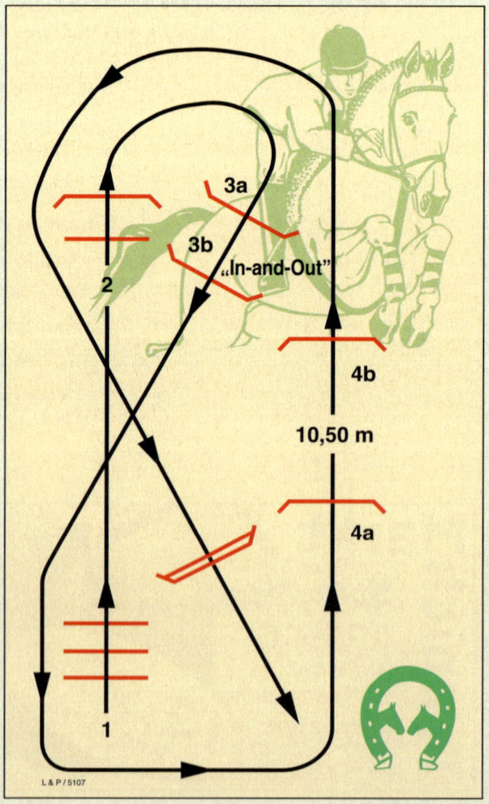

4.7 Aufgaben zur Vertiefung

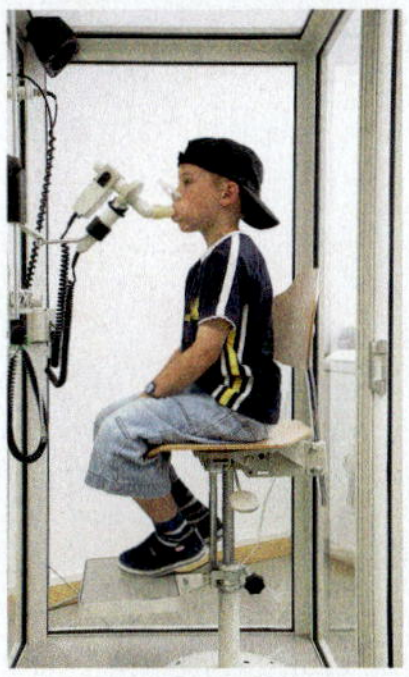

1. In der Tabelle sind Werte für die sogenannte Vitalkapazität des Menschen genannt. Darunter versteht man das Luftvolumen, das bei maximaler Ein- und Ausatmung bei einem Atemzug bewegt wird.
a) Veranschaulicht die Tabellendaten in einem geeigneten Diagramm.
b) Mit der Tabelle kann man verschiedene Fragen beantworten. Stellt solche Fragen und beantwortet sie mithilfe der Tabelle.
c) Schätzt ab, wie oft ein Kind aus der Klasse Atem holen müsste, um die Luft im ganzen Klassenzimmer einzuatmen.

Alter (in Jahren)	Frauen (in cm^3)	Männer (in cm^3)
4	717	855
8	1 513	1 585
10	1 806	2 022
12	2 217	2 357
14–19	3 330	4 030
20–29	3 600	5 440
30–39	3 680	5 030
40–49	3 460	4 650
50–59	3 250	4 530
60–64	3 140	3 860

2. Wie ändert sich das Volumen eines Quaders, wenn man
a) eine Kantenlänge verdoppelt [verdreifacht];
b) zwei Kantenlängen verdoppelt [verdreifacht];
c) alle Kantenlängen verdoppelt [verdreifacht]?

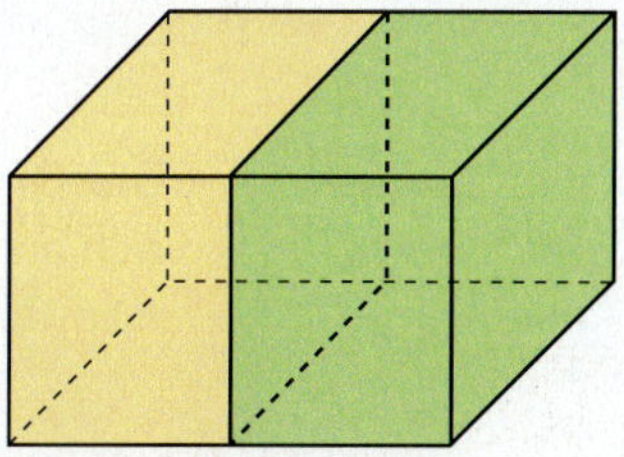
Eine Kantenlänge wird verdoppelt.

3. Wie ändert sich die Oberfläche eines Quaders, wenn man alle Kantenlängen verdoppelt?
Anleitung: Denke dir im Netz die Kanten verdoppelt.

4. Parfüm, Badeöl, Cremes und ähnliche Kosmetikartikel werden in der Regel in Fläschchen oder Dosen verkauft, die zusätzlich in einer Schachtel aus Feinkarton verpackt sind. Dabei wird die Verpackung oft recht großzügig gestaltet. Vergleiche bei den Artikeln das Volumen des Inhalts mit dem Gesamtvolumen der Verpackung.

a)
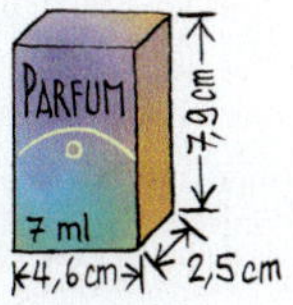

b)
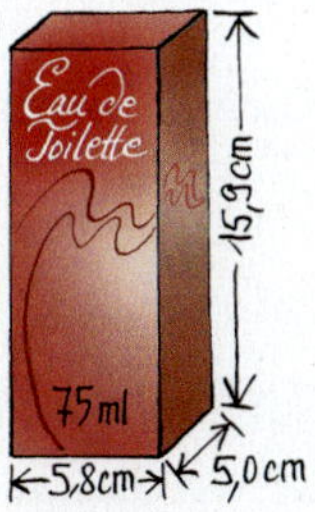

c)
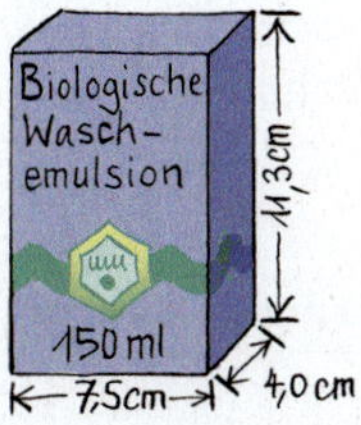

d)
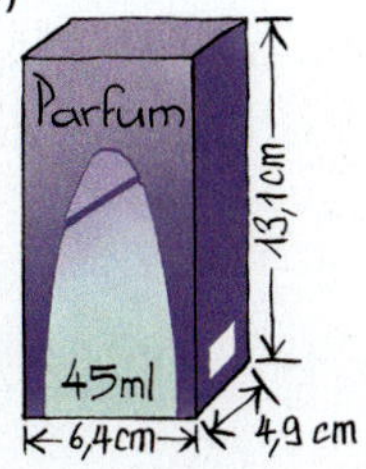

e)
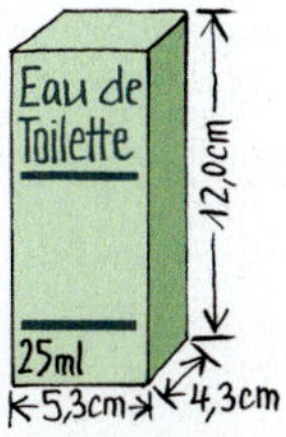

5. Berechne das Volumen der Körper (Maße in cm).

a)
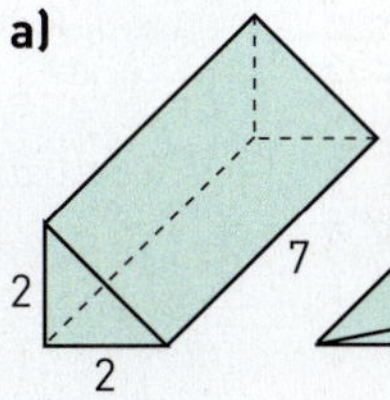

b)
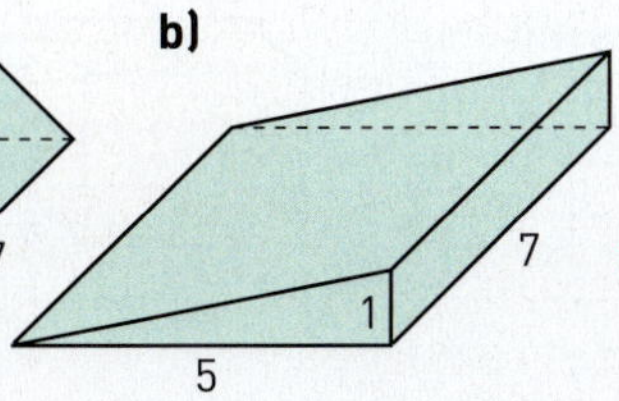

c)
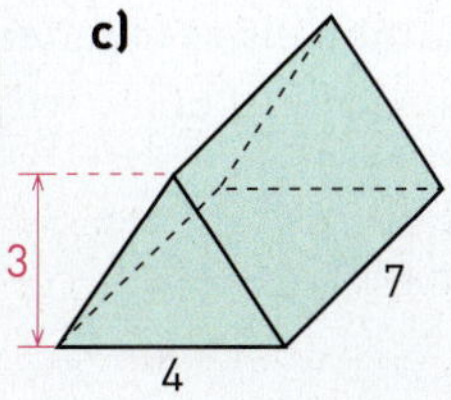

d)
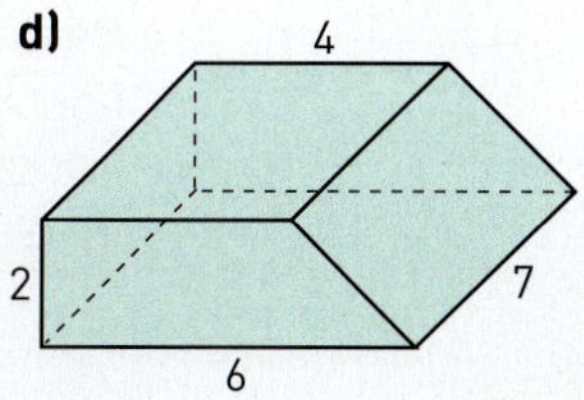

Das Wichtigste auf einen Blick

Flächeninhalt

Der **Flächeninhalt** ist ein Maß für die Größe einer Fläche. Einheiten des Flächeninhalts sind:

$1\,km^2 \underset{\cdot 100}{\overset{:100}{\rightleftarrows}} 1\,ha \underset{\cdot 100}{\overset{:100}{\rightleftarrows}} 1\,a \underset{\cdot 100}{\overset{:100}{\rightleftarrows}} 1\,m^2$

$1\,m^2 \underset{\cdot 100}{\overset{:100}{\rightleftarrows}} 1\,dm^2 \underset{\cdot 100}{\overset{:100}{\rightleftarrows}} 1\,cm^2 \underset{\cdot 100}{\overset{:100}{\rightleftarrows}} 1\,mm^2$

Beispiele:
$765\,mm^2 = 7{,}65\,cm^2 = 0{,}0765\,dm^2$
$14\,ha = 1\,400\,a = 140\,000\,m^2$
$0{,}75\,m^2 = 75\,dm^2 = 7\,500\,m^2$
$6{,}2\,km^2 = 620\ ha$

Formel für den Flächeninhalt und Umfang eines Rechtecks

Für ein **Rechteck** mit den Seitenlängen a und b gilt:
$\mathbf{A = a \cdot b}$
$\mathbf{u = 2 \cdot a + 2 \cdot b = 2 \cdot (a + b)}$

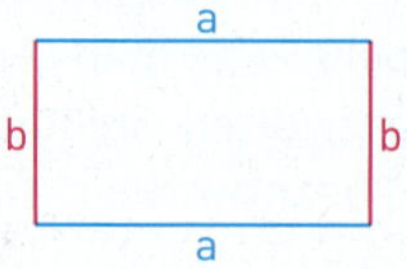

Beispiele:
$a = 5{,}2\,cm,\ b = 45\,mm = 4{,}5\,cm$
$A = 5{,}2\,cm \cdot 4{,}5\,cm = 23{,}4\,cm^2$
$u = 2 \cdot (5{,}2\,cm + 4{,}5\,cm) = 19{,}4\,cm$

Zusammengesetzte Flächen

Den Flächeninhalt zusammengesetzter Flächen kann man durch geschicktes *Zerlegen* oder *Ergänzen* leichter ermitteln.

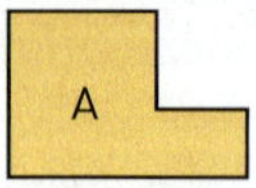

Beispiele:

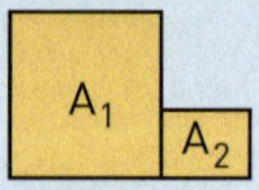

$A = A_1 + A_2$

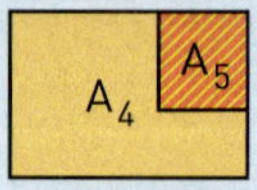

$A = A_4 - A_5$

Oberflächeninhalt eines Quaders

Die **Oberfläche eines Quaders** setzt sich aus allen sechs Rechtecken zusammen, die zum Netz des Quaders gehören.

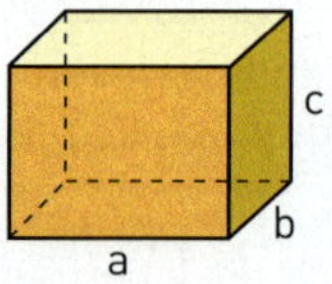

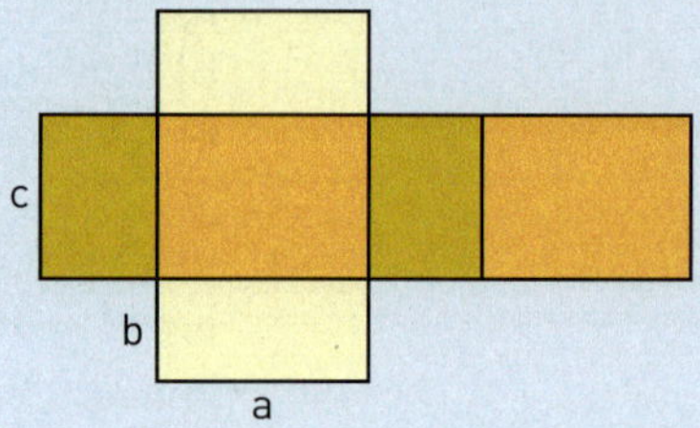

Für den **Oberflächeninhalt O eines Quaders** mit den Kantenlängen a, b und c gilt:
$\mathbf{O = 2 \cdot a \cdot b + 2 \cdot a \cdot c + 2 \cdot b \cdot c}$

Beispiel:
$a = 6\,m,\ b = 3\,m,\ c = 2\,m$
$O = 2 \cdot (6\,m \cdot 3\,m + 6\,m \cdot 2\,m + 3\,m \cdot 2\,m)$
$= 72\,m^2$

Volumen

Das **Volumen** eines Körpers gibt seinen Rauminhalt an. Einheiten des Volumens sind:

$1\,mm^3$, $1\,cm^3$, $1\,dm^3$, $1\,m^3$ sowie $1\,m\ell$, $1\,\ell$ und $1\,h\ell$.

Es gilt: $1\,m\ell = 1\,cm^3$, $1\,\ell = 1\,dm^3$, $1\,h\ell = 100\,\ell = 100\,dm^3$.

$1\,m^3 \underset{\cdot 1000}{\overset{:1000}{\rightleftarrows}} 1\,dm^3 \underset{\cdot 1000}{\overset{:1000}{\rightleftarrows}} 1\,cm^3 \underset{\cdot 1000}{\overset{:1000}{\rightleftarrows}} 1\,mm^3$

Beispiele:
$346\,m\ell = 0{,}346\,\ell = 0{,}346\,dm^3$
$82\,h\ell = 8\,200\,\ell = 8\,200\,dm^3$
$4{,}587\,dm^3 = 4\,587\,cm^3$
$0{,}042\,m^3 = 42\,dm^3 = 42\,\ell$

Das **Volumen eines Quaders** mit den Kantenlängen a, b und c wird berechnet durch:
$\mathbf{V = a \cdot b \cdot c}$

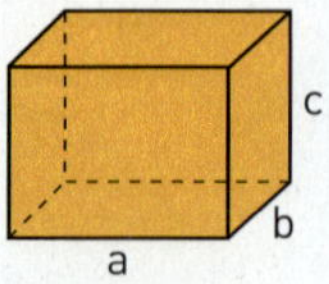

Beispiel:
$a = 6\,m,\ b = 3\,m,\ c = 2\,m$
$V = 6\,m \cdot 3\,m \cdot 2\,m = 36\,m^3$

Bist du fit?

1. a) Bestimme den Flächeninhalt beider Flächen. Miss auch den Umfang (auf mm genau).
b) Zeichne eine Fläche mit dem Flächeninhalt 18 cm² [21 cm²; 125 mm²].

(1) (2)

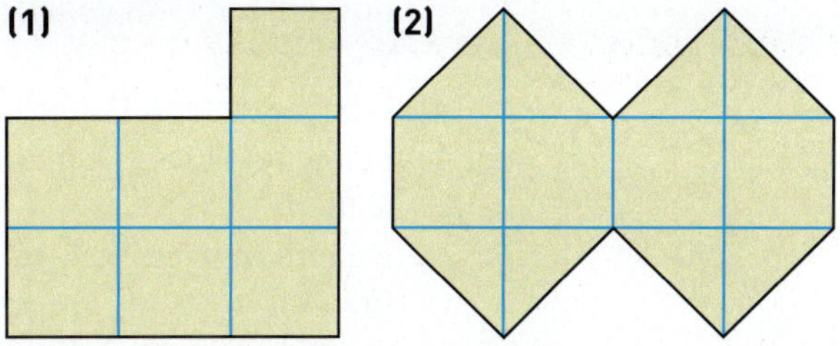

2. Gib in der in Klammern angegebenen Einheit an.

a) 2 400 m² (a)	b) 400 ha (a)	c) 900 cm² (dm²)	d) 29 km² (a)
3 600 ha (km²)	700 a (ha)	4 500 m² (dm²)	30 000 m² (ha)
900 a (m²)	7 km² (ha)	3 000 dm² (m²)	4 cm² (mm²)

3. Wandle in die kleinere der Einheiten um.

a) 7 ha 75 a	b) 2 ha 5 a	c) 3 dm² 17 cm²	d) 43 cm² 3 mm²
12 a 19 m²	4 m² 40 dm²	28 cm² 53 mm²	5 m² 5 dm²
3 km² 50 ha	3 cm² 3 mm²	12 dm² 4 cm²	7 a 2 m²

4. Wandle in die in Klammern angegebene Einheit um.
a) 370 mm² (cm²) b) 25 cm² (dm²) c) 7 dm² (m²) d) 2 650 m² (a) e) 350 ha (km²)

5. Ein Rechteck hat die Seitenlängen a und b. Bestimme den Flächeninhalt und den Umfang des Rechtecks.
a) a = 9 cm; b = 7 cm
b) a = 14 m; b = 17 m
c) a = 12 dm; b = 9 dm
d) a = 25 mm; b = 30 mm
e) a = 240 cm; b = 7 dm
f) a = 42 cm; b = 78 mm

6. Die Wand einer Fabrikhalle ist 69 m lang und 6 m hoch. Sie soll gestrichen werden. Ein Eimer Farbe reicht für 60 m².
Der Anstrich soll zweimal erfolgen. Wie viele Eimer werden benötigt?

7. Im Bild rechts siehst du ein Hallenhandballfeld mit den empfohlenen Maßen. In Vereinsturnhallen gibt es auch kleinere Felder. Sie sind bis zu 2 m schmaler und bis zu 3 m kürzer.
Um wie viel m² unterscheidet sich das kleinste Feld von dem empfohlenen Feld?

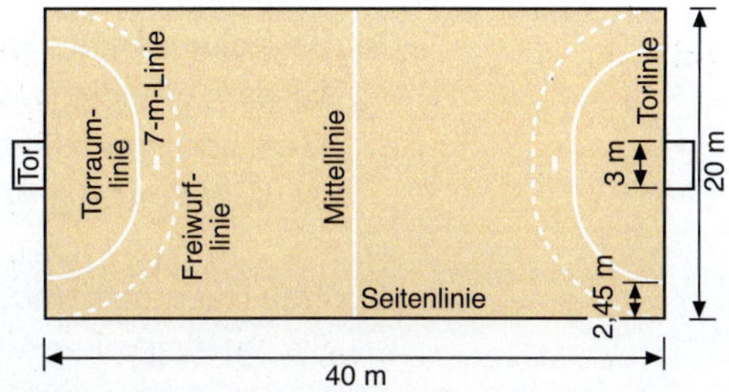

8. Ein 2,5 km langer und 2 m breiter Waldweg soll befestigt werden. Die Kosten betragen 37 € pro Quadratmeter. Wie teuer wird die Befestigung?

9. Zeichne ein Quadrat, bei dem die Maßzahl des Flächeninhalts mit der Maßzahl
a) der Seitenlänge übereinstimmt;
b) des Umfangs übereinstimmt.

10. a) Gib das Volumen des Körpers an.
b) Zeichne Schrägbilder von Körpern mit dem Volumen $V = 8\,cm^3$ [$V = 9\,cm^3$].
c) Gib Volumen und Oberflächeninhalt des Quaders mit den Maßen $a = 8\,cm$; $b = 7\,cm$; $c = 11\,cm$; [$a = 12\,m$, $b = 14\,m$, $c = 9\,m$] an.

(1)

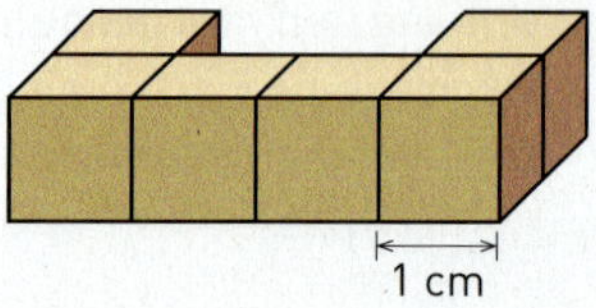

(2)

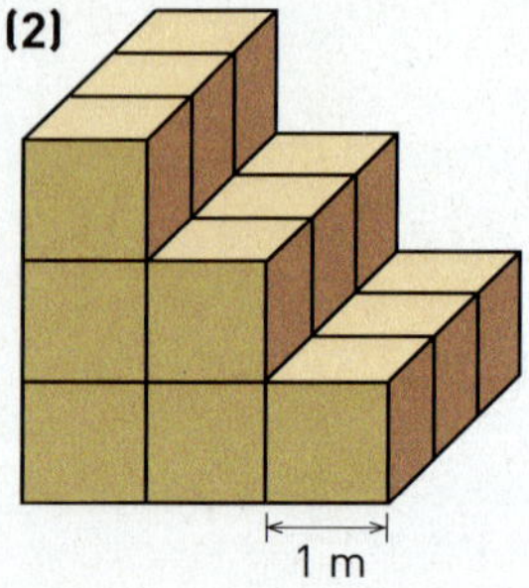

11. Schreibe in der in Klammern angegebenen Einheit.

a) $7\,m^3$	(dm^3)	b) $8\,\ell$	($m\ell$)	c) $4\,000\,\ell$	(m^3)	d) $3\,m^3$	(dm^3)
$9\,cm^3$	(mm^3)	$25\,m^3$	(ℓ)	$7\,000\,m^3$	(ℓ)	$2\,\ell$	($m\ell$)
$4\,000\,dm^3$	(m^3)	$2\,000\,m\ell$	(ℓ)	$8\,000\,cm^3$	(dm^3)	$30\,m^3$	(ℓ)
$8\,000\,m^3$	(ℓ)	$4\,000\,\ell$	($m\ell$)	$3\,000\,dm^3$	(cm^3)	$20\,\ell$	($m\ell$)

12. Verwandle in die kleinere Einheit.

a) $4\,m^3\,575\,dm^3$	b) $3\,\ell\,926\,m\ell$	c) $7\,dm^3\,89\,cm^3$	d) $3\,\ell\,210\,m\ell$	e) $2\,m^3\,30\,\ell$
$8\,m^3\,500\,\ell$	$4\,m^3\,90\,dm^3$	$4\,\ell\,850\,m\ell$	$7\,dm^3\,49\,cm^3$	$2\,m^3\,803\,\ell$
$9\,dm^3\,840\,cm^3$	$5\,dm^3\,700\,cm^3$	$4\,m^3\,7\,dm^3$	$4\,dm^3\,300\,cm^3$	$1\,\ell\,83\,m\ell$

13. Schreibe mit gemischten Einheiten.
a) $2\,619\,cm^3$ b) $9\,020\,m\ell$ c) $4\,856\,\ell$ d) $8\,070\,cm^3$ e) $12\,040\,dm^3$

14. a) Ein Quader ist 6 cm lang, 25 mm breit und 2 cm hoch.
(1) Zeichne ein Netz des Quaders.
(2) Bestimme Volumen und Oberflächeninhalt des Quaders.
b) Ein Würfel hat die Kantenlänge 4 cm. Bestimme den Oberflächeninhalt des Würfels.

15. Beim Bau einer U-Bahn wird eine Grube von 20 m Tiefe, 25 m Breite und 250 m Länge ausgehoben. Zum Abtransport der Erde werden Spezialtransporter verwendet, welche $50\,m^3$ fassen. Wie viele Fahrten sind erforderlich?

16. Das Volumen eines Steines soll bestimmt werden. Dazu wird ein Gefäß mit quadratischer Grundfläche verwendet, dessen Kante an der Grundfläche 8 cm lang ist. In dem Gefäß steht das Wasser 12 cm hoch. Nach Eintauchen des Steines steht das Wasser 16 cm hoch.
Ist das Volumen größer oder kleiner als $250\,m\ell$?

17. Frau Lilienthals Hobby sind Zierfische. Sie hat ein großes Aquarium mit den Maßen $2{,}00\,m \times 0{,}80\,m \times 1{,}40\,m$ im Wohnzimmer stehen. Das Wohnzimmer ist $5{,}60\,m \times 4{,}00\,m$ groß.
Wie hoch steht das Wasser im Wohnzimmer, wenn das Wasser auslaufen sollte?
Schätze zuerst.

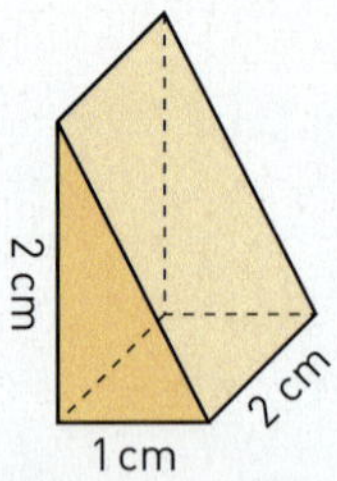

18. Berechne das Volumen des links abgebildeten Keils.

5. Anteile – Brüche

Im Mathematikunterricht hast du dich bisher mit den natürlichen Zahlen beschäftigt. Im Alltag werden aber nicht nur natürliche Zahlen zur Angabe von Größen verwendet. Du findest oft Zahlenangaben der folgenden Art.

- Erkläre, was diese Zahlenangaben bedeuten.
- Finde weitere solcher Angaben im Alltag.

In diesem Kapitel ...
lernst du, wie man Teile eines Ganzen mit Brüchen beschreibt.
Dazu erfährst du, wie man Brüche darstellen kann.

Lernfeld: Nicht alles ist ganz

Unterteilungen bei Schokolade und Zitrusfrüchten

Bei Schokoladentafeln werden Bruchteile schon mitgeliefert. Experimentiert mit unterschiedlichen Tafeln oder denkt euch auch eigene Tafelmuster aus.

- Welche Bruchteile einer Tafel könnt ihr herstellen?
- Es gibt Bruchteile wie $\frac{1}{2}$ Tafel, die man aus verschiedenen Tafeln herstellen kann. Untersucht: Welche Bruchteile kann man mit unterschiedlichen Tafeln herstellen?
- Findet ihr auch Teile, die nur bei einer Tafel oder mit jeder Tafel möglich sind?

Auch Zitrusfrüchte wie Mandarinen und Zitronen haben vorgegebene Einteilungen.

- Untersucht bei verschiedenen solcher Früchte, in welche Bruchteile man sie natürlicherweise zerlegen kann.
- Gebt Unterschiede und Gemeinsamkeiten zu euren Experimenten mit Schokoladentafeln an.
- Findet ihr weitere Dinge aus dem täglichen Leben mit ähnlichen Einteilungen?

Einfache Brüche bei Instrumenten und Uhren

Bei einer Tankanzeige im Auto wird der Benzinvorrat im Tank nicht als Menge in Liter angegeben, sondern als Bruchteil.

- Beschreibe mit deinem Partner die nebenstehende „Tankuhr“. Zeichnet das Bild ab und markiert verschiedene mögliche Zeigerstellungen.
- Gebt an, welcher Bruchteil an Benzin noch vorhanden ist, welcher schon verbraucht ist.
- Könnt ihr auch ermitteln, wie viel Liter noch im Tank sind, wenn er voll 60 Liter fasst?
- Die Tankuhr rechts gehört zu einem Fahrzeug mit einer Tankreserve. Der Tank fasst 72 ℓ. Schätzt den Anteil des Reservevolumens am Gesamtvolumen. Wie viel Liter entfallen auf die Tankreserve?

Auch bei Zeitangaben verwenden wir im Alltag einfache Bruchteile, zum Beispiel in: „viertel nach acht“

- ➔ Bildet selbst ähnliche Beispiele und erläutert sie an der Uhr.
- ➔ Entwickelt auch Beispiele, bei denen „ein Sechstel“, „zwei Sechstel“ usw. vorkommen.
- ➔ Könnt ihr auch „zehn vor zehn“ mit Brüchen angeben?
- ➔ Probiert auch andere Bruchteile einer Stunde aus. Welche eignen sich gut, welche nicht so gut?
- ➔ Gibt es Uhrzeiten, die man durch verschiedene Brüche beschreiben kann?

Bruchangaben in Rezepten

Beim Kochen und Backen muss man die Zutaten in den richtigen Mengen zusammenstellen und mischen. Später kann man nämlich herausschmecken, ob richtig abgemessen wurde. Die nötigen Angaben findet man als Gewichte und Volumen in den Einheiten Gramm oder Liter. In der Küche ist es oft praktisch, die Mengen mit Bruchzahlen wie z. B. $\frac{1}{2}$ anzugeben.

EL Abkürzung für Esslöffel
TL Abkürzung für Teelöffel

Kirschtörtchen

- ⇨ Marzipan-Rohmasse und Eier mit dem Schneebesen des Handrührgeräts verrühren, dann die Zutaten der Reihe nach dazumischen.
- ⇨ Muffinformen einfetten und mit Mehl bestäuben, in jedes 1 EL Teig einfüllen und im Ofen bei 200 Grad 10 min backen.
- ⇨ Für die Glasur den Puderzucker mit dem Zitronensaft glattrühren und über die abgekühlten Törtchen gießen, dann die Kirschen auflegen.

Kirschtörtchen

200 g Marzipan-Rohmasse
2 Eier
60 g weiche Butter
50 g Zucker
1 Prise Salz
$\frac{1}{2}$ Päckchen Vanillinzucker
$1\frac{1}{2}$ EL Zitronensaft
$1\frac{1}{2}$ EL Kirschmarmelade
60 g Mehl
12 Muffinformen

für die Glasur

$\frac{3}{4}$ Packung Puderzucker
$1\frac{1}{2}$ TL Zitronensaft
12 Kirschen

- ➔ Sucht in Rezepten und auf Küchengeräten nach Bruchangaben. Gestaltet ein Plakat, das solche Angaben erklärt.
  Beispiele:
  Wie viel wiegt eine Prise Salz, $\frac{1}{2}$ Tasse Reis oder $\frac{1}{4}$ Apfel?
  Welches Volumen nimmt ein Esslöffel Milch, der Saft einer halben Zitrone oder ein $\frac{3}{4}$ Liter Wasser ein?

5.1 Einführung der Brüche

5.1.1 Zerlegen eines Ganzen in gleiche große Teile

Einstieg

a) Die Torte ist mithilfe eines Tortenteilers (Bild rechts) in gleich große Teile unterteilt worden. Wie heißt ein solcher Teil einer ganzen Torte?

b) Das Ganze im Bild unten (z. B. eine Torte, ein Eierkuchen) ist in gleich große Teile zerlegt. Wie heißt ein solcher Teil des Ganzen?

(1) **(2)** **(3)** **(4)** **(5)**

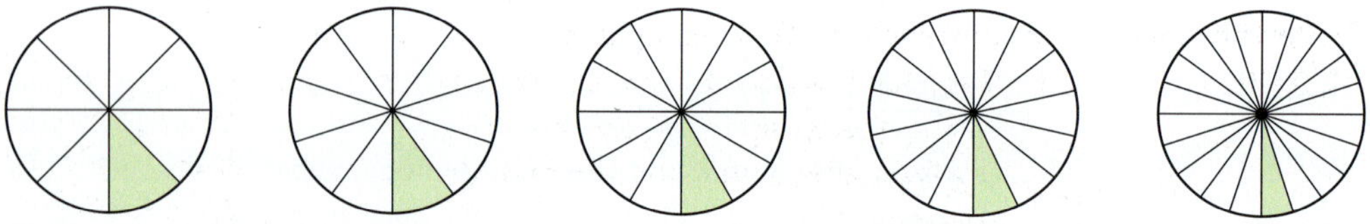

Aufgabe 1

Teilen eines Ganzen in gleich große Teile

Teilen sich zwei Freunde gleichmäßig *eine* Pizza, so bekommt jeder eine *halbe* Pizza.

a) Wie viel Pizza bekommt jeder, wenn sich 3, 4, 5, 6 Freunde eine Pizza teilen? Zeichne auch.

b) Wie viele drittel, viertel, fünftel, sechstel Pizzas ergeben jeweils eine ganze Pizza?

1 *ganze* Pizza 1 *halbe* Pizza 1 *halbe* Pizza

1 *ganze* Pizza = 2 *halbe* Pizzas

Lösung

a)

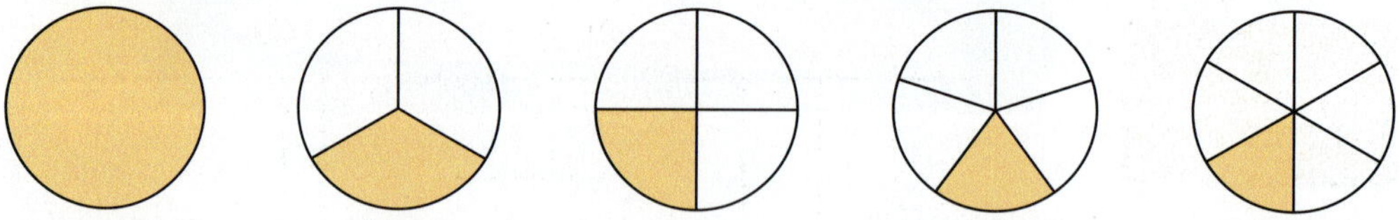

ganze Pizza drittel Pizza viertel Pizza fünftel Pizza sechstel Pizza

Bei 3 Freunden bekommt jeder eine *drittel* Pizza, bei 4 Freunden bekommt jeder eine *viertel* Pizza, bei 5 Freunden bekommt jeder eine *fünftel* Pizza, bei 6 Freunden bekommt jeder eine *sechstel* Pizza.

b) 1 *ganze* Pizza = 3 *drittel* Pizzas
1 *ganze* Pizza = 4 *viertel* Pizzas
1 *ganze* Pizza = 5 *fünftel* Pizzas
1 *ganze* Pizza = 6 *sechstel* Pizzas

Information

Die Pizza in Aufgabe 1 wurde in gleich große Teile aufgeteilt. Man kann auch Torten, Kuchen, Schokoladentafeln, … in gleich große Teile zerlegen.

> Zerlegt man ein Ganzes in 2, 3, 4, 5, 6, … *gleich große* Teile, so erhält man *Halbe, Drittel, Viertel, Fünftel, Sechstel, …*
> Man schreibt $\frac{1}{2}$ für ein Halbes, $\frac{1}{3}$ für ein Drittel, $\frac{1}{4}$ für ein Viertel, $\frac{1}{5}$ für ein Fünftel, $\frac{1}{6}$ für ein Sechstel usw.
>
> 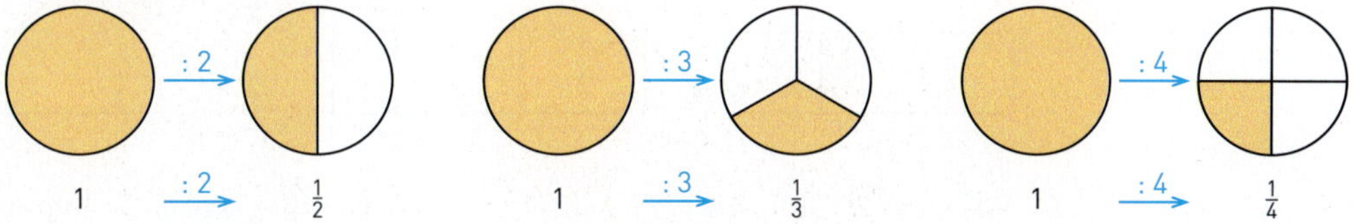
>
>
> $\frac{1}{2}$ ist die Hälfte eines Ganzen. 1 Ganzes hat 2 Halbe.
> $\frac{1}{3}$ ist der 3. Teil eines Ganzen. 1 Ganzes hat 3 Drittel.
> $\frac{1}{4}$ ist der 4. Teil eines Ganzen. 1 Ganzes hat 4 Viertel.

In der Silbe „-tel" steckt das Wort Teil.

Ein Viertel $\left(\frac{1}{4}\right)$ bedeutet danach: *eins von vier gleich großen Teilen* (eines Ganzen).

$\frac{1}{2}, \frac{1}{3}, \frac{1}{4}, \frac{1}{5}, \frac{1}{6}, \ldots$ heißen **Stammbrüche**.

Weiterführende Aufgabe

Stammbrüche in Größenangaben

2. Mario kauft auf dem Markt ein. Auf seinem Einkaufszettel sind die Gewichte in kg angegeben; auf der Waage kann man sie in g ablesen.
Um das Gewicht mit der Waage zu kontrollieren, rechnet Mario die Angaben auf dem Zettel jeweils in g um.
Verfahre ebenso.

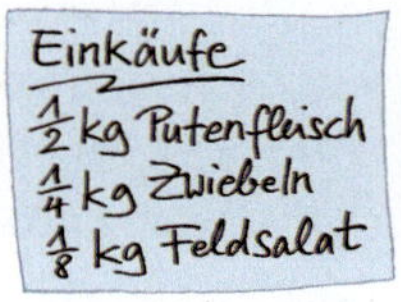

Überlege dazu:
Das Ganze ist hier 1 kg, das sind 1 000 g.
$\frac{1}{2}$ kg ist die Hälfte von 1 kg, also die Hälfte von 1 000 g.

$1\,\text{kg} \xrightarrow{:2} \frac{1}{2}\,\text{kg}$
$1\,000\,\text{g} \xrightarrow{:2} 500\,\text{g}$

Übungsaufgaben

3. Auch ein Rechteck kann ein Ganzes darstellen. Denke z. B. an einen Blechkuchen.

a) Ein Ganzes ist in gleich große Teile zerlegt. Wie heißt ein solcher Teil?

(1) (2) (3) (4)

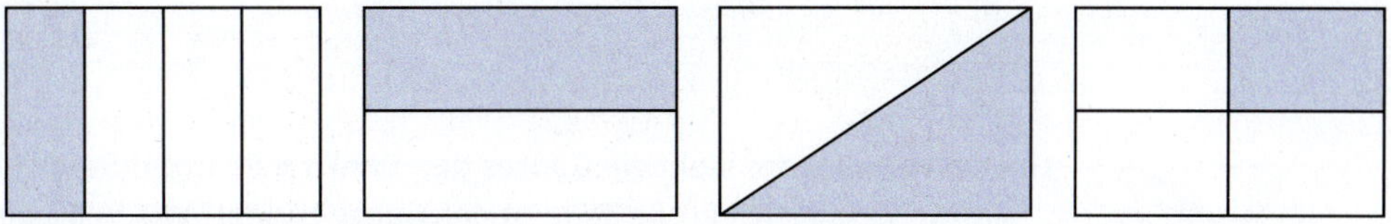

b) Nimm ein (rechteckiges) Blatt Papier. Färbe vom Ganzen
(1) ein Viertel; (2) ein Achtel; (3) ein Drittel; (4) ein Sechstel; (5) ein Zwölftel.
Falte dazu das Blatt geeignet.

4. Zeichne ein Rechteck und zerlege es auf drei verschiedene Weisen in vier gleich große Teile. Färbe jeweils $\frac{1}{4}$ des Rechtecks.

5. Ein Ganzes ist in gleich große Teile zerlegt. Wie heißt ein solcher Teil vom Ganzen?

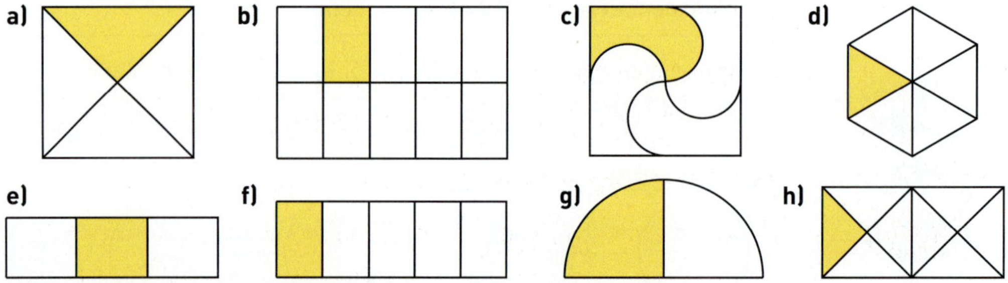

6. Wie viele Siebtel, wie viele Achtel, wie viele Neuntel, wie viele Zehntel, wie viele Hundertstel, wie viele Tausendstel ergeben ein Ganzes?

7. a) Die gefärbten Flächen in den beiden Kreisen sind unterschiedlich groß. Welcher Teil ist jeweils gefärbt?

b) Hier sollen jeweils $\frac{1}{4}$ dargestellt sein. Wo hat sich ein Fehler eingeschlichen? Erkläre.

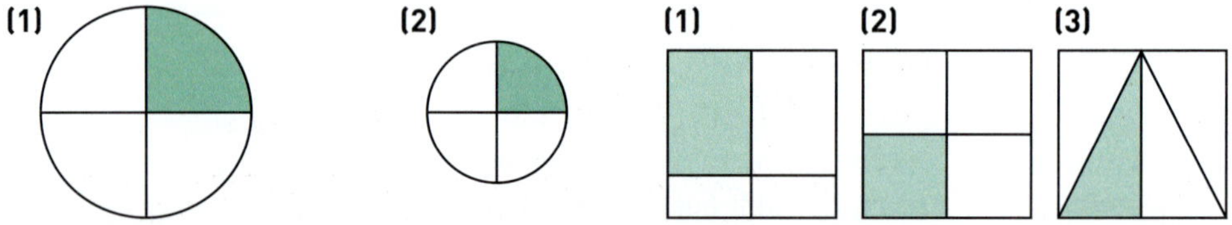

8. Die Fläche stellt einen Anteil an einem Ganzen dar. Zeichne ab und ergänze zu einem Ganzen.

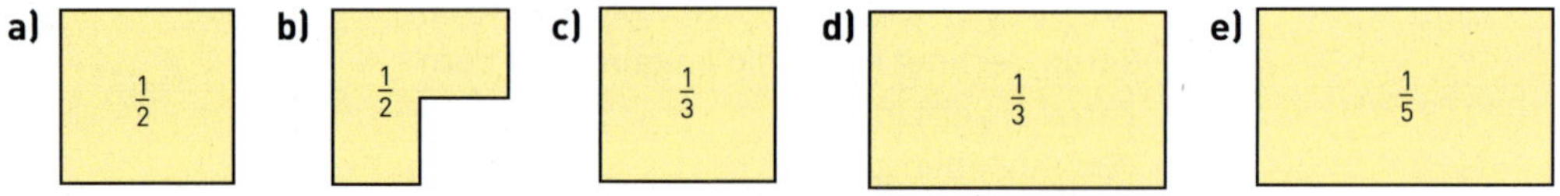

9. Jeder Partner zeichnet eine Figur, die ein Teil eines Ganzen sein soll. Der andere Partner ergänzt die Figur zum Ganzen.

10. Bislang hast du Anteile an Flächen betrachtet. Auch eine Strecke stellt ein Ganzes dar. Färbe im Heft

a) $\frac{1}{2}$ b) $\frac{1}{3}$ c) $\frac{1}{4}$ d) $\frac{1}{6}$ e) $\frac{1}{12}$

der Strecke rot.

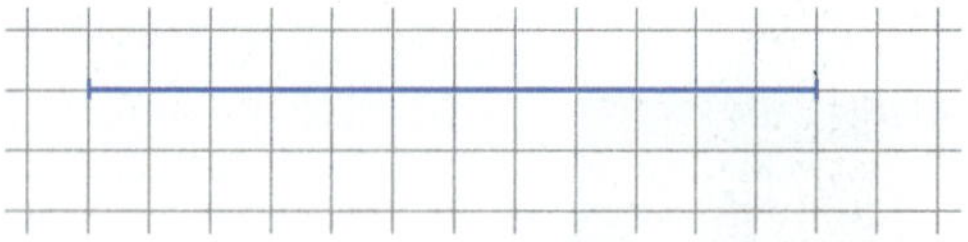

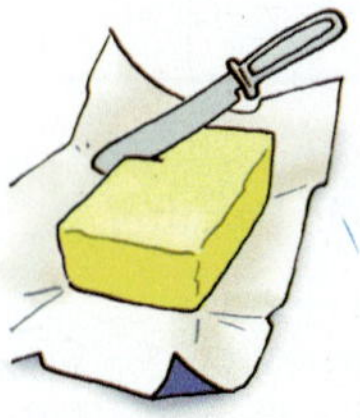

11. Auch ein Quader stellt ein Ganzes dar. Denke z. B. an ein Stück Käse oder ein Stück Butter. In wie viele gleich große Teile ist das Ganze zerlegt? Wie heißt ein solcher Teil?

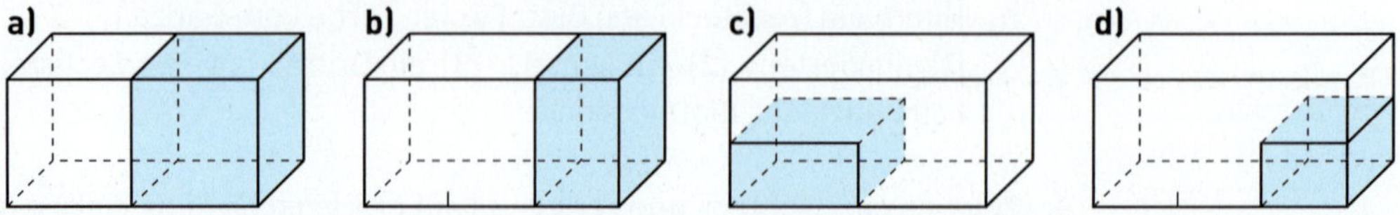

12. Paul sagt: „Ein Viertel ist mehr als ein Drittel, denn 4 ist mehr als 3.“
Was sagst du dazu? Begründe.

13. Wandle die Gewichtsangaben um.

a) in g: $\frac{1}{5}$kg; $\frac{1}{10}$kg; $\frac{1}{20}$kg; $\frac{1}{100}$kg; $\frac{1}{1000}$kg

b) in kg: $\frac{1}{2}$t; $\frac{1}{4}$t; $\frac{1}{8}$t; $\frac{1}{10}$t; $\frac{1}{25}$t; $\frac{1}{50}$t

14. Gib in der angegebenen Einheit an.

a) cm: $\frac{1}{2}$m; $\frac{1}{4}$m; $\frac{1}{10}$m; $\frac{1}{100}$m

b) m: $\frac{1}{2}$km; $\frac{1}{4}$km; $\frac{1}{8}$km

c) mm: $\frac{1}{2}$cm; $\frac{1}{5}$cm; $\frac{1}{10}$cm

d) in mℓ: $\frac{1}{2}$ℓ; $\frac{1}{8}$ℓ; $\frac{1}{5}$ℓ; $\frac{1}{4}$ℓ; $\frac{1}{10}$ℓ

> 1 m $\xrightarrow{:5}$ $\frac{1}{5}$m;
> 100 cm $\xrightarrow{:5}$ 20 cm
> Also: $\frac{1}{5}$m = 20 cm

> $1\,cm^2 = 100\,mm^2$
> $1\,dm^2 = 100\,cm^2$
> $1\,m^2 = 100\,dm^2$
> $1\,a = 100\,m^2$
> $1\,ha = 100\,a$
> $1\,km^2 = 100\,ha$

15. a) Zeichne auf Karopapier ein Quadrat mit der Seitenlänge 1 dm. Färbe eine Fläche der angegebenen Größe. Gib ihre Größe auch in cm^2 an.

(1) $\frac{1}{2}dm^2$ (2) $\frac{1}{4}dm^2$ (3) $\frac{1}{5}dm^2$ (4) $\frac{1}{10}dm^2$ (5) $\frac{1}{100}dm^2$

b) Wandle die Flächeninhaltsangaben um.

(1) in mm^2: $\frac{1}{2}cm^2$; $\frac{1}{5}cm^2$; $\frac{1}{4}cm^2$; $\frac{1}{100}cm^2$ (2) in ha: $\frac{1}{5}km^2$; $\frac{1}{1000}km^2$; $\frac{1}{4}km^2$; $\frac{1}{100}km^2$

16. Wandle die Volumenangaben um.

a) in dm^3 bzw. ℓ: $\frac{1}{4}m^3$; $\frac{1}{5}m^3$; $\frac{1}{2}m^3$; $\frac{1}{8}m^3$; $\frac{1}{1000}m^3$

b) in cm^3 bzw. mℓ: $\frac{1}{8}dm^3$; $\frac{1}{2}dm^3$; $\frac{1}{5}dm^3$; $\frac{1}{10}dm^3$; $\frac{1}{1000}dm^3$

17. Was ist kleiner? Begründe.

a) $\frac{1}{2}$m oder $\frac{1}{5}$m **b)** $\frac{1}{8}$kg oder $\frac{1}{2}$kg **c)** $\frac{1}{4}$ℓ oder $\frac{1}{3}$ℓ

hora (lat.) Stunde
hour (engl.) Stunde

18. a) In jedem Bild veranschaulicht die gelbe Fläche eine Zeitspanne als Teil einer Stunde. Gib diese Zeitspannen in Minuten (min) und in Stunden (h) an.

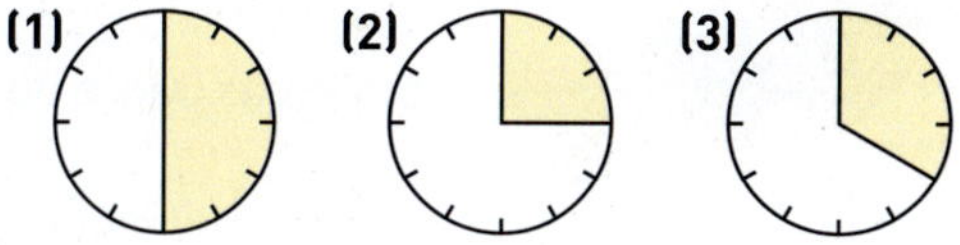

b) Wandle die angegebenen Zeitspannen um.

(1) in min: $\frac{1}{6}$h; $\frac{1}{5}$h; $\frac{1}{12}$h; $\frac{1}{20}$h; $\frac{1}{30}$h; $\frac{1}{60}$h

(2) in s: $\frac{1}{2}$min; $\frac{1}{3}$min; $\frac{1}{5}$min; $\frac{1}{6}$min; $\frac{1}{60}$min

(3) in Stunden: $\frac{1}{3}$Tag; $\frac{1}{8}$Tag; $\frac{1}{4}$Tag; $\frac{1}{6}$Tag

(4) in Monate: $\frac{1}{4}$Jahr; $\frac{1}{3}$Jahr; $\frac{1}{12}$Jahr; $\frac{1}{6}$Jahr

19. Kontrolliere Jacobs Hausaufgaben. Begründe.

> *$\frac{1}{2}h = 20\,min$ $1\,cm = \frac{1}{10}m$ $1\,mm^2 = \frac{1}{100}cm^2$ $\frac{1}{2}\,Tag = 6\,h$ $1\,dm^3 = \frac{1}{10}m^3$*

20. Gib als Teil eines geeigneten Ganzen an.

a) 1 ml; 20 min; 250 g; 5 mm; $25\,m^2$

b) 15 min; 250 kg; 20 min; 2 mm

> :4 (100 cm = 1 m
> 25 cm = $\frac{1}{4}$m) :4

Das kann ich noch!

A) Rechne vorteilhaft.

1) 234 g + 69 g + 566 g
2) 3 Mio. + 15 Mio. + 27 Mio.
3) 79 km + 47 km + 21 km + 53 km
4) 47 min + 138 min + 32 min + 53 min + 11 min
5) 395 € – 148 € – 22 €
6) 813 m – 484 m – 116 m
7) 151 hℓ – 98 hℓ
8) 274 d – 197 d

5.1.2 Anteile an einem Ganzen

Einstieg

In der Auslage einer Bäckerei siehst du verschiedene Torten. Einiges ist schon verkauft. Wie viel ist von jeder Torte noch übrig?

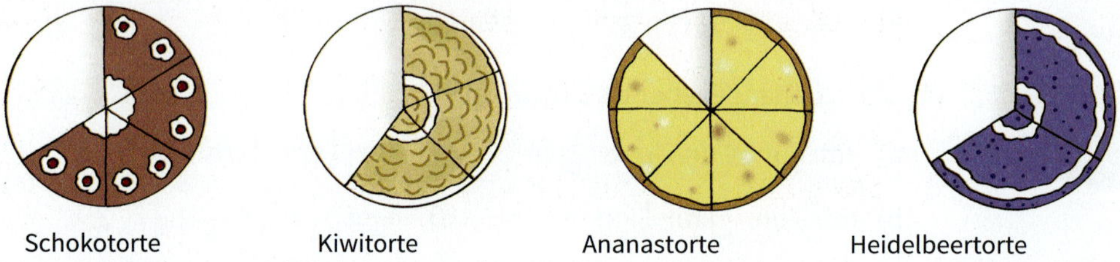

Aufgabe 1

Teile eines Ganzen – Brüche

Eine Pizza wird in 4 gleich große Teile zerlegt. Theresa nimmt 3 solcher Teile. Das sind 3 Viertel der ganzen Pizza. Statt 3 Viertel schreibt man auch $\frac{3}{4}$.

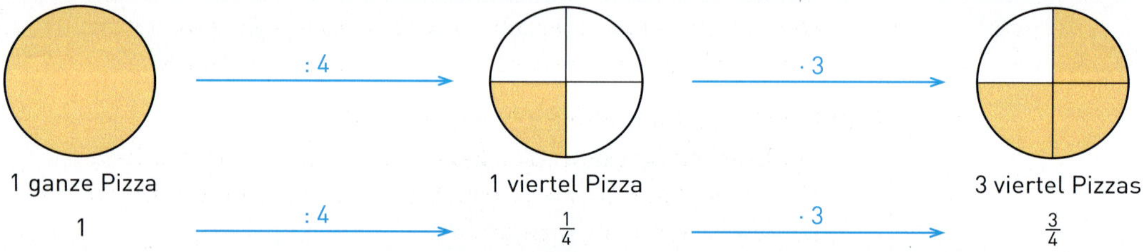

a) Erkläre, wie $\frac{5}{8}$ eines Ganzen (z. B. einer Pizza) entstehen.
Stelle das Ganze durch eine Kreisfläche dar. Wie viel fehlt bei $\frac{5}{8}$ an einem Ganzen?

b) Erkläre, wie $\frac{3}{8}$ eines Ganzen (z. B. eines Kuchens) entstehen.
Stelle das Ganze durch ein Rechteck dar. Wie viel fehlt bei $\frac{3}{8}$ an einem Ganzen?

Lösung

a) Die Pizza wird in 8 gleich große Teile zerlegt, davon werden dann 5 Teile genommen.

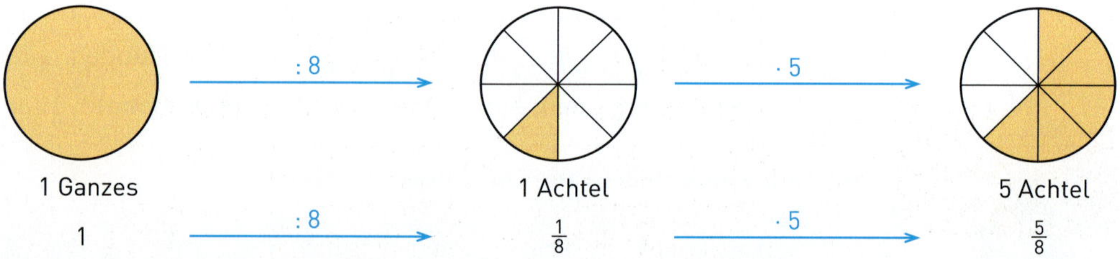

Ergebnis: Bei $\frac{5}{8}$ fehlen $\frac{3}{8}$ an einem Ganzen.

b) Der Kuchen wird in 8 gleich große Teile zerlegt, davon werden dann 3 Teile genommen.

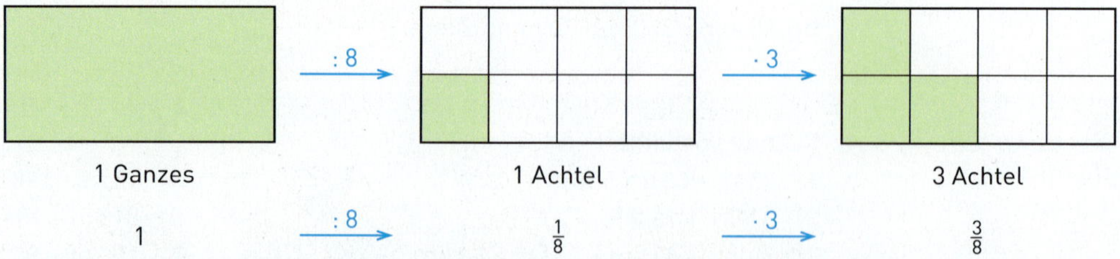

Ergebnis: Bei $\frac{3}{8}$ fehlen $\frac{5}{8}$ an einem Ganzen.

Weiterführende Aufgabe

Brüche in Größenangaben

2. Mario geht Einkaufen. Er hat auf seinem Einkaufszettel Brokkoli und Schafkäse. Gib diese Angaben in g an. Überlege dazu: $\frac{3}{4}$ kg ist das Dreifache von $\frac{1}{4}$ kg, also das Dreifache von 250 g.

1 kg	$\xrightarrow{:4}$	$\frac{1}{4}$ kg	$\xrightarrow{\cdot 3}$	$\frac{3}{4}$ kg
1000 g	$\xrightarrow{:4}$	250 g	$\xrightarrow{\cdot 3}$	750 g

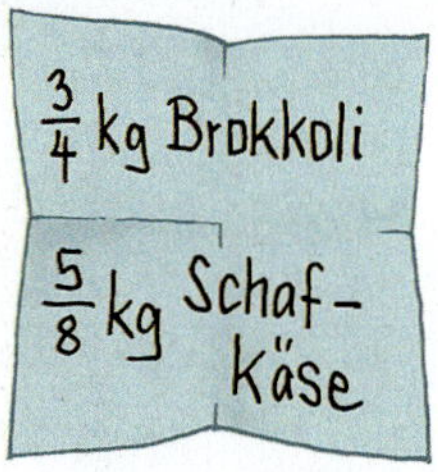

Information

In der Aufgabe 1 wurden stets einige von mehreren gleich großen Teilen zusammengefasst.

(1) Brüche zur Angabe von Anteilen eines Ganzen

$\frac{1}{2}$, $\frac{1}{4}$, $\frac{3}{4}$, $\frac{1}{8}$, $\frac{3}{8}$, $\frac{5}{8}$, $\frac{2}{3}$, ... sind *Brüche*. Der Nenner eines Bruches gibt an, in wie viele gleich große Teile ein Ganzes zerlegt wird. Der Zähler gibt an, wie viele solcher Teile dann genommen werden. Der Bruch gibt den Anteil des Teilstücks am Ganzen an.

$\frac{3}{4}$ ⟵ Zähler, ⟵ Bruchstrich, ⟵ Nenner

(2) Brüche als Maßzahlen in Größenangaben

Mit Brüchen als Maßzahlen kann man Längen, Flächeninhalte, Volumina (Rauminhalte), Gewichte und Zeitspannen als Bruchteile einer Maßeinheit angeben.

$\frac{3}{4}$ kg — Maßzahl ($\frac{3}{4}$), Maßeinheit (kg)

Übungsaufgaben

3. Welche Brüche sind dargestellt? Erkläre, wie die Teile entstanden sind.

a) Das Ganze ist eine Kreisfläche. (Denke z. B. an eine Torte.)

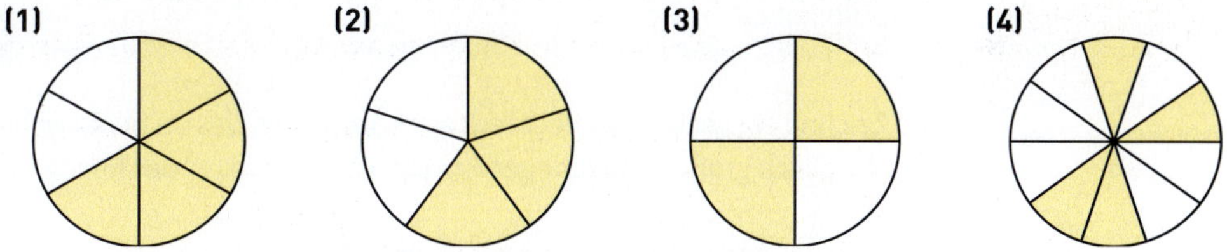

b) Das Ganze ist ein Rechteck. (Denke z. B. an einen Kuchen.)

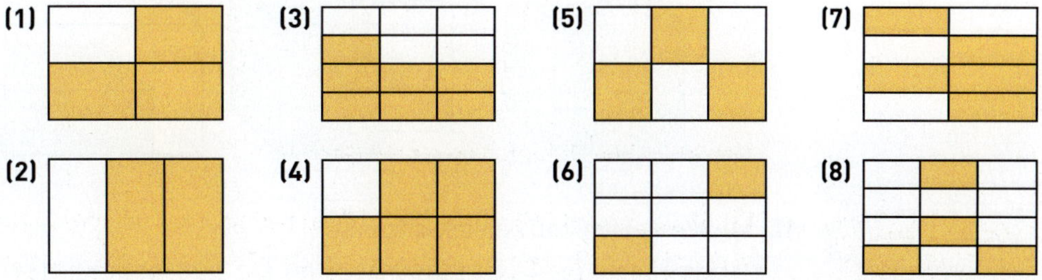

4. Welcher Bruch wird durch die blau, welcher durch die gelb gefärbte Fläche dargestellt?

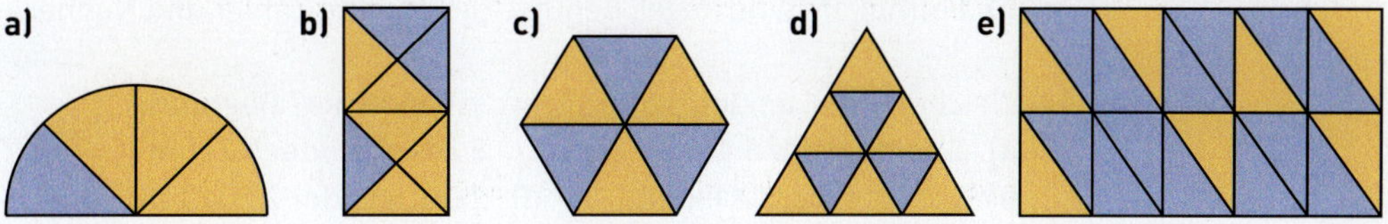

5. Wo stecken Fehler? Erkläre.

6. Zeichne das Rechteck auf Karopapier ab. Färbe davon:

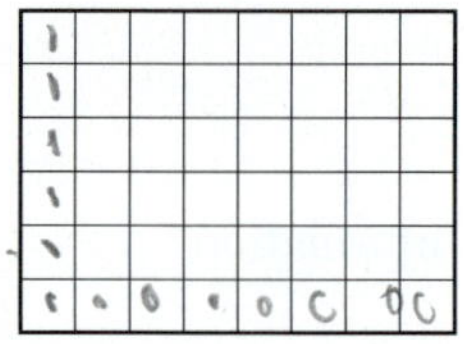

a) $\frac{2}{6}$ c) $\frac{4}{6}$ e) $\frac{2}{8}$ g) $\frac{5}{8}$ i) $\frac{2}{3}$ k) $\frac{7}{16}$

b) $\frac{3}{6}$ d) $\frac{4}{8}$ f) $\frac{7}{8}$ h) $\frac{2}{4}$ j) $\frac{5}{12}$ l) $\frac{7}{24}$

7. Ein Ganzes ist durch eine Strecke dargestellt. Zeichne die Strecke ab. Färbe den angegebenen Anteil blau.

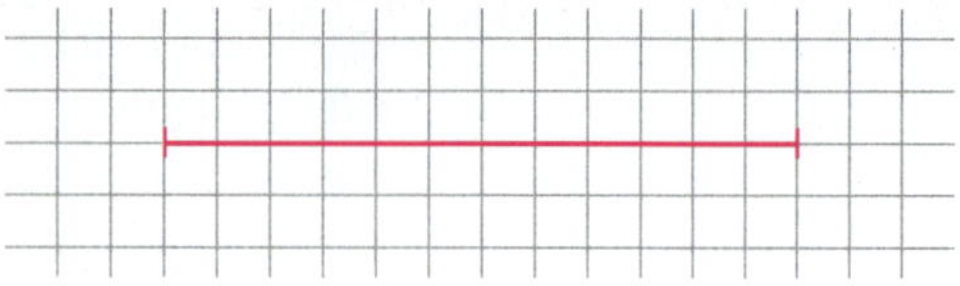

a) $\frac{3}{4}$ c) $\frac{2}{3}$ e) $\frac{3}{6}$ g) $\frac{5}{12}$

b) $\frac{2}{4}$ d) $\frac{5}{6}$ f) $\frac{4}{6}$ h) $\frac{11}{12}$

8. So könnt ihr euch Bruchteile selber herstellen:
Zeichnet auf Tonpapier gleich große Kreise. Jeder Kreis ist ein Ganzes. Durch Falten und Schneiden könnt ihr daraus leicht Halbe, Viertel, Achtel, Sechzehntel herstellen.
Stellt euch gegenseitig die Aufgabe, bestimmte Brüche wie z. B. $\frac{5}{8}$ aus den Teilen zu legen. Hebt die Teile für die nächsten Stunden auf.

9. Zeichne ein geeignetes Rechteck auf Karopapier, das du bequem auf drei verschiedene Weisen in 8 gleich große Teile zerlegen kannst. Färbe jeweils $\frac{5}{8}$ des Rechtecks.

10. Welcher Anteil an dem Quader ist grün?

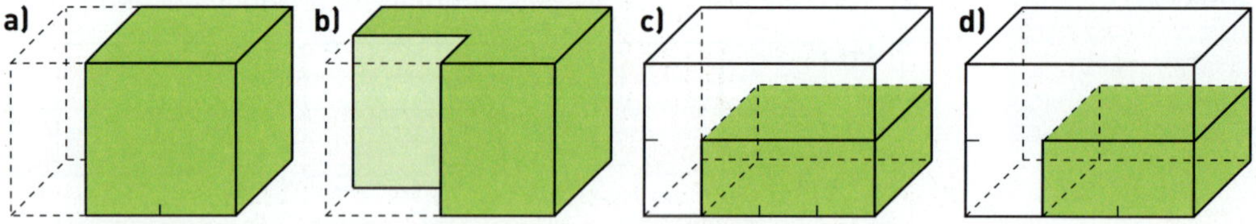

11. a) Wie viel fehlt an einem Ganzen?

(1) $\frac{1}{2}$ (3) $\frac{1}{4}$ (5) $\frac{1}{8}$ (7) $\frac{1}{3}$ (9) $\frac{2}{6}$ (11) $\frac{1}{5}$ (13) $\frac{3}{10}$ (15) $\frac{33}{100}$

(2) $\frac{3}{4}$ (4) $\frac{5}{8}$ (6) $\frac{7}{8}$ (8) $\frac{2}{3}$ (10) $\frac{5}{6}$ (12) $\frac{3}{5}$ (14) $\frac{7}{10}$ (16) $\frac{58}{100}$

b) Formuliere eine Regel. Benutze die Begriffe Zähler und Nenner.

12. Welcher Anteil an demselben Ganzen ist kleiner? Begründe.

a) 7 Achtel oder 6 Achtel
b) 2 Fünftel oder 4 Fünftel
c) 8 Zehntel oder 6 Zehntel
d) 2 Drittel oder 2 Fünftel
e) 3 Viertel oder 3 Zehntel
f) 4 Zwölftel oder 4 Neuntel

13. Die Fläche stellt den angegebenen Anteil am Ganzen dar. Zeichne ab; ergänze zum Ganzen.

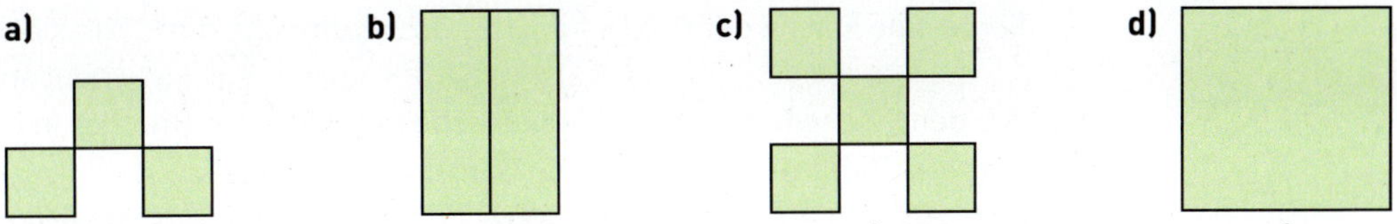

a) $\frac{3}{6}$ b) $\frac{2}{3}$ c) $\frac{5}{9}$ d) $\frac{2}{3}$

14. Maria trinkt jeden Tag $\frac{1}{4}$ ℓ Milch. Wie viel trinkt sie in 3 Tagen?

15. Wie wurde im Beispiel gezeichnet und gerechnet?
Erkläre. Rechne ebenso im Heft.

a) $\frac{3}{10}$ m = ▢ cm
b) $\frac{2}{4}$ m = ▢ cm
c) $\frac{2}{5}$ m = ▢ cm
d) $\frac{3}{4}$ m = ▢ cm
e) $\frac{3}{4}$ km = ▢ m
f) $\frac{7}{10}$ km = ▢ m
g) $\frac{3}{8}$ km = ▢ m
h) $\frac{3}{5}$ km = ▢ m

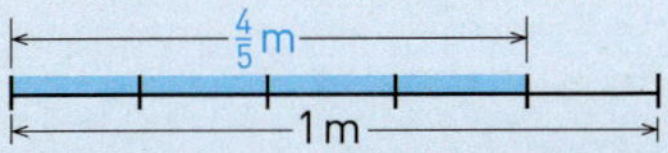

1 m $\xrightarrow{:5}$ $\frac{1}{5}$ m $\xrightarrow{\cdot 4}$ $\frac{4}{5}$ m
100 cm $\xrightarrow{:5}$ 20 cm $\xrightarrow{\cdot 4}$ 80 cm
Also: $\frac{4}{5}$ m = 80 cm

16. Wandle um:

a) in cm: $\frac{4}{5}$m; $\frac{3}{5}$m; $\frac{3}{10}$m; $\frac{3}{4}$m; $\frac{7}{100}$m
b) in mm: $\frac{2}{5}$cm; $\frac{3}{5}$cm; $\frac{7}{10}$cm; $\frac{4}{5}$cm; $\frac{9}{10}$cm
c) in g: $\frac{1}{8}$kg; $\frac{3}{8}$kg; $\frac{5}{8}$kg; $\frac{1}{5}$kg; $\frac{3}{5}$kg
d) in kg: $\frac{1}{4}$t; $\frac{6}{8}$t; $\frac{7}{10}$t; $\frac{3}{100}$t; $\frac{11}{1000}$t
e) in dm²: $\frac{1}{2}$m²; $\frac{3}{4}$m²; $\frac{2}{5}$m²; $\frac{7}{10}$m²; $\frac{23}{100}$m²
f) in mm²: $\frac{3}{4}$cm²; $\frac{4}{5}$cm²; $\frac{3}{10}$cm²; $\frac{1}{100}$cm
g) in cm³: $\frac{1}{4}$dm³; $\frac{2}{5}$dm³; $\frac{9}{10}$dm³; $\frac{139}{1000}$dm³
h) in mm³: $\frac{2}{5}$cm³; $\frac{5}{10}$cm³; $\frac{1}{2}$cm³; $\frac{76}{100}$cm³

17. Kleinere Flüssigkeitsmengen, z. B. Arzneien, werden häufig in mℓ (Milliliter) angegeben.
Gib die Volumenangabe in ml an.

a) $\frac{2}{5}$ℓ; $\frac{5}{8}$ℓ; $\frac{3}{4}$ℓ; $\frac{4}{5}$ℓ; $\frac{9}{10}$ℓ; $\frac{7}{8}$ℓ; $\frac{3}{8}$ℓ; $\frac{3}{10}$ℓ
b) $\frac{15}{100}$ℓ; $\frac{7}{20}$ℓ; $\frac{7}{25}$ℓ; $\frac{70}{100}$ℓ; $\frac{7}{1000}$ℓ; $\frac{9}{20}$ℓ

18. Gib die Länge der blauen Strecke mithilfe eines Bruches in m an.
Welcher Anteil fehlt jeweils an einem vollen Meter?

a) b) c)

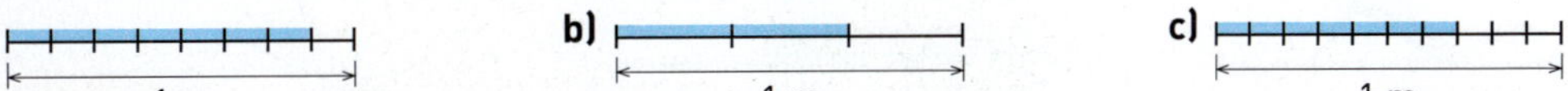

19. a) In jedem Bild veranschaulicht die gefärbte Fläche eine Zeitspanne als Teil einer Stunde. Gib diese Zeitspannen in Minuten (min) und mithilfe eines Bruches in Stunden (h) an.

(1) (2) (3) (4) (5) (6)

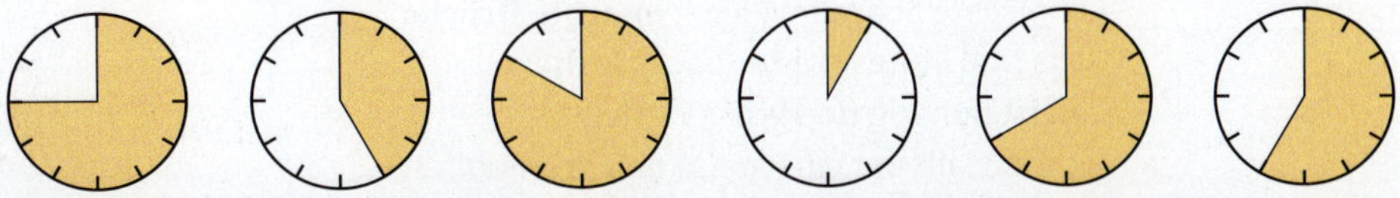

b) Welcher Teil einer Stunde fehlt jeweils an einer vollen Stunde?

20. Wandle um:

a) in s: $\frac{2}{3}$min; $\frac{3}{4}$min; $\frac{3}{5}$min
b) in Monate: $\frac{2}{3}$ Jahr; $\frac{5}{6}$ Jahr; $\frac{3}{4}$ Jahr; $\frac{5}{12}$ Jahr

21. Zeichne auf Karopapier ein Quadrat mit der Seitenlänge 1 dm.
Färbe eine Fläche der Größe $\frac{2}{5}\,\text{dm}^2$ $\left[\frac{7}{10}\,\text{dm}^2; \frac{3}{4}\,\text{dm}^2; \frac{13}{100}\,\text{dm}^2\right]$. Gib sie auch in cm^2 an.

22. Gib den Flächeninhalt der blauen Fläche mithilfe eines Bruches in m^2 an.
Wie viel Quadratmeter fehlen am Ganzen?

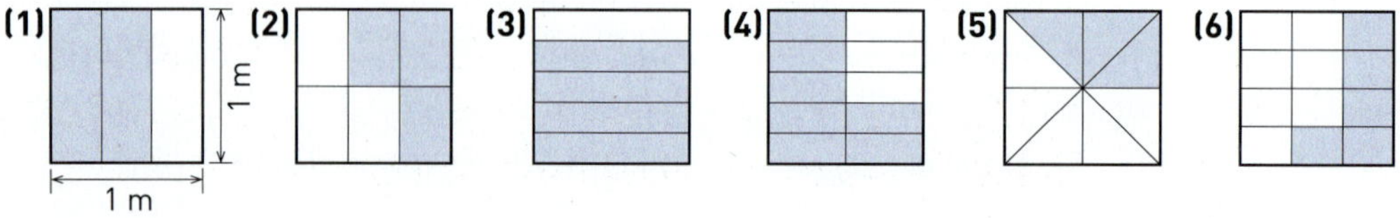

23. Links siehst du ein Rezept für eine Suppe.

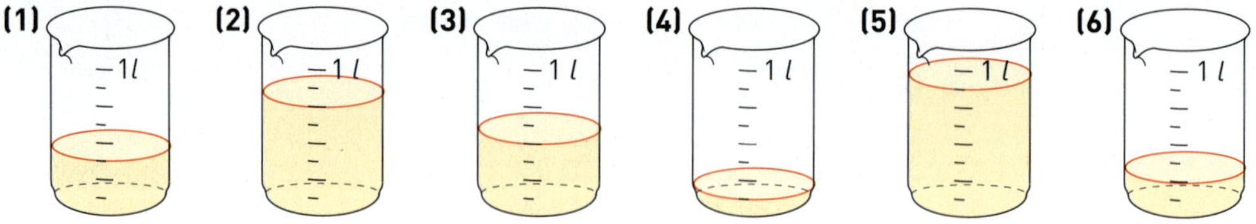

a) Welcher der 6 Becher enthält die Brühe, welcher die Sahne?
b) Gib den Inhalt der anderen vier Messbecher in ℓ an.

5.1.3 Unechte Brüche – Gemischte Schreibweise

Einstieg

In der Auslage eines Bäckers siehst du Kiwitorten, Pfirsichtorten und Kirschtorten. Gib auf verschiedene Weise an, wie viel Kiwitorte, wie viel Pfirsichtorte und wie viel Kirschtorte vorhanden ist.

Aufgabe 1

Gemischte Schreibweise – unechte Brüche
Jans und Annes Mutter backt Waffeln.
Jan ist hungrig und isst 3 Waffeln.
Anne schafft nur eine ganze und drei Fünftel Waffeln; man schreibt kurz: $1\frac{3}{5}$ Waffeln.
Wie viele Fünftel Waffeln hat jeder gegessen?

Lösung

Anne:
1 Ganzes und 3 Fünftel

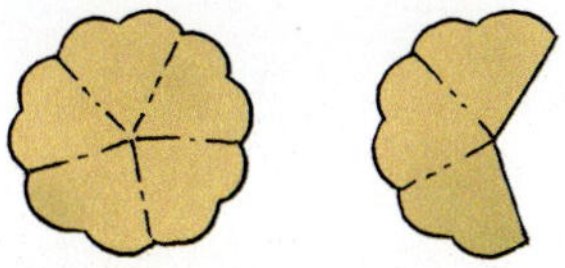

8 Fünftel
$1\frac{3}{5} = \frac{8}{5}$

Jan:
3 Ganze

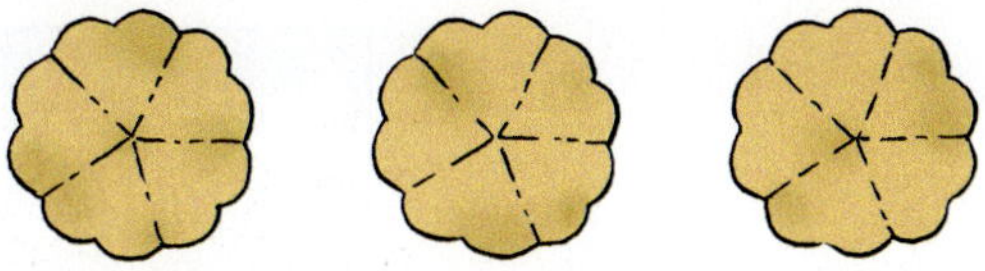

15 Fünftel
$3 = \frac{15}{5}$

Ergebnis: Anne isst $\frac{8}{5}$ Waffeln, Jan isst $\frac{15}{5}$ Waffeln.

Aufgabe 2

Umwandlung von gemischter Schreibweise in unechte Brüche und umgekehrt

a) Schreibe $3\frac{5}{8}$ als Bruch.

b) Schreibe $\frac{14}{3}$ in gemischter Schreibweise.

Lösung

a) $3\frac{5}{8}$ bedeutet:
3 Ganze und 5 Achtel
Wir überlegen:
3 Ganze sind 24 Achtel,
dazu noch 5 Achtel,
das ergibt 29 Achtel:
$3\frac{5}{8} = \frac{29}{8}$

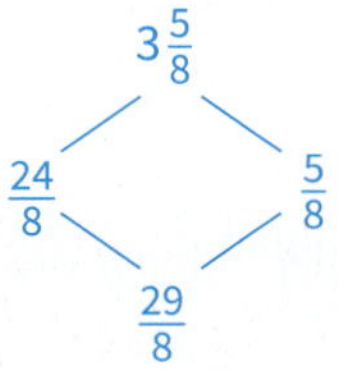

b) $\frac{14}{3}$ bedeutet:
14 Drittel
Wir überlegen:
12 Drittel ergeben
4 Ganze,
es bleiben noch 2 Drittel:
$\frac{14}{3} = 4\frac{2}{3}$

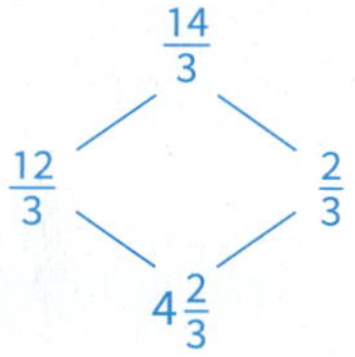

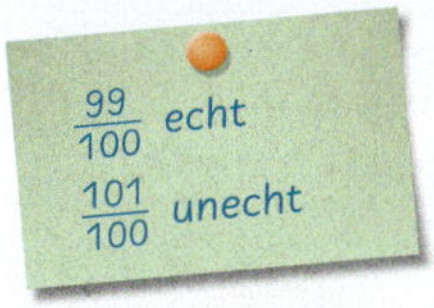

Ist bei einem Bruch der Zähler kleiner als der Nenner, so nennt man ihn einen **echten Bruch**.
Beispiele: $\frac{1}{2}$; $\frac{3}{4}$; $\frac{3}{5}$; $\frac{2}{7}$
Bei Brüchen kann der Zähler auch größer als der Nenner oder gleich dem Nenner sein. Solche Brüche heißen **unechte Brüche**.
Beispiele: $\frac{3}{2}$; $\frac{11}{4}$; $\frac{17}{8}$; $\frac{4}{4}$; $\frac{8}{8}$
Manche unechte Brüche geben die Anzahl von Ganzen, also natürlichen Zahlen an.
Beispiele: $\frac{4}{4} = 1$; $\frac{8}{4} = 2$; $\frac{12}{4} = 3$; $\frac{3}{3} = 1$; $\frac{6}{3} = 2$; $\frac{9}{3} = 3$
Andere unechte Brüche geben mehr als ein oder mehrere Ganze an. Solche Brüche kann man auch in der **gemischten Schreibweise** notieren. Sie ist eine kurze Schreibweise für eine Summe aus einer natürlichen Zahl und einem echten Bruch.
Beispiele: $\frac{3}{2} = 1 + \frac{1}{2} = 1\frac{1}{2}$; $\frac{11}{4} = 2 + \frac{3}{4} = 2\frac{3}{4}$; $\frac{101}{99} = 1 + \frac{2}{99} = 1\frac{2}{99}$

Weiterführende Aufgabe

Gemischte Schreibweise in Größenangaben

3. Mirkos Mutter will für 12 Personen einen Bohnen-Lammtopf kochen. Sie benötigt noch einige Zutaten. Auf Mirkos Einkaufszettel befinden sich nebenstehende Gewichtsangaben. Gib diese Angaben in g an.

Übungsaufgaben

4. Welche Brüche sind dargestellt? Notiere das Ergebnis auch in der gemischten Schreibweise oder als natürliche Zahl.

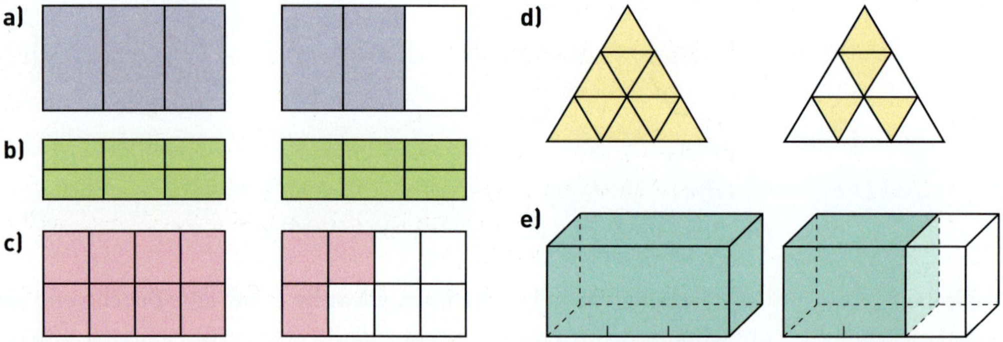

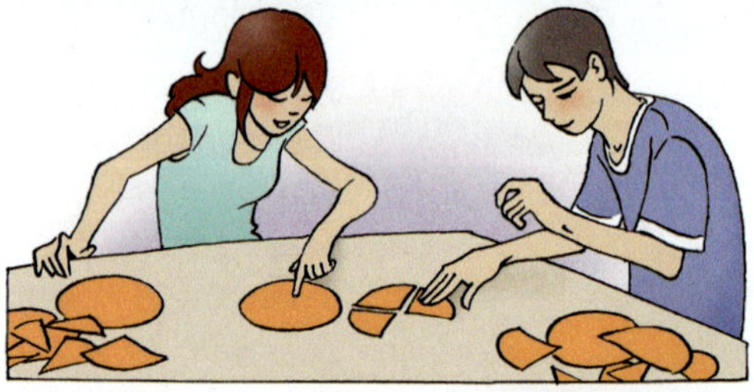

5. Arbeitet mit den zu Aufgabe 8 auf Seite 242 hergestellten Bruchteilen.
Legt damit Brüche wie $\frac{3}{2}$, $1\frac{3}{4}$, …
Stellt euch gegenseitig Aufgaben.

6. Zeichne eine Strecke als Ganzes.
Stelle daran folgende Brüche dar.

a) $\frac{5}{2}$; $\frac{7}{5}$; $\frac{20}{10}$; $\frac{6}{2}$ b) $\frac{3}{2}$; $\frac{13}{5}$; $\frac{15}{5}$; $\frac{24}{10}$

7. a) Wie viele Halbe, Viertel, Achtel sind 2, 3, 5, 7, 9, 10 Ganze?
b) Wie viele Drittel, Sechstel, Zwölftel sind 2, 3, 4, 5, 10 Ganze?
c) Wie viele Fünftel, Zehntel, Zwanzigstel sind 4, 9, 10, 12, 20, 50 Ganze?

$4 = \frac{8}{2}$ – 1 = 2 Halbe also 4 = 8 Halbe

Lösungen zu c) und d)

8. Wie viele Ganze sind es?

a) $\frac{6}{2}$; $\frac{10}{2}$; $\frac{24}{4}$; $\frac{36}{4}$; $\frac{24}{8}$; $\frac{56}{8}$

b) $\frac{12}{3}$; $\frac{27}{3}$; $\frac{18}{6}$; $\frac{42}{6}$; $\frac{24}{12}$; $\frac{60}{12}$

c) $\frac{20}{5}$; $\frac{45}{5}$; $\frac{30}{10}$; $\frac{80}{10}$; $\frac{40}{20}$; $\frac{100}{20}$

d) $\frac{125}{25}$; $\frac{350}{50}$; $\frac{180}{90}$; $\frac{600}{60}$; $\frac{375}{25}$; $\frac{320}{40}$

$\frac{8}{4} = 2$ – 4 Viertel = 1 also 8 Viertel = 2

9. Um wie viel ist der Bruch größer als ein Ganzes?

a) $\frac{3}{2}$ b) $\frac{5}{4}$ c) $\frac{7}{3}$ d) $\frac{13}{8}$ e) $\frac{111}{100}$ f) $\frac{130}{100}$ g) $\frac{80}{50}$

10. a) Wie viel fehlt am nächsten Ganzen?

(1) $1\frac{1}{2}$ (2) $2\frac{3}{8}$ (3) $5\frac{4}{6}$ (4) $1\frac{3}{5}$ (5) $\frac{5}{2}$ (6) $\frac{26}{8}$ (7) $\frac{65}{12}$ (8) $\frac{126}{20}$

b) Formuliere eine Regel.

11. Gib an, welcher der beiden Brüche mehr, welcher weniger als ein Ganzes angibt.

a) $\frac{2}{3}$; $\frac{3}{2}$ b) $\frac{7}{5}$; $\frac{5}{7}$ c) $\frac{3}{4}$; $\frac{4}{3}$ d) $\frac{12}{10}$; $\frac{10}{12}$ e) $\frac{27}{25}$; $\frac{25}{27}$

12. Gib als unechten Bruch an.

a) $4\frac{1}{2}$; $3\frac{2}{4}$; $7\frac{3}{4}$; $8\frac{1}{4}$; $5\frac{7}{8}$; $6\frac{3}{8}$; $9\frac{5}{8}$

b) $5\frac{1}{3}$; $8\frac{2}{3}$; $9\frac{1}{6}$; $2\frac{5}{6}$; $3\frac{4}{6}$; $1\frac{7}{12}$; $4\frac{5}{12}$

c) $5\frac{4}{10}$; $6\frac{24}{100}$; $8\frac{21}{100}$; $5\frac{119}{1000}$; $4\frac{345}{1000}$

d) $5\frac{7}{11}$; $6\frac{5}{12}$; $9\frac{13}{15}$; $7\frac{4}{5}$; $6\frac{1}{10}$; $9\frac{7}{8}$

Spiel (2 – 4 Spieler)

13. Stellt wie rechts ein Kartenspiel her für die Brüche:
$\frac{1}{2}$; $\frac{1}{5}$; $\frac{2}{3}$; $\frac{2}{4}$; $\frac{5}{6}$; $\frac{7}{8}$; $\frac{3}{4}$; $\frac{8}{12}$; $\frac{3}{8}$; $\frac{4}{3}$; $1\frac{3}{4}$; $1\frac{1}{8}$
Ihr erhaltet 12 Zahlenkarten und 24 Bildkarten.
Mischt die 12 Zahlenkarten und legt sie verdeckt als Stapel auf den Tisch. Mischt dann die 24 Bildkarten und verteilt sie. Jeder legt seine Bildkarten offen auf den Tisch. Reihum wird nun die oberste Karte des Stapels aufgedeckt.
Wer passende Bildkarten hat, legt sie dazu. Sieger ist, wer zuerst alle Bildkarten anlegen konnte.

14. Wo gibt es Angaben mit Brüchen im Alltag? Gestaltet ein Plakat damit.

15. Gib in der gemischten Schreibweise an.
a) $\frac{11}{2}$; $\frac{19}{2}$; $\frac{17}{4}$; $\frac{31}{4}$; $\frac{31}{8}$; $\frac{53}{8}$
b) $\frac{19}{3}$; $\frac{29}{3}$; $\frac{25}{3}$; $\frac{41}{6}$; $\frac{20}{6}$; $\frac{67}{12}$
c) $\frac{37}{5}$; $\frac{41}{5}$; $\frac{49}{5}$; $\frac{36}{10}$; $\frac{83}{10}$; $\frac{75}{20}$
d) $\frac{9}{2}$; $\frac{35}{4}$; $\frac{35}{8}$; $\frac{25}{3}$; $\frac{46}{6}$; $\frac{39}{12}$
e) $\frac{17}{2}$; $\frac{26}{4}$; $\frac{20}{3}$; $\frac{39}{6}$; $\frac{33}{5}$; $\frac{69}{10}$
f) $\frac{34}{10}$; $\frac{234}{100}$; $\frac{586}{100}$; $\frac{381}{100}$; $\frac{3215}{1000}$

16. Gib zunächst Brüche an, die man in der gemischten Schreibweise angeben kann.
Gib dann Brüche an, die natürliche Zahlen darstellen.
Beschreibe, worauf du geachtet hast.

17. Wandle in eine kleinere Einheit um.
a) $1\frac{1}{2}$ kg; $1\frac{3}{8}$ t; $2\frac{3}{4}$ g; $2\frac{1}{4}$ t; $5\frac{1}{4}$ kg; $1\frac{3}{8}$ g
b) $5\frac{3}{4}$ m; $1\frac{5}{8}$ km; $2\frac{1}{2}$ cm; $1\frac{4}{10}$ km; $5\frac{2}{5}$ m
c) $3\frac{3}{4}$ m²; $4\frac{1}{2}$ dm²; $3\frac{4}{5}$ cm²; $5\frac{9}{10}$ ha; $2\frac{5}{8}$ m²
d) $3\frac{3}{4}$ ℓ; $2\frac{5}{8}$ ℓ; $4\frac{1}{2}$ m³; $3\frac{4}{5}$ m³; $7\frac{3}{8}$ m³; $5\frac{4}{10}$ m³

18. Schreibe in der gemischten Schreibweise. Wandle auch in eine kleinere Einheit um.
a) $\frac{15}{4}$ kg; $\frac{27}{8}$ t; $\frac{13}{8}$ kg; $\frac{43}{10}$ t; $\frac{219}{100}$ t; $\frac{175}{50}$ kg
b) $\frac{7}{4}$ m; $\frac{9}{5}$ km; $\frac{15}{2}$ cm; $\frac{13}{4}$ m; $\frac{53}{10}$ km; $\frac{87}{20}$ m
c) $\frac{5}{4}$ m²; $\frac{7}{5}$ m²; $\frac{3}{2}$ m²; $\frac{34}{10}$ m²; $\frac{121}{100}$ m²; $\frac{475}{100}$ m²
d) $\frac{5}{2}$ cm²; $\frac{7}{4}$ cm²; $\frac{13}{10}$ cm²; $\frac{18}{5}$ cm²; $\frac{375}{100}$ cm²

19. Zeichne wie im Beispiel eine Fläche der angegebenen Größe.
a) $3\frac{1}{2}$ cm² b) $5\frac{3}{4}$ cm² c) $4\frac{1}{4}$ cm² d) $6\frac{2}{4}$ cm² e) $1\frac{1}{2}$ dm²
Gib die Größe auch in einer kleineren Einheit an.

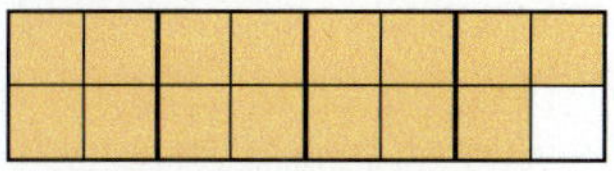
$3\frac{3}{4}$ cm² = 375 mm²

Das kann ich noch!

A) Auf dem Zahlenstrahl sind Zahlen durch rote Striche markiert. Schreibe die Zahlen auf.

1)
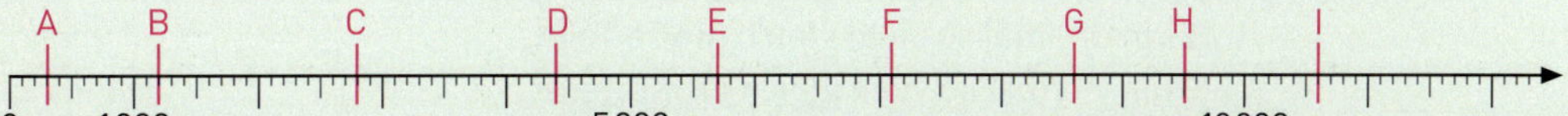

2)
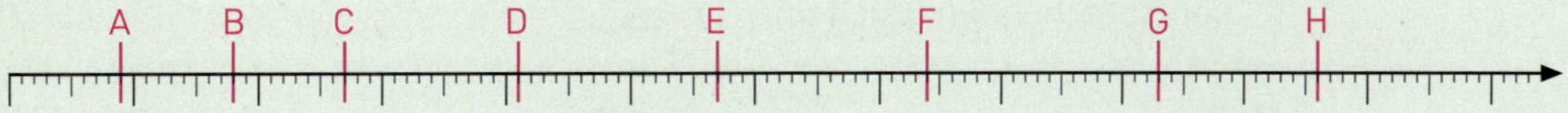

5.2 Erweitern und Kürzen

5.2.1 Brüche mit gleichem Wert – Erweitern eines Bruches

Einstieg

Gib mithilfe verschiedener Brüche an, welcher Anteil der Tafel Schokolade noch vorhanden ist.

a)

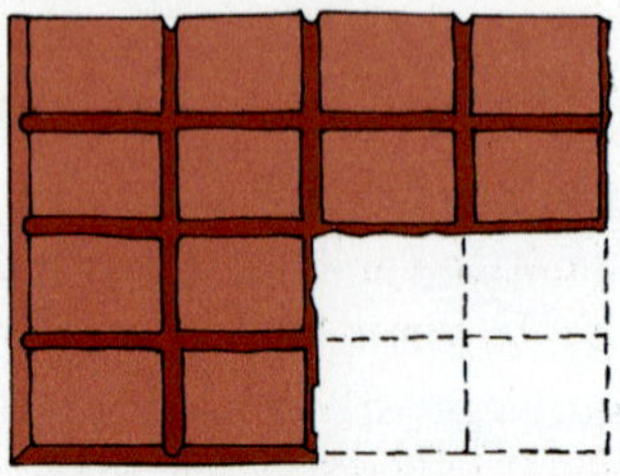

b)

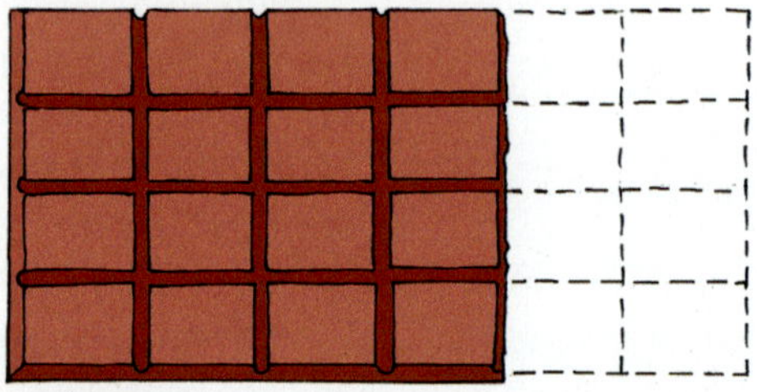

c)

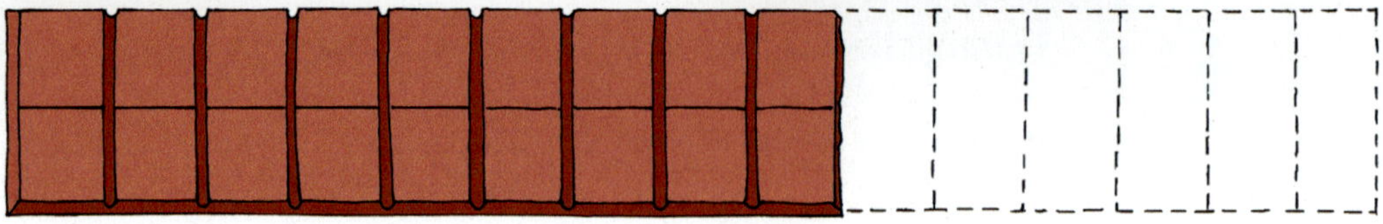

Einführung

Verschiedene Brüche für denselben Anteil

In den Bildern rechts ist der Anteil der gelben Fläche am Ganzen stets derselbe. Dieser Anteil kann jedoch durch *verschiedene* Brüche wie $\frac{2}{3}$, $\frac{4}{6}$ und $\frac{8}{12}$ angegeben werden.

(1) (2) (3)

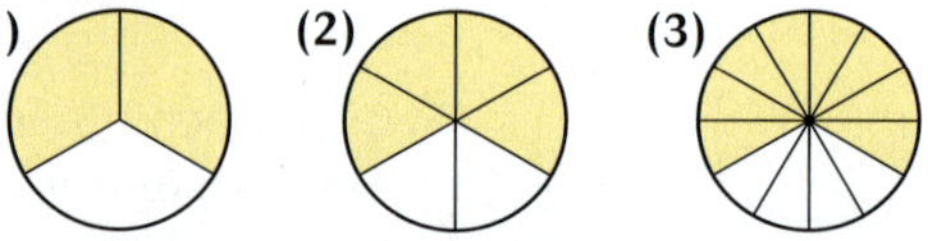

$\frac{2}{3}$ $\frac{4}{6}$ $\frac{8}{12}$

Wertgleiche Brüche

Der Anteil der grün gefärbten Fläche am ganzen Rechteck ist jeweils gleich. Er kann durch verschiedene Brüche angegeben werden.

Wir sagen:

Die *verschiedenen* Brüche $\frac{2}{3}$, $\frac{4}{6}$ und $\frac{8}{12}$ haben *denselben Wert.*

Wir schreiben:

$\frac{2}{3} = \frac{4}{6} = \frac{8}{12}$

Aufgabe 1

Erweitern eines Bruches

Im Bild rechts ist die Quadratfläche in vier gleich große Teile zerlegt. $\frac{3}{4}$ der Quadratfläche ist gelb gefärbt.

Verfeinere die Einteilung, indem du die Quadratfläche zerlegst

(1) in doppelt so viele gleich große Teile,

(2) in dreimal so viele gleich große Teile,

(3) in viermal so viele gleich große Teile.

Gib den grün gefärbten Anteil der Fläche jeweils durch einen entsprechenden Bruch an.

Lösung

(1)

Die Fläche ist statt in 4 gleich große Teile in *doppelt* so viele Teile, also in 8 Teile zerlegt.
Statt 3 Teile sind dann auch *doppelt* so viele, also 6 Teile grün gefärbt.
$\frac{3}{4} = \frac{3 \cdot 2}{4 \cdot 2} = \frac{6}{8}$

(2)

Die Fläche ist statt in 4 gleich große Teile in *dreimal* so viele Teile, also in 12 Teile zerlegt.
Statt 3 Teile sind dann auch *dreimal* so viele, also 9 Teile grün gefärbt.
$\frac{3}{4} = \frac{3 \cdot 3}{4 \cdot 3} = \frac{9}{12}$

(3)
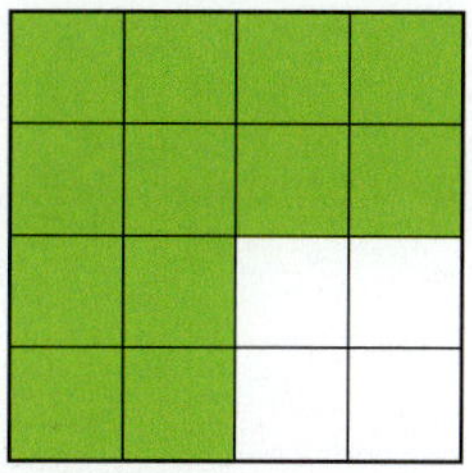

Die Fläche ist statt in 4 gleich große Teile in *viermal* so viele Teile, also in 16 Teile zerlegt.
Statt 3 Teile sind dann auch *viermal* so viele, also 12 Teile grün gefärbt.
$\frac{3}{4} = \frac{3 \cdot 4}{4 \cdot 4} = \frac{12}{16}$

Information

Ein Anteil kann durch verschiedene Brüche angegeben werden. Durch Verfeinern der Einteilung kann man aus einem Bruch für einen Anteil andere Brüche mit demselben Wert erhalten.

Erweitern eines Bruches
Ein Bruch wird erweitert, indem man zugleich seinen Zähler und seinen Nenner mit derselben (von 0 und 1 verschiedenen) natürlichen Zahl (Erweiterungszahl) multipliziert.
Der Wert des Bruches ändert sich dabei *nicht*.

$\frac{3}{4} = \frac{3 \cdot 2}{4 \cdot 2} = \frac{6}{8}$

Beispiel: $\frac{3}{4} = \frac{3 \cdot 2}{4 \cdot 2} = \frac{6}{8}$; $\frac{3}{4} = \frac{3 \cdot 3}{4 \cdot 3} = \frac{9}{12}$; $\frac{3}{4} = \frac{3 \cdot 4}{4 \cdot 4} = \frac{12}{16}$; also: $\frac{3}{4} = \frac{6}{8} = \frac{9}{12} = \frac{12}{16} = \frac{15}{20} = \ldots$

Übungsaufgaben

2. In den drei Bildern ist jeweils derselbe Anteil gefärbt. Gib ihn durch passende Brüche an.

a) (1)
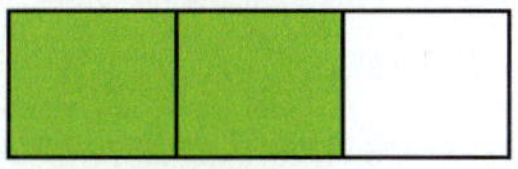
(2)
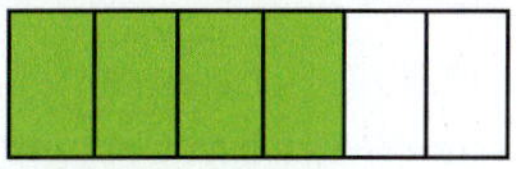
(3)
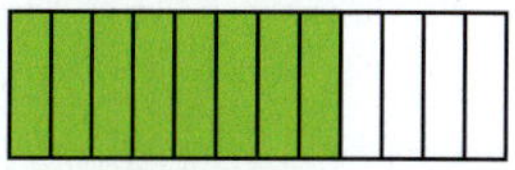

b) (1)

(2)
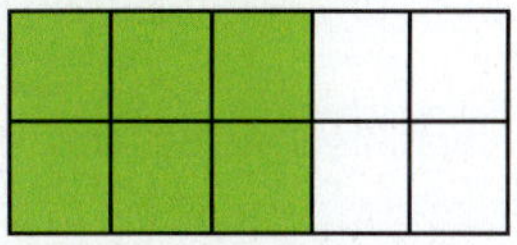
(3)
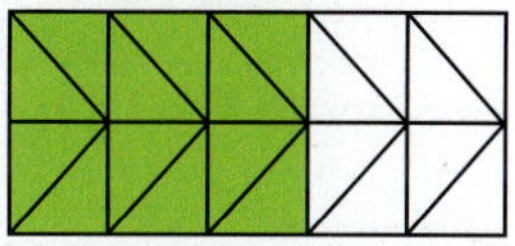

3. Welcher Anteil ist grün, welcher gelb gefärbt? Gib mehrere Brüche an. Vergleiche dann mit deinem Nachbarn. Begründet einander eure Ergebnisse.

a)

b)

c)

d)

4. Veranschauliche und beschreibe: $\frac{1}{2} = \frac{2}{4} = \frac{4}{8} = \frac{8}{16}$.

5. Zeichne ab und unterteile die gesamte Fläche weiter in gleich große Teilflächen.
Gib verschiedene Brüche für den Anteil der grün [gelb] gefärbten Fläche an.

a) 
b) 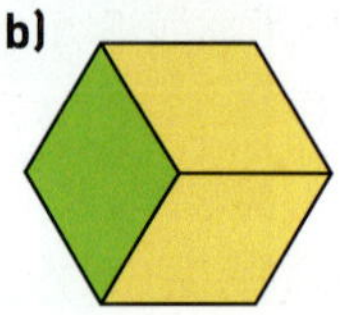
c) 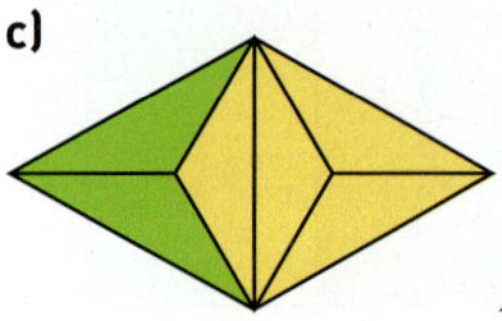
d) 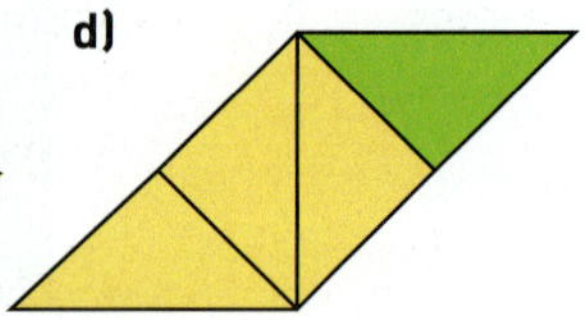

6. a) Die Quadratfläche links soll in 32 gleich große Teile unterteilt werden.
Wie viele Teile sind dann (1) grün gefärbt; (2) gelb gefärbt?
b) 15 Teile sind grün gefärbt. In wie viele gleich große Teile ist die Quadratfläche unterteilt?

7. Verfeinere die Einteilung des folgenden Ganzen, indem du jeden Teil nochmals teilst.
Zeichne ins Heft. Gib jeweils einen Bruch für die gefärbte Fläche an.

a) Unterteile jedes Teil in zwei gleich große Teile.

(1) 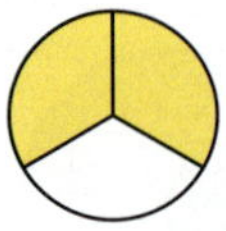
(2) 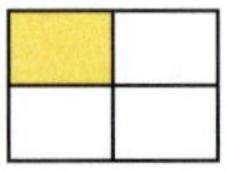
(3) 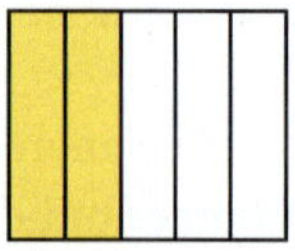

b) Unterteile jedes Teil in drei gleich große Teile.

(1) 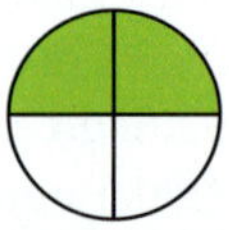
(2) 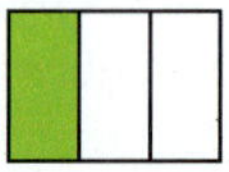
(3) 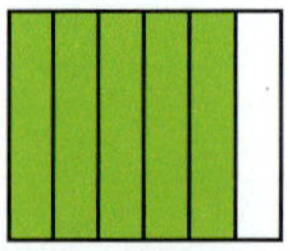

Erweiterungszahl

$\frac{2}{3} \overset{4}{=} \frac{8}{12}$; $\frac{2}{3} \overset{5}{=} \frac{10}{15}$; …

8. Erweitere den Bruch nacheinander mit 4, mit 5, mit 6, mit 7 und mit 8.
a) $\frac{3}{7}$ b) $\frac{9}{5}$ c) $\frac{11}{8}$ d) $\frac{10}{2}$ e) $\frac{2}{3}$ f) $\frac{1}{8}$ g) $\frac{11}{1}$

$\frac{4}{5} \overset{3}{=} \frac{12}{15}$

9. Gib die Erweiterungszahl an. Notiere wie im Beispiel.
a) $\frac{5}{9} = \frac{35}{63}$ b) $\frac{7}{8} = \frac{56}{64}$ c) $\frac{11}{3} = \frac{55}{15}$ d) $\frac{3}{1} = \frac{21}{7}$ e) $\frac{6}{7} = \frac{54}{63}$

10. Jeder wählt fünf Brüche und erweitert sie. Er nennt seinem Partner die Brüche und die erweiterten Brüche in beliebiger Reihenfolge. Der Partner ordnet die wertgleichen Brüche einander zu und ermittelt die Erweiterungszahlen.

11. Nenne verschiedene Brüche, die alle den Wert $\frac{2}{5}$ haben.

12. a) Erweitere $\frac{5}{8}, \frac{2}{3}, \frac{7}{12}, \frac{5}{4}, \frac{4}{6}, \frac{3}{8}, \frac{5}{1}$ so, dass der Nenner 24 ist.
b) Erweitere $\frac{3}{5}, \frac{10}{15}, \frac{6}{10}, \frac{2}{30}, \frac{6}{1}, \frac{5}{2}, \frac{5}{6}$ so, dass der Nenner 30 ist.
c) Erweitere die Brüche aus Teilaufgabe b) so, dass der Zähler 30 ist.

Vergiss die Erweiterungszahl nicht.

13. Erweitere, falls möglich $\frac{6}{5}, \frac{18}{25}, \frac{25}{6}, \frac{5}{8}, \frac{9}{20}, \frac{8}{15}, \frac{45}{11}, \frac{15}{4}, \frac{5}{12}, \frac{10}{9}, \frac{3}{50}, \frac{3}{125}, \frac{30}{7}, \frac{9}{40}$ so, dass der Nenner eine Stufenzahl (10, 100, 1 000, …) wird. Erkläre.

14. Kontrolliere Stefans Hausaufgaben. Berichtige bei der 2. Zahl ggf. nur den Nenner.

a) $\frac{5}{8} = \frac{35}{56}$ *b)* $\frac{11}{9} = \frac{110}{99}$ *c)* $\frac{4}{11} = \frac{36}{99}$ *d)* $\frac{17}{23} = \frac{51}{96}$ *e)* $\frac{16}{15} = \frac{256}{225}$ *f)* $\frac{12}{7} = \frac{48}{28}$

5.2.2 Kürzen eines Bruches

Einstieg

Achmed hat ein DIN-A4-Blatt mehrfach gefaltet und $\frac{12}{16}$ gefärbt.
Fatima hat die gleiche Fläche gefärbt, aber weniger oft gefaltet.
Welchen Anteil des Blattes hat sie gefärbt?
Beschreibt den Anteil der gefärbten Fläche durch andere Brüche und faltet die dazugehörige Unterteilung.

Aufgabe 1

Erweitern eines Bruches rückgängig machen

Der rechts im Bild dargestellte Bruch $\frac{12}{30}$ ist durch Erweitern aus einem anderen Bruch entstanden.
Wie kann dieser Bruch heißen?
Erkläre das Rückgängigmachen des Erweiterns auch anhand der Unterteilung des Rechtecks.

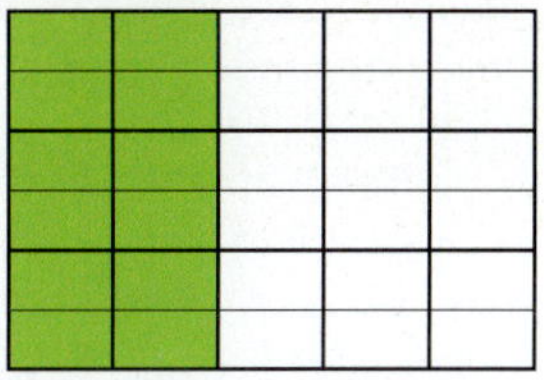

Lösung

Zerlegt man die Fläche statt in 30 in nur *halb* so viele, also 15 gleich große Teile, so muss man statt 12 Teile auch nur *halb* so viele, also 6 gleich große Teile, grün färben (siehe Zeichnung (1)). Entsprechendes gilt für die Zeichnungen (2) und (3).

(1) 

$\frac{12}{30} = \frac{12:2}{30:2} = \frac{6}{15}$

(2) 

$\frac{12}{30} = \frac{12:3}{30:3} = \frac{4}{10}$

(3) 

$\frac{12}{30} = \frac{12:6}{30:6} = \frac{2}{5}$

Ergebnis: Der Bruch $\frac{12}{30}$ kann durch Erweitern aus den Brüchen $\frac{6}{15}$, $\frac{4}{10}$ oder $\frac{2}{5}$ entstanden sein.
Die entsprechenden Erweiterungszahlen sind 2, 3 bzw. 6.
Andere Möglichkeiten für Brüche, aus denen $\frac{12}{30}$ durch Erweitern entstanden sein könnte, gibt es nicht, da die Erweiterungszahlen 2, 3 und 6 die einzigen gemeinsamen Teiler des Zählers 12 und des Nenners 30 sind.

Information

Das Erweitern eines Bruches wird wieder rückgängig gemacht, indem man Zähler und Nenner durch dieselbe Zahl dividiert. Die Einteilung wird dabei wieder vergröbert.

Kürzen eines Bruches

Ein Bruch wird gekürzt, indem man zugleich seinen Zähler und seinen Nenner durch dieselbe (von 0 und 1 verschiedene) natürliche Zahl (Kürzungszahl) dividiert.
Der Wert eines Bruches ändert sich dabei *nicht*.

$\frac{6}{8} = \frac{6:2}{8:2} = \frac{3}{4}$

Beispiel:

$\frac{12}{30} = \frac{12:2}{30:2} = \frac{6}{15}$; $\frac{12}{30} = \frac{12:3}{30:3} = \frac{4}{10}$; $\frac{12}{30} = \frac{12:6}{30:6} = \frac{2}{5}$; also: $\frac{12}{30} = \frac{6}{15} = \frac{4}{10} = \frac{2}{5}$

Weiterführende Aufgaben

Sprechweisen im Alltag

2. Lies die Zeitungsnotiz. Gib den Anteil der Kinder, die mit Helm Fahrrad fahren, als Bruch an.

Jedes fünfte Kind nicht gesichert!

Marburg. Bei einer Schwerpunktaktion der Polizei in Marburg fuhr jedes fünfte Kind ohne Helm Fahrrad.

Vollständiges Kürzen

3. a) Kürze die Brüche so weit wie möglich: $\frac{24}{36}$; $\frac{75}{100}$; $\frac{42}{70}$.

b) Erkläre: Brüche wie $\frac{4}{7}$, $\frac{1}{15}$, $\frac{8}{9}$ lassen sich nicht kürzen.
Gib fünf weitere solche Brüche an.

> Einen Bruch kann man mit *jeder* natürlichen Zahl (außer 0 und 1) *erweitern*. Einen Bruch kann man nur mit den (von 1 verschiedenen) *gemeinsamen Teilern* von Zähler und Nenner *kürzen*.
> *Beispiel:* $\frac{12}{8}$ kann mit 4 und mit 2 gekürzt werden.
> Ein Bruch, dessen Zähler und Nenner außer 1 keinen gemeinsamen Teiler haben, kann man nicht kürzen.

Übungsaufgaben

4. Von der Quadratfläche sind $\frac{8}{16}$ blau gefärbt.
Vergröbere schrittweise die Einteilung. Gib jeweils die blau gefärbte Fläche durch einen entsprechenden Bruch an.

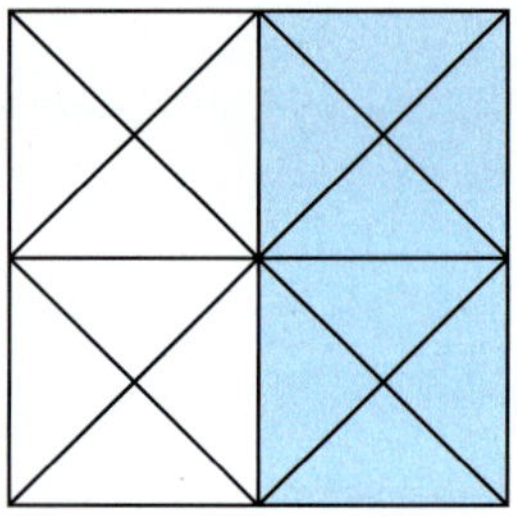

5. Kürze die Brüche $\frac{12}{30}$, $\frac{18}{24}$, $\frac{24}{6}$, $\frac{48}{60}$ und $\frac{108}{144}$

a) mit 2; b) mit 3; c) mit 6.

6. Gegeben sind die Brüche $\frac{36}{32}$, $\frac{36}{48}$, $\frac{180}{80}$, $\frac{72}{48}$, $\frac{72}{64}$ und $\frac{108}{144}$.

a) Kürze jeden der Brüche mit der Kürzungszahl 4.

b) Kürze jeden der Brüche so, dass du den Nenner 16 [den Zähler 9] erhältst.

7. Kürze; es gibt mehrere Möglichkeiten.
Gib wie im Beispiel jeweils die Kürzungszahl an.

a) $\frac{30}{40}$ c) $\frac{18}{12}$ e) $\frac{34}{36}$ g) $\frac{40}{60}$ i) $\frac{80}{120}$

b) $\frac{20}{16}$ d) $\frac{45}{30}$ f) $\frac{16}{40}$ h) $\frac{20}{10}$ j) $\frac{144}{60}$

$\frac{30}{48} \underset{2}{=} \frac{15}{24}$; $\frac{30}{48} \underset{3}{=} \frac{10}{16}$; $\frac{30}{48} \underset{6}{=} \frac{5}{8}$

Kürzungszahl

8. a) Kürze so weit wie möglich.

(1) $\frac{30}{45}$ (2) $\frac{18}{24}$ (3) $\frac{60}{100}$ (4) $\frac{150}{90}$ (5) $\frac{120}{24}$

b) Mit welcher Kürzungszahl kommt man sofort zum vollständig gekürzten Bruch? Vergleiche mit den Kürzungszahlen beim schrittweisen Kürzen.
Was fällt auf? Beschreibe deine Beobachtungen.

$\frac{36}{60} \underset{2}{=} \frac{18}{30} \underset{2}{=} \frac{9}{15} \underset{3}{=} \frac{3}{5}$

$\frac{36}{60} \underset{4}{=} \frac{9}{15} \underset{3}{=} \frac{3}{5}$

$\frac{36}{60} \underset{12}{=} \frac{3}{5}$

5 $\frac{3}{5}$ $\frac{3}{4}$ $\frac{5}{3}$ $\frac{2}{3}$

Lösungen zu a)

9. Finde vier Brüche mit dem Nenner 24, die sich nicht mehr kürzen lassen.
Beschreibe dein Vorgehen.

10. Kontrolliere Lenas Hausaufgaben. Berichtige gegebenenfalls den zweiten Bruch.

a) $\frac{36}{40} = \frac{9}{10}$ c) $\frac{63}{45} = \frac{7}{5}$ e) $\frac{49}{63} = \frac{7}{8}$ g) $\frac{48}{64} = \frac{3}{4}$ i) $\frac{165}{180} = \frac{11}{12}$ k) $\frac{78}{169} = \frac{5}{13}$

b) $\frac{56}{32} = \frac{7}{4}$ d) $\frac{35}{65} = \frac{7}{13}$ f) $\frac{33}{77} = \frac{3}{7}$ h) $\frac{45}{33} = \frac{15}{11}$ j) $\frac{64}{400} = \frac{4}{25}$ l) $\frac{108}{144} = \frac{9}{11}$

11. Kürze jeweils: a) $\frac{14}{24}$; $\frac{15}{25}$; $\frac{16}{26}$ b) $\frac{21}{35}$; $\frac{27}{33}$; $\frac{33}{55}$ c) $\frac{32}{20}$; $\frac{27}{18}$; $\frac{36}{60}$ d) $\frac{84}{96}$; $\frac{60}{75}$; $\frac{78}{91}$

12. Kürze die Brüche. a) $\frac{24}{16}$ b) $\frac{18}{24}$ c) $\frac{80}{32}$ d) $\frac{96}{72}$ e) $\frac{72}{12}$
Vergleiche anschließend mit deinem Nachbarn. Erläutert auch euer Vorgehen.

13. Milena und Jan haben begonnen, den Bruch $\frac{48}{72}$ schrittweise zu kürzen. Vervollständige beide Wege. Was stellst du fest?

Milena
$\frac{48}{72} \overset{}{=}_{2} \frac{24}{36} =$

Jan
$\frac{48}{72} \overset{}{=}_{3} \frac{16}{24} =$

14. Kürze die Brüche soweit wie möglich.

a) $\frac{4}{10}$; $\frac{5}{11}$; $\frac{6}{12}$; $\frac{7}{13}$; $\frac{8}{14}$; $\frac{9}{15}$; $\frac{10}{16}$; $\frac{11}{17}$

b) $\frac{16}{22}$; $\frac{17}{23}$; $\frac{18}{24}$; $\frac{19}{25}$; $\frac{20}{26}$; $\frac{21}{27}$; $\frac{22}{28}$; $\frac{23}{29}$

c) $\frac{40}{2}$; $\frac{39}{3}$; $\frac{38}{4}$; $\frac{37}{5}$; $\frac{36}{6}$; $\frac{35}{7}$; $\frac{34}{8}$; $\frac{33}{9}$

d) $\frac{32}{12}$; $\frac{33}{13}$; $\frac{34}{14}$; $\frac{35}{15}$; $\frac{36}{16}$; $\frac{37}{17}$; $\frac{38}{18}$; $\frac{39}{19}$

15. Welcher Anteil der Fläche ist farbig markiert? Schätze erst.

a) 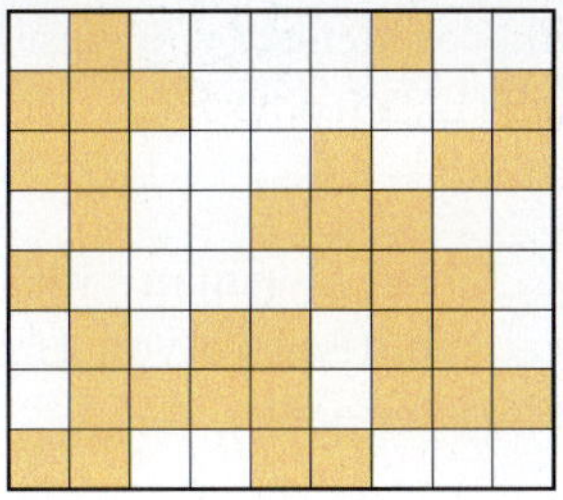

b) 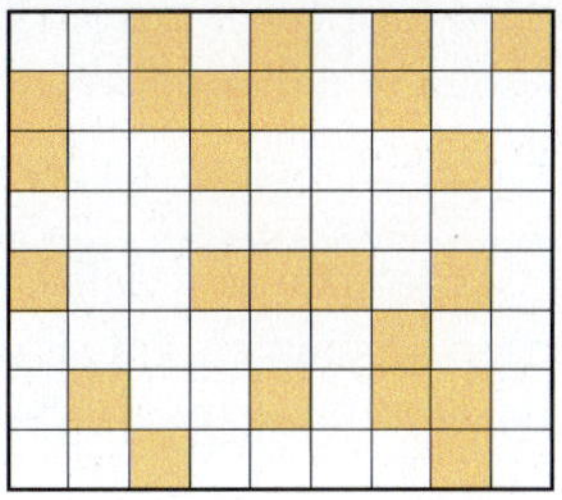

c) 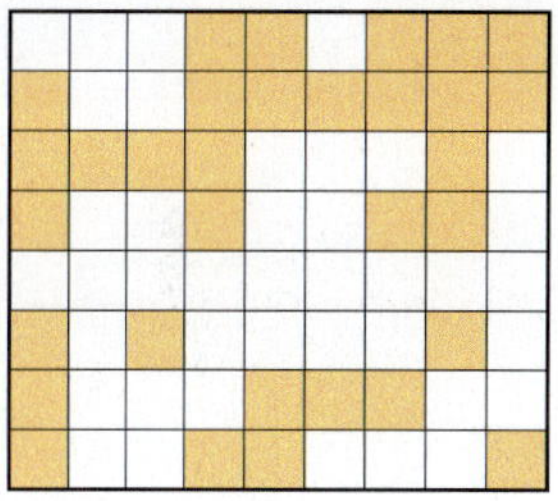

16. Notiere, ob die Aussage wahr oder falsch ist. Ändere bei einem Bruch entweder den Zähler oder den Nenner so ab, dass eine wahre Aussage entsteht.

a) $\frac{7}{3} = \frac{42}{18}$ b) $\frac{48}{52} = \frac{12}{13}$ c) $\frac{72}{126} = \frac{9}{14}$ d) $\frac{17}{8} = \frac{68}{32}$ e) $\frac{22}{27} = \frac{66}{81}$ f) $\frac{75}{45} = \frac{3}{5}$

17. Welche der Brüche $\frac{5}{6}$; $\frac{9}{15}$; $\frac{12}{48}$; $\frac{45}{72}$; $\frac{8}{12}$; $\frac{20}{24}$; $\frac{30}{48}$; $\frac{27}{49}$ haben denselben Wert? Begründe.

Spiel

18. Stellt euch ein *Domino-Spiel* wie das rechts abgebildete aus Pappe her. Die „Spielsteine" werden gemischt und an die Mitspieler verteilt. Ein Spieler legt einen Stein in die Mitte. Reihum darf jeder Spieler links und rechts Brüche mit gleichem Wert anlegen.

Wer keinen passenden Stein besitzt, setzt aus. Sieger ist, wer zuerst alle Steine anlegen konnte.

Erweitern und Kürzen mithilfe der Primfaktorzerlegung erforschen

1. Zerlege die Zahlen 2940 und 4950 in Primfaktoren und wende diese Zerlegung zum Kürzen des Bruches $\frac{2940}{4950}$ an. Wie lautet der gekürzte Bruch?
Welche Primfaktorzerlegung haben Zähler und Nenner nach dem Kürzen?
Vergleiche und formuliere eine Regel. Prüfe die Regel an weiteren Beispielen.

2. Welcher der Brüche $\frac{91}{360}$ und $\frac{38}{150}$ ist kleiner?
Bei diesen großen Nennern sieht man nicht sofort, dass man auf den gemeinsamen Nenner 1 800 erweitern kann.
Bestimme die Primfaktorzerlegung der beiden Nenner. Bestimme anschließend gemeinsame Vielfache beider Nenner und das kgV.

Kleinstes gemeinsames Vielfaches

Das **kleinste gemeinsame Vielfache (kgV)** ist ein mathematischer Begriff, der unter anderem in der Bruchrechnung eine Rolle spielt.

Das *kleinste gemeinsame Vielfache* zweier natürlicher Zahlen m und n ist die kleinste natürliche Zahl, die sowohl Vielfaches von m als auch Vielfaches von n ist.

Beispiel:
- Die Vielfachen von 12 sind: 12, 24, 36, 48, 60, 72, 84, …
- Die Vielfachen von 18 sind: 18, 36, 54, 72, 90, 108, …
- Die gemeinsamen Vielfachen sind also 36, 72, 108, …
- und das kleinste von diesen ist 36; in Zeichen: kgV(12; 18) = 36

3. Das kleinste gemeinsame Vielfache zweier Zahlen kann man mithilfe ihrer Primfaktorzerlegungen bestimmen. Entwickle dazu aus dem Beispiel von Aufgabe 2 eine Vermutung und überprüfe diese an weiteren selbstgewählten Beispielen.

Pendant (franz.) Gegenstück

4. Übertrage deine Regel zur Bestimmung des kgV auf ein Verfahren zur Bestimmung des größten gemeinsamen Teilers (ggT).
Prüfe deine Überlegungen an verschiedenen Beispielen.

Größter gemeinsamer Teiler

Der **größte gemeinsame Teiler (ggT)** ist ein mathematischer Begriff. Sein Pendant ist das *kleinste gemeinsame Vielfache (kgV)*. Beide spielen unter anderem in der Bruchrechnung und der Zahlentheorie eine Rolle.

Der *größte gemeinsame Teiler* zweier ganzer Zahlen m und n ist die größte natürliche Zahl, durch die sowohl m als auch n ohne Rest teilbar sind. Für m = n = 0 ist der größte gemeinsame Teiler nicht definiert.

Beispiel:
- 12 ist durch 1, 2, 3, 4, 6, 12 ohne Rest teilbar.
- 18 hat diese Teiler: 1, 2, 3, 6, 9, 18.
- Die gemeinsamen Teiler von 12 und 18 sind also 1, 2, 3, 6; der größte von diesen Teilern ist 6; in Zeichen: ggT(12; 18) = 6

Das Wichtigste auf einen Blick

Brüche

Brüche sind Anteile von Ganzen. Der **Nenner** eines Bruches gibt an, aus wie vielen gleich großen Teilen das Ganze besteht. Der **Zähler** bestimmt, wie viele dieser Teile genommen werden.

Beispiele:

$\frac{2}{5}$ ← Zähler, ← Bruchstrich, ← Nenner

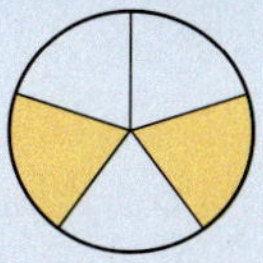

Arten von Brüchen

Bei einem **echten Bruch** ist der Zähler kleiner als der Nenner. Bei einem **unechten Bruch** ist der Zähler des Bruches größer als der Nenner oder gleich dem Nenner. Unechte Brüche kann man auch in der **gemischten Schreibweise** angeben.

Beispiele:

echt: $\frac{3}{7}$ unecht: $\frac{7}{6}$; $\frac{3}{3}$

$\frac{5}{2} = \frac{4}{2} + \frac{1}{2} = 2 + \frac{1}{2} = 2\frac{1}{2}$

Erweitern und Kürzen

Erweitern eines Bruches heißt, seinen Zähler und Nenner mit derselben Zahl (nicht 0 oder 1) zu multiplizieren. Grafisch bedeutet das Erweitern eines Bruches eine Verfeinerung der Einteilung.

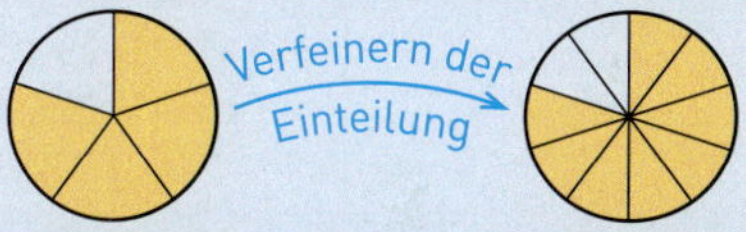

$\frac{4}{5} = \frac{4 \cdot 2}{5 \cdot 2} = \frac{8}{10}$

Kürzen eines Bruches heißt, seinen Zähler und Nenner durch dieselbe Zahl (nicht 0 oder 1) zu dividieren. Grafisch bedeutet das Kürzen eines Bruches eine Vergröberung der Einteilung. Beim Erweitern oder Kürzen eines Bruches ändert sich sein Wert nicht.

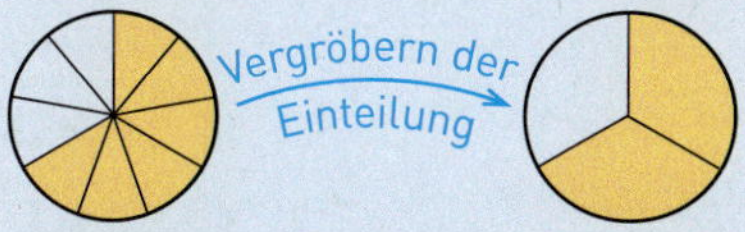

$\frac{6}{9} = \frac{6:3}{9:3} = \frac{2}{3}$

Bist du fit?

1. Welcher Bruch ist dargestellt?

a)

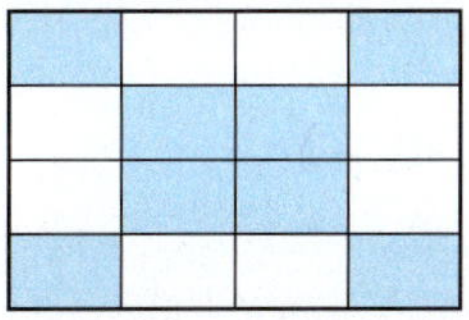

b)

c)

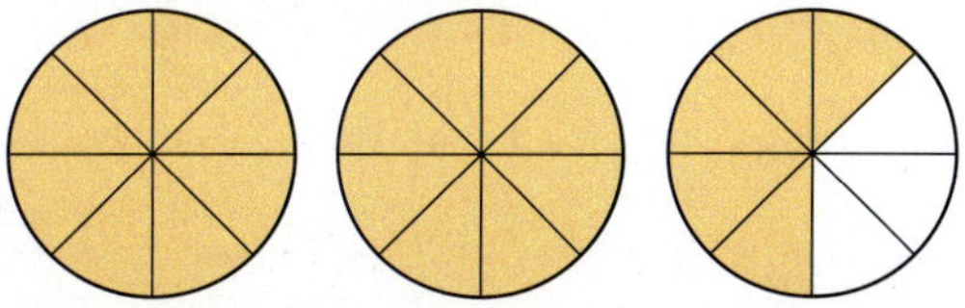

2. Zeichne auf Karopapier ein Rechteck mit den Seitenlängen 8 cm und 3 cm.
Färbe vom Rechteck: **a)** $\frac{3}{4}$; **b)** $\frac{1}{3}$; **c)** $\frac{2}{3}$; **d)** $\frac{5}{6}$

3. Welcher Anteil an einer Stunde ist zwischen 8.30 Uhr und 8.50 Uhr [12.25 Uhr und 13.05 Uhr] vergangen?

4. **a)** Notiere die Brüche $\frac{35}{11}$; $\frac{72}{12}$; $\frac{76}{15}$; $\frac{140}{20}$; $\frac{181}{25}$; $\frac{135}{50}$; $\frac{349}{100}$ als natürliche Zahl oder in gemischter Schreibweise.

b) Notiere als unechten Bruch: $9\frac{1}{2}$; $4\frac{2}{3}$; $5\frac{3}{4}$; $2\frac{3}{5}$; $7\frac{1}{6}$; $6\frac{5}{8}$; $8\frac{9}{10}$

5. Kürze soweit wie möglich: $\frac{15}{24}$; $\frac{15}{55}$; $\frac{18}{30}$; $\frac{30}{72}$; $\frac{44}{121}$; $\frac{60}{144}$; $\frac{90}{225}$; $\frac{144}{300}$; $\frac{400}{275}$

6. Wandle in einen Bruch mit dem Nenner 1 000 um: $\frac{5}{4}$; $\frac{11}{25}$; $\frac{9}{8}$; $\frac{11}{125}$; $\frac{41}{200}$; $\frac{9}{50}$; $\frac{13}{250}$; $\frac{27}{75}$

Lösungen zu Bist du fit?

Seite 58

1.

Zahl	1 000 000	1 999 999	79 900	1 000 000	3 479 008
Nachfolger	1 000 001	2 000 000	79 901	1 000 001	3 479 009

2. Eine Billion fünfhundertsechzehn Milliarden neunundneunzig Millionen
neunhunderteinundfünfzigtausendvierhundertachtundachtzig
vierhundertvierundsiebzig
achtzehntausenddreihundertfünfundfünfzig

3. **a)** 2 488 < 3 521 **b)** 6 776 > 6 767 **c)** 80 192 > 79 582 **d)** 432 719 < 432 723

4. **a)** 10; 50; 85; 107; 118
b)

5. **a)** **(1)** 29 400 **(2)** 35 000 **(3)** 830 000
b) **(1)** 225; 234 **(3)** 3 395; 3 404 **(5)** 225 000; 234 999
(2) 3 350; 3 449 **(4)** 28 500; 29 499 **(6)** 16 500 000; 17 499 999

6. **a)** 2 mg **b)** 4 h **c)** 244 g **d)** 6 mm **e)** 4 min **f)** 707 kg **g)** 904 m **h)** 48 s

7. **a)** 800 cm; 11 000 m **b)** 5,12 m; 93 000 g **c)** 17 000 kg; 0,030 kg **d)** 50 m; 50 cm **e)** 0,3 kg; 720 min

8. **a)** 14 h 15 min **b)** 23 h 23 min **c)** 12 h 2 min **d)** 3 h 45 min

9. **a)** 6 km; 11 km; 9,6 km; 17,4 km **b)** 3 cm; 7,5 cm; 1,8 cm; 5,4 cm

10.

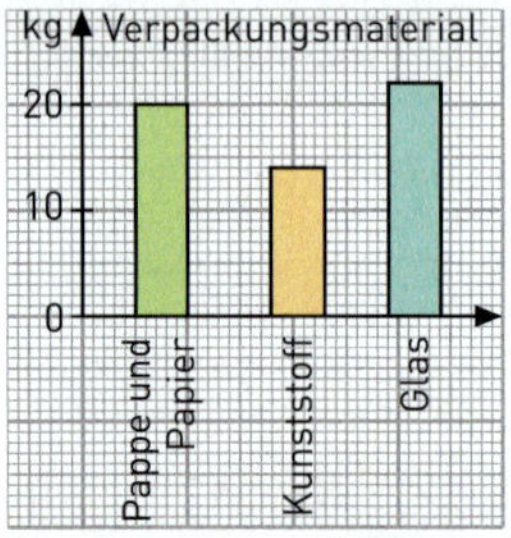

Seite 131

1. **a)** 305 **b)** 737 **c)** 595 **d)** 166

2. **a)** 3 421 **b)** 6 538 **c)** 31 578 **d)** 1 423 **e)** 5 215 **f)** 3 072

3. **a)** 3300 + 2900 = 6200
3278 + 2948 = 6226
b) 5300 − 4700 = 600
5314 − 4685 = 629
c) 4100 + 5900 + 1100 = 11 100
4088 + 5907 + 1116 = 11 111
d) 8800 − 1000 = 7800
8816 − 975 = 7841
e) 6500 + 1200 + 600 + 2200 = 10 500
6480 + 1246 + 597 + 2217 = 10 540
f) 8200 − 4900 − 600 = 2700
8245 − 4912 − 613 = 2720

4. **a)** 535 **b)** 891 **c)** 504 **d)** 244 **e)** 239 **f)** 101

5. **a)** 118 678 **b)** 16 977 **c)** 559 786

6. **a)** 384 + 616 = 1 000 **b)** 93 215 − 83 216 = 9 999

7. Der Erlös beträgt 370 €.

8. 11 700 ℓ − 3 800 ℓ − 4 400 ℓ − 2 900 ℓ = 600 ℓ 11 650 ℓ − 3 785 ℓ − 4 360 ℓ − 2 875 ℓ = 630 ℓ

9. **a)** 3 600; 2 660 **b)** 12; 26 **c)** 828; 1 560 **d)** 2 040; 400 **e)** 52; 11 **f)** 13; 32

10. **a)** 5 555; 12 345 **b)** 44 844; 97 779 **c)** 7 654; 8 888 **d)** 999 000; 345 678 **e)** 777; 345

Seite 131

11. a) 1853; 77 Rest 5 c) 1611; 67 Rest 3 e) 1300; 54 Rest 4
b) 4464; 186 d) 1633; 68 Rest 1 f) 1898; 79 Rest 2

Seite 132

12. a) 14 c) 0 e) Durch 0 kann man nicht dividieren.
b) 25 d) Alle natürlichen Zahlen, außer der Null.

13. $1912 : 86 = 22$ Rest 20 Das Schiff muss 23 Rettungsboote mitführen.

14. $712 \cdot 65 = 46\,280$ Das Vorhaben kostet 46 280 €. Der Betrag reicht.
$50\,000 - 46\,280 = 3\,720$ Es bleiben 3 720 € übrig.

15. $54 \cdot 23 = 1\,242$ Es sind 1 242 Sitzplätze vorhanden.
$1\,242 + 95 = 1\,337$ Es waren 1 337 Zuschauer.

16. a) 5 100 b) 7 300 c) 42 000

17. a) 5 000 b) 61 c) 520 d) 146 e) 125 f) 38

18. $\frac{1}{2}$ kg = 500 g
a) $500 : 4 = 125$ Ein halbes Kilogramm reicht für 125 Tassen.
b) 500 g = 500 000 mg; 3,5 g = 3 500 mg $500\,000 : 3\,500 = 142$ Rest 3 000 Sie erhält 142 Tassen.
c) 500 g = 500 000 mg; $500\,000 : 200 = 2\,500$ Man darf 2 500 mg, also 2,5 g für eine Tasse nehmen.

19. $(12\,500 - 8\,250) : 50 = 85$ Es können noch 85 Zementsäcke zugeladen werden.

20. $80 : (7 + 9) = 5$ Ein Heft kostet 5 €. Maria muss also $9 \cdot 5\,€ = 45\,€$ bezahlen.

21. a) $x = 5$ b) $x_1 = 12,\ x_2 = -2$

22. a)
Teilbar durch 2: 36, 64, 72, 310, 400, 884, 5 316, 6 172, 7 620, 9 100, 9 700, 37 850, 60 002, 87 904
Teilbar durch 3: 36, 45, 72, 927, 1 017, 5 316, 7 620
Teilbar durch 4: 36, 64, 72, 400, 884, 5 316, 6 172, 7 620, 9 100, 9 700, 87 904
Teilbar durch 5: 35, 45, 125, 310, 400, 2 225, 7 620, 9 100, 9 700, 37 850
Teilbar durch 9: 36, 45, 72, 927, 1 017
Teilbar durch 10: 310, 400, 7 620, 9 100, 9 700, 37 850
Teilbar durch 25: 125, 400, 2 225, 9 100, 9 700, 37 850
Teilbar durch 100: 400, 9 100, 9 700
b) 17, 13, 19, 29, 43, 71, 101

23. a) $40 = 2 \cdot 2 \cdot 2 \cdot 5 = 2^3 \cdot 5$ c) $148 = 2 \cdot 2 \cdot 37 = 2^2 \cdot 37$
b) $84 = 2 \cdot 2 \cdot 3 \cdot 7 = 2^2 \cdot 3 \cdot 7$ d) $6\,200 = 2 \cdot 2 \cdot 2 \cdot 5 \cdot 5 \cdot 31 = 2^3 \cdot 5^2 \cdot 31$

Seite 177

Vorbemerkung: Alle Zeichnungen sind verkleinert gezeichnet.

1. a)
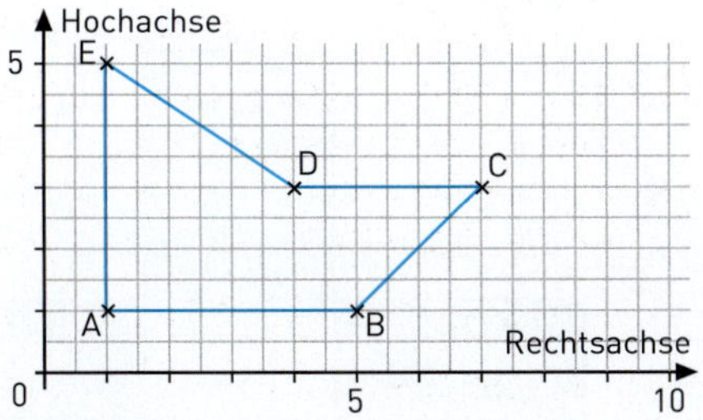

b) 4,0 cm + 2,8 cm + 3,0 cm + 3,6 cm + 4,0 cm = 17,4 cm

c)
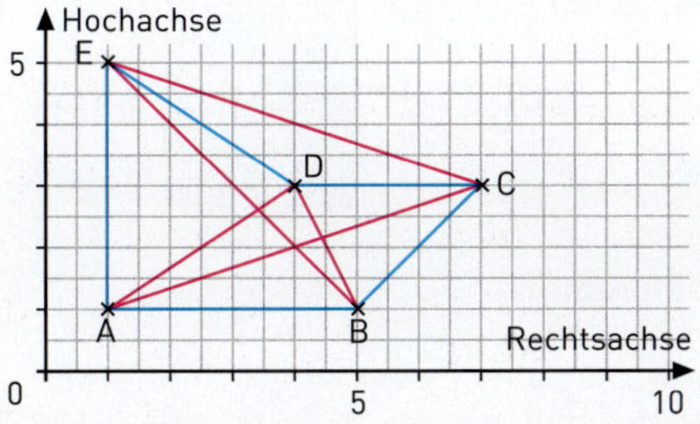

Seite 177

2. 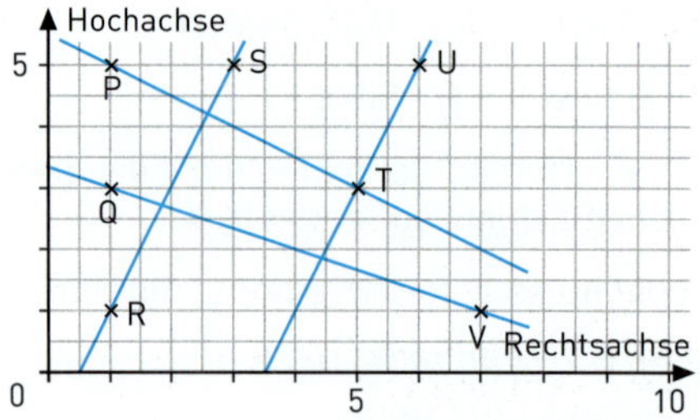

PT ⊥ RS
PT ⊥ TU
RS ∥ TU

3. N ⊥ O O ⊥ S S ⊥ W W ⊥ N
NO ⊥ SO SO ⊥ SW SW ⊥ NW NW ⊥ NO

4. **a)** Die Gerade geht durch die Punkte P (3 | 6) und C (6 | 3).
b) Die Gerade geht durch die Punkte P (3 | 6) und D (0 | 3).
c) 4,2 cm

5. Der Abstand von P zu AB beträgt 2 cm, zu BC ungefähr 1,3 cm und zu AC ungefähr 1,8 cm. P hat also zu BC den kleinsten Abstand.

Seite 178

6. 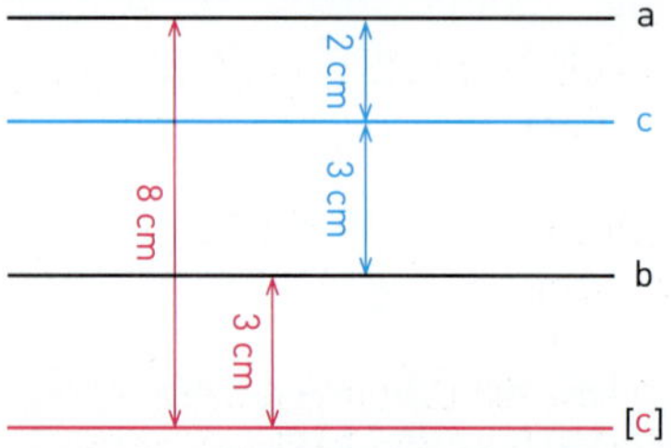

7. Quadrat mit den Eckpunkten P (3 | 3), Q (4 | 6), A (1 | 7), B (0 | 4) oder
Quadrat mit den Eckpunkten C (6 | 2), D (7 | 5), Q (4 | 6), P (3 | 3).

8. 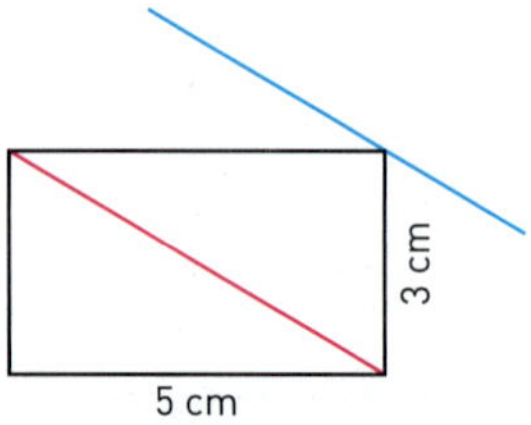

9. **a)** Das Rechteck hat die Seitenlängen 6 cm und 3 cm.
b) Das Quadrat hat die Seitenlänge 4,5 cm.

10. **a)** *Schrägbild:*

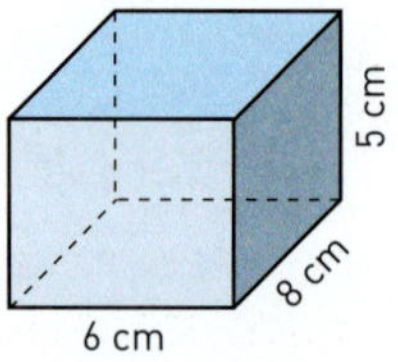

Netz:

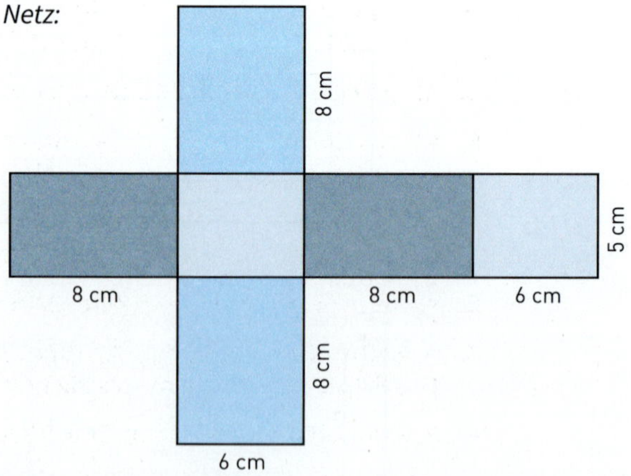

b) Rechtecke und Parallelogramme

Seite 178

11.

12. **a)** Rechteck mit den Seitenlängen 4 cm und 3 cm
b) Rechteck mit den Seitenlängen 6 cm und 4 cm
c) Rechteck mit den Seitenlängen 6 cm und 3 cm

13.

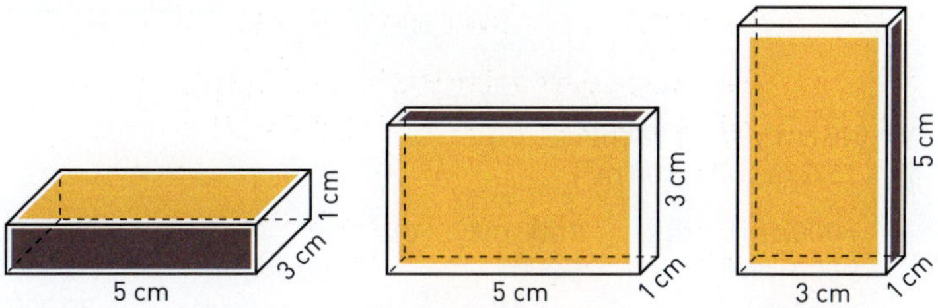

14. Die Anzahl der Ecken ist um 1 größer als die Anzahl der Ecken der Grundfläche, da die Spitze der Pyramide hinzukommt.
Die Anzahl der Kanten ist doppelt so groß wie die Anzahl der Ecken der Grundfläche, da die Grundfläche genauso viele Seiten wie Ecken hat und jede Ecke mit der Spitze durch eine Kante verbunden ist.
Die Anzahl der Flächen ist um 1 größer als die Anzahl der Ecken der Grundfläche, da die Anzahl der Seitenflächen gleich der Anzahl der Seiten der Grundfläche ist, also auch gleich der Anzahl der Ecken der Grundfläche, und noch die Grundfläche hinzukommt.

Grundfläche	Ecken	Kanten	Flächen
Dreieck	4	6	4
Viereck	5	8	5
Fünfeck	6	10	6

Seite 231

1. **a)** (1) $A = 7\,cm^2$; $u = 12\,cm$
(2) $A = 8\,cm^2$; $u = 2 \cdot 10\,mm + 8 \cdot 14\,mm = 132\,mm = 13{,}2\,cm$
b) Zum Beispiel Rechtecke mit den Seitenlängen: 6 cm und 3 cm [7 cm und 3 cm; 25 mm und 5 mm]

2. **a)** 24 a; $36\,km^2$; $90\,000\,m^2$
b) 40 000 a; 7 ha; 700 ha
c) $9\,dm^2$; $450\,000\,dm^2$; $30\,m^2$
d) 290 000 a; 3 ha; $400\,mm^2$

3. **a)** 775 a; $1\,219\,m^2$; 350 ha
b) 205 a; $440\,dm^2$; $303\,mm^2$
c) $317\,cm^2$; $2\,853\,mm^2$; $1\,204\,cm^2$
d) $4\,303\,mm^2$; $505\,dm^2$; $702\,m^2$

4. **a)** $3{,}7\,cm^2$ **b)** $0{,}25\,dm^2$ **c)** $0{,}07\,m^2$ **d)** 26,5 a **e)** $3{,}5\,km^2$

5. **a)** $A = 63\,cm^2$; $u = 32\,cm$
c) $A = 108\,dm^2$; $u = 42\,dm$
e) $A = 168\,dm^2$; $u = 62\,dm$
b) $A = 238\,m^2$; $u = 62\,m$
d) $A = 750\,mm^2$; $u = 110\,mm$
f) $A = 32\,760\,mm^2$; $u = 996\,mm$

6. $A = 69\,m \cdot 6\,m = 414\,m^2$; $414\,m^2 \cdot 2 = 828\,m^2$; $828 : 60 = 13$ Rest 48 Man benötigt 14 Eimer Farbe.

7. $A_1 = 40\,m \cdot 20\,m = 800\,m^2$; $A_2 = 37\,m \cdot 18\,m = 666\,m^2$; $800\,m^2 - 666\,m^2 = 134\,m^2$
Das Feld ist $134\,m^2$ kleiner als ein normales Handballfeld.

8. $2{,}5\,km = 2\,500\,m$; $A = 2\,500\,m \cdot 2\,m = 5\,000\,m^2$; $5\,000 \cdot 37\,€ = 185\,000\,€$. Die Befestigung kostet 185 000 €.

Seite 231

9. **a)** Zum Beispiel ein Quadrat mit der Seitenlänge 1 cm hat den Flächeninhalt 1 cm^2.
b) Zum Beispiel ein Quadrat mit der Seitenlänge 4 cm hat den Flächeninhalt 16 cm^2 und den Umfang 16 cm.

Seite 232

10. **a)** (1) $V = 6\ \text{cm}^3$
(2) $V = 18\ \text{m}^3$

b) Beispiele:

(1)

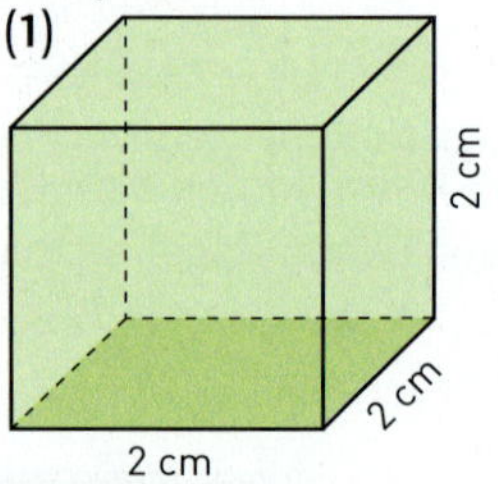

(2)

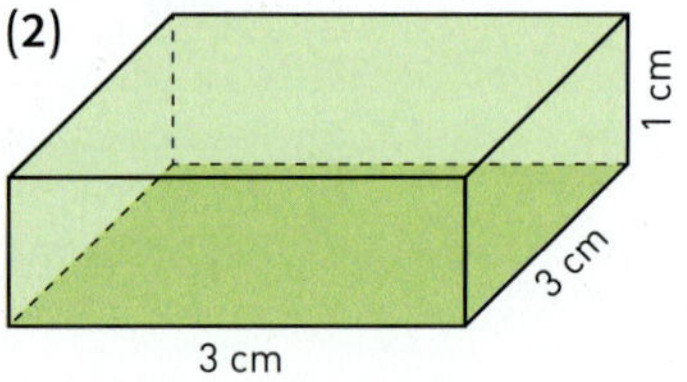

c) $V = 616\ \text{cm}^3$; $O = 442\ \text{cm}^2$
[$V = 1\,512\ \text{m}^3$; $O = 804\ \text{m}^2$]

11.

a)	b)	c)	d)
7 000 dm^3	8 000 mℓ	4 m^3	3 000 dm^3
9 000 mm^3	25 000 ℓ	7 000 000 ℓ	2 000 mℓ
4 m^3	2 ℓ	8 dm^3	30 000 ℓ
8 000 000 ℓ	4 000 000 mℓ	3 000 000 cm^3	20 000 mℓ

12.

a)	b)	c)	d)	e)
4 575 dm^3	3 926 mℓ	7 089 cm^3	3 210 ml	2 030 ℓ
8 500 ℓ	4 090 dm^3	4 850 mℓ	7 049 cm^3	2 803 ℓ
9 840 cm^3	5 700 cm^3	4 007 dm^3	4 300 cm^3	1 083 mℓ

13. **a)** 2 dm^3 619 cm^3
b) 9 ℓ 20 mℓ
c) 4 m^3 856 ℓ oder 48 hℓ 56 ℓ
d) 8 dm^3 70 cm^3
e) 12 m^3 40 dm^3

14. **a)** (1)

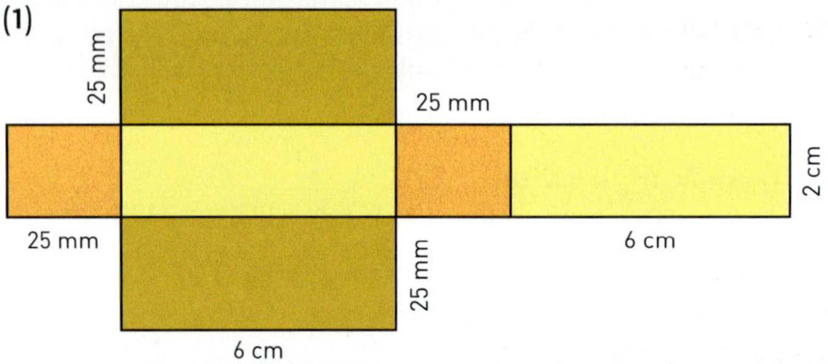

(2) $V = 30\,000\ \text{mm}^3 = 30\ \text{cm}^3$; $O = 6\,400\ \text{mm}^2 = 64\ \text{cm}^2$

b) $O = 6 \cdot 4\ \text{cm} \cdot 4\ \text{cm} = 96\ \text{cm}^2$

15. $V = 20\ \text{m} \cdot 25\ \text{m} \cdot 250\ \text{m} = 125\,000\ \text{m}^3$; $125\,000\ \text{m}^3 : 50\ \text{m}^3 = 2\,500$
Es sind 2 500 Fahrten erforderlich.

16. $V = 8\ \text{cm} \cdot 8\ \text{cm} \cdot (16\ \text{cm} - 12\ \text{cm}) = 8\ \text{cm} \cdot 8\ \text{cm} \cdot 4\ \text{cm} = 256\ \text{cm}^3$
Das Volumen des Steines beträgt 256 cm^3, das entspricht 256 mℓ, ist also größer als 250 mℓ.

17. Wir wollen wissen, wie hoch das Wasser im ungünstigsten Fall stehen würde. Daher gehen wir davon aus, dass das Aquarium bis oben hin mit Wasser gefüllt ist und keinen Sand, keine Steine, keine Fische und keine Pflanzen enthält.
Volumen des Aquariums: $V = 200\ \text{cm} \cdot 80\ \text{cm} \cdot 140\ \text{cm} = 224\,0000\ \text{cm}^3 = 2\,240\ \text{dm}^3 = 2{,}24\ \text{m}^3$
Größe der Grundfläche des Zimmers: $A = 560\ \text{cm} \cdot 400\ \text{cm} = 224\,000\ \text{cm}^2 = 2\,240\ \text{dm}^2 = 22{,}4\ \text{m}^2$
Wasserhöhe im Zimmer: $h = 2\,240\ \text{dm}^3 : 2\,240\ \text{dm}^2 = 1\ \text{dm} = 10\ \text{cm}$
Das Wasser würde im Wohnzimmer 10 cm hoch stehen.

18. Man kann den Keil zu einem doppelt so großen Quader mit den Kantenlängen 1 cm, 2 cm und 2 cm ergänzen. Das Volumen des Quaders beträgt $1\ \text{cm} \cdot 2\ \text{cm} \cdot 2\ \text{cm} = 4\ \text{cm}^3$, das Volumen des Keils also 2 cm^3.

Seite 255

1. **a)** $\frac{8}{16} = \frac{1}{2}$ **b)** $\frac{6}{16} = \frac{3}{8}$ **c)** $\frac{21}{8} = 2\frac{5}{8}$

2. Das Rechteck enthält 9 Karokästchen. **a)** 72 Kästchen **b)** 32 Kästchen
c) 64 Kästchen **d)** 80 Kästchen

3. $\frac{1}{3}$ $\left[\frac{2}{3}\right]$

4. **a)** $3\frac{2}{11}$; 6; $5\frac{1}{15}$; 7; $7\frac{6}{25}$; $2\frac{35}{50} = 2\frac{7}{10}$; $3\frac{49}{100}$ **b)** $\frac{19}{2}$; $\frac{14}{3}$; $\frac{23}{4}$; $\frac{13}{5}$; $\frac{43}{6}$; $\frac{53}{8}$; $\frac{89}{10}$

5. $\frac{15}{24} = \frac{5}{8}$; $\frac{15}{55} = \frac{3}{11}$; $\frac{18}{30} = \frac{3}{5}$; $\frac{30}{72} = \frac{5}{12}$; $\frac{44}{121} = \frac{4}{11}$; $\frac{60}{144} = \frac{5}{12}$; $\frac{90}{225} = \frac{2}{5}$; $\frac{144}{300} = \frac{12}{25}$; $\frac{400}{275} = \frac{16}{11} = 1\frac{5}{11}$

6. $\frac{5}{4} = \frac{1250}{1000}$; $\frac{11}{25} = \frac{440}{1000}$; $\frac{9}{8} = \frac{1125}{1000}$; $\frac{11}{125} = \frac{88}{1000}$; $\frac{41}{200} = \frac{205}{1000}$; $\frac{9}{50} = \frac{180}{1000}$; $\frac{13}{250} = \frac{52}{1000}$; $\frac{27}{75} = \frac{9}{25} = \frac{360}{1000}$

Einheiten und ihre Umrechnungen

Längen

10 mm = 1 cm	1000 m = 1 km
10 cm = 1 dm	
10 dm = 1 m	

Die Verwandlungszahl ist 10.

Flächeninhalte

100 mm^2 = 1 cm^2	100 m^2 = 1 a
100 cm^2 = 1 dm^2	100 a = 1 ha
100 dm^2 = 1 m^2	100 ha = 1 km^2

Die Verwandlungszahl ist 100.

Volumina

1000 mm^3 = 1 cm^3	*Weitere Einheiten:*	
1000 cm^3 = 1 dm^3	1 cm^3 = 1 mℓ	1000 mℓ = 1 ℓ
1000 dm^3 = 1 m^3	1 dm^3 = 1 ℓ	100 cℓ = 1 ℓ
Die Verwandlungszahl ist 1000.		100 ℓ = 1 hℓ

Gewichte

1000 mg = 1 g
1000 g = 1 kg
1000 kg = 1 t
Die Verwandlungszahl ist 1000.

Zeitspannen

60 s = 1 min
60 min = 1 h
24 h = 1 d

Verzeichnis mathematischer Symbole

$a = b$	a gleich b
$a \neq b$	a ungleich b
$a < b$	a kleiner b
$a > b$	a größer b
$a \approx b$	a ungefähr gleich b
$a + b$	a plus b; Summe aus a und b
$a - b$	a minus b; Differenz aus a und b
$a \cdot b$	a mal b; Produkt aus a und b
$a : b$	a durch b; Quotient aus a und b
$a \mid b$	a ist Teiler von b
$a \nmid b$	a ist nicht Teiler von b
a^n	a hoch n; Potenz aus Basis (Grundzahl) a und Exponent (Hochzahl) n
$\{1; 5; 8\}$	Menge mit den Elementen 1, 5, 8
$\{\ \}$	leere Menge
$\mathbb{N}$	Menge der natürlichen Zahlen: {0: 1; 2; 3; …}
AB	Verbindungsgerade durch die Punkte A und B; Gerade durch A und B
$\overline{AB}$	Verbindungsstrecke der Punkte A und B; Strecke mit den Endpunkten A und B
$\lvert AB \rvert$	Länge der Strecke $\overline{AB}$
$g \parallel h$	g ist parallel zu h
$g \nparallel h$	g ist nicht parallel zu h
$g \perp h$	g ist orthogonal zu h
$g \not\perp h$	g ist nicht orthogonal zu h
ABC	Dreieck mit den Eckpunkten A, B und C
$ABCD$	Viereck mit den Eckpunkten A, B, C und D
$A(a \mid b)$	Punkt mit dem Rechtswert a und dem Hochwert b. a ist die 1. Koordinate, b die 2. Koordinate von A.

Stichwortverzeichnis

A
Abstand 176
– eines Punktes von einer Geraden 151
– zweier Punkte 151
Addition 62, 130
Assoziativgesetze 97
Ausklammern 101

B
Balkendiagramm 13, 48
Basis 102
Baumdiagramm 100
Bilddiagramme 30
Brüche
– echte 240, 255
– gemischte Schreibweise 245, 255
– unechte 245, 255
– wertgleiche 248

D
DGS 143, 161
Diagonale 141, 176
Diagramme 54
Distributivgesetze 100
Dividend 76
Division 76, 130
– durch eine zweistellige Zahl 85
– mit Rest 85
– schriftlich 84
Divisor 76
Dreieck 140
Dualsystem 56
Dynamisches Geometrie-System (DGS) 143, 161

E
Ecken 137, 171, 176
Einheiten 180
Endstellenregeln 121
Erweitern 249
Exponent 102

F
Faktor 76, 102
Fermi-Fragen 61
Flächen 137, 171
Flächeneinheiten 187 ff.
Flächeninhalt 182, 199, 205

G
Geobrett 142, 180
Gerade 147, 176
– Schnittpunkt 147
– zueinander orthogonale 151
– zueinander parallele 153
Gewicht 208
Gewichtseinheiten 37, 57
Gleichung, Lösung einer 116
Größenvergleich 25
große Zahlen 16, 103
Grundmenge 116

H
Häufigkeit 12
Hektoliter 211
Hexadezimalsystem 56
Hochachse 144

K
Kanten 137, 171, 176
Kantenmodell 135
Kegel 137
Klammern 92, 93
Kommaschreibweise
– bei Flächeninhalten 192
– bei Gewichten 38
– bei Längen 33
– bei Volumina 214
Kommutativgesetze 97
Koordinatensystem 144, 176
Kugel 137
Kürzen 251, 255

L
Längeneinheiten 33, 57
leere Menge 116
Lösungsmenge 116
lotrecht 150

M
Maßeinheit 33
Masse 212
Maßstab 45, 46, 57s
Maßzahl 33
Mersenn'sche Primzahlen 126
Modellieren 227
Multiplikation 76, 81, 98, 130

N
Nachfolger 17
natürliche Zahlen (ℕ) 17, 57
Netz 163

O
Oberflächeninhalt 218
Orthogonalität 150, 154, 176

P
Parallelität 154
Parallelogramme 155, 177
Partnerteiler 119
Polyedersatz 172
Potenzieren 102, 103, 130
Primfaktorzerlegung 124
Primzahl 124, 126, 130
Produkt 76
Pyramide 137

Q
Quader 137, 177
– Oberflächeninhalt 218
– Schrägbild 167
– Volumen 217
Quadrat 155, 177
Quadratzahlen 104
Quersummenregeln 122
Quotient 76

R
Raute 155, 177
Rechenbaum 92
Rechengesetze 91
Rechteck 155, 177
– Flächeninhalt 195, 230
– Umfang 196, 230
Rechtsachse 144
Römische Zahlzeichen 22
Runden von Zahlen 30, 57
Rundungsstelle 31

S
Säulendiagramm 12, 48
Schattenbilder 135
Schätzen 109
Schrägbild 167
Sechzehnersystem 56
senkrecht 150
Somawürfel 181
Spanne 35
Stammbrüche 237
Stellenwertsysteme 20
Stellenwerttafel 16
Strecke 140, 147, 176
Strichlisten 12
Subtrahieren 62, 130
systematisches Probieren 116

T
Tangram 184
Teilbarkeitsregeln 121
Teiler 119, 130
Terme 92, 130
Trapez 155, 177

U
Überschlag 67
Umfang 140, 176, 183

V
Variable 116
Vieleck 141
Vielfache 119, 130
Viereck 141, 161
Volumen 207, , 208, 217, 222, 2230
Volumeneinheiten 209 ff.
Vorrangregeln 92
vorteilhaftes Rechnen 96

W
Würfel 137, 163, 177, 218

Z
Zahlenmauern 60
Zahlenstrahl 28, 63
Zählprinzip 106
Zauberquadrat 73
Zehnerpotenzen 103
Zehnersystem 20, 57
Zeiteinheiten 41
zusammengesetzte Flächen 200, 230
zusammengesetzte Körper 222, 230
Zweiersystem 19, 56
Zylinder 137

Bildquellenverzeichnis

|akg-images GmbH, Berlin: 43, 43, 74, 74, 99, 126; British Library 126; Erich Lessing 43. |alimdi.net, Deisenhofen: Alexander Trocha 78; AR 201. |ASTERIX®- OBELIX®- IDEFIX® / LES EDITIONS ALBERT RENE / GOSCINNY - UDERZO, Vanves Cedex: ASTERIX®-OBELIX®/© 2016 LES EDITIONS ALBERT RENE/GOSCINNY - UDERZO, Vanves Cedex 22, 22, 23. |Astrofoto, Sörth: 56; Shigemi Numazawa 15. |Bildagentur Geduldig, Maulbronn: 89. |BilderBox Bildagentur GmbH, Breitbrunn/Hörsching: 209. |Blend Images, Berlin: 111. |Blickwinkel, Witten: W. Holzenbecher 109. |bpk-Bildagentur, Berlin: Scala 134. |Bridgeman Images, Berlin: Charmet Archives 43. |Carl Hanser Verlag, München: Hans Magnus Enzensberger, Rotraut Susanne Berner, Der Zahlenteufel. Carl Hanser Verlag GmbH & Co. KG, München 1997, S. 31 /mit freundlicher Genehmigung des Carl Hanser Verlags 90. |Caro Fotoagentur, Berlin: Riedmiller 229. |CHROMORANGE, Berlin: CHROMORANGE 88. |Deutsches Museum, München: 35. |eisele photos, Walchensee: 15. |F1online digitale Bildagentur GmbH, Frankfurt/M.: Staudt 69. |Fabian, Michael, Hannover: 4, 10, 10, 11, 11, 12, 14, 19, 19, 22, 27, 27, 27, 33, 33, 34, 35, 35, 35, 36, 38, 38, 46, 47, 49, 60, 60, 60, 60, 60, 75, 76, 94, 109, 109, 109, 116, 118, 134, 134, 135, 135, 135, 135, 136, 138, 138, 138, 138, 139, 139, 147, 150, 150, 150, 151, 152, 156, 166, 166, 170, 175, 179, 184, 185, 188, 203, 204, 207, 207, 207, 207, 207, 207, 207, 207, 207, 211, 211, 221, 225, 226, 226, 233, 234, 234, 235, 236, 236, 237, 239, 240, 240, 241, 251. |Floramedia Deutschland AG, Fellbach: 47. |Fotoagentur SVEN SIMON, Mülheim an der Ruhr: 189. |fotolia.com, New York: 235; Hubertus Griesche 35; Kletr 35; Martin Schlecht 202; Nimmervoll, Daniel 35. |Germanisches Nationalmuseum, Nürnberg: 42. |Getty Images, München: Dorling Kindersley 5, 233; Eberhard Streichan 26; Ed Freeman 4, 133; Jorg Greuel 133. |Getty Images (RF), München: Dorling Kindersley 21, 36, 40, 68, 80, 82, 86, 87, 93, 95, 99, 104, 105, 120, 120, 125, 157, 164, 193, 216, 220, 238, 239, 242, 250, 253; iStockvectors 68, 87, 101, 246, 252; iStockvectors/Tom Nulens 8, 10, 10, 11, 11, 22, 22, 23, 60, 60, 61, 67, 67, 67, 134, 134, 135, 144, 180, 180, 181, 222, 223, 223, 234, 235. |Glaßer und Dagenbach Landschaftsarchitekten, Udo Dagenbach, www.glada-berlin.de, Berlin: 133. |Globig, Eckhard Dr., Jülich: 181, 181, 181. |Güttler, Peter - Freier Redaktions-Dienst, Berlin: 24, 48, 205, 206. |imagetrust GmbH & Co. KG, Koblenz: Markus Dlouhy 104, 211. |Imago, Berlin: blickwinkel 35; Cord 198; Hans Blossey 189; imagebroker 180, 223; Markus Tischler 83; mika 231. |iStockphoto.com, Calgary: ElementalImaging/Christopher Tompkins 55; gldburger 83; italianestero Titel; Miroslaw Kijewski 35; ollo 41; Peter Austin 27. |Janssen Kahlert Design & Kommunikation, GmbH, Hannover: 3, 59. |Keystone Pressedienst, Hamburg: Volkmar Schulz 84. |Klaes, Holger, Wermelskirchen: 149. |Landesamt für Digitalisierung, Breitband und Vermessung, München: Luftbild: © Bayerische Vermessungsverwaltung 189. |Langner & Partner Werbeagentur GmbH, Hemmingen: 24, 49, 83, 114, 192, 203, 216, 227, 234, 234. |Lookphotos, München: Karl Johaentges 138; Konrad Wothe 54. |mauritius images GmbH, Mittenwald: 65; age fotostock 109; Evolve/Photoshot 15; imagebroker/Cornelius Paas 140; imageBROKER/Helmut Meyer zur Capellen 133; O'Brian 61, 61; Phototake 15; Steve Vidler 37; SuperStock 56. |Microsoft Deutschland GmbH, München: 50, 51, 51, 51, 114. |Mint of Finland Ltd, Vantaa: 55, 55, 55, 55. |OKAPIA KG - Michael Grzimek & Co., Frankfurt/M.: Lineair-Creativ Studio Heinemann/imagebroker 190. |Ortner & Ortner Baukunst, Wien: Stefan Müller 133. |Physikalisch-Technische Bundesanstalt (PTB), Braunschweig: CC-Lizenz 4.0 International 39. |Picture-Alliance GmbH, Frankfurt/M.: 128; Anke Fleig/SVEN SIMON 41; dpa/Scheidemann 131; ZB 228. |plainpicture, Hamburg: Bias 156. |Purschke, Jürgen, Kassel: 189. |REUTERS, Berlin: Alex Domanski 51. |SeaTops, Pirmasens: Thierry Eidenweil 140. |Slansky, Prof. Dr.-Ing. Peter C. - Hochschule für Fernsehen und Film München, München: 133. |Soppke, Andrea, Walsrode: 87. |Suhr, Friedrich, Lüneburg: 18, 146, 146, 146, 174, 175, 224, 233. |The Art Archive, Berlin: Alfredo Dagli Orti 43. |Tooren-Wolff, Magdalena, Hannover: 120, 211, 211, 211, 211, 211, 217, 237. |TopicMedia Service, Mehring-Öd: Norbert Pelka 109. |ullstein bild, Berlin: EUROLUFTBILD.DE / Elmar Hartmann 32; Klöckner 23. |vario images, Bonn: 21, 58, 81. |Visum Foto GmbH, München: Markus Hanke 3, 9. |Wandmacher, Ingo, Bad Schwartau: 71. |Warmuth, Torsten, Berlin: 119, 153, 159, 162, 214.

Wir arbeiten sehr sorgfältig daran, für alle verwendeten Abbildungen die Rechteinhaberinnen und Rechteinhaber zu ermitteln. Sollte uns dies im Einzelfall nicht vollständig gelungen sein, werden berechtigte Ansprüche selbstverständlich im Rahmen der üblichen Vereinbarungen abgegolten.